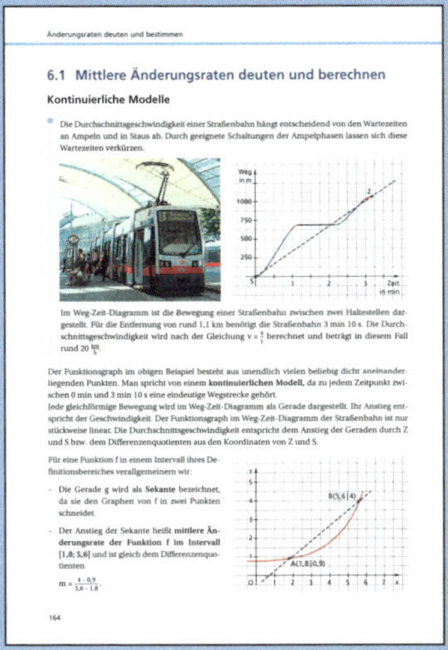

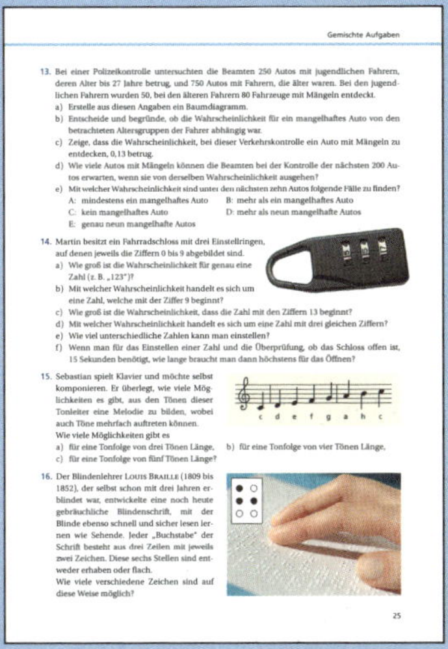

Inhalte

Diese Seiten vermitteln dir – unterstützt durch Merkstoff und Beispiele – mathematisches Wissen über wichtige Begriffe, Gesetze und Zusammenhänge.

Aufgaben

Mithilfe dieser Aufgaben kannst du den Lernstoff üben und anwenden.
Aufgaben mit einem Experten-Icon haben einen höheren Schwierigkeitsgrad.

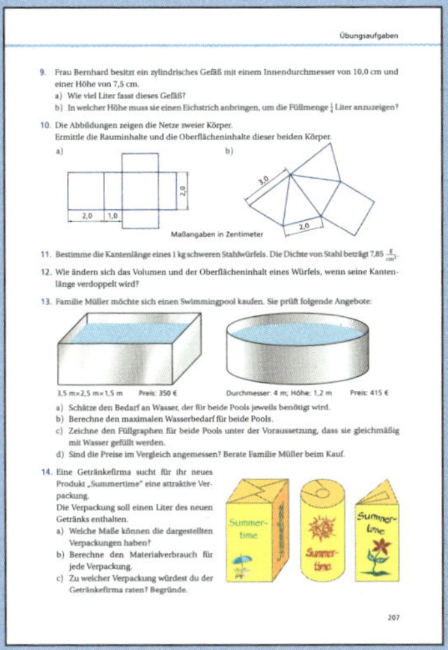

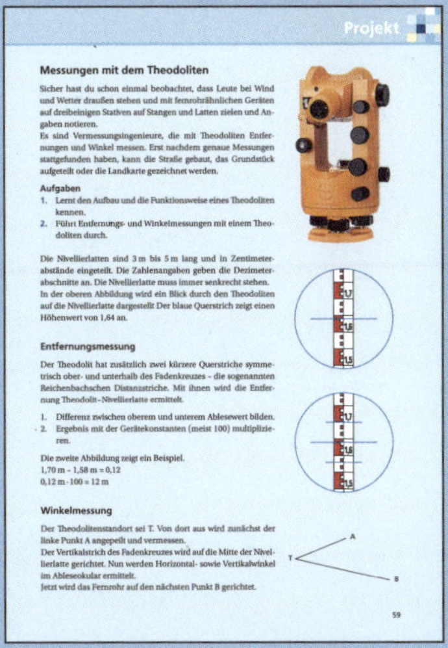

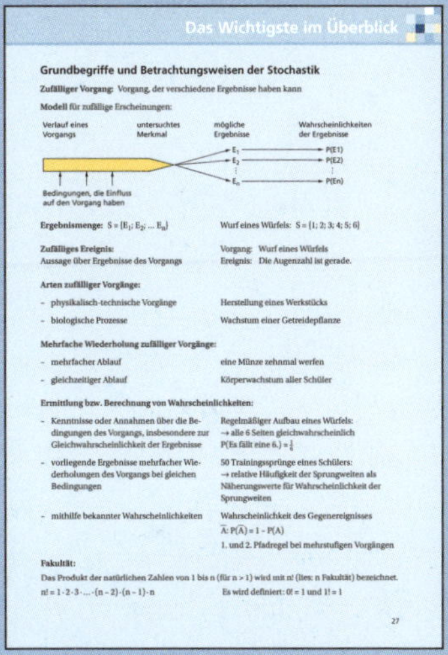

Lernstandards

Hier findest du Aufgaben zur Vorbereitung auf die Abschlussprüfung und Testarbeiten.

Projekt/Mosaik/Methoden

Diese Seiten enthalten neben Sachinformationen Tipps zum Lösen von Aufgaben, interessante Fragen und Aufträge, die du in der Gruppe bearbeiten kannst.

Das Wichtigste im Überblick

Diese Seiten findest du am Ende jedes Kapitels. Sie stellen das Wichtigste in übersichtlicher Form zusammen.

Mathematik 10

Gymnasium Brandenburg

Herausgeber

Dr. Axel Brückner

DUDEN Schulbuchverlag

Berlin · Mannheim

Autoren
Dr. Hubert Bossek
Dr. Axel Brückner
Gunter Gerth
Dr. Ulf Rothkirch
Rosemarie Schulz

Mit Beiträgen von:
Erhard Altendorf, Sabine Altendorf, Dr. Wolf Bayer, Kornelia Blümel, Günther Frenzel, Steffen Grund, Dr. Thomas Kirski, Jochen Kreusch, Karlheinz Lehmann †, Dr. Günter Liesenberg, Dr. Ehrentraud Meißner, Wolfgang Peters, Ellen Rudolph, Manuel Rumi, Dr. Klaus Scheibe, Uwe Schmidt, Cornelia Schneider, Elke Schomaker, Dr. Rüdiger Scholz, Jens Schunk, Dr. Christine Sikora, Prof. Dr. Hans-Dieter Sill, Dr. Reinhard Stamm, Dr. Michael Unger, Elvira Wittig, Prof. Dr. Wolfgang Zillmer

1. Auflage
1 6 5 4 3 2 | 2015 2014 2013 2012 2011
Alle Drucke dieser Auflage können im Unterricht nebeneinander benutzt werden.
Die letzte Zahl bezeichnet das Jahr des Druckes.

Internet www.duden-schulbuch.de

Redaktion Dr. Ulf Rothkirch, Dr. Michael Unger
Gestaltungskonzept Britta Scharffenberg
Einband Barbara Fischer
Layout Martina Holzinger
Grafik Wolfgang Beyer, Martina Holzinger
Titelbild Bogenbrücke: Bildagentur Waldhäusl, Achterbahn: fotolia / Ilhan Balta
Druck und Bindung DZA Druckerei zu Altenburg GmbH, Altenburg

ISBN 978-3-8355-1100-2

Inhaltsverzeichnis

1 Den Zufall untersuchen

Berechenbarkeit des Glücks

Baron Chevalier de Méré (1607 bis 1685) stellte beim Würfeln mit einem Würfel fest, dass es sich lohnt, darauf zu wetten, dass bis spätestens zum vierten Wurf eine „6" aufgetreten ist.
Er konnte sich das nicht erklären und teilte dies 1654 dem Mathematiker Blaise Pascal (1623 bis 1662) mit. Pascal beschäftigte sich daraufhin mit dem Problem.
Erklärt seine Beobachtungen. Legt einen Wetteinsatz fest und prüft in mehreren Spielen, wer auf lange Sicht gewinnt.

Warenprüfung

Ein Großhändler hat die Gelegenheit, einen größeren Posten Fahrräder günstig zu erwerben. Der Lieferant sichert zu, dass über 90 % der Räder von bester Qualität sind. Der Händler entschließt sich, eine zufällige Stichprobe von 20 (50) Fahrrädern näher zu untersuchen.
Wie viele Fahrräder werden voraussichtlich ohne Mängel sein, wenn die Angabe des Lieferanten richtig ist?

Tanzstunde

Beim ersten Termin erscheinen 20 Paare.
Nach dem Erlernen der ersten Schritte geht es darum, sich auf unterschiedliche Tanzpartner einzustellen.
Wie viele verschiedene Paarbildungen sind in diesem Kurs möglich?

Zufällige Vorgänge und Zufallsexperimente

Ein Vorgang in der Natur, der Gesellschaft oder dem Denken, der bezüglich eines Merkmals verschiedene Ergebnisse haben kann, von denen jeweils eines eintritt, aber nicht vorhersagbar ist, welches, heißt **zufälliger Vorgang.**
Alle möglichen Ergebnisse bilden zusammen die **Ergebnismenge Ω.**
Aussagen über das Eintreten von bestimmten Ergebnissen zufälliger Vorgänge werden durch Teilmengen der Ergebnismenge beschrieben und heißen **Ereignisse** (A, B ...).
Die experimentelle Untersuchung eines zufälligen Vorgangs heißt **Zufallsexperiment.**
Die Ergebnisse eines zufälligen Vorgangs treten mit einer bestimmten **Wahrscheinlichkeit** ein, die sich aus den Bedingungen ergibt, unter denen der Vorgang abläuft. Die Bedingungen müssen stabil sein.
Wahrscheinlichkeiten werden durch Zahlen zwischen 0 und 1 oder in Prozent zwischen 0 % und 100 % angegeben.

Vorgang	Merkmal	Ergebnisse	ein Ereignis	Wahrscheinlichkeit
Wachstum einer Sonnenblume	Höhe zur Zeit der Blüte	alle Längen zwischen 0 cm und 300 cm	A: Die Blume ist höher als 2 m.	P(A) = 0,85 = 85 %

Ermittlung von Wahrscheinlichkeiten

Der klassische Wahrscheinlichkeitsbegriff setzt voraus, dass alle Ergebnisse **gleich wahrscheinlich** sind (Gleichverteilung). Gehören zu einem zufälligen Vorgang n Ergebnisse, so ist deren Wahrscheinlichkeit $\frac{1}{n}$.
Besteht ein Ereignis A aus g Ergebnissen, d. h., A tritt ein, wenn eines der g Ergebnisse eintritt, so ist die Wahrscheinlichkeit von A:

$$P(A) = \frac{\text{Zahl der günstigen Ergebnisse}}{\text{Zahl der möglichen Ergebnisse}} = \frac{g}{n}$$

Vorgang: Werfen eines Würfels
Merkmal: Augenzahl
Ergebnisse: Augenzahlen 1 bis 6
Anzahl aller möglichen Ergebnisse: 6
Wahrscheinlichkeit für jede Augenzahl: $\frac{1}{6}$

Ereignis A	Ergebnisse, bei denen A eintritt	Anzahl der Ergebnisse, bei denen A eintritt	P(A)
Die Augenzahl ist kleiner als 5.	1; 2; 3; 4	4	$P(A) = \frac{4}{6} = 0,\overline{6} = 66\frac{2}{3}\,\%$

Zu jedem Ereignis A gibt es ein **Gegenereignis** $\overline{A}$, dem alle Ergebnisse entsprechen, bei denen das Ereignis A *nicht* eintritt.

$P(A) + P(\overline{A}) = 1$ (Die Summe der Wahrscheinlichkeiten aller Ergebnisse eines Vorgangs ist 1.)

Vorgang	Ereignis A	P(A)	Gegenereignis $\overline{A}$	$P(\overline{A})$
zufällige Auswahl einer zweistelligen Zahl	Zahl hat zwei gleiche Ziffern.	$P(A) = \frac{9}{90} = 0{,}1$	Ziffern sind verschieden.	$P(\overline{A}) = 1 - P(A) = 0{,}9$

Sind die Ergebnisse eines zufälligen Vorgangs nicht gleich wahrscheinlich, können ihre Wahrscheinlichkeiten *näherungsweise* ermittelt werden. Dazu müssen Daten aus möglichst vielen Wiederholungen des Vorgangs bekannt sein.
Wird ein zufälliger Vorgang unter den gleichen Bedingungen n-mal wiederholt, so kann die relative Häufigkeit h_n eines Ereignisses A als Schätzwert für die Wahrscheinlichkeit dieses Ereignisses verwendet werden. Je größer die Zahl der Wiederholungen ist, umso sicherer kann man sein, dass der Schätzwert der Wahrscheinlichkeit entspricht.

Baumdiagramme

Gleichgültig, ob mehrere Teilexperimente gleichzeitig oder nacheinander durchgeführt werden, kann man sie als die **Stufen eines Zufallsexperiments** ansehen. Im Baumdiagramm lassen sich mehrstufige Zufallsexperimente übersichtlich darstellen. Zu jedem Pfad gehört ein Ergebnis.

Beim dreimaligen Würfeln werden die Wahrscheinlichkeiten für das Auftreten der Augenzahl 6 untersucht.

Pfadregeln

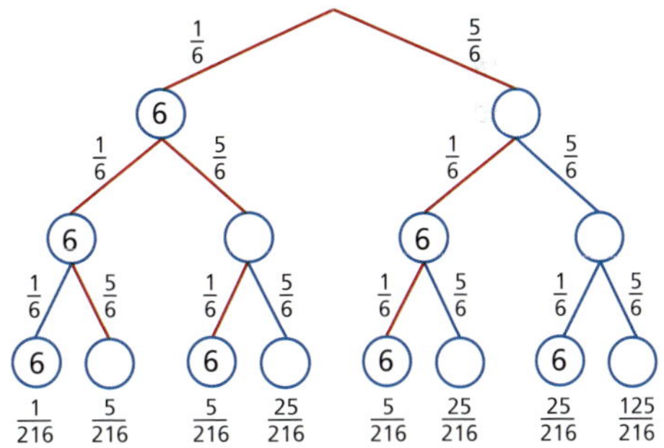

1. Pfadregel (Produktregel):
Das Produkt der Wahrscheinlichkeiten eines Pfades ergibt die Wahrscheinlichkeit des Ergebnisses im Gesamtvorgang.

Wie groß ist die Wahrscheinlichkeit, beim dreimaligen Würfeln jeweils eine 6 zu erhalten?

$P(E) = \frac{1}{6} \cdot \frac{1}{6} \cdot \frac{1}{6} = \frac{1}{216} \approx 0{,}46\,\%$

2. Pfadregel (Summenregel):
Bilden mehrere zusammengesetzte Ergebnisse ein Ereignis, so ist die Wahrscheinlichkeit des Ereignisses gleich der Summe der Wahrscheinlichkeiten der einzelnen Ergebnisse.

Wie groß ist die Wahrscheinlichkeit, beim dreimaligen Würfeln genau zwei Mal die Augenzahl 6 zu erhalten (siehe rote Pfade im Baumdiagramm)?

$P(E) = \frac{5}{216} + \frac{5}{216} + \frac{5}{216} = \frac{15}{216} \approx 6{,}94\,\%$

Aufgaben

1. Entscheide, ob es sich bei den folgenden Vorgängen um Zufallsexperimente handelt, und gib jeweils den untersuchten zufälligen Vorgang, das betrachtete Merkmal, die möglichen Ergebnisse, die Anzahl der Wiederholungen sowie einige Bedingungen an, die den Vorgang beeinflussen. Überlege jeweils, ob durch Veränderung der Bedingungen die Wahrscheinlichkeit der Ergebnisse verändert werden kann.

a) Es wird 100-mal mit zwei regulären Spielwürfeln gewürfelt und die Augensumme notiert.
b) Es wird das Körpergewicht von 500 Jungen gemessen, die 16 Jahre alt sind.
c) Es werden 750 Bürger aus Brandenburg nach der Einschätzung der Arbeit der Landesregierung befragt. (Antworten: eher gut; eher schlecht; ich weiß nicht)
d) Aus der laufenden Produktion werden zufällig 50 Computerchips ausgewählt und auf ihre Funktionsfähigkeit getestet.

2. Gib die Anzahl der möglichen Ergebnisse bei folgenden Vorgängen und die Wahrscheinlichkeit jedes Ergebnisses als Bruch, Dezimalbruch und in Prozent an:

a) Werfen einer Münze
b) Werfen eines Würfels
c) Ziehen einer Karte aus einem Skatblatt (32 verschiedene Karten)

3. Ein Glücksrad ist in zwölf gleiche Sektoren unterteilt, die unterschiedlich gefärbt sind. Die Wahrscheinlichkeit, dass der Zeiger nach dem Drehen auf einen bestimmten Sektor des zur Ruhe gekommenen Glücksrades zeigt, ist für alle Sektoren gleich.
Bestimme für jede Farbe die Wahrscheinlichkeit, dass der Zeiger auf ein Feld dieser Farbe zeigt.

a) 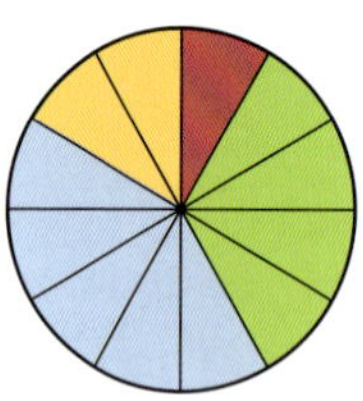
b) 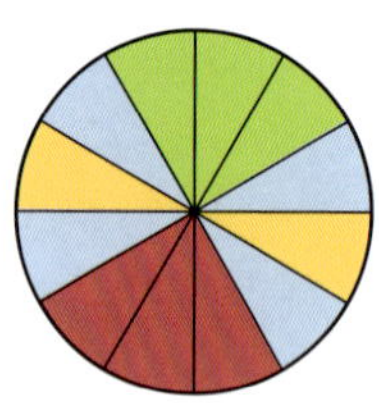
c) 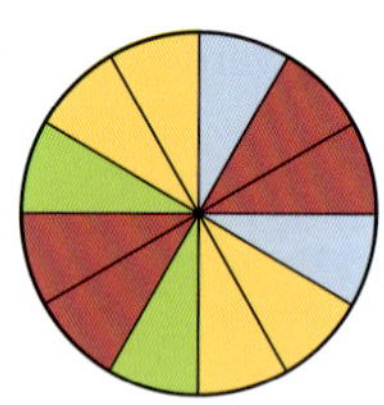
d) 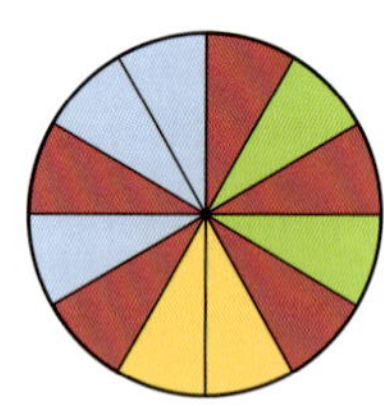

4. In einem Ziehungsbehälter sind nur gleich große schwarze und weiße Kugeln. Gib die Wahrscheinlichkeit an, dass bei zufälliger Auswahl eine schwarze Kugel gezogen wird, wenn die Anzahlen der schwarzen und weißen Kugeln in folgendem Verhältnis stehen:

a) 1 : 1 b) 1 : 2 c) 2 : 3 d) 5 : 1 e) 1,5

5. Gib zu folgenden Ereignissen das Gegenereignis und seine Wahrscheinlichkeit an:

a) Beim Würfeln mit einem regulären Spielwürfel fällt eine ungerade Zahl.
b) Beim Würfeln mit einem regulären Spielwürfel fällt eine Zahl größer als 5.
c) Beim Ziehen einer Karte aus einem Skatblatt wird ein As gezogen.

6. Beim Werfen einer Reißzwecke können zwei Ergebnisse eintreten:
Spitze oben (O) oder Spitze unten (U). Die Wahrscheinlichkeiten sind: $P(O) = 0{,}4$; $P(U) = 0{,}6$

a) 500 Reißzwecken fallen zu Boden. Wie viele Reißzwecken werden vermutlich mit der Spitze nach oben zeigen?
b) Stelle den mehrstufigen Vorgang „Werfen von drei Reißzwecken“ im Baumdiagramm dar.
c) Berechne die Wahrscheinlichkeit für das Ereignis „Mindestens 2 Spitzen zeigen nach oben“.

1.1 Simulation von Zufallsexperimenten

Simulation

An einem Flugsimulator werden künftige Piloten unter realitätsnahen Bedingungen ausgebildet. Das ist eine kostengünstige und effektive Methode.
Auch mit einem geeigneten Computerspiel kannst du bestimmte Situationen beim Steuern eines Flugzeugs nachspielen und nachempfinden.

Die Nachahmung eines Vorgangs durch einen anderen nennt man **Simulation** des Vorgangs. Dabei werden meist die Bedingungen vereinfacht oder idealisiert.
Zur Simulation zufälliger Vorgänge eignen sich Objekte wie Münzen, Würfel, Glücksräder, Spielkarten oder Ziehungsgeräte. Häufig werden Behälter mit Kugeln verschiedener Farben verwendet, die man **Urnen** (siehe S. 19) nennt. Derartige Objekte heißen auch **Zufallsgeräte** oder **Zufallsgeneratoren.** Mit ihnen lassen sich zufällige Vorgänge experimentell unter gleichen Bedingungen sehr oft durchführen.
Bei der Simulation eines zufälligen Vorgangs muss jedem Ergebnis des Vorgangs ein Ergebnis des Ersatzvorgangs zugeordnet werden können, das die gleiche oder annähernd die gleiche Wahrscheinlichkeit hat.

Bei der Produktion von DVDs sind erfahrungsgemäß etwa 2 % defekt.

Tatsächlicher Vorgang

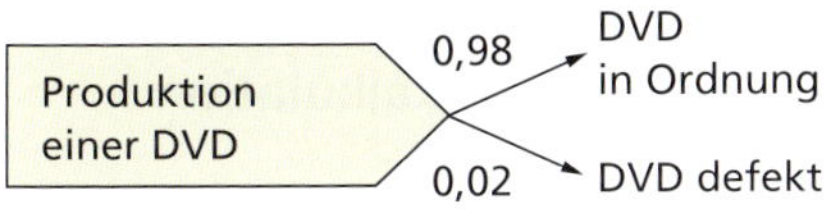

Simulationsvorgang

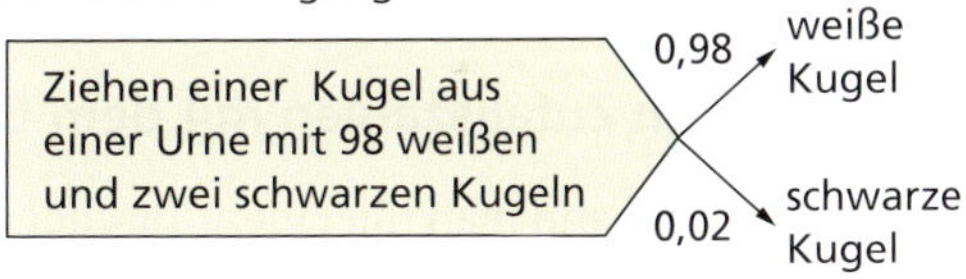

Gewinnen von Zufallszahlen

Monte-Carlo-Methode

Viele zufällige Vorgänge lassen sich mithilfe von Zufallszahlen simulieren. Dazu gehören z. B. Produktdaten, Naturereignisse oder Gewinnmöglichkeiten im Glücksspiel.

Will man das Werfen einer Münze (Zahl oder Wappen) mit Zufallszahlen simulieren, so sind auch bei den Zahlen zwei gleich wahrscheinliche Merkmale wichtig: gerade oder ungerade. Nun kann man mittels Tabellen oder Computer eine Vielzahl von Zahlen prüfen, ohne den Versuch selbst durchführen zu müssen.

Bereits die Besitzer der Spielcasinos in Monte Carlo ließen sich durch Mathematiker mittels Zufallszahlen Tabellen erstellen, um dann berechnen zu lassen, wie hoch die Gewinnchancen jeweils sind. Heute nennt man alle Verfahren, bei denen ein realer Vorgang durch ein mathematisches Modell mittels Zufallszahlen simuliert wird, Monte-Carlo-Verfahren.

Zufallszahlen mit dem Taschenrechner

Zufallszahlen können mit Taschenrechnern erzeugt werden, die eine RAN-Taste (*engl.:* random – zufällig) besitzen. Bei vielen Modellen werden Zufallszahlen zwischen 0,000 und 0,999 mit drei Dezimalstellen angegeben. Es können einstellige Zufallszahlen zu mehrstelligen zusammengefasst bzw. von mehrstelligen nur ein oder zwei Stellen berücksichtigt werden.

Zufallszahlen in Tabellen

Folgen von Zufallszahlen kann man auch als Tabellen finden. Zur besseren Übersicht sind immer fünf Zahlen zu einer Gruppe zusammengefasst.

Es soll das 20-malige Werfen eines Würfels mithilfe einer Tabelle von Zufallsziffern simuliert werden.

In der Tabelle findet man beispielsweise nachstehende Ziffernfolge:

65741	73407	27631	06010	80545	57182	56150
20677	96258	62668	09991	09952	94487	61186
88353	20720	64104	47357	13447	79989	96556
96408	46954	52026	64230	26271	29576	...

Es wird vereinbart, dass die Zufallsziffern 1 bis 6 den erzielten Augenzahlen entsprechen sollen, die Zufallsziffern 7, 8, 9 und 0 werden einfach ausgelassen. Nach Wahl eines beliebigen Startpunkts (etwa 1. Zeile, 9. Ziffer) liefert die Simulation für das 20-malige Würfeln dann:

26316 15455 12561 52662

Erzeugen von Zufallszahlen mit dem GTR, CAS und Tabellenkalkulation

Eine Zufallszahl kann man mit einem Taschenrechner mit Computeralgebrasystem erzeugen. Unter „2nd" „Math" öffnet sich ein Menü mit dem Untermenü „Wahrscheinlichkeit", in welchem die Funktion „ZufallZ()" steht. Diese Funktion gibt zufällig eine Zahl zwischen 0 und 1 ($0 < x < 1$) aus. Selbstverständlich ist auch in einer modernen Tabellenkalkulation ein entsprechender Zufallsgenerator vorhanden. Unter dem Menü „Einfügen/Funktion" öffnet sich ein entsprechendes Fenster. In der Kategorie „Math.&Trigonom." befindet sich die Funktion „Zufallszahl", welche aktiviert werden muss. Um zum Beispiel das Würfeln mit einem idealen Würfel zu simulieren, muss man eine entsprechende Formel entwickeln.
Für den TR mit CAS lautet sie „rundKle(6*ZufallZ())+1" und für die Tabellenkalkulation „=ABRUNDEN(6*ZUFALLSZAHL()+1;0)".

Erzeugen von Zufallszahlen mit dem Computer

Es gibt Computerprogramme mit einem Zufallszahlengenerator. Beispielsweise kann man mit den Programmen Mathcad, TI InterActiv und Derive auch beliebige ganzzahlige Zufallszahlen erzeugen. Mit Zufallsgeneratoren oder Zufallszahlen kann man auch auf einfache Weise eine zufällige Auswahl von Objekten aus einer Menge vornehmen.

Aufgaben

1. Welche Zufallsgeneratoren eignen sich zur zufälligen Auswahl?
Formuliere Entscheidungsregeln.
(1) Zwei von sechs Kindern dürfen mit einer Freikarte in die Schwimmhalle gehen.
(2) Einer von drei Jungen soll einen Mutsprung in das Wasser machen.
(3) 22 von 36 Schülern dürfen den gewünschten Auswahlpflichtkurs belegen.

2. Anne spielt gegen Mia vier Partien Tischtennis. Anne gewinnt davon drei und behauptet, die bessere Spielerin zu sein. Mia nimmt vier Münzen in die Hand und sagt: „Auch wenn wir beide etwa gleich stark sind, ist es nicht unwahrscheinlich, dass du drei oder auch vier Partien gewinnst. Das beweise ich dir mit diesen vier Münzen, bei denen die Seiten Wappen oder Zahl die gleiche Chance haben und für einen Sieg von dir oder mir stehen."
Wie könnte Mia den Beweis erbringen? Plane ein geeignetes Simulationsexperiment und führe es durch. Kommentiere dein Ergebnis.

3. a) Notiere von zwei aufeinanderfolgenden Seiten aus einem Telefonbuch von 100 Telefonnummern die letzten vier Ziffern.
b) Simuliere das Zufallsexperiment „Werfen einer Münze", indem die geraden Zahlen dem Münzwurf Zahl (Z) und die ungeraden Zahlen dem Münzwurf Wappen „W" entsprechen.
c) Vergleiche die relativen Häufigkeiten des Auftretens von Wappen oder Zahl mit den berechneten Wahrscheinlichkeiten.

4. Zum Tennis-Mix-Turnier haben sich fünf Mädchen (Anne, Bea, Christin, Doris und Emma) und fünf Jungen (Armin, Bodo, Chris, Dirk und Emil) gemeldet.
a) Entscheide mit einem passenden Simulationsversuch, wer mit wem zusammen spielen wird.
b) Führe die Simulation mehrfach durch und vergleiche die Wahrscheinlichkeiten.
c) Wie groß ist die Wahrscheinlichkeit, dass die Anfangsbuchstaben der Vornamen der beiden Spielpartner übereinstimmen?

5. Sabine fährt täglich mit dem Fahrrad zur Schule und muss drei Verkehrsampeln passieren.
An der ersten Ampel steht sie in der Hälfte der Fälle, an der zweiten in einem Drittel der Fälle und an der dritten an jedem fünften Tag.
Simuliere den Versuch und schätze die Wahrscheinlichkeit, dass Sabine an allen drei Ampeln freie Fahrt hat.

6. Wir wollen das Gesetz der großen Zahlen für das Experiment „Werfen eines idealen Würfels" überprüfen. Allerdings ist uns der Aufwand, welchen man betreiben muss, um den Würfel 2000- bis 3000-mal zu werfen, einfach zu groß (siehe S. 187).
Deshalb soll der Zufallsgenerator eines modernen Tabellenkalkulationsprogramms genutzt werden. Wo die Zufallsfunktion zu finden ist und wie die vollständige Formel lauten muss, findest du im vorhergehenden Text auf Seite 12.
Erstelle jetzt eine Tabellenkalkulation so, dass mit einem Mal 400 bis 500 Würfe simuliert werden. Es müssen außerdem noch die absoluten und die relativen Häufigkeiten automatisch gezählt beziehungsweise berechnet werden. Ein Diagramm soll die Entwicklung der relativen Häufigkeit in Abhängigkeit zur Anzahl der Versuchsdurchführungen darstellen.

7. Drei Freunde stellen fest, dass in diesem Jahr zwei von ihnen am gleichen Wochentag Geburtstag haben.

a) Schätze, mit welcher Wahrscheinlichkeit so etwas vorkommt.

b) Plane ein Experiment mit sieben Karten eines Kartenspiels, mit dem die Wahrscheinlichkeit ermittelt wird, dass von drei Personen zwei am gleichen Wochentag Geburtstag haben. Führe das Experiment durch.

8. Zur Erzeugung von Zufallsziffern benötigt man zufällige Vorgänge mit zehn möglichen Ergebnissen, die alle die gleiche Wahrscheinlichkeit haben.
Welche Gegenstände und Versuchsanordnungen könnte man verwenden?

9. Wie kann man mit Zufallsziffern folgende Vorgänge simulieren:

a) Verlosung von vier Freikarten unter 53 Schülern

b) Ankreuzen von sechs Zahlen im Spiel 6 aus 49, wobei alle Zahlen die gleiche Chance der Auswahl haben sollen

c) zufällige Auswahl von 50 Schülern für eine Befragung an einer Schule mit 613 Schülern

10. Felix und Fritz vereinbaren ein Spiel. Sie werfen abwechselnd eine Münze. Bei Wappen muss Felix an Fritz, bei Zahl Fritz an Felix jeweils eine Nuss „zahlen“. Jeder hat vier Nüsse als Startkapital.
Das Spiel ist beendet, wenn einer der beiden sein Startkapital verspielt hat.

a) Felix kommen Bedenken, dass das Spiel in der Regel „unendlich lange“ dauern würde. Sie wollen daher spätestens nach 30 Würfen aufhören.
Hältst du diese zusätzliche Stoppregelung für erforderlich?

b) Simuliere unter Verwendung von Zufallsziffern fünf Spiele.

c) Ermittle aus allen in deiner Klasse durchgeführten Simulationen die mittlere Spiellänge.

11. Teste den „Zufallszahlengenerator“ im Kopf deines Banknachbarn auf folgende Weise:
Lass dir von deinem Banknachbarn 20 fünfstellige Zahlen nennen und schreibe sie hintereinander auf. Ermittle die relative Häufigkeit der Ziffern von 0 bis 9 und vergleiche sie mit dem theoretischen Wert von 0,1.
Welche Ziffern sind die „Lieblingsziffern“ deines Banknachbarn?

12. Führe ein ähnliches Experiment wie in Aufgabe 11 mit dem Zufallsgenerator deines Taschenrechners durch. Es sollen dabei mindestens 200 Versuche vorgenommen werden.
Schreibe dazu ein kleines Programm, welches die Auswertung erleichtert.

13. Bei einer sogenannten „Einlaufwette“ beim Pferderennen wird auf die Reihenfolge bzw. Platzierung gewettet.

a) Erläutere, welche Simulation bei sechs Pferden sinnvoll ist, wenn auf die Platzierung der ersten drei Pferde gewettet wird.

b) Erläutere, welche Simulation bei zehn Pferden sinnvoll ist, wenn auf die Reihenfolge der ersten drei Pferde beim Einlauf gewettet wird.

1.2 Kombinatorisches Rechnen

Ermitteln von Anzahlen

Zufällige Vorgänge, insbesondere mehrstufige Vorgänge, können eine sehr große Anzahl von möglichen Ergebnissen besitzen. Diese Anzahlen lassen sich mit geeigneten **Zählregeln** und in einigen Fällen auch mit speziellen Formeln ermitteln. Die wichtigste Zählregel ist die **Produktregel:**

> Kann die Erzeugung eines möglichen Ergebnisses als eine Folge von Entscheidungen (Stufen) angegeben werden, für die es jeweils eine gewisse Anzahl von Möglichkeiten gibt und die von einander unabhängig sind, so ist die Gesamtanzahl aller Ergebnisse gleich dem Produkt der Anzahl der Möglichkeiten der einzelnen Entscheidungen (Stufen).

Zur Anwendung der Produktregel geht man in folgenden Schritten vor:

1. Man bringt die Entscheidungen (Stufen) in eine geeignete Reihenfolge.
2. Man überlegt, ob die Entscheidungen (Stufen) unabhängig voneinander sind.
3. Man ermittelt die Anzahl der Möglichkeiten bei jeder Entscheidung.
4. Man berechnet das Produkt der ermittelten Anzahlen bei den einzelnen Entscheidungen.

In einem Fragebogen gibt es fünf Fragen mit jeweils drei Antwortmöglichkeiten.
Wie viele Möglichkeiten zum Ausfüllen des Fragebogens gibt es, wenn stets genau eine der drei Antworten angekreuzt wird?
Um eine der Möglichkeiten zum Ausfüllen des Fragebogens zu erhalten, müssen folgende Entscheidungen getroffen werden:

Entscheidung	Möglichkeiten
Ankreuzen der 1. Frage	3
Ankreuzen der 2. Frage	3
Ankreuzen der 3. Frage	3
Ankreuzen der 4. Frage	3
Ankreuzen der 5. Frage	3

Insgesamt gibt es $3^5 = 243$ Möglichkeiten zum Ausfüllen des Fragebogens.

Fragebogen

Kreuzen Sie A, B oder C an.

Frage 1:	Antwort A	❑
	Antwort B	❑
	Antwort C	❑
Frage 2:	Antwort A	❑
	Antwort B	❑
	Antwort C	❑
Frage 3:	Antwort A	❑
	Antwort B	❑
	Antwort C	❑
⋮	⋮	⋮

In der Praxis gibt es Fälle, bei denen die gesuchten Anzahlen mithilfe einer Formel günstig ermittelt werden können. Das ist zum Beispiel der Fall, wenn n verschiedene Objekte in einer bestimmten Reihenfolge angeordnet werden sollen und nach der Anzahl der Möglichkeiten dafür gefragt wird.

Wie viele dreistellige Zahlen lassen sich aus den Ziffern 1, 2 und 3 bilden?
Um die Ziffern den Plätzen (Hunderterstelle, Zehnerstelle, Einerstelle) zuordnen zu können, sind folgende Entscheidungen zu treffen:

1. Auswahl einer Ziffer für die Hunderterstelle: 3 Möglichkeiten
2. Auswahl einer Ziffer für die Zehnerstelle: 2 Möglichkeiten
3. Auswahl einer Ziffer für die Einerstelle: 1 Möglichkeit

Nach der Produktregel ergeben sich somit $3 \cdot 2 \cdot 1 = 6$ Möglichkeiten.

Für das Produkt $1 \cdot 2 \cdot 3$ schreibt man auch 3! (lies: 3 Fakultät) und allgemein wird festgelegt:

Das Produkt der natürlichen Zahlen von 1 bis n (für $n > 1$) wird mit n! (lies: n Fakultät) bezeichnet.
$n! = 1 \cdot 2 \cdot 3 \cdot \ldots \cdot (n-2) \cdot (n-1) \cdot n$
Es wird definiert: $0! = 1$ und $1! = 1$

Damit gilt allgemein:

Es gibt n! Möglichkeiten für die Reihenfolge von n verschiedenen Objekten.

Eine weitere Möglichkeit, Anzahlen mithilfe einer Regel zu ermitteln, lässt sich dann nutzen, wenn k Objekte aus n Objekten *ohne Beachtung der Reihenfolge* auszuwählen sind.
Diese Art der Auswahl wird in anschaulicher Weise auch als „Ziehen auf einen Griff“ bezeichnet.

Beim Biathlon werden von drei Medaillengewinnern zwei für die Dopingkontrolle ausgewählt. Wie viele Möglichkeiten zur Auswahl gibt es?

Mit der Anwendung der Produktregel, die in diesem Fall auch in einem Baumdiagramm veranschaulicht werden kann, ergeben sich zunächst $3 \cdot 2 = 6$ Möglichkeiten.
Da es auf die Reihenfolge der beiden Sportler nicht ankommt, wurde jede Möglichkeit doppelt gezählt.

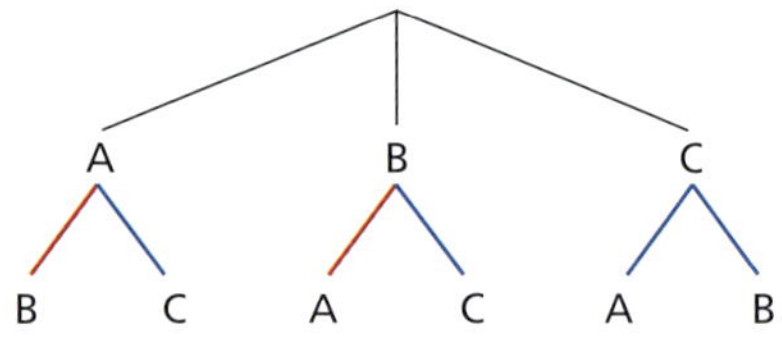

Die ermittelte Anzahl muss also durch 2 dividiert werden.

Man erhält somit $\frac{3 \cdot 2}{2} = 3$ Möglichkeiten der Auswahl.

Beachtet man bei der Anwendung der Produktregel die Reihenfolge, ohne dass das gefordert ist, kommt es zu Mehrfachzählungen von Ergebnissen. Dies lässt sich durch Anwendung der **Quotientenregel** korrigieren.

Werden alle Ergebnisse gleich oft mehrfach berücksichtigt, so ist das Produkt der Möglichkeiten jeder Entscheidung (Stufe) durch die Anzahl der Mehrfachzählungen zu dividieren.

Wie viele Möglichkeiten gibt es, aus den Zahlen 1 bis 49 genau sechs Zahlen auszuwählen?

Für die Auswahl von sechs Zahlen gibt es nach der Produktregel $49 \cdot 48 \cdot 47 \cdot 46 \cdot 45 \cdot 44$ Möglichkeiten.
Da es hierbei aber nicht auf die Reihenfolge ankommt, in der die Zahlen gezogen werden, muss noch die Quotientenregel verwendet werden, d. h., das Ergebnis ist durch die Anzahl der Möglichkeiten zu dividieren, sechs Zahlen in ihrer Reihenfolge zu vertauschen. Das sind 6! Möglichkeiten.

Es gibt $\frac{49 \cdot 48 \cdot 47 \cdot 46 \cdot 45 \cdot 44}{6!} = 13\,983\,816$ Möglichkeiten, aus 49 Zahlen sechs auszuwählen.

Wegen der Bedeutung und des häufigen Auftretens dieser Berechnung wurde für sie eine besondere Bezeichnung und Schreibweise eingeführt.

Der Term $\frac{n \cdot (n-1) \cdot (n-2) \cdot \ldots \cdot (n-k+1)}{1 \cdot 2 \cdot 3 \cdot \ldots \cdot k}$ mit $n, k \in \mathbb{N}$; $k \leq n$; $k \neq 0$ heißt **Binomialkoeffizient.**

Schreibweise: $\binom{n}{k} = \frac{n!}{k!\,(n-k)!}$ (lies: n über k)

Für alle $n \in \mathbb{N}$ wird definiert: $\binom{n}{0} = 1$

Damit gilt allgemein:

Es gibt $\binom{n}{k}$ Möglichkeiten, aus n verschiedenen Objekten genau k Objekte auszuwählen.

Aufgaben

1. Löse mithilfe von Baumdiagrammen und Zählregeln.

a) Ein Fuhrunternehmen hat zwei verschiedene Zugmaschinen und drei unterschiedliche Anhänger. Für einen Transport soll ein Lastzug aus der Zugmaschine und einem Anhänger zusammengestellt werden. Wie viele Zusammenstellungen gibt es?

b) Norman hat die Telefonnummer seines Freundes Torsten vergessen. Er weiß aber noch, dass sie mit 21 beginnt, sechsstellig ist, die Ziffernfolge 88 enthält und weiterhin die Ziffern 7 und 9 vorkommen. Wie viele Möglichkeiten muss Norman höchstens ausprobieren, wenn er Torsten anrufen will?

2. Die Autofirma *Mobil* bietet ihr neues Modell *Pegasus* in sechs verschiedenen Farben, mit drei unterschiedlichen Motortypen, als Fließheck- oder Stufenheckmodell sowie jeweils mit und ohne Klimaanlage an. Wie viele verschiedene Ausführungen des Modells *Pegasus* hat ein Kunde zur Auswahl?

3. Der Trainer einer 4×100-m-Sprintstaffel möchte alle Aufstellungsmöglichkeiten für den nächsten Wettkampf seiner vier Läuferinnen ausprobieren. In jeder der möglichen Startreihenfolgen will er einen Trainingslauf absolvieren lassen.
Wie viele Läufe muss er mindestens durchführen lassen?

4. In einem Bistro gibt es zwei verschiedene Vorsuppen, fünf verschiedene Hauptgerichte und drei verschiedene Nachspeisen. 28 Schüler einer Klasse und ihre Lehrerin wollen bei einem Wandertag im Bistro zu Mittag essen. Könnten alle Personen ein anderes Menü aus Vorsuppe, Hauptgericht und Nachspeise bestellen?

5. Der neue Inhaber des Restaurants „Tausendundeine Nacht" möchte mit dem Spruch: „Mehr als 1000 verschiedene Menüs" werben. Er hat bereits 25 verschiedene Hauptgerichte geplant und überlegt, wie viele verschiedene Vor- und Nachspeisen er noch anbieten muss.
Kannst du ihm helfen?

6. Ein Zug soll auf einem Bahnhof von einem Gleis aus acht Bahnsteige erreichen können.

a) Zeichne ein mögliches Schienennetz.

b) Gibt es eine Möglichkeit, bei der man mit weniger Weichen auskommt?

7. Wie viele Möglichkeiten gibt es, fünf verschiedene Geschenke an drei Kinder zu verteilen?

8. Es soll eine Urlaubsreise zu drei, zu fünf bzw. zu sieben verschiedenen Orten geplant werden.
a) Wie viele verschiedene Reiserouten sind möglich, wenn die Orte in beliebiger Reihenfolge angefahren werden können?
b) Skizziere deine Lösung.

9. Thomas würfelt gleichzeitig mit zwei Würfeln. Ein Würfel ist ein normaler Spielwürfel und bei dem anderen Würfel befindet sich auf drei Seiten ein schwarzes Schiff und auf den übrigen drei Seiten jeweils ein blaues, grünes oder gelbes Schloss.
Wie viele verschiedene Würfelergebnisse gibt es? Wie groß sind ihre Wahrscheinlichkeiten?

10. Klaus kann an seinem Computer im Textverarbeitungsprogramm die Schriftart, die Buchstabengröße und den Stil der Schrift variieren. Ihm stehen bei 18 Schriftarten jeweils elf Buchstabengrößen und die Stile „Normal", „Fett", „Kursiv", „Unterstrichen" zur Verfügung.
Wie viele Möglichkeiten der Schriftgestaltung hat Klaus?

11. Bei einem 100-m-Lauf starten sechs Läufer.
Wie viele Einlaufmöglichkeiten gibt es, wenn keine zwei Läufer gleichzeitig ankommen?

12. Auf wie viele Arten kann ein Arzt nacheinander sieben Patienten besuchen?

13. Im Viertelfinale der Fußballweltmeisterschaft sind noch acht Mannschaften im Wettbewerb.
Wie viele unterschiedliche Ansetzungen des Endspiels sind möglich?

14. Wie viele unterschiedliche Zeichen sind beim Morsealphabet möglich?
Ein Zeichen entsteht durch Aneinanderreihung von bis zu fünf Punkten oder Strichen.

15. Wie viele zweistellige Zahlen mit folgenden Eigenschaften gibt es?
a) In ihnen kommen nur die Ziffern 1 und 2 vor.
b) Sie bestehen nur aus ungeraden Ziffern.
c) Sie bestehen aus zwei verschiedenen Ziffern.

16. Berechne folgende Binomialkoeffizienten.
a) $\binom{5}{2}$ b) $\binom{6}{3}$ c) $\binom{7}{4}$ d) $\binom{7}{3}$ e) $\binom{10}{2}$ f) $\binom{10}{8}$

17. Susi will aus 15 Sorten Eis drei verschiedene Kugeln auswählen.
a) Wie viele Möglichkeiten hat sie, wenn es ihr auch auf die Reihenfolge ankommt?
b) Wie viele Möglichkeiten verbleiben, wenn ihr die Reihenfolge egal ist?

18. Es treffen sich vier Freunde und jeder gibt jedem die Hand. Wie oft werden Hände geschüttelt?

19. Vergleiche die Anzahl der Möglichkeiten zum Ausfüllen eines Tippscheins.
a) Polen: „5 aus 35" b) Schweden: „7 aus 35" c) Finnland: „7 aus 37"
d) Serbien: „5 aus 36" e) Schweiz: „6 aus 42" f) Niederlande: „6 aus 41"

20. Aus neun von Schülergruppen angefertigten Postern sollen fünf ausgewählt und im Mathematikraum ausgehängt werden.
a) Wie viele Möglichkeiten bei der Auswahl der Poster gibt es?
b) Wie viele Möglichkeiten gibt es, wenn ein bestimmtes Poster unbedingt dabei sein soll?
c) Wie viele Möglichkeiten gibt es, die fünf Poster in einer Reihe anzuordnen?

1.3 Urnenmodelle

Urnen eignen sich zur Simulation für Zufallsexperimente. Dabei kann man sich folgende Situationen vorstellen:

1. Fall

Es werden aus einer Urne mit drei verschiedenfarbigen Kugeln nacheinander zwei Kugeln gezogen, die Farbe wird notiert und die Kugeln **wieder zurückgelegt.**
Jetzt müssen wir uns entscheiden, ob uns nur die gezogenen Farben interessieren oder ob auch die Reihenfolge wichtig ist. Die Art der Fragestellung wirkt sich auf die Anzahl der Ergebnismöglichkeiten aus.
Spielt die Reihenfolge eine Rolle, dann spricht man von einer **geordneten Stichprobe** mit den in der linken Abbildung dargestellten Möglichkeiten:

geordnete Stichprobe

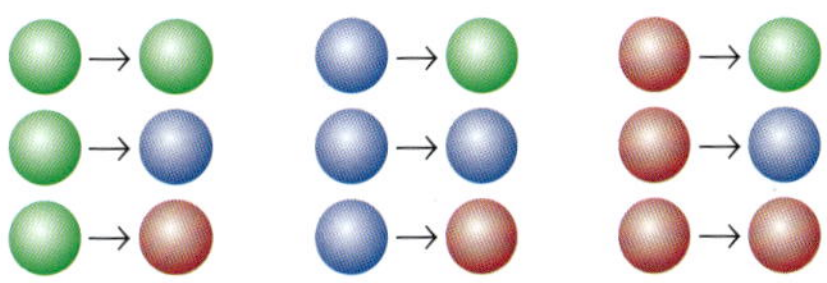

ungeordnete Stichprobe

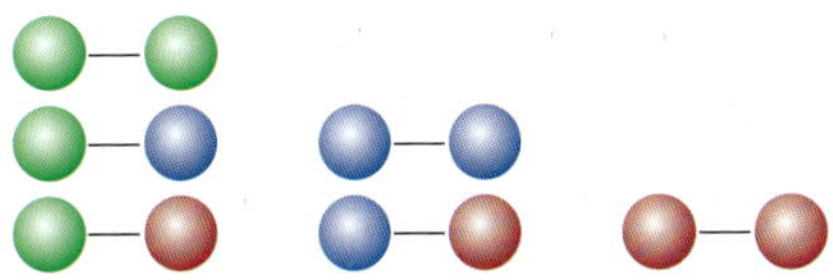

Ein Beispiel für eine derartige Situation wäre die Auswahl zweier Schüler aus eurer Klasse für erstens eine Kinokarte und zweitens für eine Eintrittskarte zu einem Sportwettkampf im Zentralstadion.
Die Termine beider Veranstaltungen sind nicht identisch, sie können also von ein und demselben Schüler wahrgenommen werden.

Ist die Reihenfolge hingegen unwichtig, dann spricht man von einer **ungeordneten Stichprobe,** hier reduzieren sich die Ergebnismöglichkeiten genau um die Umkehrungen (siehe obere Abbildung, rechts).
Für diese Art eines Simulationsexperimentes könnte man einen Fall betrachten, in dem zwei Freikarten für einen Kinobesuch in der Klasse verlost werden. Dabei wird zugelassen, dass ein Schüler auch zwei Karten gewinnen kann.

2. Fall

Es werden aus einer Urne mit 3 farblich unterschiedlichen Kugeln nacheinander zwei Kugeln gezogen und die Kugeln **nicht zurückgelegt.** Auch hier müssen wir fragen, ob die Reihenfolge wichtig ist oder nicht. Für die jeweiligen Stichproben ergeben sich die folgenden Möglichkeiten:

geordnete Stichprobe

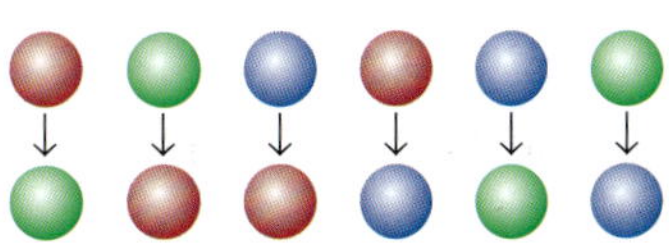

ungeordnete Stichprobe

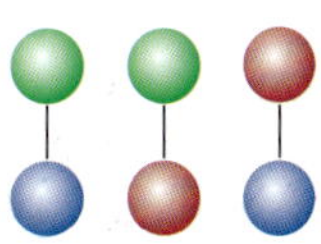

In beiden Fällen entfällt die farbliche Wiederholung.

Ein Beispiel für diese geordnete Stichprobe wäre ein Sportwettkampf, wie ein Finallauf im Schwimmen. Es interessieren uns die Möglichkeiten der Medaillenverteilung, also die Frage, wer konkret Erster, Zweiter und Dritter wird.
Bei der ungeordneten Stichprobe würde uns nur die Frage: „Wer sind die Ersten drei?“ beschäftigen. Wer jeweils Gold, Silber und Bronze gewinnt, ist dagegen ohne Belang.

3. Fall

Es werden alle Kugeln aus einer Urne mit drei fablich unterschiedlichen Kugeln gezogen und die Reihenfolge wird notiert. Mögliche Ergebnisse wären: n!

Eine reale Fragestellung könnte sein: „Wie viele unterschiedliche Möglichkeiten gibt es, drei verschiedene Bücher in einem Regalfach anzuordnen, oder wie viel unterschiedliche Varianten der Sitzordnung innerhalb einer Klasse existieren?“
Natürlich gibt es viele weitere reale Situationen, welche man mit einem entsprechenden Urnenversuch simulieren kann. Überlegt euch weitere Aufgabenstellungen bzw. informiert euch bei euren Eltern oder im Internet. Ordnet diese Situationen dem entsprechenden Urnenmodell zu. Fertigt für die dargestellten Urnenversuche die dazugehörigen Baumdiagramme an.

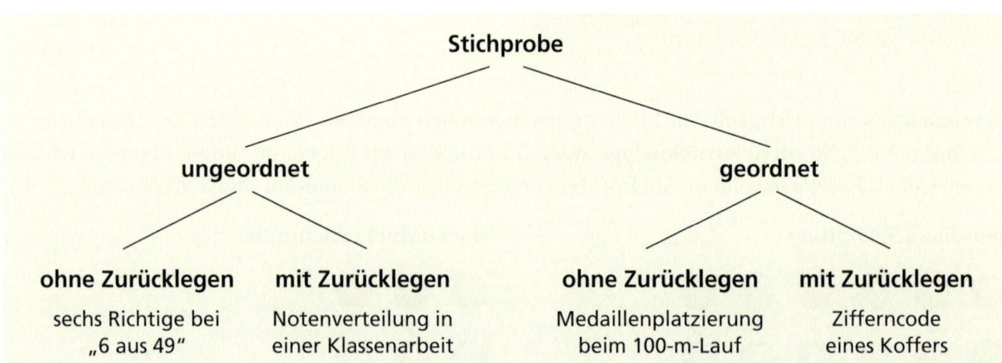

Aufgaben

1. Wie viele unterschiedliche Wörter können aus genau drei verschiedenen Buchstaben hergestellt werden?
   a) Diskutiere die unterschiedlichen Möglichkeiten. Welche Urnenmodelle könnte man unter welchen Bedingungen anwenden?
   b) Zeichne die entsprechenden Baumdiagramme und nenne die möglichen Ergebnisse.

2. Wie viele unterschiedliche fünfstellige Zahlen kann man aus fünf verschiedenen Ziffern erzeugen? Um welches Urnenmodell handelt es sich? Ist es sinnvoll, ein Baumdiagramm zu zeichnen? Begründe.

3. Jörg besitzt fünf unterschiedliche Basketballtrikots und vier verschiedene Sporthosen. Wie viele unterschiedliche Outfits kann er zusammenstellen? Stelle ein Urnenexperiment zusammen, welches dieses Experiment simuliert. Zeichne das dazugehörige Baumdiagramm. Mit welcher Wahrscheinlichkeit wählt er bei zufälliger Entscheidung genau ein bestimmtes Outfit aus?

4. Steffi hat vier verschiedene Bücher, welche sie alle in ein Regalfach einordnen möchte. Wie viele Möglichkeiten der Anordnung gibt es? Mit welchem Urnenversuch könnte man dieses Problem simulieren?

5. Ein Computer versteht nur die zwei Zustände: „Es fließt Strom" oder „Es fließt kein Strom". Wie viele Zeichen kann man aus den beiden Zuständen bei acht Auswahlmöglichkeiten erzeugen? Beschreibe ein Urnenexperiment.

6. Beim Lotto befinden sich 49 Kugeln, welche mit Nummern von 1 bis 49 versehen sind, in einem Behältnis. Genau sechs dieser Kugeln werden nacheinander aus dem Behältnis gezogen. Gewonnen hat derjenige, der die sechs richtigen Zahlen getippt hat. Wie viele unterschiedliche Tippversuche gibt es? Um welches Urnenexperiment handelt es sich?

7. Peter besitzt zwei äußerlich gleiche Geldbörsen mit folgendem Inhalt:
   Börse 1: acht Euromünzen aus Deutschland, zwei aus Italien, drei aus den Niederlanden
   Börse 2: zwei Euromünzen aus Deutschland, eine aus Frankreich, zwei aus Spanien und vier aus den Niederlanden.
   Peter zieht mit verbundenen Augen zunächst eine Geldbörse und danach eine Münze daraus. Wie groß ist die Wahrscheinlichkeit, dass es sich um eine Euromünze aus Deutschland (aus den Niederlanden) handelt?

8. Das Wahrzeichen eines Gymnasiums sind Eulen, welche auch den Eingang zur Schule zieren. Der stellvertretende Schulleiter sammelt aus Leidenschaft die unterschiedlichsten Eulenskulpturen aus allen Regionen. Er besitzt schon 13 verschiedene Figuren.
   Wie viele Möglichkeiten gibt es, diese Eulen in einer Reihe anzuordnen?
   Nenne das zugehörige Urnenexperiment.

Übersicht über die Auswahl- und Anordnungsmöglichkeiten

Die folgende Übersicht kann dir helfen, zu entscheiden, um welches Auswahlverfahren es sich handelt (siehe S. 20).

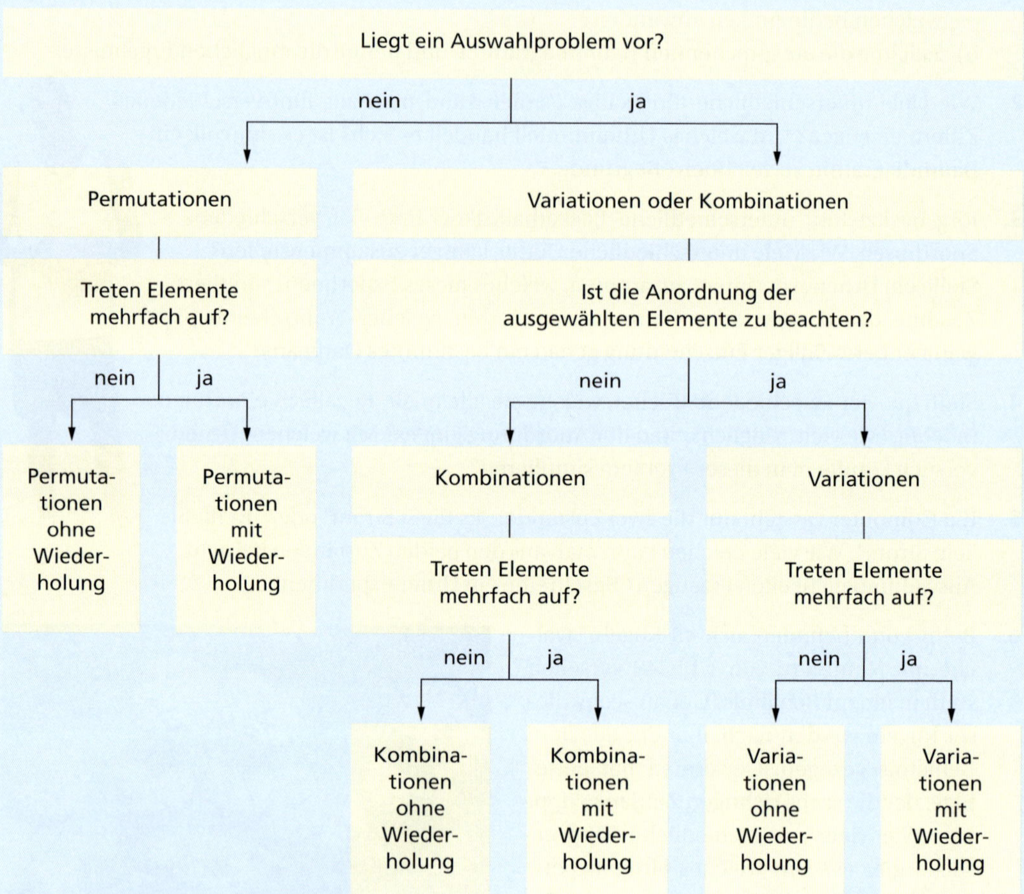

Permutationen ohne Wiederholung	Permutationen mit Wiederholung	Kombinationen ohne Wiederholung	Kombinationen mit Wiederholung	Variationen ohne Wiederholung	Variationen mit Wiederholung
$n!$	$\frac{n!}{n_1! \cdot n_2! \cdot \ldots \cdot n_k!}$	$\binom{n}{k}$	$\binom{n+k-1}{k}$	$\frac{n!}{(n-k)!}$	n^k

Beispiele:

verschiedene Anordnungen der vier Buchstaben A, B, C und D finden	fünfstellige Zahlen aus den Ziffern 1; 1; 8; 8; 8 bilden	Anzahl der Tipps bei „6 aus 49" bestimmen	alle Dreierkombinationen aus den Zahlen 2; 4; 6 und 8 bilden	aus den Elementen a, b, c, d, e, f Paare ohne Buchstabendoppel bilden	aus den Elementen a, b, c, d, e, f alle geordneten Paare bilden

1.4 Gemischte Aufgaben

1. Denke dir ein Zufallsexperiment aus. Stelle dein Experiment deinen Mitschülern vor und werte dieses aus. Verwende dabei die Begriffe Vorgang, Merkmal, mögliche Ergebnisse, Ereignisse, Bedingungen.

2. Tom und Anton bauen ein Glücksrad mit sechs Feldern, in denen die Zahlen 1 bis 6 stehen.

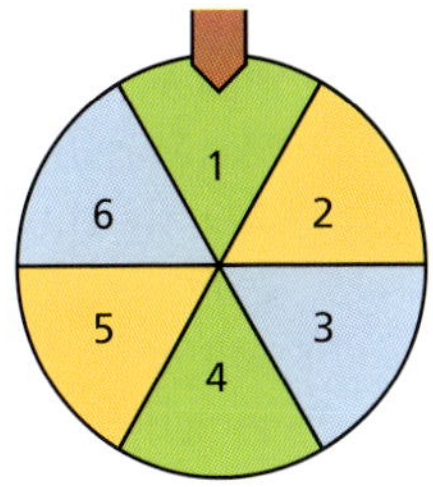

a) Gib die Ergebnismenge für den Vorgang „Drehen des Glücksrads" an.

b) Mit welcher Wahrscheinlichkeit wird
① die 1,
② eine gerade Zahl,
③ eine gerade Primzahl gedreht?

3. Mattes und Simon machen ein Spiel mit einem selbst gebauten Glücksrad. Sie teilen es in neun gleiche Sektoren ein und versehen diese mit den Zahlen 1 bis 9. Mattes gewinnt zehn Cent, wenn der Zeiger auf einer Primzahl steht. Andernfalls gewinnt Simon zehn Cent.
Ist das Spiel gerecht? Begründe.

4. Eine Kontrolle auf einer viel befahrenen Straße ergab bei 3 570 Fahrzeugen, dass 427 Fahrzeugführer zu schnell fuhren und 88 Fahrzeugführer nicht angeschnallt waren.

a) Schätze die Wahrscheinlichkeit, dass ein Fahrer an dieser Stelle zu schnell fährt.

b) Schätze die Wahrscheinlichkeit, mit der sich ein Fahrer in dieser Region nicht anschnallt.

5. In einen Ziehungsbehälter sollen schwarze und weiße Kugeln gelegt werden, sodass die Wahrscheinlichkeit, eine weiße zu ziehen, den folgenden Wert hat:

a) 10 % b) 50 % c) 20 % d) 0,5 % e) $33\frac{1}{3}$ % f) 75 % g) 100 %

Gib jeweils zwei mögliche Anzahlen schwarzer und weißer Kugeln an.

6. In einer Spielshow kann man eine Reise gewinnen. Dazu muss man mit geschlossenen Augen zuerst einen von drei Töpfen wählen. Der Kandidat zieht aus seinem Topf zwei Kugeln. Hat er eine blaue und eine rote Kugel gezogen (Reihenfolge uninteressant), so hat er die Reise gewonnen. Folgende Töpfe stehen zur Auswahl:

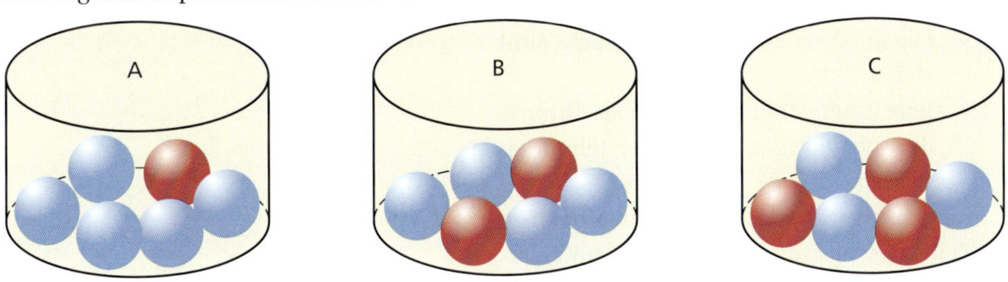

a) Wie groß ist jeweils die Wahrscheinlichkeit, eine Reise zu gewinnen?

b) Die Frau des Kandidaten fragt, ob sie vor dem Spiel die Kugeln umverteilen darf. Der Showmaster stimmt zu. Wie würdest du die Kugeln auf die Töpfe verteilen, um eine möglichst große Gewinnchance zu haben?

c) Begründe deine Aussage durch eine Simulation nach der Monte-Carlo-Methode.

7. Eine Familie mit drei Kindern lost täglich, wer den Müll entsorgen muss. Dazu hat der Vater drei Karten (zwei schwarze und eine rote) vorbereitet. Wer die rote Karte zieht, ist an der Reihe. Die Kinder ziehen stets in der Reihenfolge ihres Alters.
Berechne folgende Wahrscheinlichkeiten:

a) Mit welcher Wahrscheinlichkeit ist das erste, das zweite bzw. das dritte Kind an der Reihe? Ist das Verfahren gerecht?

b) Mit welcher Wahrscheinlichkeit kommt ein Kind zweimal hintereinander an die Reihe?

c) Mit welcher Wahrscheinlichkeit muss das gleiche Kind eine ganze Woche lang den Müll entsorgen?

8. Beim „Mensch-ärgere-dich-nicht"-Spiel benötigt man eine Sechs, um das Haus verlassen zu können. Jeder Spieler soll in jeder Runde nur einmal würfeln. Löse die folgenden Aufgaben, nachdem du die entsprechenden Baumdiagramme erstellt und die Pfade markiert hast.
Mit welcher Wahrscheinlichkeit darfst du das Haus verlassen

a) in der 1. Runde, b) in der 1. oder 2. Runde, c) erst in der 3. Runde?

9. Wie groß ist die Wahrscheinlichkeit, dass bei dreimaligem Würfeln nur die Augenzahlen 2, 3 und 4 in beliebiger Reihenfolge, aber jeweils nur genau ein Mal geworfen werden?

10. Die Bezeichnung „Binomialkoeffizient" hängt mit dem **binomischen Satz** zusammen, der angibt, wie die n-te Potenz des Binoms (a + b) berechnet wird.
Es gilt: $(a+b)^n = \binom{n}{0} a^n + \binom{n}{1} a^{n-1} \cdot b + \binom{n}{2} a^{n-2} \cdot b^2 + \ldots + \binom{n}{n-1} a \cdot b^{n-1} + \binom{n}{n} b^n$

a) Zeige, dass die binomische Formel $(a+b)^2 = a^2 + 2ab + b^2$ ein Spezialfall des binomischen Satzes ist.

b) Gib mithilfe des binomischen Satzes eine Formel für die 3. und 4. Potenz eines Binoms an.

11. Die Binomialkoeffizienten findet man ebenfalls im pascalschen Dreieck, das nach folgenden Regeln gebildet wird:

- Die äußeren Zahlen des Dreiecks sind stets 1.
- Jede innere Zahl ergibt sich als Summe der beiden direkt darüberstehenden Zahlen.

Berechne nach den Regeln die nächste Zeile des pascalschen Dreiecks und vergleiche mit den Werten der Binomialkoeffizienten $\binom{6}{k}$ für k = 1; 2; …; 6.

n = 0	1
n = 1	1 1
n = 2	1 2 1
n = 3	1 3 3 1
n = 4	1 4 6 4 1
n = 5	1 5 10 10 5 1

12. Vor einer Zaubershow wurden an 60 von 300 Besuchern Kugeln zufällig verteilt. Während der Show bittet der Zauberer 15 Zuschauer auf die Bühne. Er behauptet, dass er sich sicher sei, dass wenigstens ein „Kugelbesitzer" auf der Bühne steht. Was hältst du von dieser Magie?

13. Bei einer Polizeikontrolle untersuchten die Beamten 250 Autos mit jugendlichen Fahrern, deren Alter bis 27 Jahre betrug, und 750 Autos mit Fahrern, die älter waren. Bei den jugendlichen Fahrern wurden 50, bei den älteren Fahrern 80 Fahrzeuge mit Mängeln entdeckt.

a) Erstelle aus diesen Angaben ein Baumdiagramm.

b) Entscheide und begründe, ob die Wahrscheinlichkeit für ein mangelhaftes Auto von den betrachteten Altersgruppen der Fahrer abhängig war.

c) Zeige, dass die Wahrscheinlichkeit, bei dieser Verkehrskontrolle ein Auto mit Mängeln zu entdecken, 0,13 betrug.

d) Wie viele Autos mit Mängeln können die Beamten bei der Kontrolle der nächsten 200 Autos erwarten, wenn sie von derselben Wahrscheinlichkeit ausgehen?

e) Mit welcher Wahrscheinlichkeit sind unter den nächsten zehn Autos folgende Fälle zu finden:

A: mindestens ein mangelhaftes Auto
B: mehr als ein mangelhaftes Auto
C: kein mangelhaftes Auto
D: mehr als neun mangelhafte Autos
E: genau neun mangelhafte Autos

14. Martin besitzt ein Fahrradschloss mit drei Einstellringen, auf denen jeweils die Ziffern 0 bis 9 abgebildet sind.

a) Wie groß ist die Wahrscheinlichkeit für genau eine Zahl (z. B. „123“)?

b) Mit welcher Wahrscheinlichkeit handelt es sich um eine Zahl, welche mit der Ziffer 9 beginnt?

c) Wie groß ist die Wahrscheinlichkeit, dass die Zahl mit den Ziffern 13 beginnt?

d) Mit welcher Wahrscheinlichkeit handelt es sich um eine Zahl mit drei gleichen Ziffern?

e) Wie viel unterschiedliche Zahlen kann man einstellen?

f) Wenn man für das Einstellen einer Zahl und die Überprüfung, ob das Schloss offen ist, 15 Sekunden benötigt, wie lange braucht man dann höchstens für das Öffnen?

15. Sebastian spielt Klavier und möchte selbst komponieren. Er überlegt, wie viele Möglichkeiten es gibt, aus den Tönen dieser Tonleiter eine Melodie zu bilden, wobei auch Töne mehrfach auftreten können.

Wie viele Möglichkeiten gibt es

a) für eine Tonfolge von drei Tönen Länge,
b) für eine Tonfolge von vier Tönen Länge,
c) für eine Tonfolge von fünf Tönen Länge?

16. Der Blindenlehrer Louis Braille (1809 bis 1852), der selbst schon mit drei Jahren erblindet war, entwickelte eine noch heute gebräuchliche Blindenschrift, mit der Blinde ebenso schnell und sicher lesen lernen wie Sehende. Jeder „Buchstabe“ der Schrift besteht aus drei Zeilen mit jeweils zwei Zeichen. Diese sechs Stellen sind entweder erhaben oder flach.
Wie viele verschiedene Zeichen sind auf diese Weise möglich?

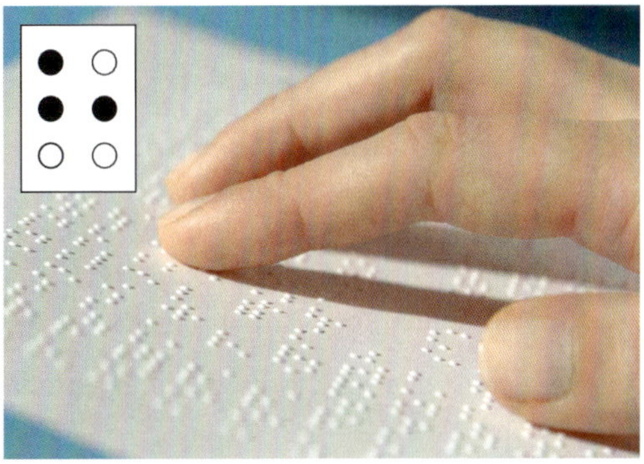

1. Eine Familie bestellt für die Silvesterfeier zwölf Pfannkuchen, von denen drei mit Senf gefüllt werden sollen, die äußerlich von den anderen nicht zu unterscheiden sind.
   a) Kilian greift zuerst zu. Mit welcher Wahrscheinlichkeit bekommt er einen senfgefüllten Pfannkuchen?
   b) Kilian hatte Pech und einen Pfannkuchen mit Senf erwischt. Als Nächste nimmt sich Nina einen Pfannkuchen. Mit welcher Wahrscheinlichkeit wählt sie einen mit Senf?

2. Katharina wirft dreimal hintereinander einen Spielwürfel (Hexaeder). Wie groß ist die Wahrscheinlichkeit, dass sie mindestens zweimal die Augenzahl 3 erhält?

3. Von den 24 Schülern einer Klasse (16 Jungen und 8 Mädchen) haben vier die Hausaufgaben vergessen. Der Lehrer wählt zu Beginn der Stunde zufällig einen Schüler aus, der seine Hausaufgaben zur Kontrolle abgeben soll.
   a) Mit welcher Wahrscheinlichkeit muss ein Mädchen die Aufgaben vorzeigen?
   b) Mit welcher Wahrscheinlichkeit wählt der Lehrer einen Schüler, der die Hausaufgaben vergessen hat?

4. Bei einer Verkehrskontrolle von 180 Autos fehlte in 15 Autos nur das Warndreieck, bei 20 Autos wurde eine defekte Lampe gefunden. Zehn Autos wiesen beide Mängel auf.
   a) Bestimme die Wahrscheinlichkeit, dass ein kontrolliertes Auto mindestens einen Mangel aufweist.
   b) Wie viele mangelhafte Autos können bei der nächsten Kontrolle von 500 Autos erwartet werden, wenn die gleiche Mängelwahrscheinlichkeit vorausgesetzt wird?

5. Löse mithilfe von Baumdiagrammen und Zählregeln.
   a) Karin möchte in ihrem Zimmer drei Poster in einer Reihe an die Wand kleben. Sie sucht nach einer günstigen Reihenfolge und überlegt, wie viele Möglichkeiten für die Reihenfolge sie insgesamt hat.
   b) Björn hat vier Freunde (Olaf, Christoph, Paul und Bert). Er darf zwei von ihnen mitnehmen, wenn er mit seinen Eltern ins Schwimmbad fährt. Wie viele Auswahlmöglichkeiten hat er dafür?

6. Autonummern einer Stadt können nach dem Zeichen für die Stadt (ABC) einen Buchstaben und genau drei Ziffern haben.
   a) Wie viele Autos können mit derartigen Schildern in dieser Stadt zugelassen werden?
   b) Die Anzahl der Autos in dieser Stadt steigt jährlich, sodass eine weitere Stelle auf dem Nummernschild belegt werden muss.
   Würdest du eine weitere Ziffer oder einen weiteren Buchstaben einführen? Begründe.
   c) Wie viele Autos können zugelassen werden, wenn ein weiterer Buchstabe verwendet wird?

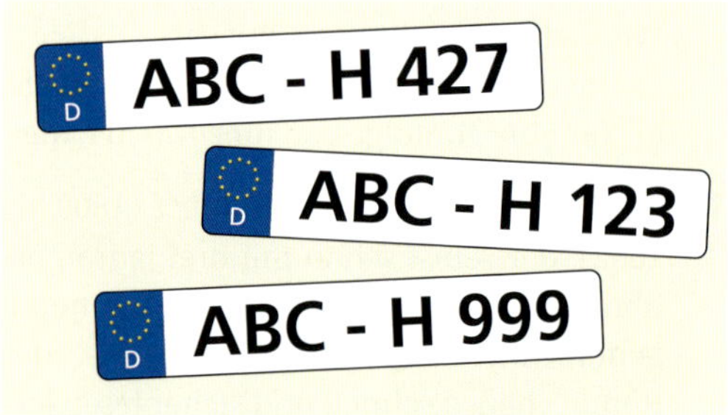

7. Berechne folgende Binomialkoeffizienten:
   a) $\binom{7}{3}$ b) $\binom{10}{2}$ c) $\binom{10}{8}$

Grundbegriffe und Betrachtungsweisen der Stochastik

Zufälliger Vorgang: Vorgang, der verschiedene Ergebnisse haben kann

Modell für zufällige Erscheinungen:

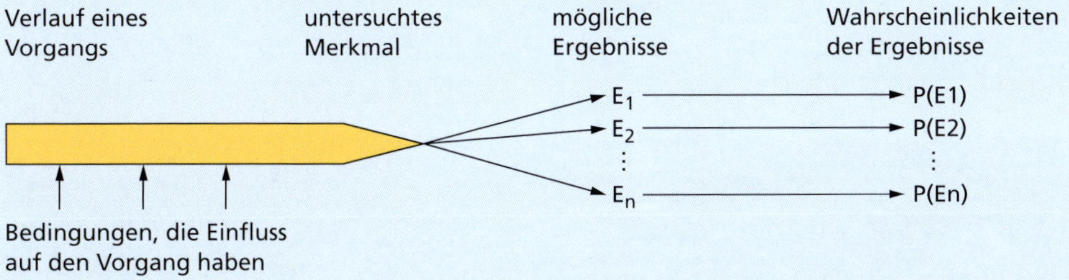

Ergebnismenge: $S = \{E_1; E_2; \ldots E_n\}$

Wurf eines Würfels: $S = \{1; 2; 3; 4; 5; 6\}$

Zufälliges Ereignis:
Aussage über Ergebnisse des Vorgangs

Vorgang: Wurf eines Würfels
Ereignis: Die Augenzahl ist gerade.

Arten zufälliger Vorgänge:

- physikalisch-technische Vorgänge — Herstellung eines Werkstücks
- biologische Prozesse — Wachstum einer Getreidepflanze

Mehrfache Wiederholung zufälliger Vorgänge:

- mehrfacher Ablauf — eine Münze zehn Mal werfen
- gleichzeitiger Ablauf — Körperwachstum aller Schüler

Ermittlung bzw. Berechnung von Wahrscheinlichkeiten:

- Kenntnisse oder Annahmen über die Bedingungen des Vorgangs, insbesondere zur Gleichwahrscheinlichkeit der Ergebnisse

  regelmäßiger Aufbau eines Würfels:
  $\rightarrow$ alle 6 Seiten gleich wahrscheinlich
  P(Es fällt eine 6.) $= \frac{1}{6}$

- vorliegende Ergebnisse mehrfacher Wiederholungen des Vorgangs bei gleichen Bedingungen

  50 Trainingssprünge eines Schülers:
  $\rightarrow$ relative Häufigkeit der Sprungweiten als Näherungswerte für Wahrscheinlichkeit der Sprungweiten

- mithilfe bekannter Wahrscheinlichkeiten

  Wahrscheinlichkeit des Gegenereignisses $\overline{A}$: $P(\overline{A}) = 1 - P(A)$

  1. und 2. Pfadregel bei mehrstufigen Vorgängen

Fakultät:

Das Produkt der natürlichen Zahlen von 1 bis n (für n > 1) wird mit n! (lies: n Fakultät) bezeichnet.

$n! = 1 \cdot 2 \cdot 3 \cdot \ldots \cdot (n-2) \cdot (n-1) \cdot n$

Es wird definiert: $0! = 1$ und $1! = 1$

2 Trigonometrische Beziehungen

Verkehrsschilder

Eine Landstraße hat über eine Länge von 1,5 km eine Steigung von 18 %.

Wie viele Höhenmeter gewinnt man, wenn man die Straße über die angegebene Länge hinauffährt?

Vermessungsarbeiten

Oft kann man am Straßenrand Menschen bei der Arbeit beobachten. Eine Person hält eine Messlatte und eine weitere Person peilt diese Messlatte durch ein Messgerät, welches sich auf einem Stativ befindet, an.

Welche Größen werden von den Vermessungsingenieuren gemessen?

Wie werden die gemessenen Werte genutzt?

Entfernungsbestimmung

Ein Schiff ist drei Seemeilen östlich von einem Leuchtturm entfernt.

Innerhalb von 45 min fährt es auf geradem Wege an dem Leuchtturm vorbei und ist dann sieben Seemeilen vom Turm in südwestlicher Richtung entfernt.

Wie viele Seemeilen hat das Schiff während dieser Zeit zurückgelegt und wie groß ist seine Geschwindigkeit?

Winkel und Winkelbeziehungen

Ein Winkel entsteht, wenn ein Strahl s um seinen Anfangspunkt S gedreht wird. Originalstrahl s und Bildstrahl s' heißen **Schenkel,** das Drehzentrum S heißt **Scheitelpunkt.**

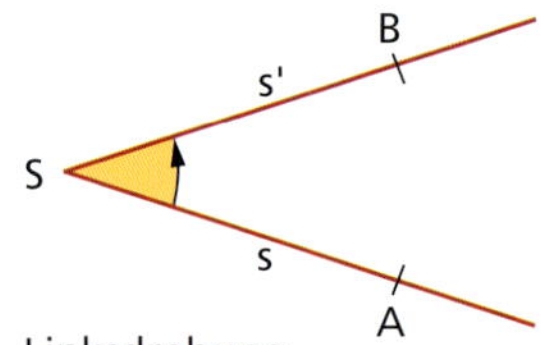

Linksdrehung
(entgegen dem Uhrzeigersinn)

Bezeichnung: $\sphericalangle$ ASB oder $(\overrightarrow{SA}; \overrightarrow{SB})$ oder $\sphericalangle$ (s; s')

Winkelarten

Man unterscheidet Winkel nach ihrer Größe.

Nullwinkel	Spitzer Winkel	Rechter Winkel	Stumpfer Winkel	Gestreckter Winkel	Überstumpfer Winkel	Vollwinkel
$\alpha = 0°$	$0° < \alpha < 90°$	$\alpha = 90°$	$90° < \alpha < 180°$	$\alpha = 180°$	$180° < \alpha < 360°$	$\alpha = 360°$
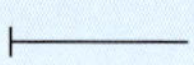	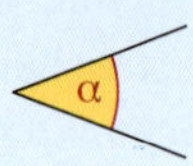	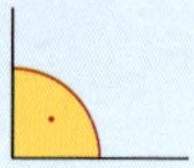	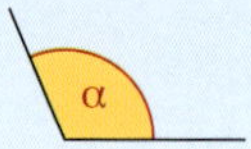	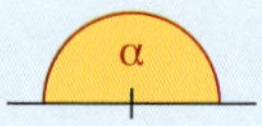	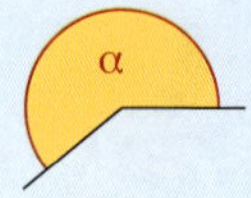	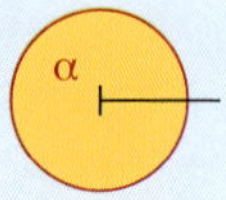

Winkelbeziehungen

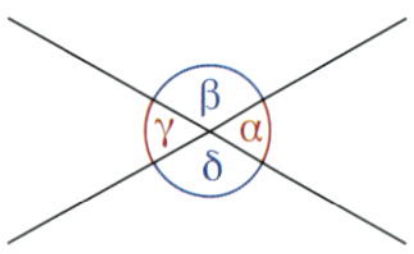

$\alpha + \beta = 180°$
Nebenwinkel
$\alpha = \gamma$
Scheitelwinkel

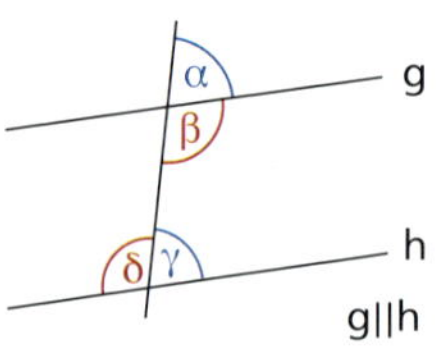

$\alpha = \gamma$
Stufenwinkel
$\beta = \delta$
Wechselwinkel

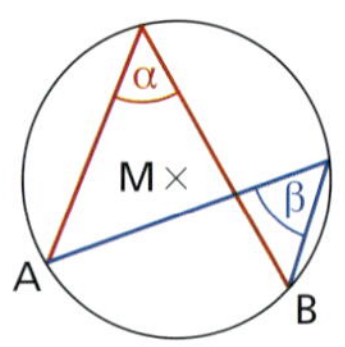

$\alpha = \beta$
Peripheriewinkel
über dem Bogen $\overset{\frown}{AB}$

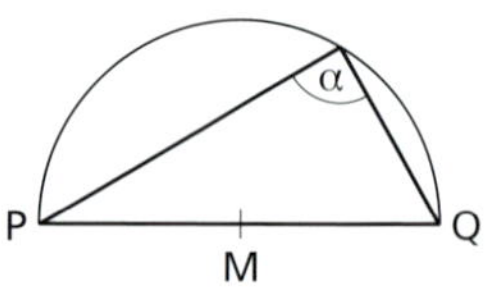

$\alpha = 90°$
Peripheriewinkel über
dem Durchmesser $\overline{PQ}$

Dreiecke

Innenwinkel

α, β, γ $\qquad$ $\alpha + \beta + \gamma = 180°$

Außenwinkel

$\alpha_1, \beta_1, \gamma_1$ $\qquad$ $\alpha + \alpha_1 = 180°$

$\beta_1 = \alpha + \gamma$

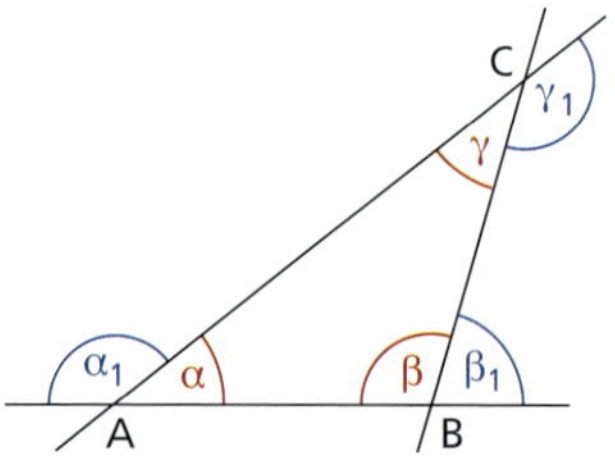

Dreiecksungleichung

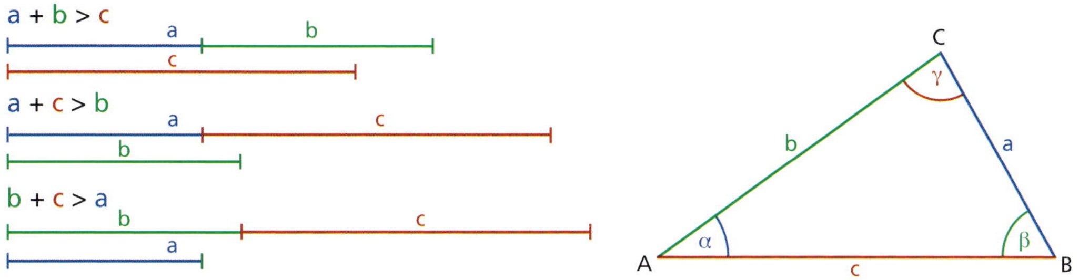

Seiten-Winkel-Relation

Wenn $a < b$, dann $\alpha < \beta$; wenn $\alpha > \beta$, dann $a > b$; wenn $a = b$, dann $\alpha = \beta$

Rechtwinklige Dreiecke

Ein rechter Innenwinkel
Wenn $\alpha = 90°$, dann $\beta + \gamma = 90°$
Wenn $\alpha = 90°$, dann $a^2 = b^2 + c^2$
(Satz des Pythagoras)

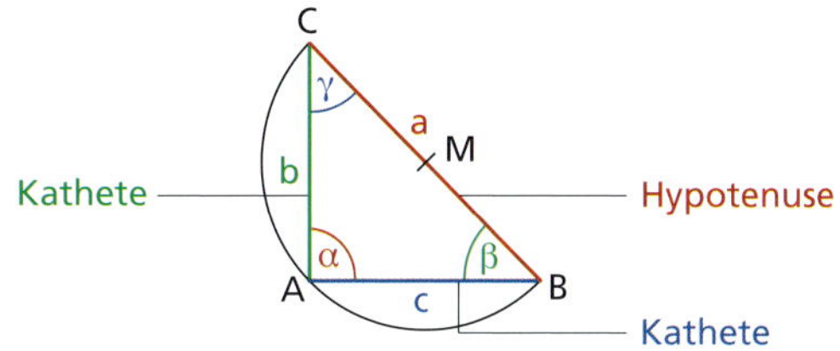

Flächeninhalt, Umfang von Dreiecken

$u = a + b + c$

$A = \frac{1}{2} a \cdot h_a = \frac{1}{2} b \cdot h_b = \frac{1}{2} c \cdot h_c$

Wenn $\beta = 90°$, dann $A = \frac{1}{2} b \cdot h_b = \frac{1}{2} a \cdot c$

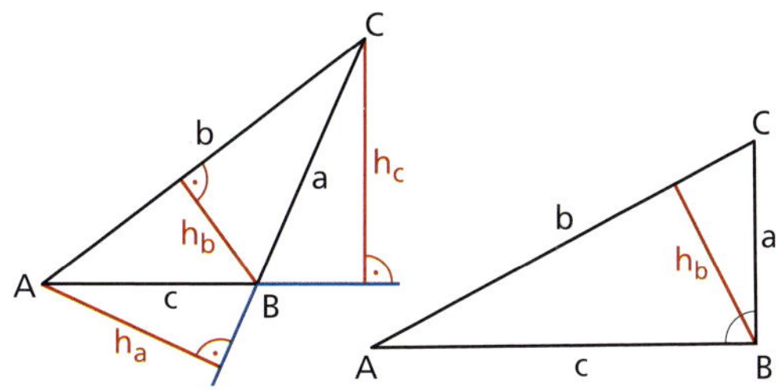

Kongruenzsätze für Dreiecke

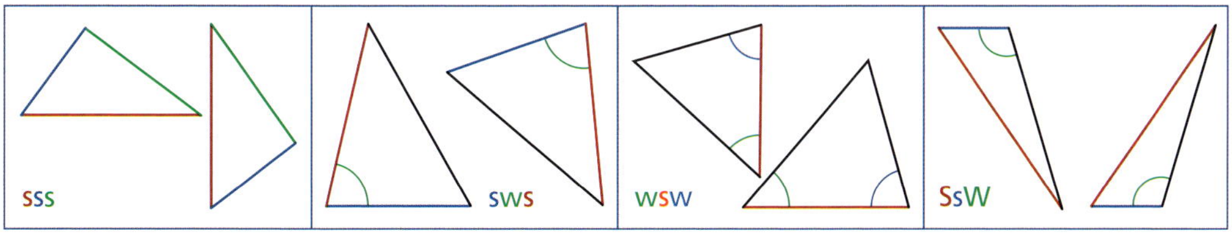

Ähnlichkeitssätze für Dreiecke

Zwei Dreiecke sind zueinander ähnlich, wenn sie übereinstimmen:
- in zwei Innenwinkeln (Hauptähnlichkeitssatz),
- im Verhältnis ihrer entsprechenden Seiten,
- in einem Innenwinkel und dem Verhältnis der anliegenden Seiten,
- im Verhältnis zweier entsprechender Seiten und dem der größeren Seite gegenüberliegenden Innenwinkel.

Aufgaben

1. Berechne die fehlenden Innenwinkel aller in der nebenstehenden Figur enthaltenen Dreiecke.

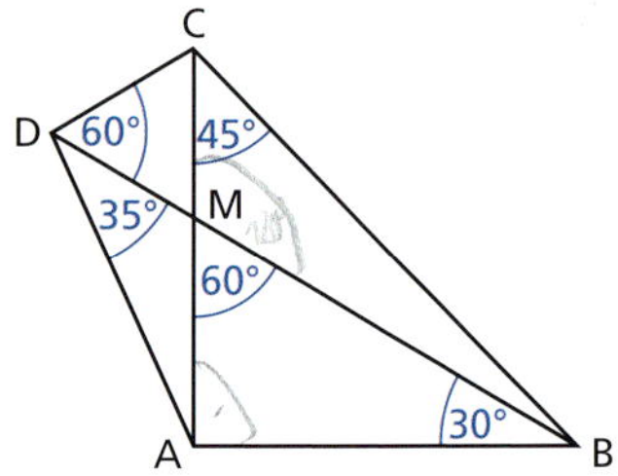

2. Konstruiere ein rechtwinkliges Dreieck ABC mit $\gamma = 90°$ aus folgenden Stücken. Gib eine Planfigur und einen Lösungsplan an und führe dann die Konstruktion durch.

a) $a = 2{,}5$ cm; $c = 4{,}2$ cm b) $\alpha = 68°$; $c = 5{,}4$ cm

c) $c = 6{,}3$ cm; $h_c = 2{,}5$ cm

3. Berechne alle blau gekennzeichneten Winkel in den folgenden Abbildungen und begründe die durchgeführten Rechnungen.

a)

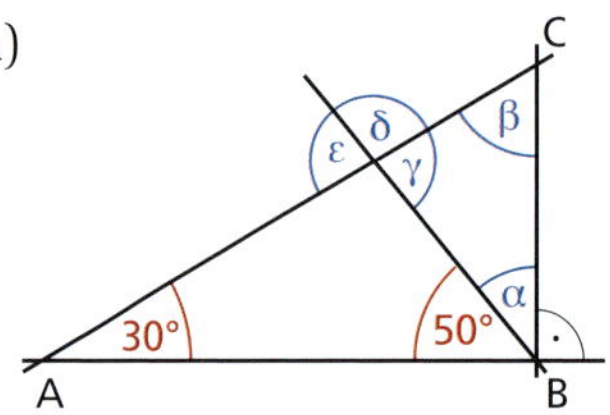

b)

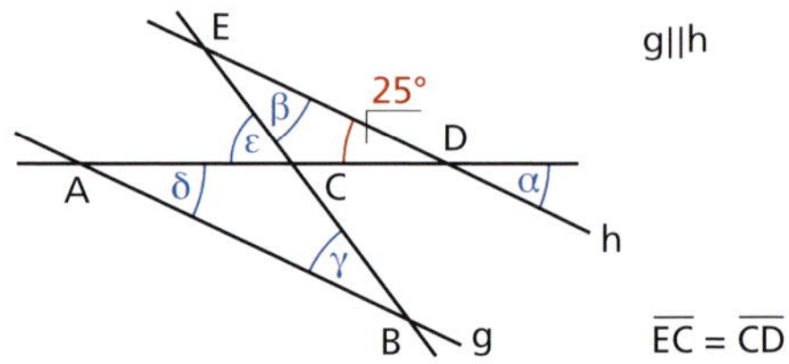

4. Gibt es Dreiecke ABC mit folgenden Seitenlängen? Begründe.

a)	b)	c)	d)	e)
$a = 5$ cm	$a = 8$ cm	$a = 9{,}4$ cm	$a = 5{,}2$ cm	$a = 6{,}4$ cm
$b = 6$ cm	$b = 5$ cm	$b = 17{,}5$ cm	$b = 7{,}8$ cm	$b = 1{,}8$ cm
$c = 7$ cm	$c = 3$ cm		$c = 3{,}8$ cm	$c = 3{,}5$ cm

5. Vergleiche jeweils die Größe der den angegebenen Winkeln gegenüberliegenden Seiten eines Dreiecks. Kannst du etwas über die Größe der jeweils dritten Seite aussagen?
Welche Dreiecksart liegt jeweils vor?

a) $\alpha = 42°$; $\beta = 75°$ b) $\alpha = 30°$; $\gamma = 120°$ c) $\beta = 45°$; $\gamma = 90°$ d) $\alpha = 60°$; $\beta = 60°$

6. Untersuche die folgenden Figuren auf zueinander kongruente Dreiecke.
Begründe deine Entscheidungen und gib jeweils den entsprechenden Kongruenzsatz an.
Stücke, die mit gleicher Farbe (Rot, Blau) gekennzeichnet sind, sollen gleich sein.

a)

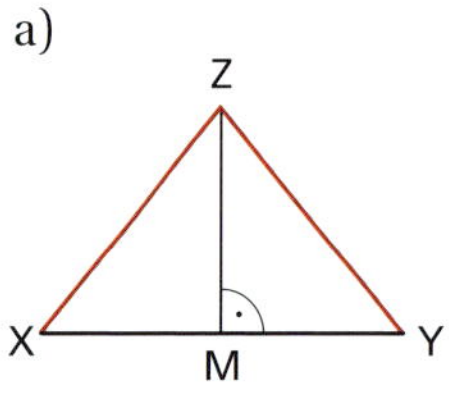

b)

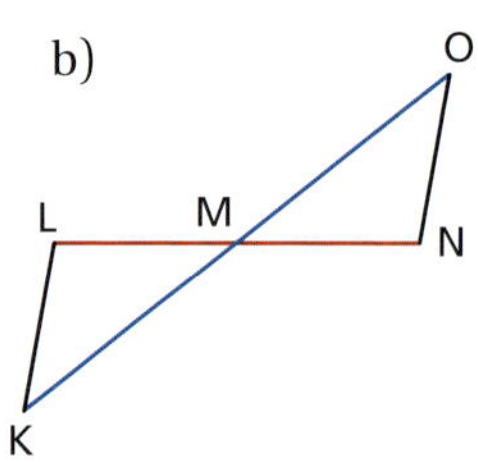

c)

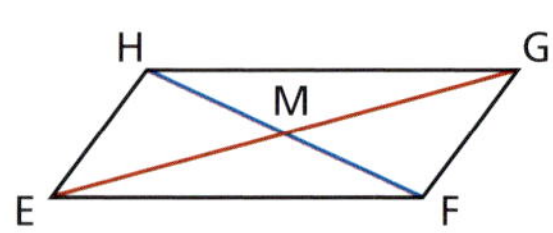

d)

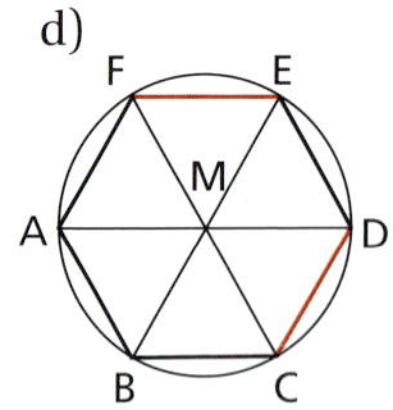

7. Das Viereck ABCD ist ein Parallelogramm mit $\overline{AE} = \overline{ED}$ und $\overline{BF} = \overline{FC}$. Begründe deine Antworten.

a) Welche Dreiecke sind zueinander kongruent?
b) Welche Dreiecke sind zueinander ähnlich?
c) Welche Dreiecke sind flächengleich?
d) Was für ein Viereck ist EBFD bzw. EBCD?

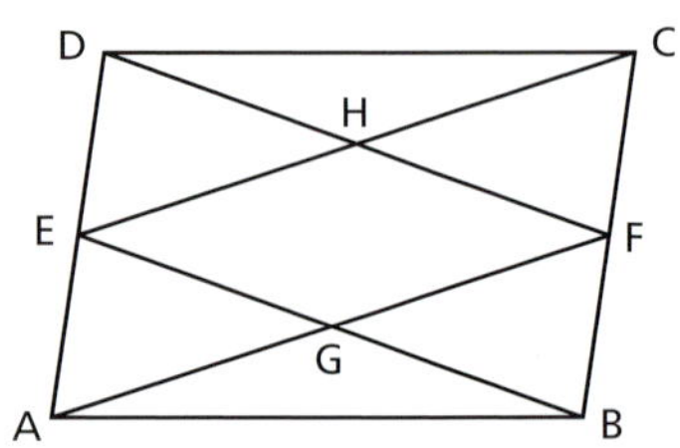

8. Beweise, dass die gelb markierten Dreiecke zueinander kongruent sind.

a)

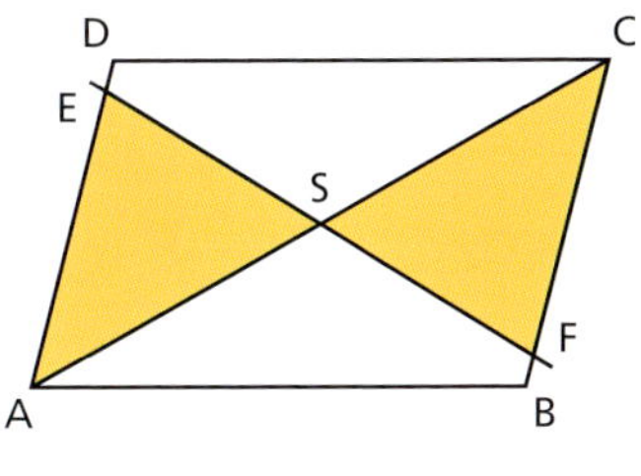

$\overline{AS} = \overline{SC}$; ABCD Parallelogramm

b)

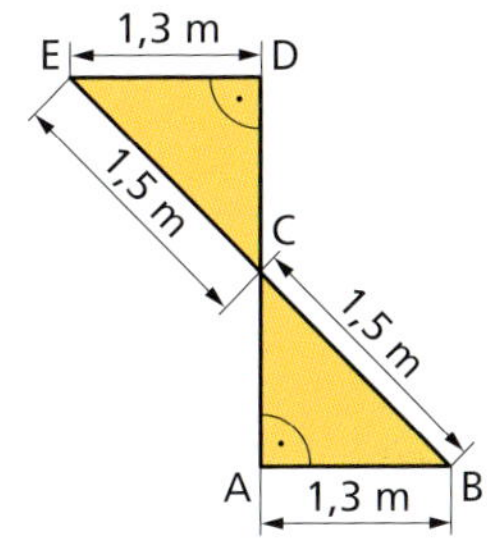

9. Berechne die Flächeninhalte folgender Dreiecke.
Entnimm die erforderlichen Maße der Zeichnung.

a)

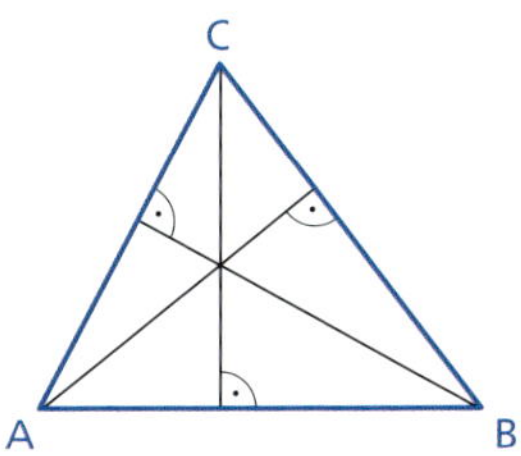

△ ABC

b)

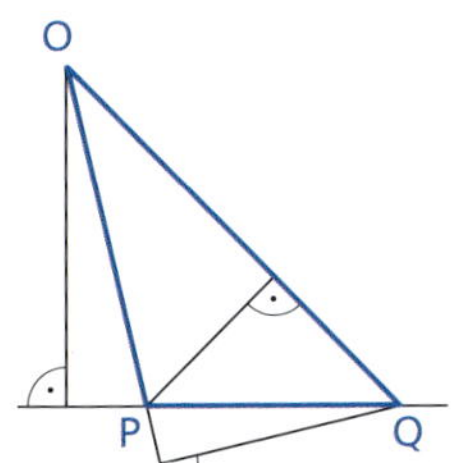

△ OPQ

c)

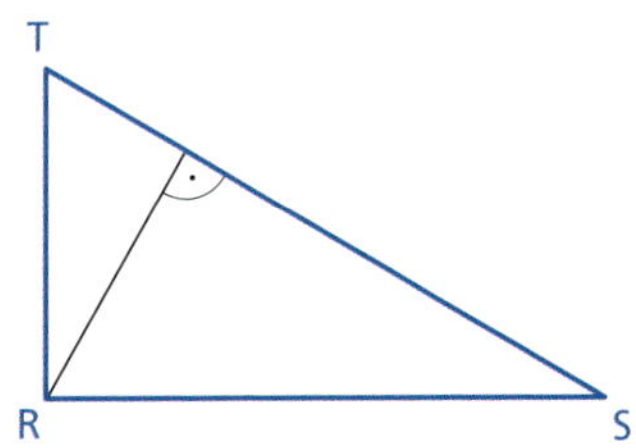

△ RST

10. Berechne die Längen der rot markierten Strecken.

a)

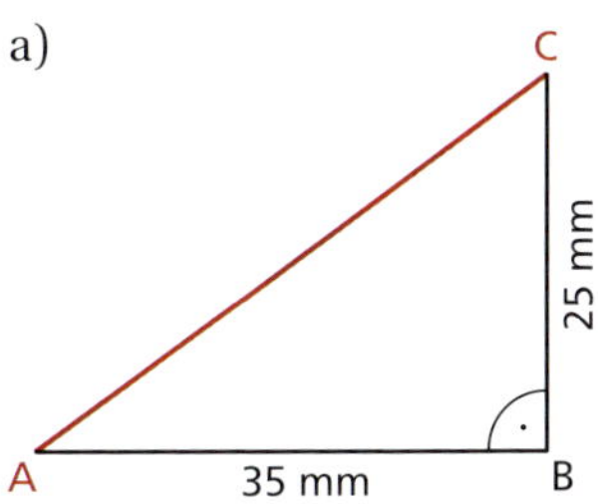

b)

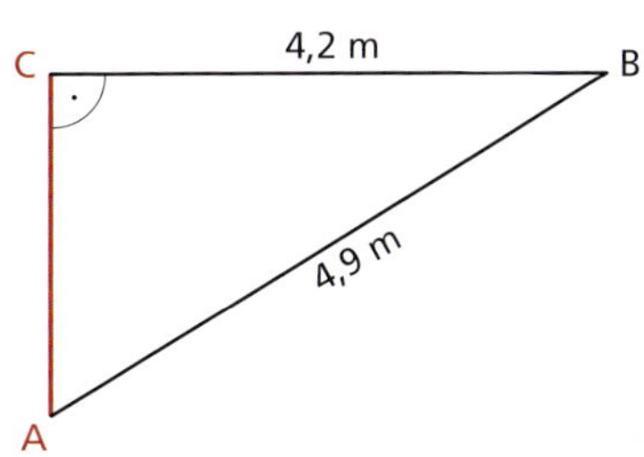

c)

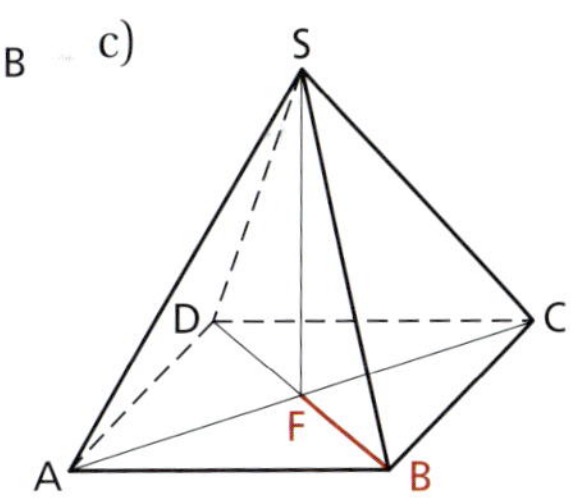

$\overline{SF} = 23$ m; $\overline{SB} = 31$ m

11. Von den rechtwinkligen Dreiecken ABC und DEF sind neben den rechten Winkeln jeweils zwei Seiten bekannt.

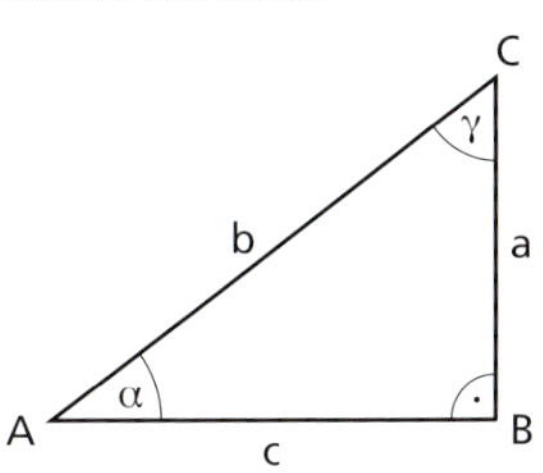

$\beta = 90°$
c = 8 cm
a = 6 cm

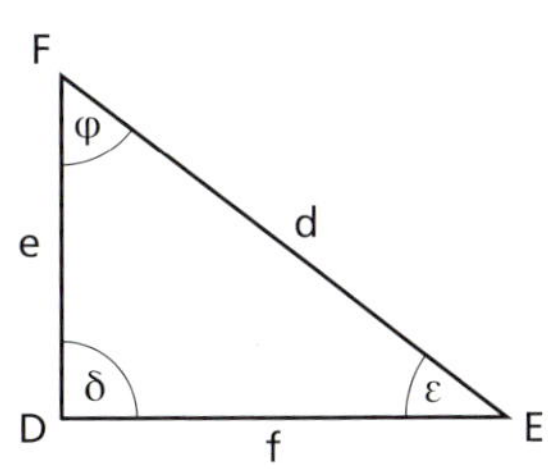

$\delta = 90°$
f = 12 cm
d = 15 cm

a) Ermittle alle anderen Stücke der Dreiecke (fehlende Seite, fehlende Winkel).
b) Beschreibe, wie du vorgegangen bist.
c) Erkennst du eine Beziehung zwischen den beiden Dreiecken? Begründe deine Vermutung.

2.1 Trigonometrische Berechnungen am rechtwinkligen Dreieck

Geometrische Fragestellungen

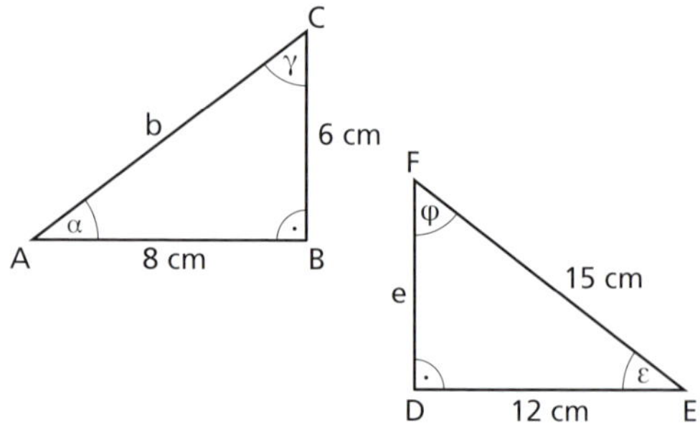

In der Aufgabe 11 auf Seite 33 sind zwei Dreiecke durch die Angabe des rechten Winkels und die Länge zweier Seiten gegeben. Die dritte Seite kann nach dem Satz des Pythagoras berechnet werden. Die fehlenden Winkel lassen sich bisher nicht berechnen. Da sich die Dreiecke aber eindeutig konstruieren lassen (Kongruenzsätze sws bzw. SsW), können die Winkel gemessen werden.
Die Ergebnisse zeigen, dass beide Dreiecke zueinander ähnlich sind (Hauptähnlichkeitssatz).
Offen ist die Frage: Lassen sich die Winkel auch berechnen?
Im Folgenden sollen zwei weitere Sachverhalte betrachtet werden:

Ausleger eines Autokrans

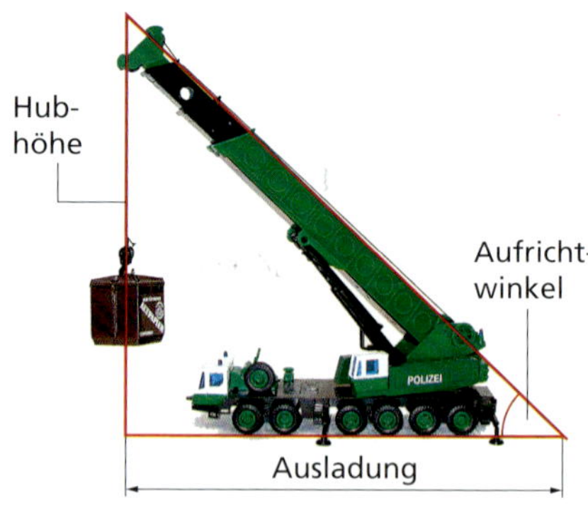

Der Ausleger eines Autokrans kann auf verschiedene Längen ausgefahren und unter verschiedenen Winkeln aufgerichtet werden. Davon hängen die Hubhöhe, die Ausladung und die Tragkraft ab.
Für einen konkreten Fall sind aus der erforderlichen Hubhöhe und der Ausladung der Aufrichtwinkel und die Ausfahrlänge zu ermitteln.
Nach dem Satz des Pythagoras kann die Ausfahrlänge berechnet werden.
Den Aufrichtwinkel kann man durch eine maßstäbliche Zeichnung ermitteln. Auch hier nutzt man die Ähnlichkeit entsprechender rechtwinkliger Dreiecke aus.

①

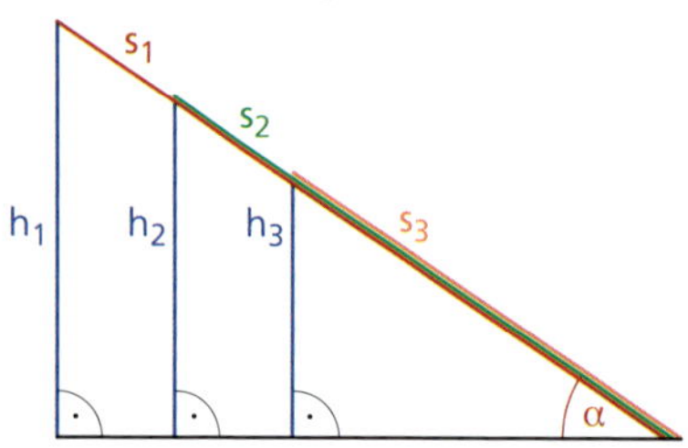

$$\frac{\text{Hubhöhe}}{\text{Ausfahrlänge}} = \frac{h_1}{s_1} = \frac{h_2}{s_2} = \frac{h_3}{s_3}$$

②

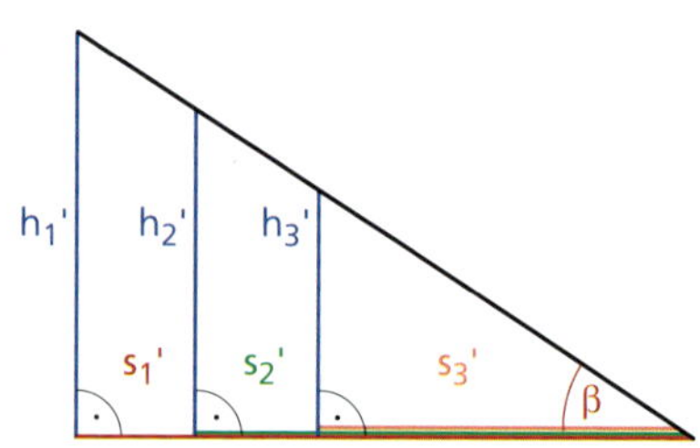

$$\frac{\text{Hubhöhe}}{\text{Ausladung}} = \frac{h_1'}{s_1'} = \frac{h_2'}{s_2'} = \frac{h_3'}{s_3'}$$

Für einen bestimmten Winkel ist das Verhältnis aus Hubhöhe und Ausfahrlänge konstant. Umgekehrt gehört zu einem festen Verhältnis aus Hubhöhe und Ausladung genau ein Aufrichtwinkel.
Gibt es Beziehungen zwischen Winkelgrößen und Seitenlängen, die man zur Berechnung fehlender Größen benutzen kann?

Steigung von Straßenabschnitten

Die Steigung von Straßenabschnitten wird oft in Prozent angegeben. Eine Steigung von p % bedeutet: Auf 100 Meter horizontale Länge beträgt die Höhendifferenz p Meter. Man kann die Steigung aber auch durch den Anstiegswinkel beschreiben.

a) Eine Landstraße hat eine Steigung von 14 %. Welcher Höhenunterschied ist auf einer Fahrlänge von 1,5 km zu überwinden? Wie groß ist der Anstiegswinkel α?

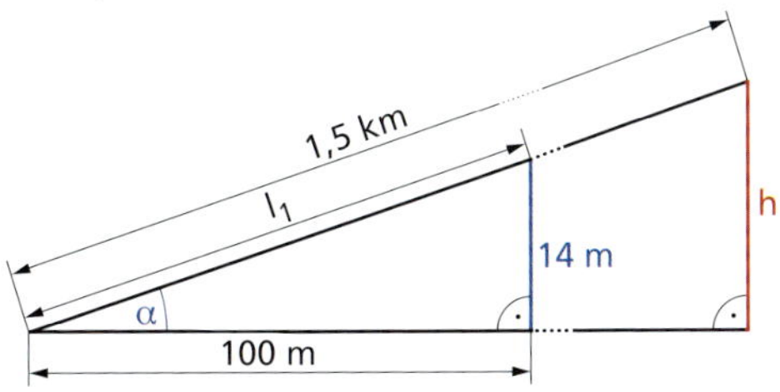

$l_1 \approx 101$ m (Pythagoras)

$\frac{h}{1500\text{ m}} = \frac{14\text{ m}}{101\text{ m}}$

$h \approx 208$ m

Der Steigungswinkel α wird in der maßstäblichen Zeichnung gemessen: $\alpha \approx 10°$

b) Eine Garageneinfahrt hat eine Länge von 8 m. Die Höhendifferenz beträgt 2,2 m. Wie groß ist die Steigung?

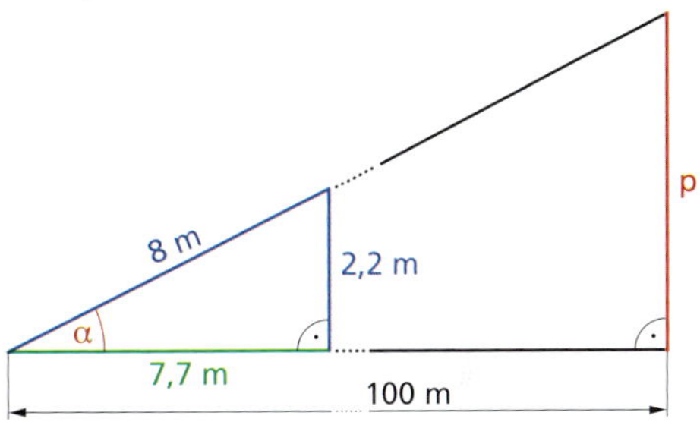

$p \approx 28{,}6$ m

Die Steigung beträgt etwa 29 %.

Der Anstiegswinkel kann in einer maßstäblichen Zeichnung gemessen werden. Er hat eine Größe von etwa 17°.

Zu jeder Steigung p % gehört genau ein Anstiegswinkel. Es wäre nützlich, wenn man diesen Winkel nicht nur messen, sondern auch berechnen könnte.
In beiden Sachverhalten werden rechtwinklige Dreiecke genutzt, um die Situation zu beschreiben und gesuchte Stücke zu ermitteln. Dabei spielen nicht nur die Längen der Seiten, sondern auch die Winkelgrößen eine Rolle.
Aus zwei gegebenen Seiten im rechtwinkligen Dreieck lässt sich nach dem Satz des Pythagoras die dritte Seite berechnen. Winkel können bisher nur durch Zeichnen bestimmt werden. Auch wenn von einem rechtwinkligen Dreieck eine Seite und ein weiterer Winkel gegeben sind, können die beiden anderen Seiten auf bisher bekannten Wegen rechnerisch nicht ermittelt werden.

Es wäre nützlich, wenn man eine Beziehung zwischen den Winkelgrößen und den Seitenlängen kennen würde. Dann wäre es möglich, alle gesuchten Stücke zu berechnen.

Solche Beziehungen zwischen den Winkelgrößen und den Seitenlängen sollen nun untersucht werden.

Was ist bekannt?

① Rechtwinklige Dreiecke, die in einem spitzen Innenwinkel übereinstimmen, sind zueinander ähnlich.

② In ähnlichen Dreiecken stehen entsprechende Seiten im gleichen Verhältnis, d. h.,
- für einen festen Innenwinkel sind die Seitenverhältnisse der betrachteten rechtwinkligen Dreiecke gleich,
- für unterschiedliche Innenwinkel sind die Seitenverhältnisse unterschiedlich.

Im rechtwinkligen Dreieck liegt die Hypotenuse dem rechten Winkel gegenüber. Die beiden Katheten liegen auf den Schenkeln des rechten Winkels.

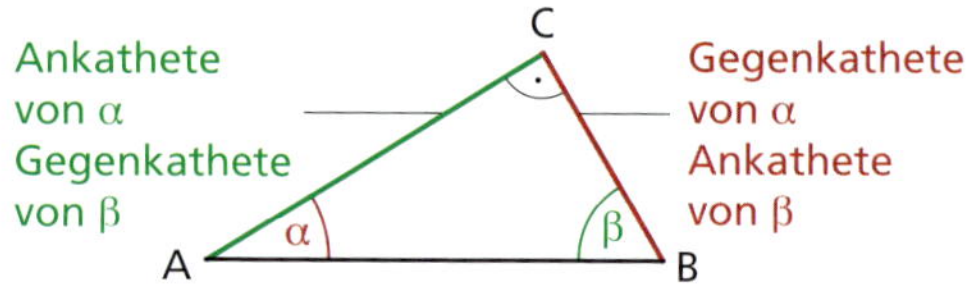

Die Lage einer Kathete zu den spitzen Innenwinkeln führt zu folgender Unterscheidung:
Die Kathete, die dem spitzen Innenwinkel α gegenüberliegt, heißt **Gegenkathete** von α, die andere Kathete, die auf dem Schenkel von α liegt, heißt **Ankathete** von α.
Zur Bezeichnung der Seitenverhältnisse (insgesamt gibt es sechs Möglichkeiten, davon werden aber nur drei betrachtet) werden feste Begriffe verwendet.

In einem rechtwinkligen Dreieck
- heißt das Verhältnis der Länge der Gegenkathete eines Innenwinkels zur Länge der Hypotenuse des Dreiecks **Sinus des Winkels** (Bezeichnung: $\sin\alpha$, $\sin\beta$),
- heißt das Verhältnis der Länge der Ankathete eines Innenwinkels zur Länge der Hypotenuse des Dreiecks **Kosinus des Winkels** (Bezeichnung: $\cos\alpha$, $\cos\beta$),
- heißt das Verhältnis der Länge der Gegenkathete eines Innenwinkels zur Länge der Ankathete dieses Winkels **Tangens des Winkels** (Bezeichnung: $\tan\alpha$, $\tan\beta$).

$$\sin\alpha = \frac{\textbf{Gegenkathete von }\alpha}{\textbf{Hypotenuse}} \qquad \sin\alpha = \frac{a}{c} \qquad \sin\beta = \frac{b}{c}$$

$$\cos\alpha = \frac{\textbf{Ankathete von }\alpha}{\textbf{Hypotenuse}} \qquad \cos\alpha = \frac{b}{c} \qquad \cos\beta = \frac{a}{c}$$

$$\tan\alpha = \frac{\textbf{Gegenkathete von }\alpha}{\textbf{Ankathete von }\alpha} \qquad \tan\alpha = \frac{a}{b} \qquad \tan\beta = \frac{b}{a}$$

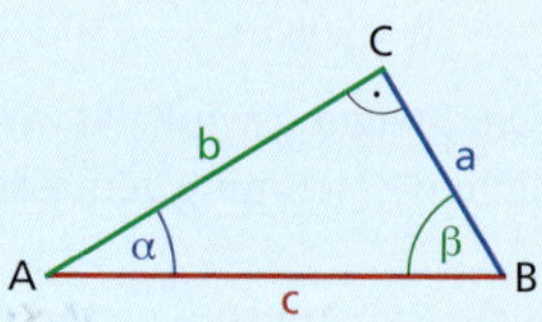

Berechnungen an rechtwinkligen Dreiecken

Der Sinus eines Winkels

Der Sinus eines Winkels kann näherungsweise grafisch ermittelt werden.
Dazu zeichnet man ein beliebiges rechtwinkliges Dreieck mit dem Innenwinkel α, misst die Länge der Gegenkathete a und der Hypotenuse c und bildet den Quotienten.

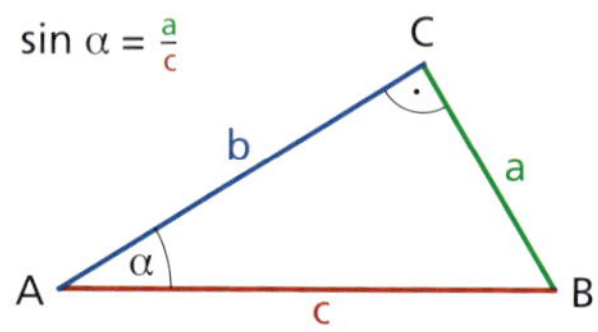

Zu bestimmen ist sin 40°.

Gegeben: $\alpha = 40°$ Gesucht: sin 40°

Durch Messung erhält man a = 2 cm; b = 3,1 cm.

Skizze:

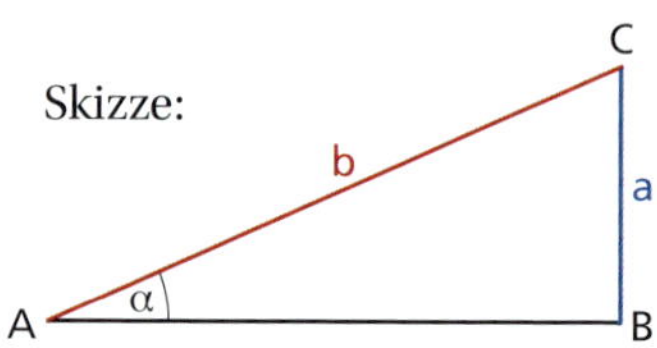

Lösung: 1. Lösungsmöglichkeit $\sin\alpha = \frac{a}{b}$

$\sin 40° = \frac{2\text{ cm}}{3{,}1\text{ cm}} \approx 0{,}64$

2. Lösungsmöglichkeit rechtwinkliges Dreieck mit $\alpha = 40°$; $\gamma = 90°$; c = 10 cm

$\sin 40° = \frac{6{,}4\text{ cm}}{10\text{ cm}} = 0{,}64$

Antwort: sin 40° ist rund 0,64.

Wie groß ist der Winkel α, wenn bekannt ist, dass der Sinus von α den Wert 0,4 hat?

Gegeben: $\sin\alpha = 0{,}4$ Gesucht: α

Zeichnung:

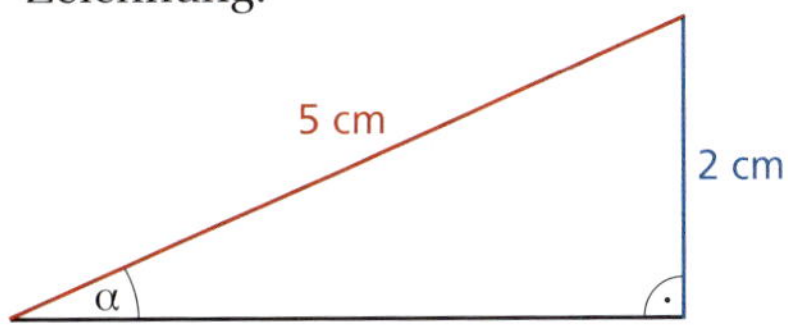

Lösung: $\sin\alpha = \frac{a}{b}$

$\sin\alpha = \frac{2\text{ cm}}{5\text{ cm}} = 0{,}4$

$\alpha \approx 24°$

Antwort: Der Winkel α beträgt etwa 24°.

Da die Kathete in jedem Fall kürzer ist als die Hypotenuse, gilt:
Wenn $0° < \alpha < 90°$, dann $0 < \sin\alpha < 1$.
Wird α im Intervall kleiner, wird auch der Sinuswert kleiner, er nähert sich dem Wert 0.
Wird α im Intervall größer, wird auch der Sinuswert größer, er nähert sich dem Wert 1.

Entsprechend unserer Definition gilt für diese Sonderfälle:

$\sin 0° = 0$ und $\sin 90° = 1$

Zu jedem Winkel α zwischen 0° und 90° gehört genau ein Streckenverhältnis $\frac{\text{Gegenkathete}}{\text{Hypotenuse}}$, also ein bestimmter Sinus.
Jedem Winkel α ($0° \leq \alpha \leq 90°$) wird genau ein Wert $\sin\alpha$ ($0 \leq \sin\alpha \leq 1$) zugeordnet.
Diese eindeutige Zuordnung wird als **Sinusfunktion** bezeichnet (siehe S. 69).

Der Kosinus eines Winkels

Auch der Kosinus eines Winkels kann näherungsweise grafisch ermittelt werden.

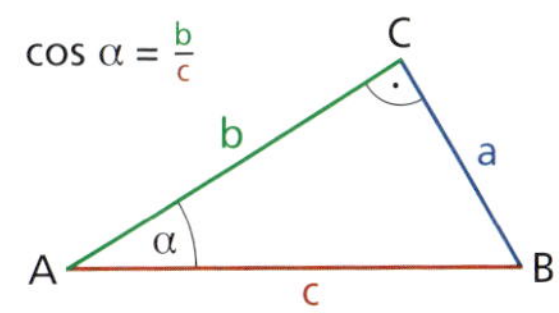

Zu bestimmen ist cos 70°.

Gegeben: $\alpha = 70°$ Gesucht: $\cos 70°$

Gemessen: $c = 1$ cm, $b = 3$ cm

Lösung: $\cos\alpha = \frac{c}{b}$, $\cos 70° = \frac{1\text{ cm}}{3\text{ cm}} \approx 0{,}33$

Antwort: Der Kosinus von 70° beträgt rund 0,33.

Skizze:

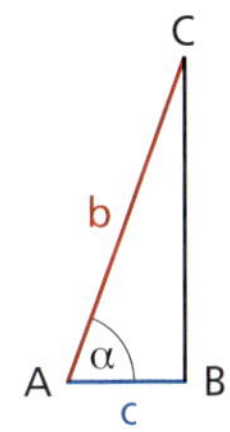

Wie groß ist der Winkel α, wenn sein Kosinus einen Wert von 0,6 hat?

Gegeben: $\cos\alpha = 0{,}6$ Gesucht: α

Lösung: $\cos\alpha = \frac{b}{c} = \frac{3\text{ cm}}{5\text{ cm}} = 0{,}6$

$\alpha \approx 52°$ (gemessen)

Antwort: Der Winkel α beträgt rund 52°.

Skizze:

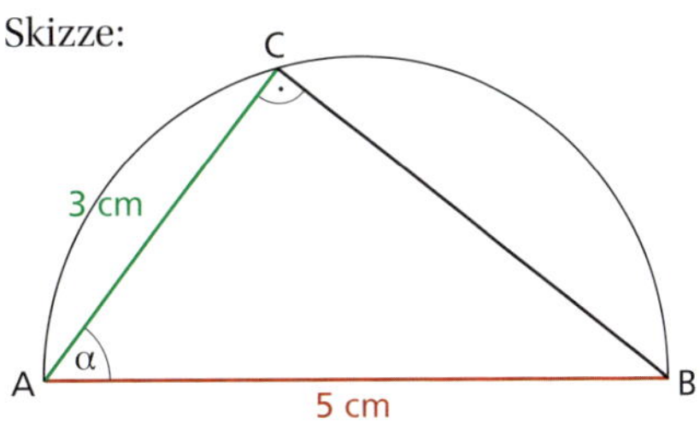

Analog zu den ersten Eigenschaften des Sinus findet man für den Kosinus:
Wenn $0° < \alpha < 90°$, dann $1 > \cos\alpha > 0$.

Entsprechend unserer Definition auf Seite 36 gilt für die Sonderfälle:

> $\cos 0° = 1$ und $\cos 90° = 0$

Zu jedem Winkel α zwischen 0° und 90° gehört genau ein Streckenverhältnis $\frac{\text{Ankathete}}{\text{Hypotenuse}}$, also ein bestimmter Kosinus.
Jedem Winkel α $(0° \leq \alpha \leq 90°)$ wird genau ein Wert $\cos\alpha$ $(1 \geq \cos\alpha \geq 0)$ zugeordnet. Diese eindeutige Zuordnung wird als **Kosinusfunktion** bezeichnet (siehe S. 37).

Winkelbestimmung mit dem Taschenrechner

Genauere Werte für Sinus und Kosinus liefert der Taschenrechner mit den Tasten [sin] und [cos].
Zur Bestimmung des Winkels bei gegebenem Sinus (Kosinus) muss die Taste [$\sin^{-1}$] oder [arcsin] ([$\cos^{-1}$], [arccos]) benutzt werden.
Da diese Taste meistens die Zweitbelegung von [sin] ([cos]) ist, ist sie durch Drücken der Taste [F] bzw. [SHIFT] oder [2nd] ... erreichbar.
(Genauere Informationen entnimm der Beschreibung deines Taschenrechners.)

Hinweis:
Der Taschenrechner muss auf den Winkelmodus DEG (engl.: *degree* – Grad) eingestellt sein.

Mithilfe der Sinus- bzw. Kosinuswerte eines Winkels können Berechnungen in rechtwinkligen Dreiecken durchgeführt werden.

Für ein Dreieck ABC mit den Seitenlängen $a = 3{,}6$ cm, $b = 6$ cm, $c = 4{,}8$ cm sind die Innenwinkel auf eine Dezimalstelle genau zu bestimmen.

Skizze:

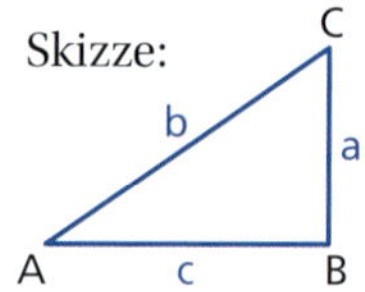

Lösungsideen: Winkel können über ihre Sinuswerte bestimmt werden.

Lösungsplan: Es muss überprüft werden, ob das Dreieck rechtwinklig ist. Wenn das der Fall ist, kann man die Sinuswerte als Verhältnisse von Seiten bestimmen. Die Summe der spitzen Winkel in einem rechtwinkligen Dreieck beträgt 90°.

Lösung: $6^2 = 4{,}8^2 + 3{,}6^2$, also ist das Dreieck rechtwinklig mit der Hypotenuse b.

$\sin\alpha = \frac{a}{b} = 0{,}6$ $\qquad \alpha = 36{,}869...°$ $\qquad \alpha \approx 36{,}9°$

$\alpha + \gamma = 90°$ $\qquad \gamma = 90° - \alpha = 53{,}1°$

Kontrolle: Zur Kontrolle sollte das Dreieck konstruiert und die Winkel sollten gemessen werden.

Hinweise:
Wenn in einer formalen Aufgabe keine Forderung an die Genauigkeit des Ergebnisses enthalten ist, so ist es meist sinnvoll, Strecken und Winkel mit einer Dezimalstelle anzugeben. Wird mit Näherungswerten gerechnet, so können die Regeln für das Multiplizieren bzw. Dividieren von Näherungswerten verwendet werden.

Der Tangens eines Winkels

Ebenso wie der Sinus und der Kosinus eines Winkels kann auch der Tangens eines Winkels näherungsweise grafisch ermittelt werden.

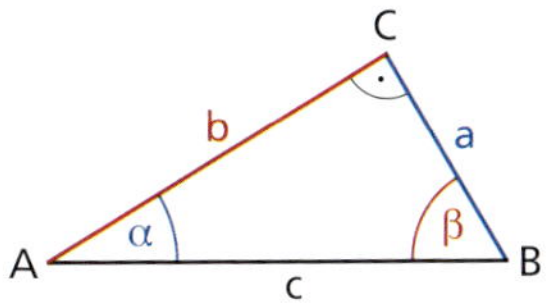

$\tan\alpha = \frac{a}{b}$

$\tan\beta = \frac{b}{a}$

Vergrößert man die Gegenkathete bei konstanter Ankathete, so erkennt man, dass der Tangens eines Winkels beliebig groß werden kann.

Es gilt: Wenn $0° < \alpha < 90°$, dann $0 < \tan\alpha < \infty$.

Wird der Winkel α im betrachteten Intervall sehr klein, so wird auch der Tangens sehr klein. Deshalb wird festgelegt:

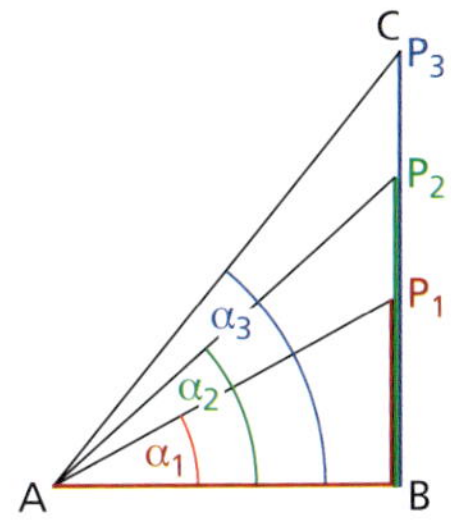

$\tan\alpha_1 = \frac{\overline{P_1B}}{\overline{AB}}$

$\tan\alpha_2 = \frac{\overline{P_2B}}{\overline{AB}}$

$\tan\alpha_3 = \frac{\overline{P_3B}}{\overline{AB}}$

$\tan 0° = 0$ (tan 90° ist nicht erklärt.)

Zur schnellen grafischen Ermittlung einzelner Tangenswerte kann auch hier der Einheitskreis benutzt werden.

Da der Quotient $\frac{\text{Gegenkathete}}{\text{Ankathete}}$ berechnet werden muss, ist es effektiv, die Länge der Ankathete mit 1 LE zu wählen.

$\tan\alpha_i = \frac{\overline{AQ_i}}{\overline{MA}} = \frac{\overline{AQ_i}}{1\text{ LE}}$

Damit kann man den Tangenswert wieder direkt auf der Tangente an den Einheitskreis im Punkt A ablesen.
Die eindeutige Zuordnung heißt **Tangensfunktion** (siehe S. 74).

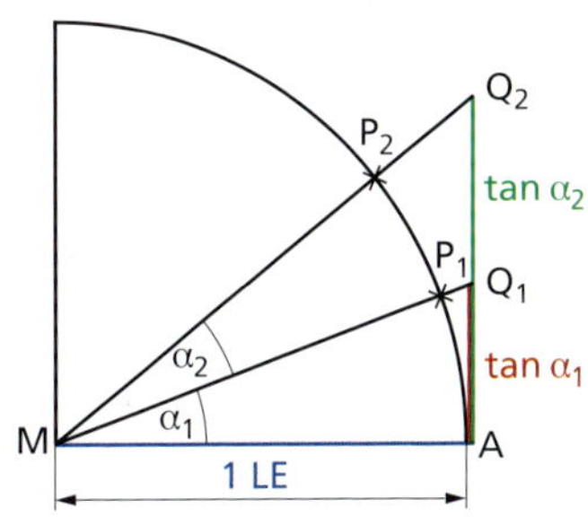

Beziehungen zwischen Sinus und Kosinus (0° ≤ α ≤ 90°)

Zwischen den Sinus- und Kosinuswerten eines Winkels besteht ein enger Zusammenhang.

$\sin\beta = \frac{b}{a}$ $\cos\beta = \frac{c}{a}$

$\sin\gamma = \frac{c}{a}$ $\cos\gamma = \frac{b}{a}$

Also: $\sin\beta = \cos\gamma$ und $\sin\gamma = \cos\beta$

Wegen $\beta + \gamma = 90°$ stellen wir fest:

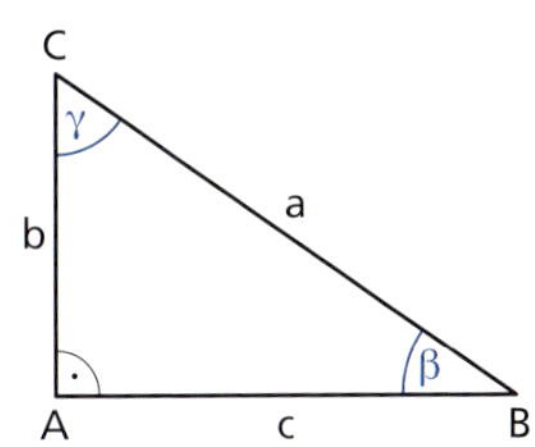

$\cos 0° = \sin 90° = 1$ $\cos 90° = \sin 0° = 0$

Winkel, die sich zu 90° ergänzen, heißen auch **Komplementwinkel** (lat.: *complere* – ergänzen). Der Kosinus eines Winkels ist also gleich dem Sinus seines Komplementwinkels. (Daraus leitet sich die Bezeichnung „Kosinus" ab: *Ko-Sinus*.)

Am Einheitskreis lassen sich weitere Beziehungen zwischen dem Sinus und dem Kosinus eines Winkels α ($0° \leq \alpha \leq 90°$) sehr leicht erkennen: $\triangle$ MAP ist rechtwinklig. Die Katheten $\overline{MA}$ und $\overline{AP}$ haben als Maßzahlen $\cos\alpha$ und $\sin\alpha$, zur Hypotenuse $\overline{MP}$ gehört die Maßzahl 1.

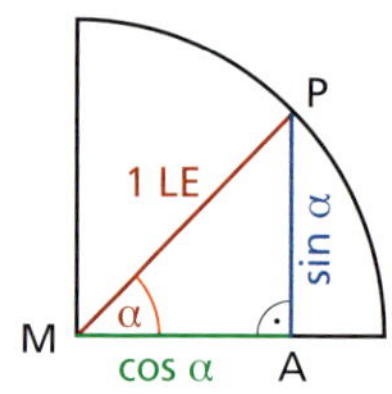

Nach dem Satz des Pythagoras gilt also: $(\sin\alpha)^2 + (\cos\alpha)^2 = 1^2$

$$\sin^2\alpha + \cos^2\alpha = 1$$

Ebenso kann die Beziehung zwischen dem Sinus, Tangens und Kosinus eines Winkels gezeigt werden.

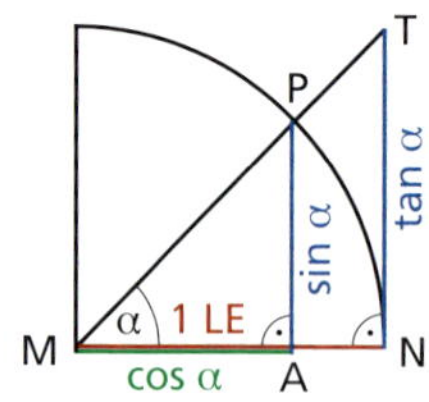

Es gilt: $\triangle MAP \sim \triangle MNT$ (Hauptähnlichkeitssatz)

Also: $\frac{\tan\alpha}{1} = \frac{\sin\alpha}{\cos\alpha}$

Also: $\tan\alpha = \frac{\sin\alpha}{\cos\alpha}$ für alle α mit $0° \leq \alpha < 90°$

Für jedes rechtwinklige Dreieck ABC mit $\gamma = 90°$ gilt:

$\sin\alpha = \cos(90° - \alpha)$ $\sin^2\alpha + \cos^2\alpha = 1$ $\tan\alpha = \frac{\sin\alpha}{\cos\alpha}$

Spezielle Sinus-, Kosinus- und Tangenswerte

Einige recht häufig benötigte Werte des Sinus, Kosinus und Tangens lassen sich leicht exakt berechnen, z. B. für Winkelgrößen 30°, 45°, 60°. Dazu benutzt man rechtwinklige Dreiecke mit den entsprechenden Innenwinkelgrößen und wendet spezielle Eigenschaften dieser Dreiecke an.

Der Wert $\sin 45°$ ist exakt zu ermitteln.
Im gleichschenklig-rechtwinkligen Dreieck ABC mit $\gamma = 90°$ gilt:
$\alpha = \beta = 45°$

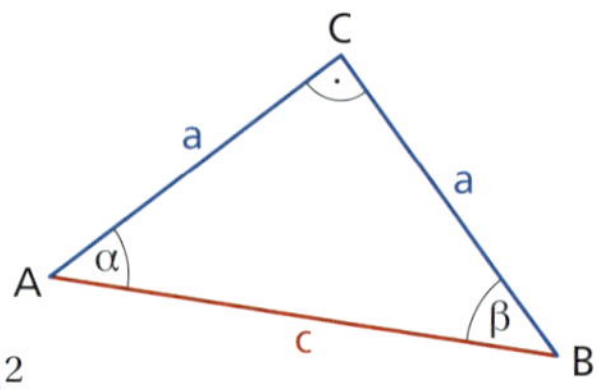

Damit gilt: $\sin\alpha = \cos\alpha = \frac{a}{c}$ (1)

Nach dem Satz des Pythagoras gilt: $c^2 = a^2 + a^2 = 2a^2$

und damit $c = \sqrt{2a^2} = a\sqrt{2}$ (2)

Gleichung (2) eingesetzt in (1) ergibt $\sin\alpha = \cos\alpha = \frac{a}{a\cdot\sqrt{2}} = \frac{1}{\sqrt{2}} = \frac{1\cdot\sqrt{2}}{\sqrt{2}\cdot\sqrt{2}} = \frac{\sqrt{2}}{2}$

Also: $\sin 45° = \cos 45° = \frac{1}{2}\sqrt{2}$

Am gleichseitigen Dreieck kann man auch $\tan 45°$, $\sin 30°$, $\cos 30°$, $\sin 60°$, $\cos 60°$, $\tan 30°$ und $\tan 60°$ berechnen.

Die beige unterlegten Spalten stellen eine sogenannte „Eselsbrücke“ oder Merkhilfe dar.

α	$\sin\alpha$		$\cos\alpha$		$\tan\alpha$
0°	0	$\frac{1}{2}\sqrt{0}$	1	$\frac{1}{2}\sqrt{4}$	0
30°	$\frac{1}{2}$	$\frac{1}{2}\sqrt{1}$	$\frac{1}{2}\sqrt{3}$	$\frac{1}{2}\sqrt{3}$	$\frac{1}{3}\sqrt{3}$
45°	$\frac{1}{2}\sqrt{2}$	$\frac{1}{2}\sqrt{2}$	$\frac{1}{2}\sqrt{2}$	$\frac{1}{2}\sqrt{2}$	
60°	$\frac{1}{2}\sqrt{3}$	$\frac{1}{2}\sqrt{3}$	$\frac{1}{2}$	$\frac{1}{2}\sqrt{1}$	$\sqrt{3}$
90°	1	$\frac{1}{2}\sqrt{4}$	0	$\frac{1}{2}\sqrt{0}$	n. def.

Aufgaben

1. Gib für alle spitzen Winkel die Gleichungen für den Sinus, den Kosinus und den Tangens an.

a)
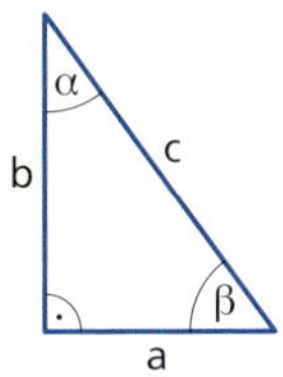

b)
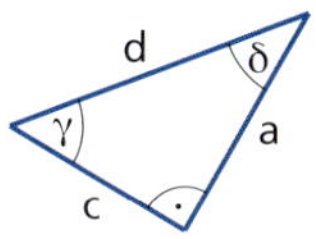

c)
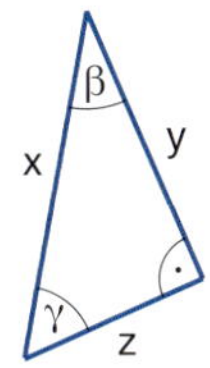

d)
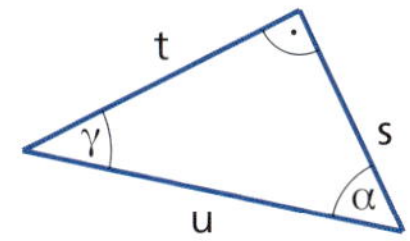

2. Prüfe, ob für die dargestellten Dreiecke die trigonometrischen Beziehungen richtig aufgestellt wurden. Korrigiere gegebenenfalls.

a) $\sin\alpha = \frac{m}{s}$

$\cos\beta = \frac{m}{k}$

$\cos\alpha = \frac{k}{s}$

$\tan\alpha = \frac{m}{k}$

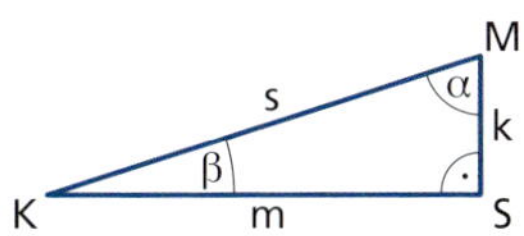

b) $\cos\alpha = \frac{x}{z}$

$\sin\beta = \frac{x}{y}$

$\sin\alpha = \frac{y}{z}$

$\tan\alpha = \frac{y}{x}$

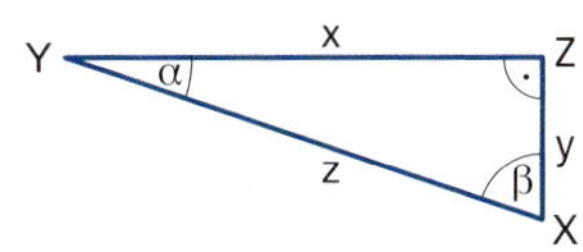

3. Arbeitet zu zweit. Stelle für das Dreieck bei a) die Gleichungen für den Sinus, Kosinus und Tangens der beiden spitzen Winkel auf. Lasse deine Aussagen von deinem Banknachbarn prüfen. Tauscht dann eure Rollen.

a)
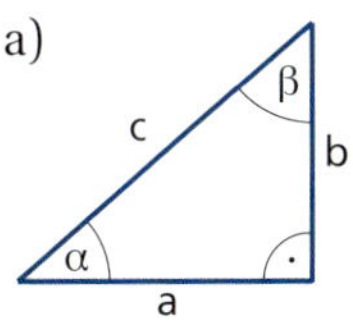

b)
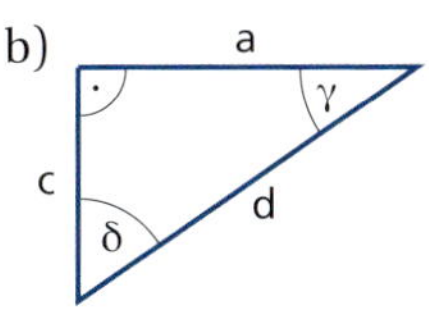

c)
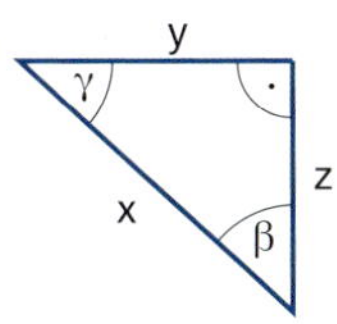

d)
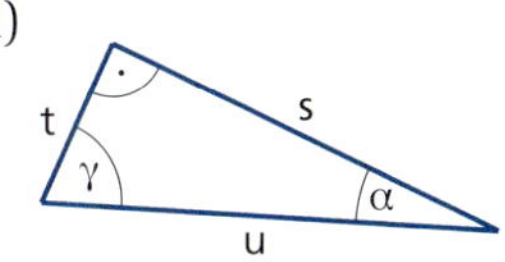

4. Gib zu den angegebenen Streckenverhältnissen den Sinus, Kosinus oder Tangens des entsprechenden Winkels an.

a)
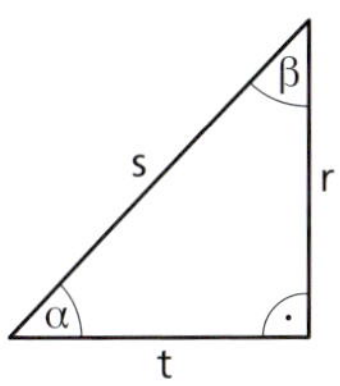

$\frac{r}{s}$

$\frac{t}{s}$

$\frac{r}{t}$

b)
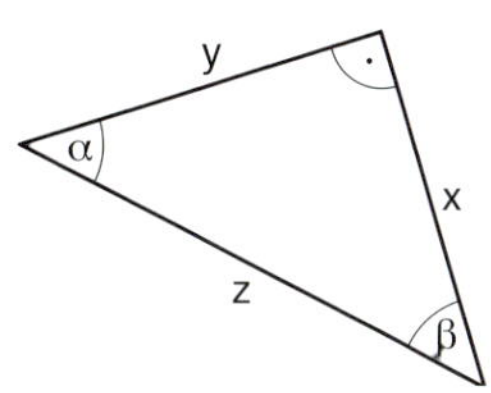

$\frac{x}{z}$

$\frac{y}{z}$

$\frac{y}{x}$

c)
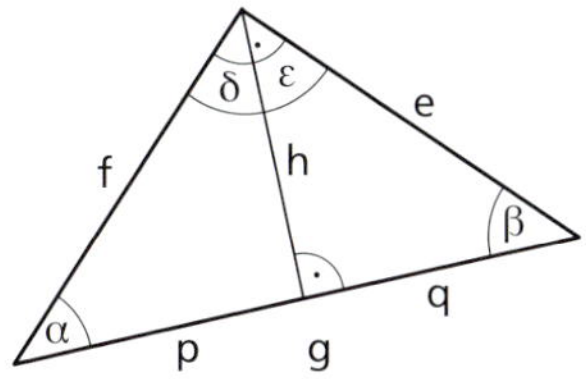

$\frac{h}{f}$; $\frac{g}{e}$

$\frac{p}{f}$; $\frac{q}{h}$

$\frac{e}{g}$; $\frac{f}{e}$

d)
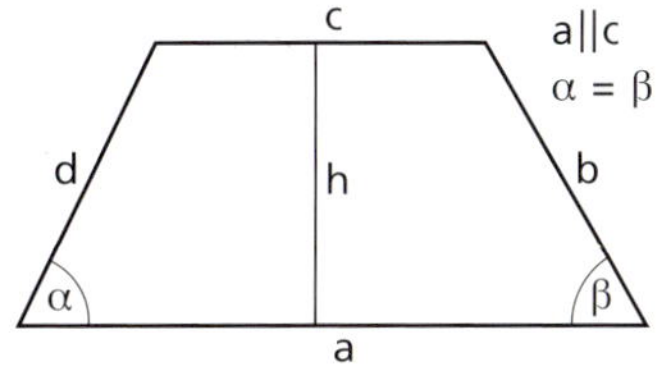

a||c
$\alpha = \beta$

$\frac{a-c}{2} : b$

$\frac{h}{d}$

5. Zeichne auf Millimeterpapier einen Viertelkreis mit dem Radius r = 1 dm und bestimme die Sinus- und Kosinuswerte für folgende Winkel: 10°, 20°, 30°, 40°, 50°, 60°, 70°, 80°

6. Bestimme auf vier Nachkommastellen genau die folgenden Werte für Sinus, Kosinus bzw. Tangens der Winkel:

a) $\sin 1°$	b) $\sin 12°$	c) $\sin 90°$	d) $\sin 21{,}2°$	e) $\sin 68{,}9°$
f) $\sin 0{,}6°$	g) $\sin 89{,}99°$	h) $\sin 45°$	i) $\sin 72{,}5°$	j) $\sin 130°$
k) $\cos 12°$	l) $\cos 90°$	m) $\cos 25{,}3°$	n) $\cos 67{,}8°$	o) $\cos 51{,}6°$
p) $\cos 0{,}6°$	q) $\cos 89{,}99°$	r) $\cos 45°$	s) $\cos 72{,}5°$	t) $\cos 130°$
u) $\tan 43°$	v) $\tan 17{,}9°$	w) $\tan 81{,}4°$	x) $\tan 28{,}5°$	y) $\tan 90°$

7. Prüfe, ob die Längen der roten Seiten richtig berechnet wurden. Korrigiere gegebenenfalls.

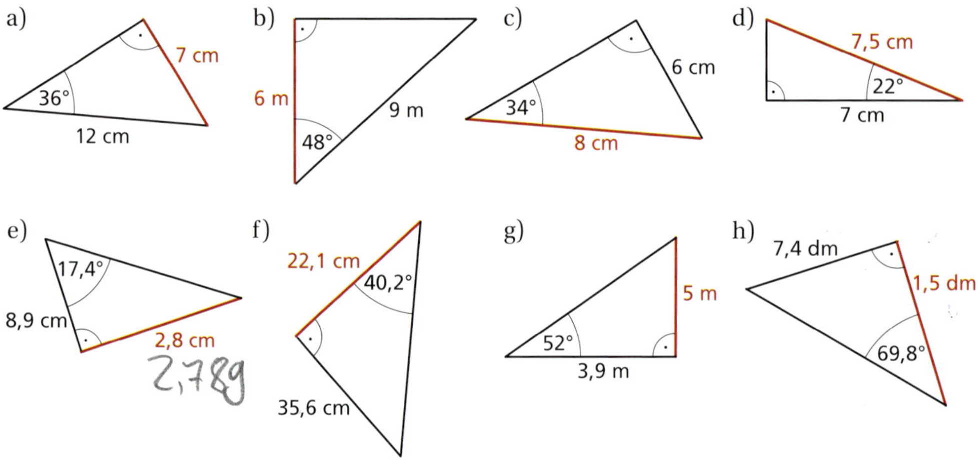

8. Berechne die gesuchte Kathete im Dreieck ABC. Der rechte Winkel liegt bei C. Kontrolliere deine Rechnung durch eine maßstabsgerechte Konstruktion.

a) $\alpha = 32°$; $c = 6$ cm; gesucht: a
b) $\beta = 50°$; $c = 9$ cm; gesucht: b
c) $\alpha = 72°$; $c = 11$ cm; gesucht: b
d) $\beta = 25°$; $c = 3$ m; gesucht: a
e) $\alpha = 62°$; $b = 4$ km; gesucht: a
f) $\alpha = 30°$; $a = 4$ cm; gesucht: b

9. Berechne jeweils die fehlenden Seiten und die fehlenden Innenwinkel eines rechtwinkligen Dreiecks ABC mit dem rechten Winkel bei C, wenn folgende Stücke gegeben sind:

a) $c = 8$ cm; $b = 5$ cm
b) $a = 6$ cm; $c = 9$ cm
c) $\alpha = 40{,}6°$; $b = 7$ cm
d) $\beta = 12°$; $c = 11$ cm

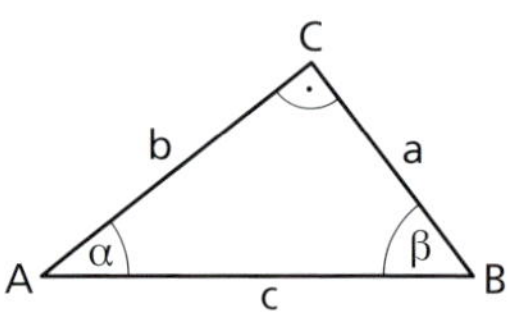

10. Im nebenstehenden Viereck ABCD seien $a = 3$ cm, $\alpha = 35°$ und $\delta = 30°$.

a) Bestimme die Längen der Strecken c, b, d und e.
b) Gib den Umfang des Vierecks ABCD an.
c) Wie groß ist der Umfang des Dreiecks ABC?

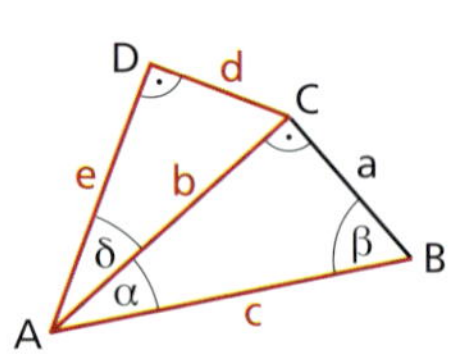

11. In einem rechtwinkligen Dreieck ist die kürzere Kathete 10 cm lang. Ein Innenwinkel hat die Größe 48°. Berechne den Flächeninhalt des Dreiecks.

12. In einem rechtwinkligen Dreieck verhalten sich die Längen der Katheten wie 1 : 10. Berechne die Innenwinkel. Beschreibe, wie du vorgegangen bist.

13. a) Unter welchem Winkel fallen Sonnenstrahlen auf die horizontale Erdoberfläche, wenn ein Stab von 1 m Länge, lotrecht aufgestellt, einen Schatten von 1,5 m wirft?
b) Wie hoch ist ein Mast, der zur gleichen Zeit am gleichen Ort wie bei Aufgabe a) einen Schatten der Länge 18 m wirft?

14. Der Flugpionier Otto Lilienthal (1848 bis 1896) brachte es bei einem Flugversuch aus ca. 25 m Höhe auf eine Gleitflugweite von ca. 200 m.
Unter welchem Winkel traf er unter der Annahme einer geraden Flugbahn auf die Erde?

15. Eine Feuerwehrleiter ist ausgezogen 45 m lang. Der Anstellwinkel zwischen Leiter und Erdboden beträgt 65°.
a) Wie hoch reicht die Leiter, wenn sie zwei Meter über dem Erdboden ausgefahren wird?
b) Wie weit vom Haus entfernt muss das Feuerwehrauto mindestens stehen?

16. Wie lang muss eine Leiter mindestens sein, um ein 5 m hohes Fenster zu erreichen? Der Anstellwinkel beträgt 70°.

17. Der Tangens findet am häufigsten bei Steigungen seine Anwendung. Vor allem, wenn die Steigung in Prozent angegeben wird. Bei 8 % Steigung oder Gefälle bedeutet das, dass auf 100 m waagerechter Strecke ein Höhenunterschied von 8 m überwunden wird (siehe S. 29).
Berechne den Steigungswinkel für eine Straße mit einer Steigung von

a) 8 %, b) 9 %, c) 10 %.

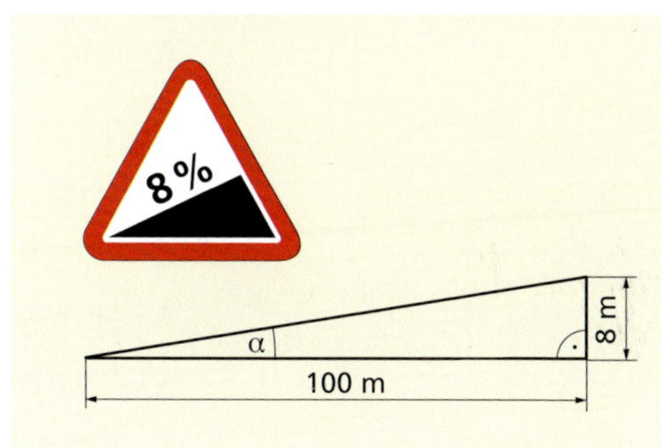

18. Gegeben ist ein Dreieck ABC mit $\alpha = 90°$, $\beta = 23°$ und $c = 4{,}5$ m. Fertige eine Planfigur an.
a) Konstruiere das Dreieck ABC im geeigneten Maßstab. Gib den Maßstab an.
b) Miss die fehlenden Längen und Winkel des Dreiecks ABC.
c) Berechne die fehlenden Größen des Dreiecks und vergleiche mit deinen gemessenen Werten. Begründe die Abweichungen.
d) Bestimme den Flächeninhalt des Dreiecks. Erläutere dein Vorgehen.

19. An ein Verwaltungsgebäude soll eine Rampe für Rollstuhlfahrer angebaut werden.
Berechne, welchen Weg der Rollstuhlfahrer zurücklegen muss, wenn die horizontale Länge der Rampe 6 m und der Anstiegswinkel 4,5° betragen.

20. Eine Umzugsfirma hat die Aufgabe, Möbel aus einem Fenster in 12 m Höhe zu transportieren. Die Straße, auf der die Transportleiter stehen kann, verläuft 5 m vor dem Haus.
Muss die Straßensperrung beantragt werden, wenn der Hebeaufzug einen Anstellwinkel von 70° besitzen kann? Fertige eine Skizze an.

2.2 Berechnungen an beliebigen Dreiecken

Es soll nun überprüft werden, ob die Kenntnisse über die Seitenverhältnisse an rechtwinkligen Dreiecken auf andere Dreiecke anwendbar sind.

Gegeben ist ein gleichschenkliges Dreieck ABC mit der Basis $\overline{AB} = c = 4{,}6$ cm und der Schenkellänge 6,4 cm.

Gesucht sind die Größen der Innenwinkel und der Flächeninhalt des Dreiecks.

Skizze

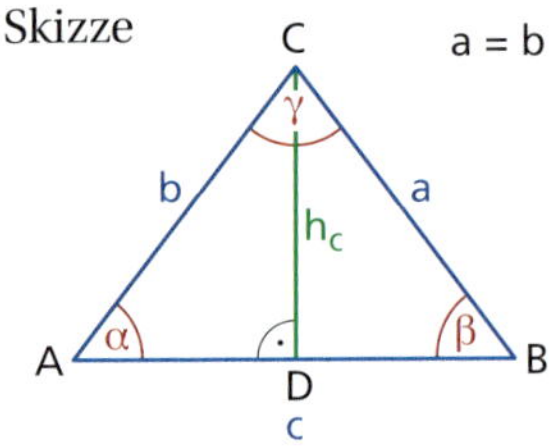

Gegeben: $\overline{AB} = 4{,}6$ cm
$a = b = 6{,}4$ cm

Gesucht: α, β, γ, A

Lösung: Da das Dreieck nicht rechtwinklig ist ($c^2 \neq 2a^2$), kann man nicht unmittelbar mit den bekannten trigonometrischen Beziehungen arbeiten. Durch Einbeziehen der Höhe h_c wird das Dreieck ABC in zwei kongruente rechtwinklige Dreiecke zerlegt.

Für ADC gilt: $\cos\alpha = \frac{\frac{c}{2}}{b}$

$\cos\alpha = \frac{2{,}3 \text{ cm}}{6{,}4 \text{ cm}}$

$\alpha \approx 68{,}9°$ $\quad\beta \approx 68{,}9°$ $\quad\gamma \approx 42{,}2°$

$A = c \cdot h_c$ $\quad$ Ansatz für h_c: $\sin\alpha = \frac{h_c}{b}$

$h_c = b \cdot \sin\alpha$

Bemerkung: h_c kann auch mit dem Satz des Pythagoras bestimmt werden:
$h_c{}^2 = b^2 - \left(\frac{c}{2}\right)^2$

$A = \frac{1}{2} c \cdot b \cdot \sin\alpha$

$A = \frac{1}{2} \cdot 4{,}6 \text{ cm} \cdot 6{,}4 \text{ cm} \cdot \sin 68{,}9°$

$A \approx 13{,}7 \text{ cm}^2$

Antwort: Die Winkel im gleichschenkligen Dreieck betragen $\alpha = \beta = 68{,}9°$ und $\gamma = 42{,}2°$. Das Dreieck hat einen Flächeninhalt von 13,7 cm^2.

Neben rechtwinkligen Dreiecken können mit diesen Überlegungen nun auch in gleichschenkligen Dreiecken fehlende Stücke berechnet werden.
Daneben treten aber in der Praxis viel häufiger Probleme auf, die die Ermittlung fehlender Seiten und Winkel in beliebigen Dreiecken erfordern.
Aus drei geeigneten Stücken (Kongruenzsätze) können Dreiecke eindeutig konstruiert werden. Die Figur ist eindeutig bestimmt. Damit muss es auch möglich sein, weitere Seitenlängen und Winkelgrößen zu bestimmen.
Im Folgenden sollen Überlegungen für die Berechnung von Seitenlängen und Winkelgrößen in beliebigen Dreiecken durchgeführt werden. Um die gefundenen trigonometrischen Beziehungen des Sinus, des Kosinus oder des Tangens anwenden zu können, wird es sinnvoll sein, das beliebige Dreieck geeignet in rechtwinklige Dreiecke zu zerlegen.

Der Sinussatz

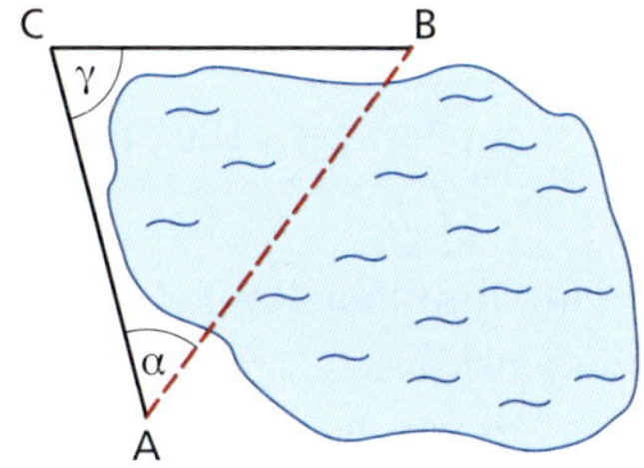

Für die Kostenplanung eines Brückenbaus ist die Entfernung zwischen zwei Punkten A und B zu ermitteln.
Wegen eines Satellitenausfalls kann eine direkte Messung mit elektronischen Hilfsmitteln nicht erfolgen. So besinnt man sich auf die traditionellen Methoden.

Es wird ein dritter Punkt C so gewählt, dass die Entfernung $\overline{AC}$ gemessen werden kann. Außerdem kann der Punkt B von den Punkten A und C aus angepeilt werden, sodass α und γ bekannt sind (und damit auch $\beta = 180° - (\alpha + \gamma)$).

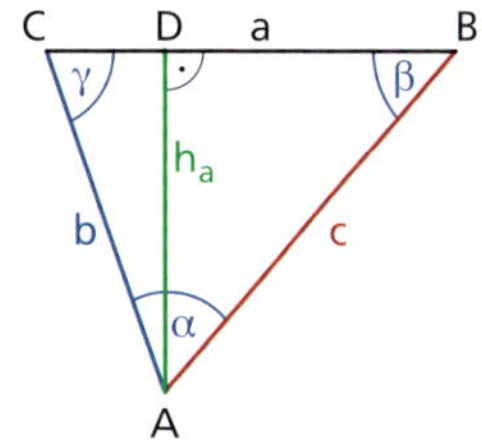

Die Messungen haben ergeben, dass △ ABC **spitzwinklig** ist.

Lösung:
Bekannt sind b, α, β und γ.
Gesucht ist c.

Durch Einzeichnen einer Höhe wird ABC in zwei rechtwinklige Dreiecke zerlegt.
Welche Höhe ist geeignet? (Gegebene Stücke sollen nach Möglichkeit nicht zerlegt werden.)
Die Höhe h_a zerlegt ABC in die rechtwinkligen Dreiecke △ ADC und △ ABD.

In △ ABD gilt: $\frac{h_a}{c} = \sin\beta$

$c = \frac{h_a}{\sin\beta}$ h_a ist nicht bekannt.

Also: $c = \frac{b \cdot \sin\gamma}{\sin\beta}$

Ansatz für h_a

In △ ADC gilt: $\frac{h_a}{b} = \sin\gamma$

$h_a = b \cdot \sin\gamma$

Damit ist die Aufgabe gelöst, c kann berechnet werden.

Durch Umformulierung und analoge Betrachtungen erhält man:

$$\frac{c}{b} = \frac{\sin\gamma}{\sin\beta}, \quad \frac{a}{b} = \frac{\sin\alpha}{\sin\beta}, \quad \frac{a}{c} = \frac{\sin\alpha}{\sin t\gamma}$$

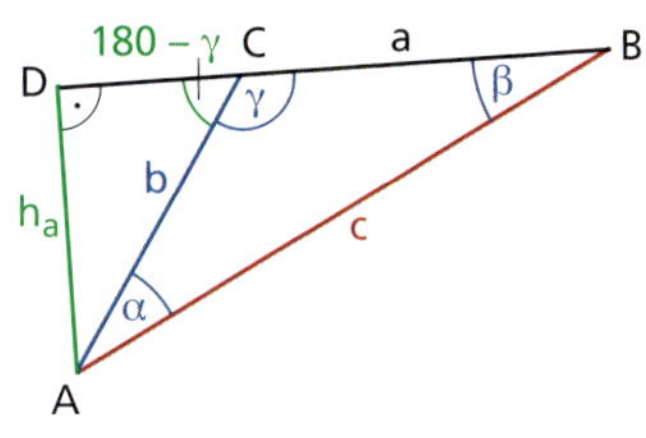

Im betrachteten Fall bezogen sich die Überlegungen auf ein spitzwinkliges Dreieck. Kann man die Betrachtungen auf **stumpfwinklige** Dreiecke übertragen?

Bekannt sind b, α, γ und β. Gesucht ist c.

Das Einzeichnen von h_a liefert die rechtwinkligen Dreiecke △ ACD und △ ABD.

In △ ABD gilt: $\frac{h_a}{c} = \sin\beta$

$c = \frac{h_a}{\sin\beta}$

Also: $c = \frac{b \cdot \sin(180° - \gamma)}{\sin\beta}$

Ansatz für h_a

In △ ACD gilt: $\sin(180° - \gamma) = \frac{h_a}{b}$

$h_a = b \cdot \sin(180° - \gamma)$

So ist die Aufgabe auch für stumpfwinklige Dreiecke gelöst.

Durch Umformen erhält man:

$$\frac{b}{c} = \frac{\sin\beta}{\sin(180° - \gamma)}$$

Somit hätte man für spitzwinklige und stumpfwinklige Dreiecke verschiedene Formulierungen des Zusammenhangs. Betrachtungen am Einheitskreis zeigen jedoch, dass gilt:

Wenn $90° \leq \alpha \leq 180°$, dann ist $\sin\alpha = \sin(180° - \alpha)$.

Zum stumpfen Winkel α gehört P_α auf dem Einheitskreis.
Das Lot von P_α auf den Kreisdurchmesser beziehungsweise die Maßzahl von $\overline{P_\alpha Q_\alpha}$ gibt den Wert von $\sin\alpha$ an.
Eine Spiegelung von $\triangle MP_\alpha Q_\alpha$ an der Symmetrieachse liefert $\triangle MQ_{180°-\alpha}P_{180°-\alpha}$.

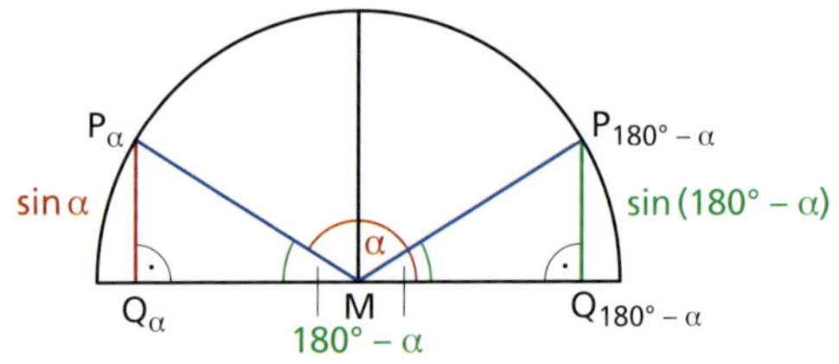

Wegen der Kongruenz der Dreiecke gilt $\overline{P_\alpha Q_\alpha} = \overline{P_{180°-\alpha}Q_{180°-\alpha}}$, also $\sin\alpha = \sin(180° - \alpha)$.

$\sin 150° = \sin(180° - 150°) = \sin 30° = 0{,}5$
Die Gleichung $\sin\alpha = 0{,}7$ hat zwei Lösungen: $\alpha_1 = 44{,}4°$ und $\alpha_2 = 180° - 44{,}4° = 135{,}6°$

Mit der Festlegung $\sin\alpha = \sin(180° - \alpha)$ ergibt sich folgender Zusammenhang von Seiten und Gegenwinkeln in beliebigen Dreiecken.

Sinussatz
In jedem Dreieck ist das Verhältnis zweier Seiten gleich dem Verhältnis der Sinuswerte der Gegenwinkel dieser Seiten.

Für ein Dreieck ABC gilt: $\frac{a}{b} = \frac{\sin\alpha}{\sin\beta}$; $\frac{b}{c} = \frac{\sin\beta}{\sin\gamma}$; $\frac{a}{c} = \frac{\sin\alpha}{\sin\gamma}$

Für ein Dreieck ist das Verhältnis aus einer Seite und dem Sinuswert des Gegenwinkels konstant.

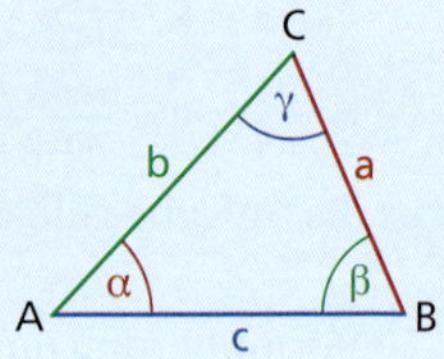

Der Sinussatz kann zur Berechnung einer Seite bzw. eines Winkels angewandt werden, wenn von einem Dreieck eine Seite und zwei Winkel bzw. zwei Seiten und der Gegenwinkel einer Seite gegeben sind. Der Sinussatz gilt auch für rechtwinklige Dreiecke.

Wir betrachten die Kostenplanung für den Brückenbau.
Messungen haben folgende Werte ergeben:
$\overline{AC} = 44$ m; $\alpha = 70°$; $\gamma = 60°$
Gesucht ist die Länge der Strecke $\overline{AB}$.

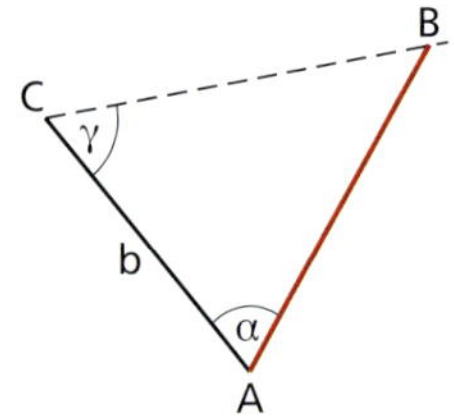

Sinussatz: $\frac{b}{\sin\beta} = \frac{c}{\sin\gamma}$ $\qquad \beta = 180° - (\alpha + \gamma)$

$c = \frac{b \cdot \sin\gamma}{\sin\beta}$ $\qquad \beta = 50°$

$c = \frac{44\text{ m} \cdot 0{,}866}{0{,}766}$

$c \approx 49{,}7$ m

Antwort: Die Strecke zwischen den Messpunkten A und C ist ca. 50 m lang.

Der Kosinussatz

Zu den klassischen Vermessungsaufgaben gehört folgende Problemstellung:
Zwischen den Orten B und C soll eine Straße gebaut werden. Die Länge der geplanten Straße kann nicht direkt gemessen werden. Deshalb werden von einem Punkt A aus die Punkte B und C angepeilt. Die Peilungen ergeben die Größe des Winkels BAC und die Entfernungen von A zu B und von A zu C.

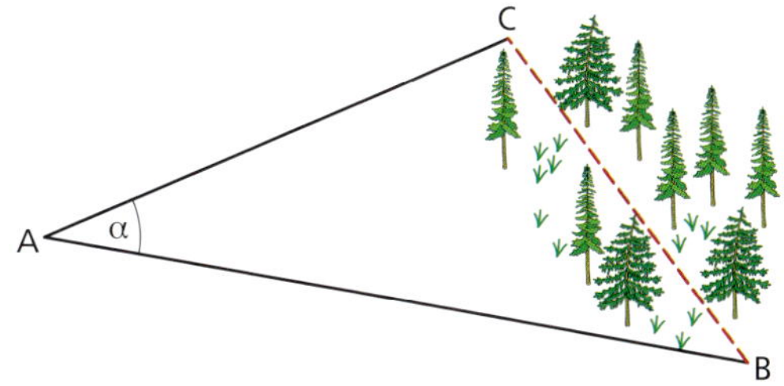

Lösung:
Bekannt sind c, b und α. Gesucht ist a.

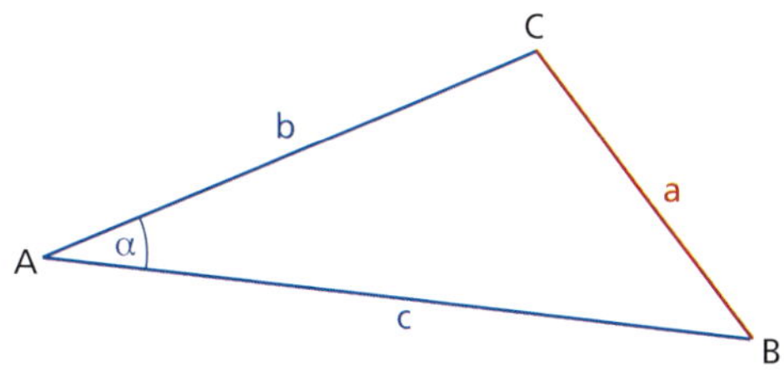

Der Sinussatz kann in diesem Fall nicht angewendet werden. Für eine der gegebenen Seiten muss der Gegenwinkel bekannt sein.

Das Dreieck ABC kann eindeutig konstruiert werden (sws), d.h., es wird auch eine Berechnungsmöglichkeit für c geben. Nach der ist zu suchen.

1. Fall: $\alpha < 90°$

Die Höhe h_c zerlegt das Dreieck ABC in zwei rechtwinklige Dreiecke ADC und DBC.
Punkt D zerlegt die Strecke c in die Abschnitte $\overline{AD} = x$ und $\overline{DB} = c - x$.

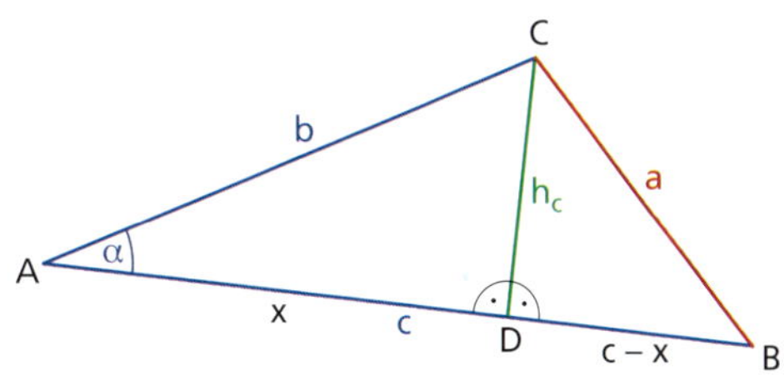

In $\triangle$ DBC gilt:

$a^2 = h_c^2 + (c-x)^2$ $\qquad$ $h_c^2 = b^2 - x^2$

$a^2 = b^2 - x^2 + c^2 - 2cx + x^2$

$a^2 = b^2 + c^2 - 2cx$ $\qquad$ $\frac{x}{b} = \cos\alpha$

$a^2 = b^2 + c^2 - 2bc \cdot \cos\alpha$ $\qquad$ $x = b \cdot \cos\alpha$

2. Fall: $\alpha > 90°$

$a^2 = h_c^2 + (c+x)^2$ $\qquad$ $h_c^2 = b^2 - x^2$

$a^2 = b^2 - x^2 + c^2 + 2cx + x^2$

$a^2 = b^2 + c^2 + 2cx$ $\qquad$ $x = b \cdot \cos(180° - \alpha)$

$a^2 = b^2 + c^2 + 2bc \cdot \cos(180° - \alpha)$

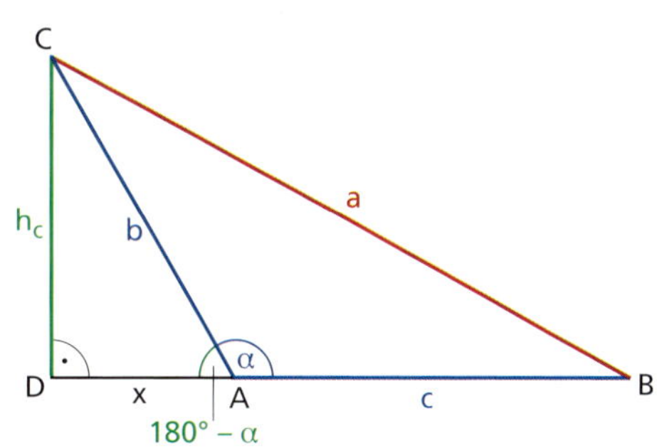

Um für spitzwinklige und stumpfwinklige Dreiecke den Zusammenhang einheitlich formulieren zu können, wird für die Kosinuswerte von stumpfen Winkeln festgelegt:

> Für $90° \leq \alpha \leq 180°$ gilt: $\cos\alpha = -\cos(180° - \alpha)$ bzw. $\cos(180° - \alpha) = -\cos\alpha$

Die Kosinuswerte stumpfer Winkel sind negativ. Sie sind das Entgegengesetzte des Kosinuswertes ihres Nebenwinkels. Im Intervall $0 \leq \alpha \leq 180°$ gibt es zu einem Kosinuswert nur einen Winkel.

$\cos 120° = -\cos(180° - 120°) = -\cos 60° = -0{,}5$
Die Gleichung $\cos\alpha = 0{,}3$ hat die Lösung $\alpha = 72{,}5°$.
Die Gleichung $\cos\alpha = -0{,}3$ hat die Lösung $\alpha = 180° - 72{,}5° = 107{,}5°$.

Mit dieser Festlegung ergibt sich folgender allgemeiner Zusammenhang zwischen den drei Seiten und einem Winkel in einem beliebigen Dreieck.

Kosinussatz
In jedem Dreieck ist das Quadrat einer Seite gleich der Summe der Quadrate der anderen Seiten vermindert um das Doppelte des Produkts aus diesen Seiten und dem Kosinus des von ihnen eingeschlossenen Winkels.
Für ein Dreieck ABC gilt:
$a^2 = b^2 + c^2 - 2bc \cdot \cos\alpha$
$b^2 = a^2 + c^2 - 2ac \cdot \cos\beta$
$c^2 = a^2 + b^2 - 2ab \cdot \cos\gamma$

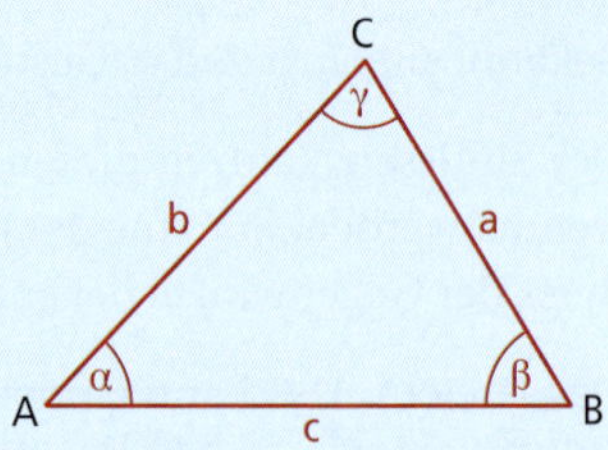

Mit dem Kosinussatz kann eine Seite eines Dreiecks berechnet werden, wenn zwei Seiten und der eingeschlossene Winkel gegeben sind.

Sind alle drei Seiten eines Dreiecks gegeben, so kann mit dem Kosinussatz ein Winkel berechnet werden, indem die entsprechende Gleichung nach dem Kosinus des Winkels umgestellt wird:

$\cos\alpha = \frac{b^2 + c^2 - a^2}{2bc}$ $\cos\beta = \frac{a^2 + c^2 - b^2}{2ac}$ $\cos\gamma = \frac{a^2 + b^2 - c^2}{2ab}$

Gegeben sind von einem Dreieck $a = 7$ cm, $b = 6$ cm, $\gamma = 75°$.
Gesucht ist c.
Lösung: Gegeben sind zwei Seiten und der eingeschlossene Winkel. Damit lässt sich der Kosinussatz direkt anwenden.

$c^2 = a^2 + b^2 - 2ab\cos\gamma$

$c = \sqrt{(7\text{ cm})^2 + (6\text{ cm})^2 - 2 \cdot 7\text{ cm} \cdot 6\text{ cm} \cdot \cos 75°}$

$c = 7{,}95 \approx 8$ cm

Antwort: Die Seite c ist etwa 8 cm lang.

Skizze:

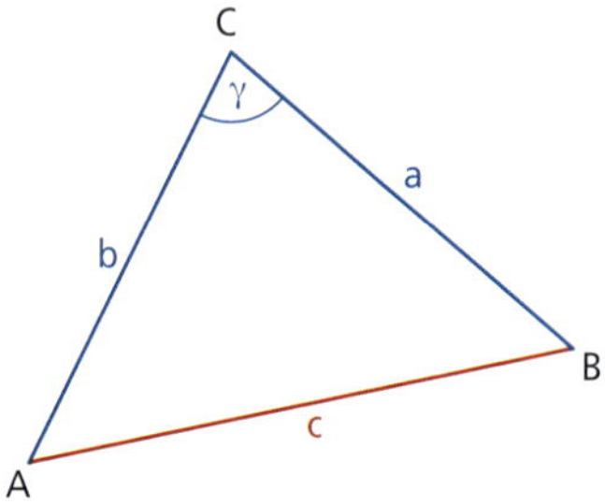

Der Kosinussatz gilt auch für rechtwinklige Dreiecke.

Sei $\gamma = 90°$
$c^2 = a^2 + b^2 - 2ab\cos\gamma$ $\cos 90° = 0$
Also: $c^2 = a^2 + b^2$ (Satz des Pythagoras)

Der Satz des Pythagoras ist ein Spezialfall des Kosinussatzes.

Flächeninhalt von Dreiecken

Die bekannten Flächeninhaltsformeln für rechtwinklige Dreiecke bzw. beliebige Dreiecke wurden aus der Formel für die Berechnung des Flächeninhalts von Rechtecken abgeleitet.

Rechtwinklige Dreiecke	**Beliebige Dreiecke**
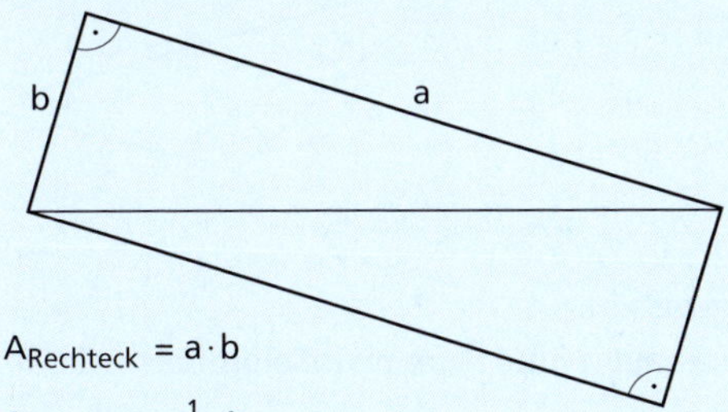	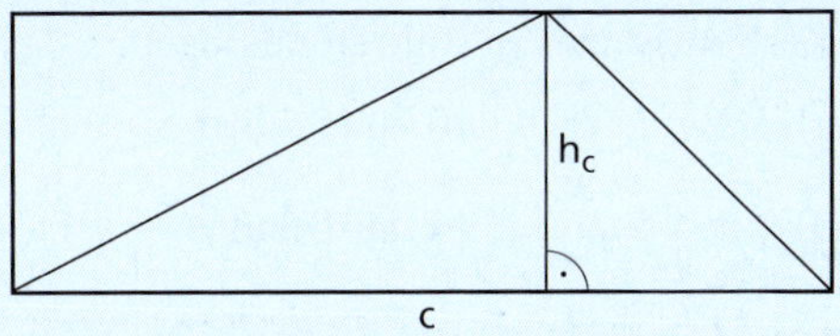
$A_{Rechteck} = a \cdot b$	$A_{Rechteck} = c \cdot h_c$
$A_{Dreieck} = \frac{1}{2} \cdot A$	$A_{Dreieck} = \frac{1}{2} \cdot A_{Rechteck}$
$A_{Dreieck} = \frac{1}{2} \cdot a \cdot b$	$A_{Dreieck} = \frac{1}{2} \cdot c \cdot h_c$

Die Anwendung der Formel $A = \frac{1}{2} \cdot c \cdot h_c$ bei der Berechnung des Flächeninhalts beliebiger Dreiecke setzt jedoch die Kenntnis der Länge einer Seite sowie der dazugehörigen Höhe voraus.

Mit $\sin\alpha = \frac{h_c}{b}$ bzw. $h_c = b \cdot \sin\alpha$ ergibt sich:

$A = \frac{1}{2} \cdot c \cdot b \cdot \sin\alpha$

Analog erhält man beim Ersetzen der Höhen h_b bzw. h_a:

$A = \frac{1}{2} \cdot a \cdot b \cdot \sin\gamma$ bzw. $A = \frac{1}{2} \cdot a \cdot c \cdot \sin\beta$

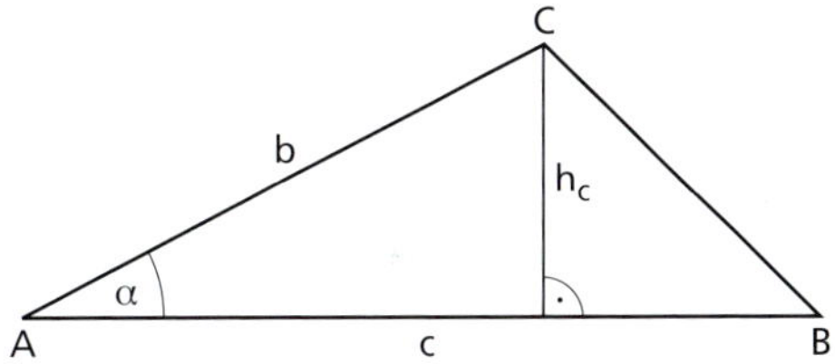

Der Flächeninhalt eines beliebigen Dreiecks ist gleich dem halben Produkt aus den Längen zweier Seiten und dem Sinus des von diesen Seiten eingeschlossenen Winkels.

$$A = \frac{1}{2} \cdot a \cdot b \cdot \sin\gamma = \frac{1}{2} \cdot b \cdot c \cdot \sin\alpha = \frac{1}{2} \cdot a \cdot c \cdot \sin\beta$$

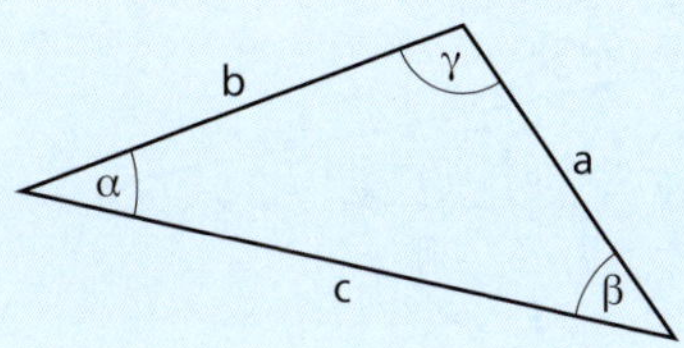

Berechne den Flächeninhalt des Grundstücks (siehe Skizze).

Gegeben: $a = 92\text{ m}$; $b = 11{,}5\text{ m}$; $\gamma = 65°$

Gesucht: A in m^2

Lösung: $A = \frac{1}{2} \cdot a \cdot b \cdot \sin\gamma$

$A = \frac{1}{2} \cdot 92\text{ m} \cdot 11{,}5\text{ m} \cdot \sin 65°$

$A \approx 479{,}4\text{ m}^2$

Antwort: Der Flächeninhalt des Grundstücks beträgt etwa 480 m^2.

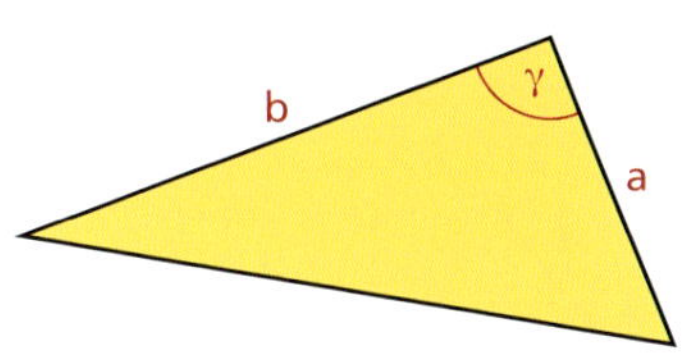

Aufgaben

1. Bestimme alle Winkel aus dem Bereich $0° \leq \alpha \leq 180°$, für die folgende Bedingungen gelten:

a) $\sin\alpha = 0{,}67$ b) $\sin\alpha = 0{,}84$ c) $\sin\alpha = 0$ d) $\sin\alpha = 1$ e) $\sin\alpha = 1{,}25$

f) $\sin 4\alpha = 0{,}45$ g) $4 \cdot \sin\alpha = 1{,}25$ h) $\sin\alpha = -0{,}27$ i) $\sin\alpha = 0{,}5$ j) $\sin\alpha = \frac{1}{2}\sqrt{2}$

2. Ergänze die angegebenen Beziehungen unter Verwendung des Sinussatzes zu wahren Aussagen.

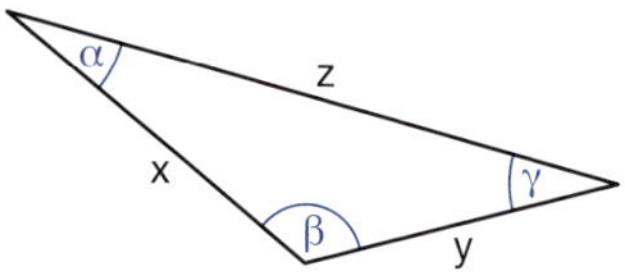

a) $x : z$ b) $\sin\beta : \sin\alpha$ c) $\frac{\sin\gamma}{x}$

d) $z : z$ e) $\sin\beta : \sin\gamma$ f) $\frac{y}{\sin\alpha}$

3. Von einem Dreieck ABC sind jeweils drei Stücke gegeben.
Berechne (wenn möglich) die fehlenden Seitenlängen und Innenwinkelgrößen mit dem Sinussatz.

a) $a = 4{,}2$ cm; $\alpha = 72°$; $\beta = 56°$ b) $c = 4{,}2$ cm; $\alpha = 56°$; $\beta = 72°$

c) $c = 4{,}2$ cm; $\alpha = 56°$; $\beta = 72°$ d) $c = 4{,}2$ cm; $\alpha = 26°$; $\beta = 100°$

e) $c = 4{,}2$ cm; $a = 6{,}0$ cm; $\alpha = 76°$ f) $c = 4{,}2$ cm; $a = 6{,}0$ cm; $\beta = 76°$

4. Von einem Viereck ABCD sind bekannt:
$e = 6$ cm, $b = 7{,}5$ cm, $\beta_1 = 35°$, $\delta_1 = 50°$, $\delta_2 = 100°$
Berechne den Umfang des Vierecks.
Überprüfe dein Ergebnis durch Konstruktion des Vierecks.

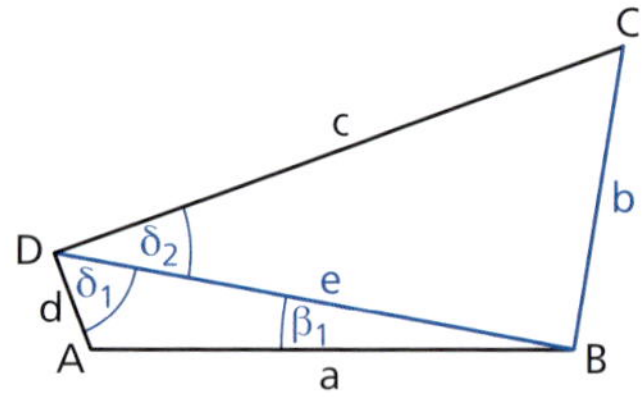

5. Zeige, dass der Sinussatz auch für rechtwinklige Dreiecke gilt.

6. Berechne x bzw. die Winkel α und γ.

a)

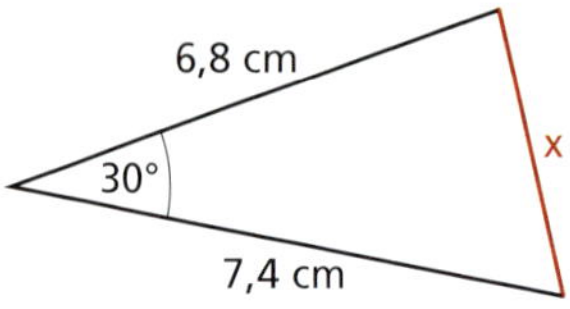

b)

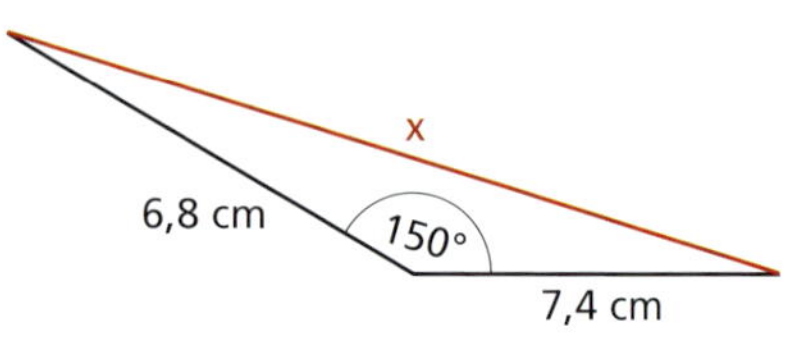

c)

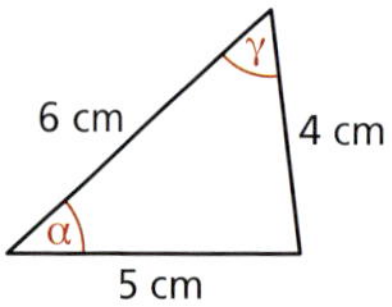

d)

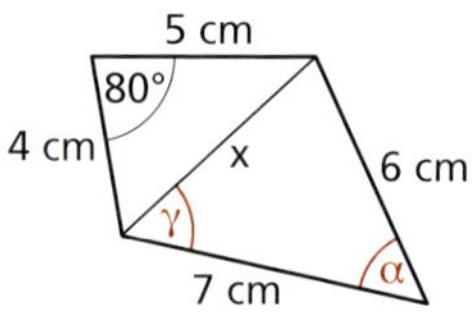

7. Gib jeweils eine Gleichung zur Berechnung der rot eingezeichneten Stücke an. Begründe.

a)

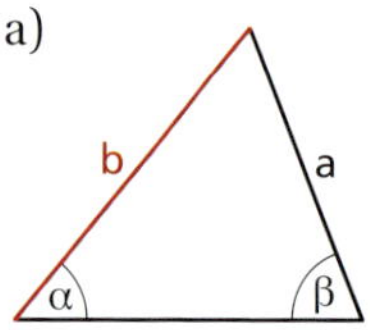

b)

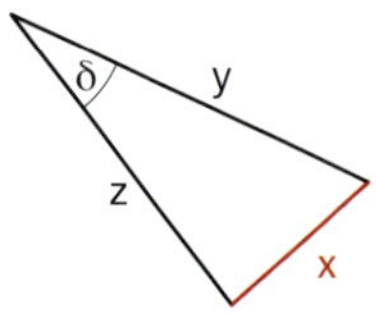

c)

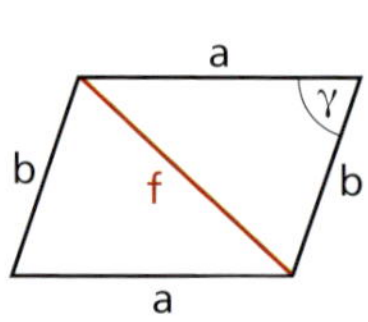

d)

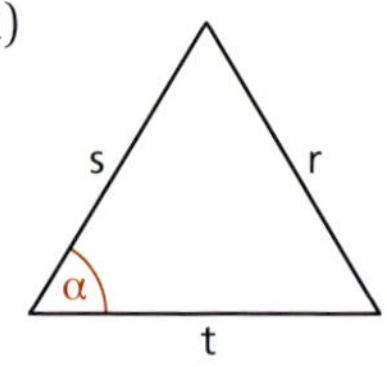

8. Von einem Dreieck ABC sind jeweils drei Stücke gegeben. Berechne ein weiteres Stück.

a) $c = 4{,}2$ cm; $a = 8{,}8$ cm; $\beta = 154°$
b) $a = 6{,}4$ cm; $b = 4{,}6$ cm; $c = 6{,}4$ cm
c) $a = 6{,}4$ cm; $b = 4{,}6$ cm; $c = 8{,}4$ cm
d) $b = 5{,}5$ cm; $c = 6{,}7$ cm; $\alpha = 99°$
e) $b = 5{,}5$ cm; $c = 6{,}7$ cm; $\gamma = 99°$
f) $a = 1200$ m; $b = 1300$ m; $\gamma = 80°$

9. Berechne den Innenwinkel α von nebenstehendem Dreieck.
Erläutere deinen Rechenweg.

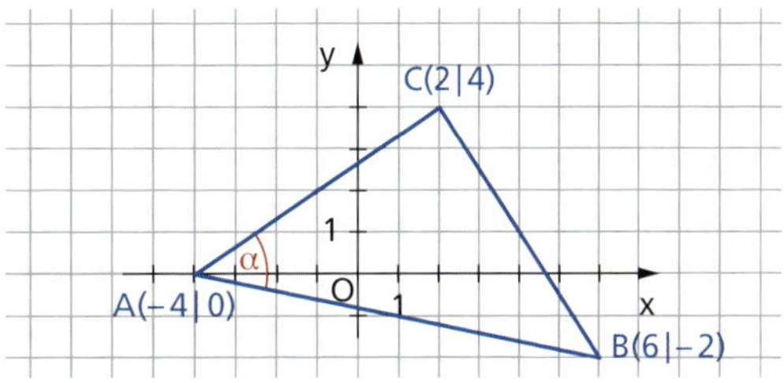

10. Es seien von einem Parallelogramm ABCD gegeben:
$a = c = 8$ cm, $b = d = 4$ cm, $\alpha = \gamma = 40°$
Berechne die Längen der Diagonalen.

11. Von einem Dreieck ABC seien bekannt: a, $b = 2a$, $\gamma = 85°$. Gesucht ist c.
Jemand berechnet c nach der Formel $c^2 = a^2 + b^2$. Gib den Fehler an.

12. Bestätige die Richtigkeit der Formel $A = \frac{1}{2}ab \cdot \sin\gamma$ für folgende Fälle.

a) $\gamma < 90°$
b) $\gamma = 90°$
c) $\gamma > 90°$

13. Begründe die Richtigkeit der Flächeninhaltsformel für ein Dreieck $A = \frac{1}{2}c^2 \cdot \frac{\sin\alpha \cdot \sin\beta}{\sin\gamma}$ für folgende Fälle. Gehe jeweils von der Gleichung $A = \frac{1}{2}bc \cdot \sin\alpha$ aus.

a) $\gamma < 90°$
b) $\gamma = 90°$
c) $\gamma > 90°$

14. Berechne den Flächeninhalt des Dreiecks ABC mit folgenden Maßen:

a) $a = 4{,}0$ cm; $b = 6{,}0$ cm; $\gamma = 110°$
b) $c = 6{,}0$ cm; $b = 4{,}0$ cm; $\alpha = 70°$
c) $a = 6{,}0$ cm; $c = 6{,}0$ cm; $\beta = 30°$
d) $c = 6{,}0$ cm; $\alpha = 50°$; $\gamma = 60°$

15. Gegeben seien für zwei Dreiecke ABC die folgenden Stücke: $b = 4$ cm, $c = 5$ cm, $A_1 = 8\text{ cm}^2$ und $b = 4$ cm, $c = 5$ cm, $A_2 = 12\text{ cm}^2$. Berechne, wenn möglich, jeweils α.

16. Die Diagonalen e und f eines Parallelogramms bilden den Winkel φ miteinander. Zeige, dass für den Flächeninhalt des Parallelogramms die Gleichung $A = \frac{1}{2}ef \cdot \sin\varphi$ gilt.

17. Berechne, falls möglich, für die Dreiecke ABC jeweils die fehlenden Stücke und den Flächeninhalt, wenn folgende Stücke gegeben sind:

a) $a = 4$ cm; $b = 6$ cm; $\beta = 75°$
b) $b = 6$ cm; $c = 7$ cm; $a = 10$ cm
c) $a = 4$ cm; $b = 3$ cm; $\gamma = 75°$
d) $a = 10$ cm; $\alpha = 75°$; $\gamma = 50°$

18. In der nebenstehenden Abbildung seien $c = 4$ cm, $\alpha = 30°$ und $b = 6$ cm.
Bestimme die Längen von d und h bzw. die Größen von β' und β.
Das Dreieck ADC ist rechtwinklig.

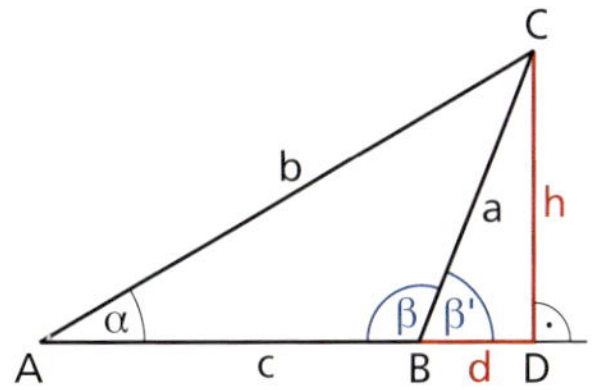

19. Zwei Wandergruppen starteten in A und wollten sich in C wiedertreffen. Eine Gruppe ging von A nach C über B, die andere Gruppe ging von A über D nach C. Welcher Weg war kürzer? Begründe.

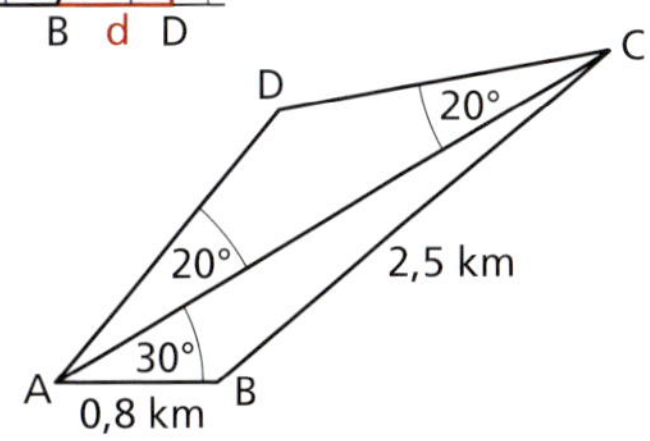

2.3 Gemischte Aufgaben

Hinweise zum Lösen komplexer Aufgaben

Bei Berechnungen in Dreiecken lässt sich häufig die gesuchte Größe nicht direkt aus den gegebenen Angaben ermitteln. Um einen Lösungsweg zu planen, sollten folgende Hinweise beachtet werden:

1. Man fertigt eine Skizze an, in der die gegebenen Größenverhältnisse möglichst gut berücksichtigt werden. Man beachte insbesondere, ob das Dreieck spitz- oder stumpfwinklig ist.
2. Man geht immer von der gesuchten Größe aus und stellt zwei Fragen:
   - Woraus kann man die gesuchte Größe unmittelbar berechnen?
   - Sind Gleichungen oder Formeln bekannt, in denen die gesuchte Größe vorkommt?
3. Man entscheidet sich für eine Möglichkeit zur Berechnung der gesuchten Größe und fragt:
   - Welche Zwischengrößen werden dafür gebraucht?
   - Woraus kann man die Zwischengrößen unmittelbar berechnen?
   - Sind Gleichungen oder Formeln bekannt, in denen die gesuchten Zwischengrößen vorkommen?
4. Man stellt sich die Fragen unter 3. so lange, bis man bei den gegebenen Größen angelangt ist. Es werden zur Berechnung der Zwischengrößen nur solche Gleichungen aufgestellt, in denen keine der bis dahin gesuchten Größen auftreten.
5. Zur Kontrolle wird eine Konstruktion durchgeführt und zum Vergleich werden die gesuchten Größen gemessen.

Trigonometrische Beziehungen anwenden

1. Berechne alle Seiten der folgenden beiden Dreiecke. Gib einen Lösungsplan an, indem du für alle gesuchten Größen eine Gleichung aufstellst. Begründe dabei alle Schritte.
Die Zeichnungen sind nicht maßstabsgerecht.

a)

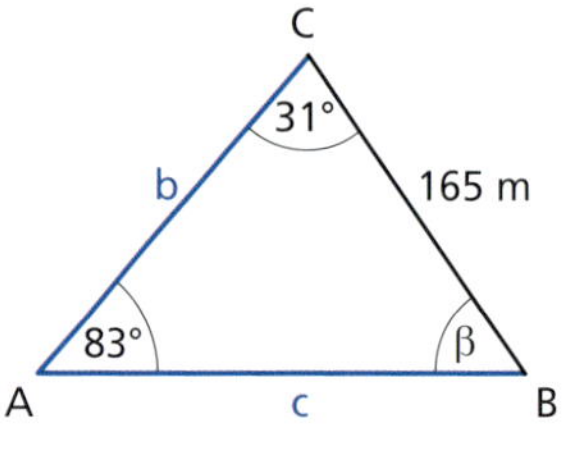

b)

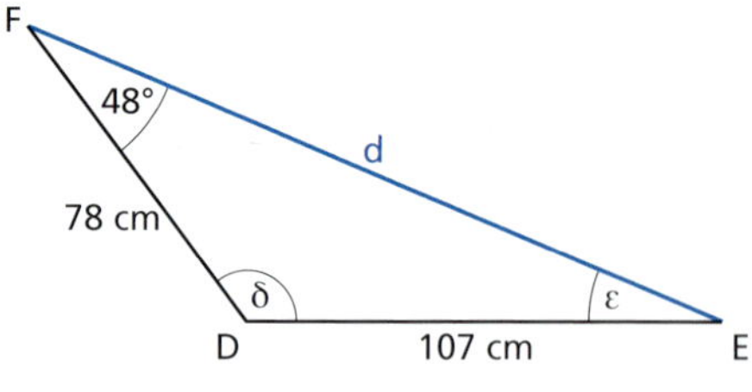

2. Berechne für das Viereck ABCD den Umfang.
$\alpha = 105°$, $\gamma = 105°$, $a = 5{,}7$ cm, $b = 4{,}8$ cm

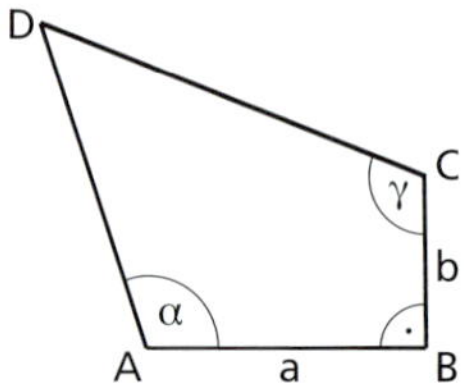

3. Zeichne die Geraden g und h, die zu den Funktionsgleichungen gehören, in ein Koordinatensystem. Berechne den Winkel α bzw. β, den g und h mit der x-Achse einschließen. Berechne den Winkel γ, den g und h einschließen.

a) g: $y = \frac{1}{2}x + 2$ h: $y = -\frac{1}{3}x + 2$

b) g: $y = x + 2$ h: $y = -x + 4$

c) g: $y = 2x - 1$ h: $y = -2x - 1$

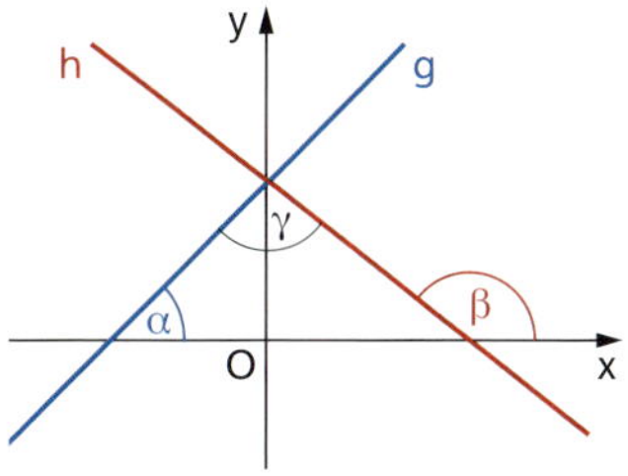

4. Berechne den Flächeninhalt des Dreiecks ABC mit $\gamma = 90°$, $\alpha = 40°$ und $a = 6$ cm.

5. Gib jeweils eine Gleichung für die Berechnung der folgenden Größen im Viereck ABCD an.

a) Diagonale e

b) Winkel γ

c) Winkel α

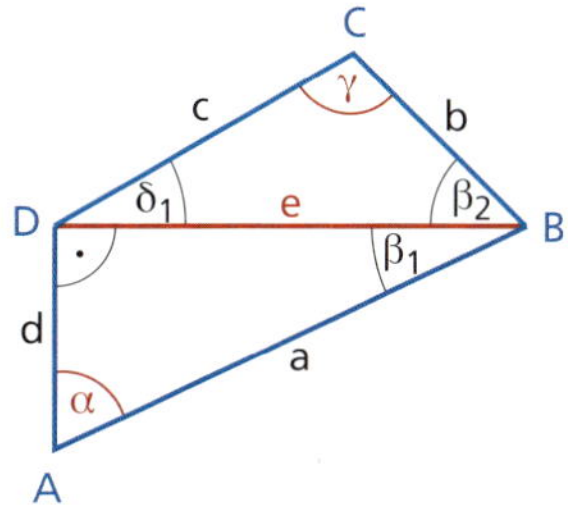

6. Von zwei Dreiecken seien folgende Stücke gegeben:
Dreieck 1: $a = 3$ cm, $b = 4$ cm, $\gamma = 30°$
Dreieck 2: $a = 3$ cm, $b = 4$ cm, $\gamma = 150°$
Bestimme die Differenz zwischen den Seiten c.

7. Gegeben seien von einem Dreieck ABC folgende Größen:

a) $A = 30\ \text{cm}^2$, $b = 8$ cm, $\alpha = 70°$ (c)

b) $A = 25\ \text{cm}^2$, $a = 10$ cm, $\gamma = 50°$ (u)

c) $A = 20\ \text{cm}^2$, $a = 10$ cm, $b = 8$ cm (γ)

Berechne die in Klammern stehenden Stücke.

8. In einem rechtwinkligen Dreieck ABC gilt:
$\sphericalangle ACB = \gamma = 90°$, $\sphericalangle BAC = \alpha = 60°$, D sei der Mittelpunkt von $\overline{BC}$.
Berechne ε, wenn $\varepsilon = \sphericalangle DAC$ ist.

9. Die Längen der Seiten eines Dreiecks ABC stehen im Verhältnis 6 : 7 : 8.
Berechne den größten Innenwinkel.

10. Gesucht sind der Flächeninhalt und der Umfang des Trapezes ABCD ($\overline{AB} \parallel \overline{CD}$), von dem folgende Größen gegeben sind:
$a = 70$ cm; $d = 52$ cm; $e = 59$ cm; $\delta = 112°$

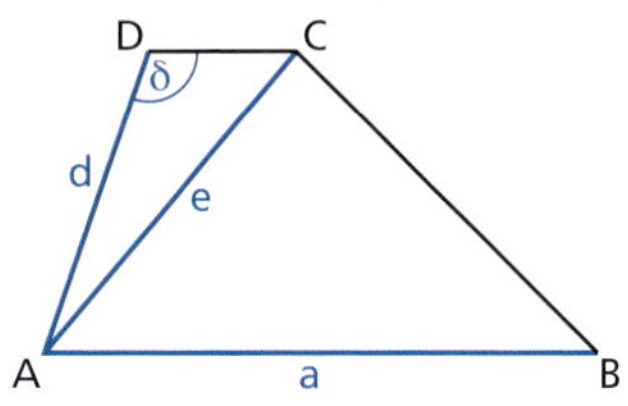

11. Von einem Dreieck ABC ist bekannt:

a) $a + b = 28$ cm, $a + c = 32$ cm, $b + c = 36$ cm

b) $a + b = 41$ mm, $a + c = 65$ mm, $b + c = 61$ mm

Bestimme die Innenwinkel des Dreiecks.

12. Die nebenstehende Abbildung zeigt ein Drachenviereck ABCD.

a) Berechne den Flächeninhalt des Drachenvierecks für $\alpha = 100°$, $a = 5$ cm, $b = 10$ cm.

b) Berechne die Längen der beiden Diagonalen e und f.

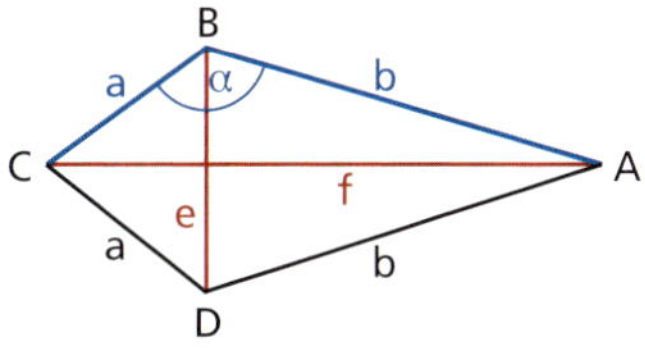

13. Untersuche, ob für nebenstehende Zeichnung folgendes Verhältnis gilt: $a : b = 2 : 1$

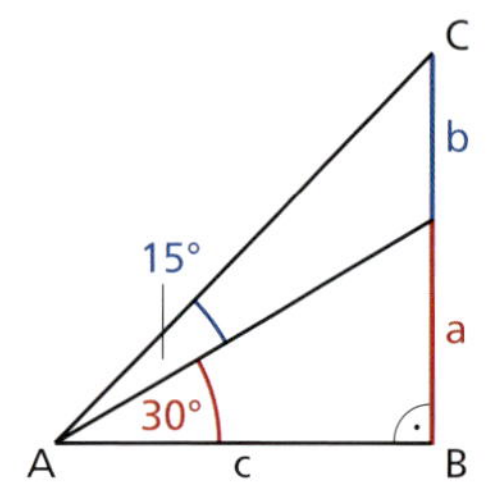

14. In einem Dreieck ABC sind $a = 5$ cm, $b = 10$ cm und $\beta = 50°$.
   a) Berechne den Flächeninhalt des Dreiecks.
   b) Entscheide, ob folgende Aussage wahr ist. Begründe. Wäre auch noch der Winkel α gegeben, könnte man einfach folgende Formel verwenden: $A = \frac{1}{2} ab \cdot \sin(\alpha + \beta)$

Trigonometrie im Raum

15. Die Abbildung zeigt einen Würfel mit $a = \overline{AB} = 14{,}5$ cm. Berechne den Neigungswinkel α der Raumdiagonalen $\overline{HB}$ gegenüber der Seitenfläche ABCD.

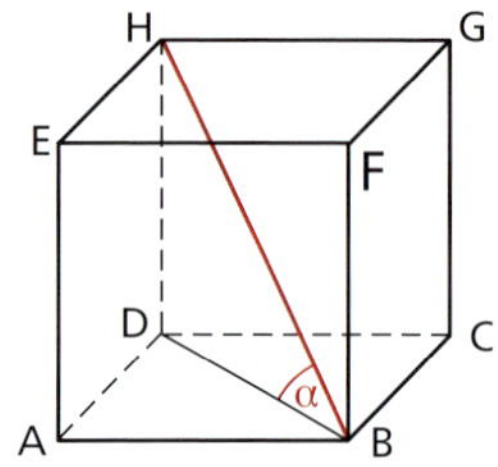

16. Ein Würfel habe die Kantenlänge $a = 15$ cm. Die beiden von den benachbarten Eckpunkten A und B ausgehenden Raumdiagonalen schneiden sich im Punkt S. Wie groß ist der Winkel ASB?

17. Gegeben sei ein Quader ABCDEFGH mit den Kantenlängen $a = 12$ cm, $b = 8$ cm, $c = 4$ cm. M sei der Mittelpunkt der Kante $\overline{GH}$.
   a) Wie lang ist $\overline{AM}$?
   b) Berechne die Größe des Winkels MAH.

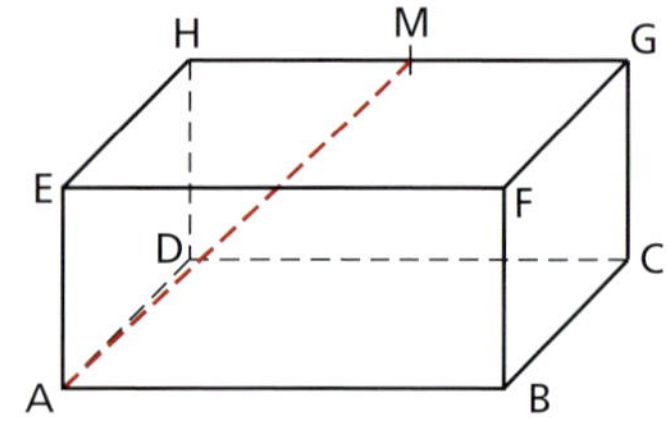

18. Gegeben ist ein Würfel ABCDEFGH mit der Kantenlänge $a = 12$ cm. M sei Diagonalenschnittpunkt im Quadrat EFGH.
   a) Ermittle den Flächeninhalt der Schnittfläche BGE.
   b) Ermittle den Flächeninhalt von Dreieck ABM.

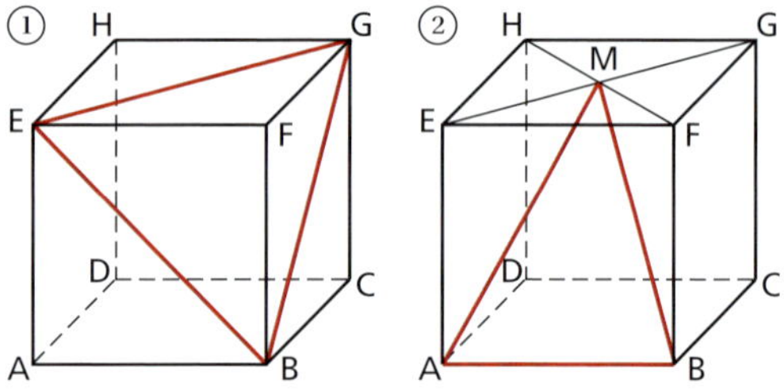

19. Die Abbildung rechts zeigt einen geraden Kreiskegel. Der Radius des Grundkreises beträgt $r = 5$ cm. Der Winkel α zwischen der Höhe h und der Mantellinie s besitzt eine Größe von 30°. Berechne die Länge der Mantellinie s, die Höhe h, das Volumen und den Oberflächeninhalt des Kreiskegels für die angegebenen Werte.

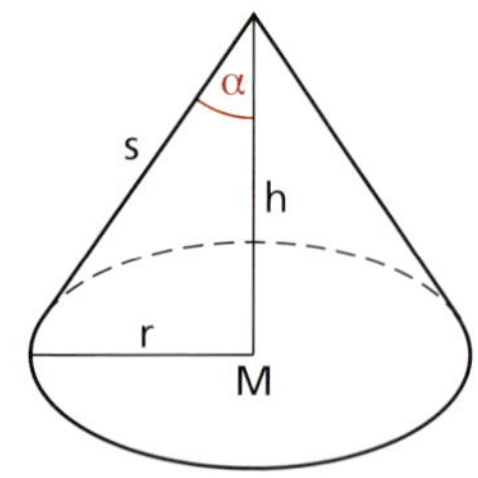

20. Die beiden Methoden sollen dazu dienen, die Begriffe, Sätze und Verfahren rund um die Dreiecksberechnung möglichst anschaulich zu strukturieren.
   a) Schreibe auf Zettel Informationen in knapper Form auf. Diskutiert in Gruppen, wie sich diese Elemente anordnen lassen, um einen systematischen Überblick zu erhalten.
   b) Erstellt eine Mindmap zur Dreiecksberechnung. Geht vom allgemeinen Dreieck aus.

Steigungen und Neigungen

21. Die Steigung von Straßenabschnitten wird oft in Prozent angegeben.
Wenn p Meter Höhendifferenz auf 100 m horizontaler Länge auftreten, dann hat eine Straße eine Steigung von p %.
Berechne die Winkelgrößen α, β und γ in nebenstehender Zeichnung.

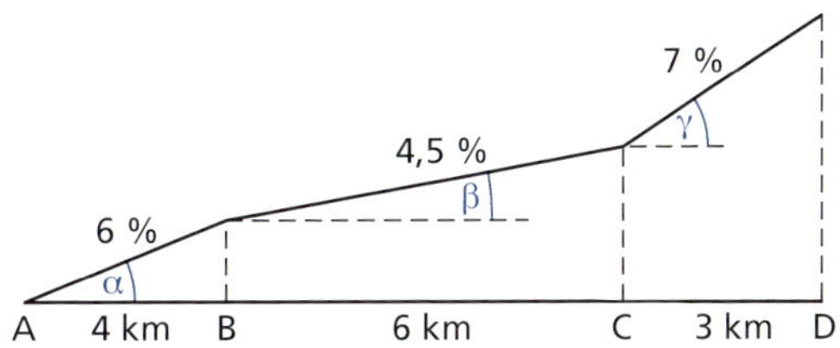

22. Die Sparren des Satteldachs eines 10,00 m breiten Hauses haben einen Überstand von 0,50 m.
a) Berechne die Sparrenlänge für eine Dachneigung von 40°.
b) Welche Höhe würde bei der Dachneigung von 40° der Dachraum haben?

23. Zufahrten zu öffentlichen Tief- und Hochgaragen sollen nicht mehr als 10° geneigt sein.
a) Gib Steigung bzw. Gefälle in Prozent an.
b) Wie lang muss die Zufahrt von einem Parkdeck zum nächsten Parkdeck mindestens sein, wenn jedes Parkdeck eine Höhe von 4,00 m besitzt?
c) Rampen für Rollstuhlfahrer sollten nicht mehr als 6° geneigt sein. Bilde eine Aufgabe.

24. In Sellin auf Rügen steigt eine Nebenstraße auf 100 m Straßenlänge um 12 m an.
Berechne die Steigung in Prozent und den Steigungswinkel.

25. Mit einem Fahrzeug können folgende Steigungen befahren werden:
2. Gang: bis 25 %, 3. Gang: bis 15 %, 4. Gang: bis 10 %
a) Welchen Gang sollte man für eine 200 m lange Zufahrt einlegen, die eine Gesamthöhe von 30 m überwindet? Es wird eine gleichmäßige Steigung vorausgesetzt.
b) Fertige ein Diagramm an, mit dessen Hilfe man bei unterschiedlichen Steigungen sofort ablesen kann, welcher Gang sinnvoll ist.
c) Begründe, warum der 4. Gang für große Steigungen unzweckmäßig ist.

26. Die Granitschwellen, die für eine Treppe verwendet werden, sind 25 cm breit und 15 cm hoch. Mit welchem Winkel zur Horizontalen muss das Treppengeländer angebracht werden?

Vermessungen im Gelände

27. Die Strecke $\overline{PQ}$ liegt im unwegsamen Gelände und kann nicht direkt gemessen werden. Mithilfe einer Basisstrecke $\overline{AB}$ und unter Verwendung von Peilwinkeln lässt sich die Länge der Strecke aber berechnen.
Berechne $\overline{PQ}$ für folgende Maße:
a) $\overline{AB} = 200$ m;
$\alpha = 30°$; $\beta = 40°$; $\alpha' = \beta' = 90°$
b) $\overline{AB} = 200$ m;
$\alpha = 30°$; $\beta = 40°$; $\alpha' = 80°$; $\beta' = 90°$

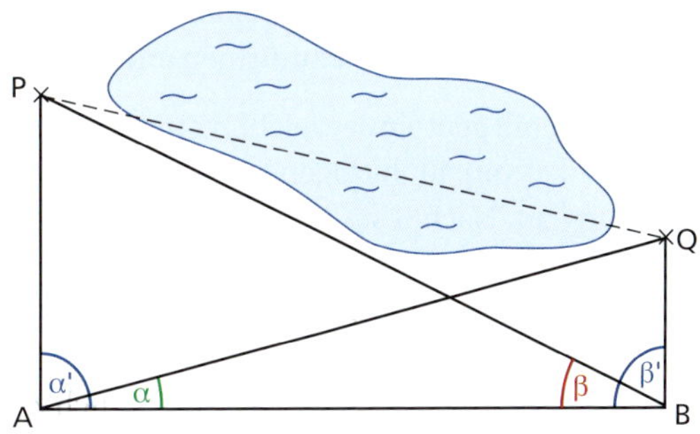

28. Ein Baum wirft einen Schatten von 25 m. Die Sonne steht in einem Winkel von 32,5°.
Berechne die Höhe des Baums.

29. Der Punkt P befindet sich auf einem unzugänglichen Gelände. Zur Bestimmung der Entfernung $\overline{AP}$ sowie $\overline{BP}$ wurde die Strecke $\overline{AB} = 200$ m abgesteckt und der Winkel $\sphericalangle BAP = 62°$ sowie der Winkel $\sphericalangle PBA = 44°$ gemessen.
Berechne $\overline{AP}$ und $\overline{BP}$.

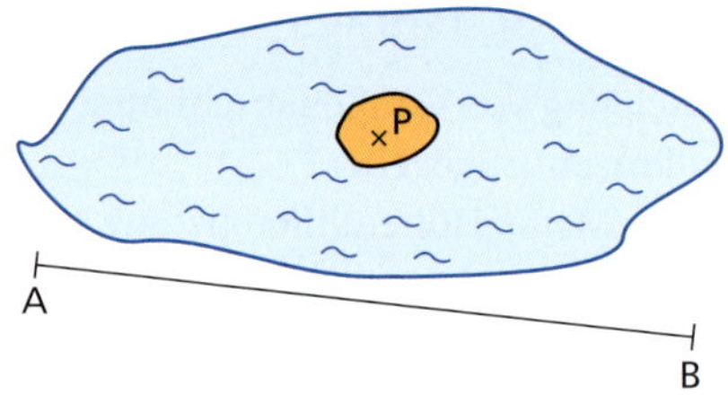

30. Bei der Bestimmung der Längenausdehnung eines Sees werden die Strecken $\overline{PA} = 273$ m, $\overline{PB} = 207$ m sowie der Winkel $\sphericalangle BPA = 118°$ gemessen.
Berechne die Längenausdehnung $\overline{AB}$ des Sees.

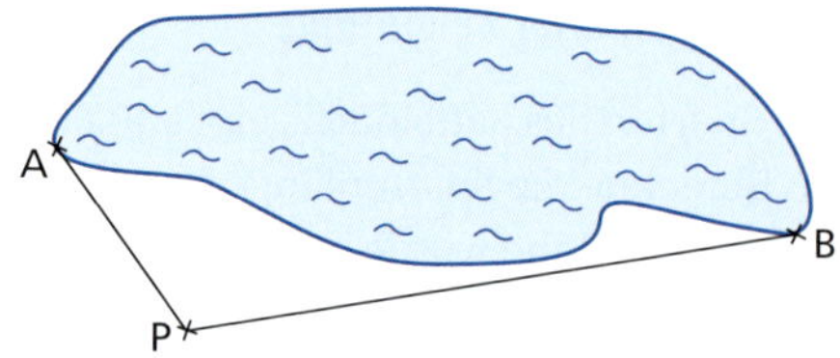

31. Der Kopilot eines Flugzeugs peilt bei geradlinig verlaufendem Flugkurs eine Radarstation R vom Punkt P_1 aus unter dem Winkel $\alpha_1 = 71°$ an. Zehn Minuten später peilt er R von P_2 aus unter einem Winkel $\alpha_2 = 123°$ an.

a) Berechne die Entfernungen, wenn sich das Flugzeug gleichförmig mit $600 \frac{\text{km}}{\text{h}}$ bewegt.

b) M sei der Punkt auf der durch P_1 und P_2 verlaufenden Geraden, der von R den kleinsten Abstand hat. Ermittle, nach wie vielen Minuten, nachdem das Flugzeug P_1 passiert hat, es den Punkt M erreicht.

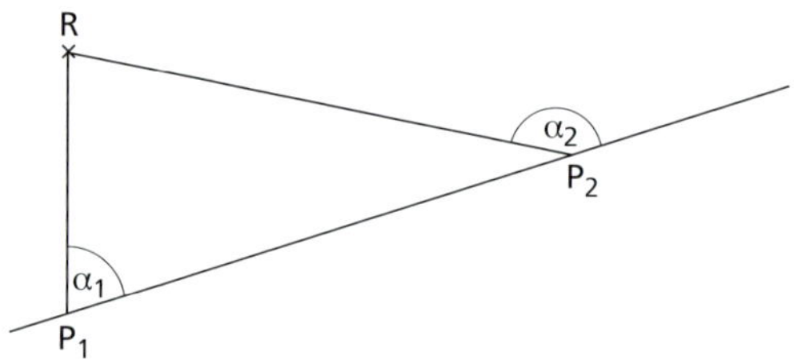

32. Nach Ausfall der Satellitennavigation peilt der Kapitän eines Segelbootes S zwei auf der Karte eingezeichnete Leuchttürme P_1 und P_2 an. Er misst dabei die Werte $\alpha = 250°$ und $\beta = 150°$. Der Karte entnimmt er für $\gamma = 120°$ und für die Strecke $\overline{P_1P2} = 12$ sm.
Berechne, wie weit das Schiff zur Zeit der Peilung von den Leuchttürmen entfernt ist.

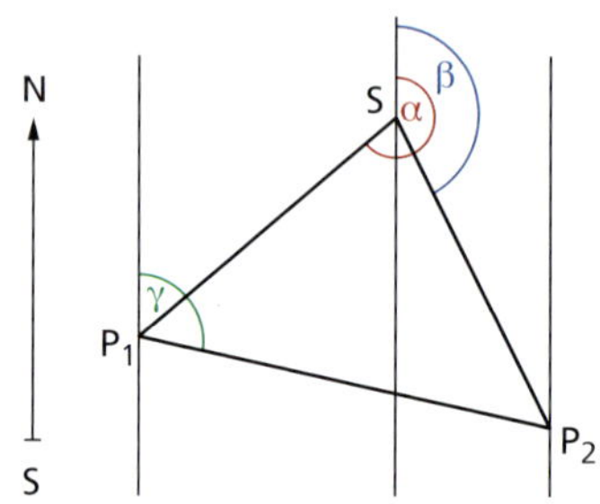

33. Ein Schiff peilt ein Seezeichen Z unter einem Winkel von 40° bezogen auf die Fahrtrichtung an. Nach 6 sm Geradeausfahrt liefert die Peilung einen Winkel von 65°.

a) Wie weit ist das Schiff zur Zeit der Peilungen jeweils vom Seezeichen entfernt?

b) Wie groß ist die minimale Entfernung zwischen Schiff und Seezeichen bei Weiterfahrt auf gleichem Kurs?

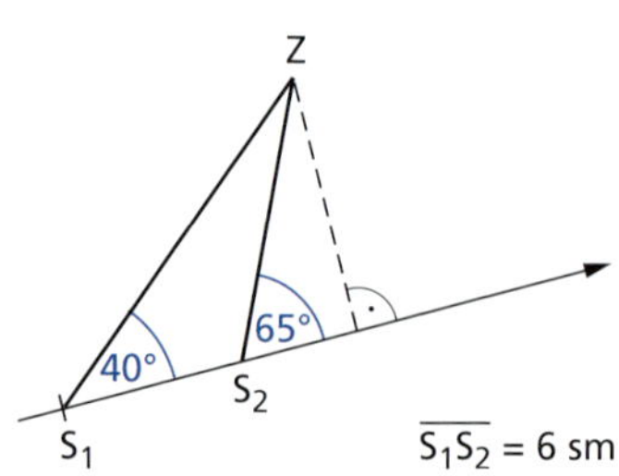

34. Im Ergebnis einer Messung fertigt Sven die nebenstehende Skizze an.
An der Skizze stimmt etwas nicht.
Eine der Angaben ist fehlerhaft.
Gib alle Möglichkeiten der Korrektur an.

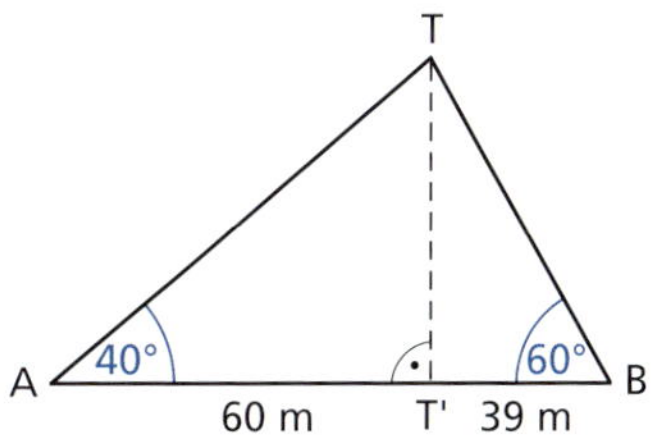

35. Die Breite $\overline{AB}$ eines Flusses soll mithilfe einer Peilung von der Turmspitze T ermittelt werden.
Berechne die Flussbreite mithilfe der Maße aus nebenstehender Zeichnung.

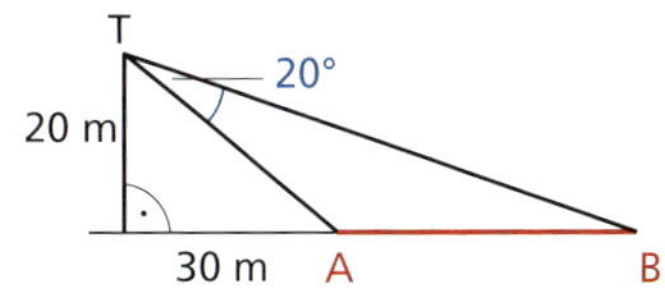

36. Die Höhe $\overline{CD}$ eines Turmes soll mithilfe einer Peilung von der „Basisstrecke" $\overline{AB}$ ermittelt werden.
Berechne die Turmhöhe mithilfe der Maße aus nebenstehender Zeichnung.

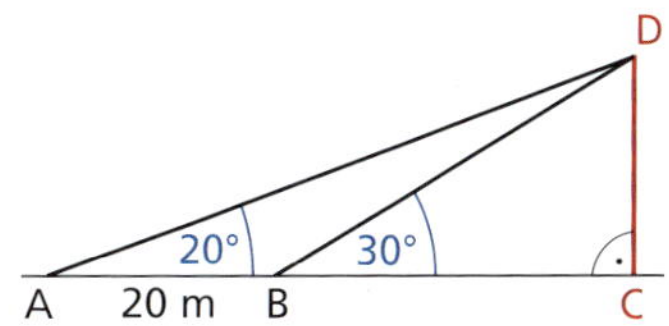

37. Ein Grundstück (entsprechend nebenstehender Abbildung) soll in zwei flächengleiche Stücke geteilt werden.
a) Wie groß ist das Grundstück insgesamt?
b) Gib eine mögliche Halbierung des Grundstücks mit den entsprechenden Maßen an.

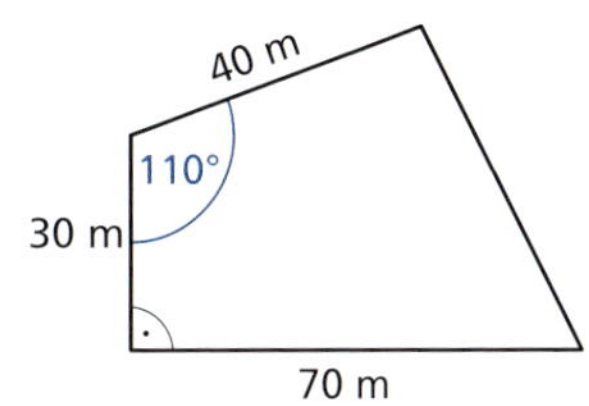

Aus der Physik

38. Addition von Kräften
Übernimm die Zeichnung in dein Heft (10 N ≙ 1 cm).
Ermittle zeichnerisch und rechnerisch die resultierende Gesamtkraft.

a) 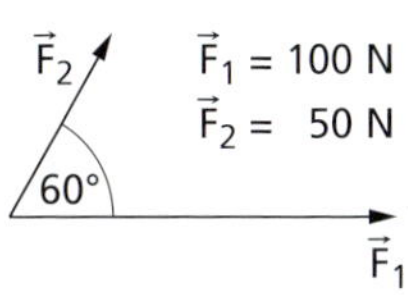

$\vec{F}_1 = 100$ N
$\vec{F}_2 = 50$ N

b) 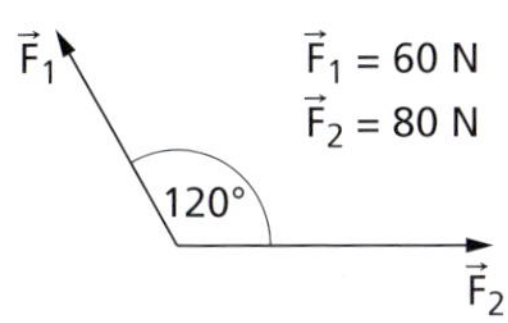

$\vec{F}_1 = 60$ N
$\vec{F}_2 = 80$ N

c) 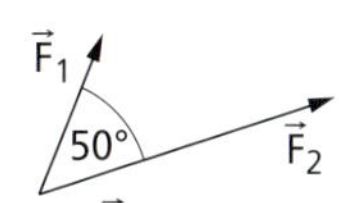

$\vec{F}_1 = 40$ N
$\vec{F}_2 = 80$ N

39. Zerlegen von Kräften
Berechne jeweils die gesuchten Kräfte.
Eine Seiltänzerin mit einer Gewichtskraft von 500 N steht auf einem Seil (s. Skizze). Die beiden Befestigungspunkte B_1 und B_2 liegen auf einer horizontal verlaufenden Geraden.
Berechne, wie groß die Seilkräfte $\vec{F}_{li}$ und $\vec{F}_{re}$ sind.

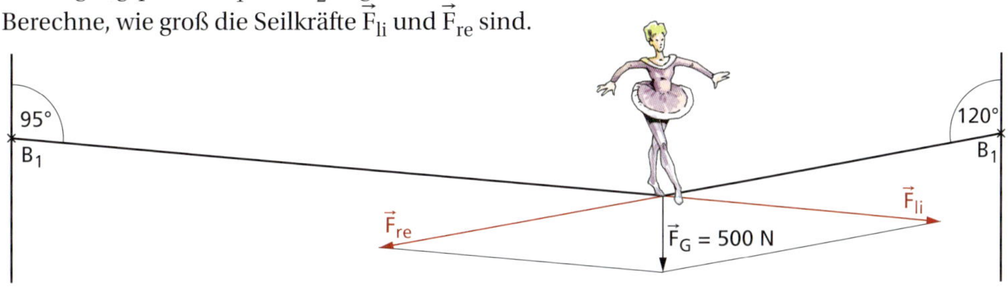

Algorithmus zum Berechnen beliebiger Dreiecke

Nach dem Lösen vieler Berechnungsbeispiele am beliebigen Dreieck habt ihr sicher Folgendes festgestellt:

① Sind drei von sechs Stücken (drei Innenwinkelgrößen und drei Seitenlängen) eines beliebigen Dreiecks bekannt, so lassen sich mittels einer Kombination von Sinussatz, Kosinussatz und Innenwinkelsumme die restlichen Stücke des Dreiecks berechnen. Beachtet die Lösbarkeit!

② Stets ist, abhängig von den gegebenen Stücken, ein Lösungsalgorithmus abzuarbeiten.

Das Abarbeiten von Algorithmen beherrschen Rechenmaschinen wie der programmierbare Taschenrechner effektiv und fehlerfrei. Der Lösungsalgorithmus ist in diesen Rechenmaschinen in Form eines Programms vorhanden.

Projektziel

Schreibt auf eurem programmierbaren Taschenrechner ein Programm, welches nach der Eingabe von drei bekannten Stücken eines beliebigen Dreiecks die restlichen drei Stücke berechnet.

Projektdurchführung

1. Erstellt eine Übersicht mit allen möglichen Kombinationen gegebener Stücke.
2. Entwickelt für jeden der Fälle einen Lösungsalgorithmus.
3. Setzt den Lösungsalgorithmus in die Programmiersprache eures Taschenrechners um. Verwendet dazu die Betriebsanleitung eures GTR.
4. Programmiert so jeden eurer Fälle als Unterprogramm.
5. Schreibt ein Hauptprogramm zur Auswahl der Fälle und zur Verzweigung auf das entsprechende Unterprogramm.

Fall	Gegeben	Gesucht
1	3 Seiten	3 Winkel
2	…	…
3		
…		

Projektauswertung

Testet euer Programm an bereits gelösten Beispielen.

Testet euer Programm auch anhand von Beispielen mit zwei Lösungen bzw. keiner Lösung. Pflegt und verbessert so euer Programm.

Stellt euer Programm der Klasse vor und lasst es von euren Mitschülern testen.

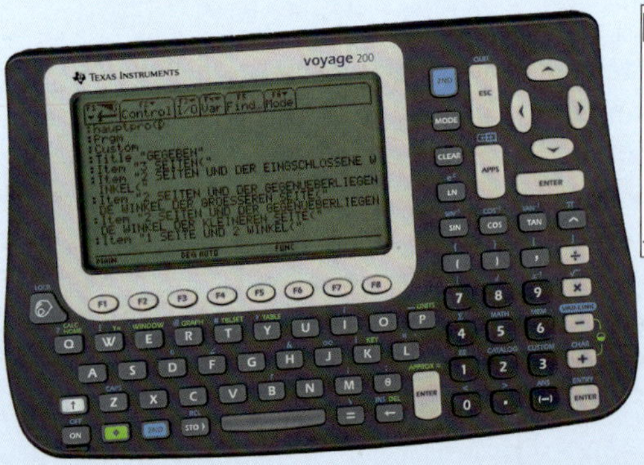

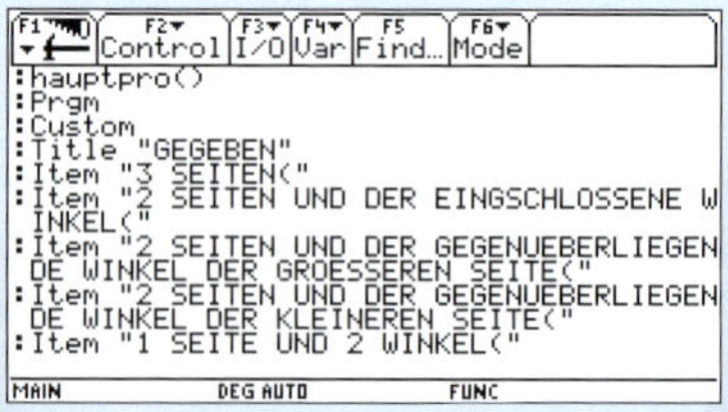

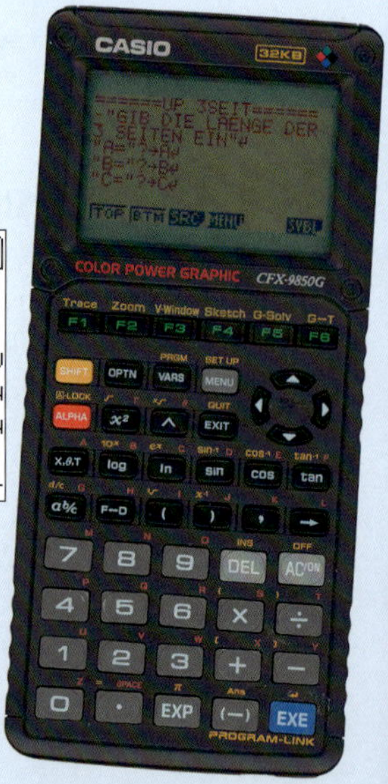

Messungen mit dem Theodoliten

Sicher hast du schon einmal beobachtet, dass Leute bei Wind und Wetter draußen stehen und mit fernrohrähnlichen Geräten auf dreibeinigen Stativen auf Stangen und Latten zielen und Angaben notieren.
Es sind Vermessungsingenieure, die mit Theodoliten Entfernungen und Winkel messen. Erst nachdem genaue Messungen stattgefunden haben, kann die Straße gebaut, das Grundstück aufgeteilt oder die Landkarte gezeichnet werden.

Aufgaben

1. Lernt den Aufbau und die Funktionsweise eines Theodoliten kennen.
2. Führt Entfernungs- und Winkelmessungen mit einem Theodoliten durch.

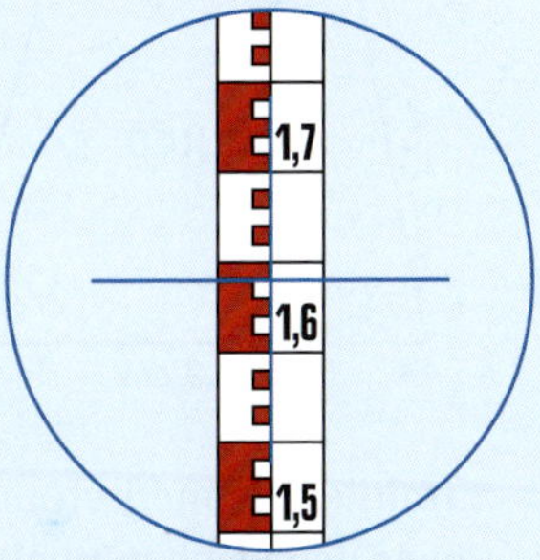

Die Nivellierlatten sind 3 m bis 5 m lang und in Zentimeterabstände eingeteilt. Die Zahlenangaben geben die Dezimeterabschnitte an. Die Nivellierlatte muss immer senkrecht stehen.
In der oberen Abbildung wird ein Blick durch den Theodoliten auf die Nivellierlatte dargestellt Der blaue Querstrich zeigt einen Höhenwert von 1,64 an.

Entfernungsmessung

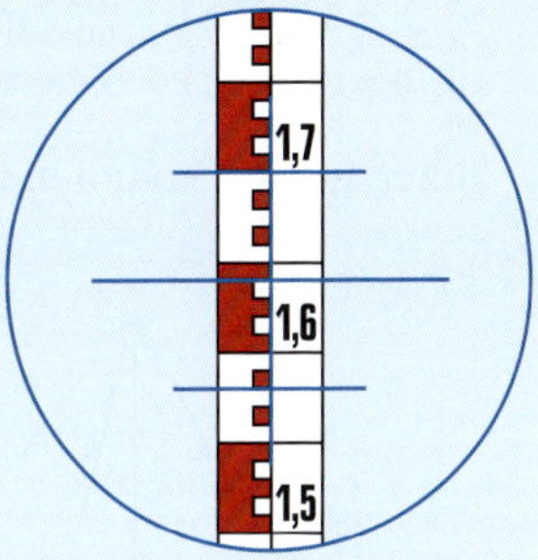

Der Theodolit hat zusätzlich zwei kürzere Querstriche symmetrisch ober- und unterhalb des Fadenkreuzes – die sogenannten reichenbachschen Distanzstriche. Mit ihnen wird die Entfernung Theodolit–Nivellierlatte ermittelt.

1. Differenz zwischen oberem und unterem Ablesewert bilden.
2. Ergebnis mit der Gerätekonstanten (meist 100) multiplizieren.

Die zweite Abbildung zeigt ein Beispiel.
$1{,}70\text{ m} - 1{,}58\text{ m} = 0{,}12\text{ m}$
$0{,}12\text{ m} \cdot 100 = 12\text{ m}$

Winkelmessung

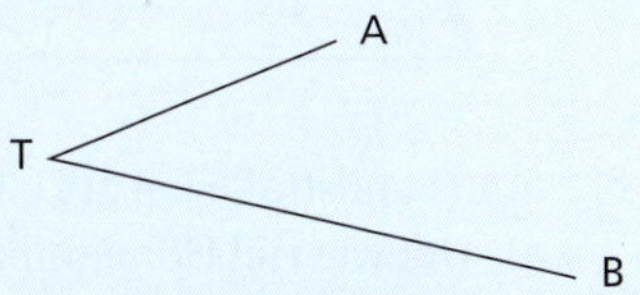

Der Theodolitenstandort sei T. Von dort aus wird zunächst der linke Punkt A angepeilt und vermessen.
Der Vertikalstrich des Fadenkreuzes wird auf die Mitte der Nivellierlatte gerichtet. Nun werden Horizontal- sowie Vertikalwinkel im Ableseokular ermittelt.
Jetzt wird das Fernrohr auf den nächsten Punkt B gerichtet.

Teste dich selbst

1. Ermittle die folgenden Termwerte.

a) $\frac{3{,}4 \cdot \sin 45°}{\sin 62°}$ b) $\frac{3{,}8 \cdot \sin 29°}{5{,}6}$ c) $5^2 + 9^2 - 2 \cdot 5 \cdot 9 \cdot \cos 74°$

2. Ermittle die Winkel α für $0° < \alpha < 180°$.

a) $\cos\alpha = 0{,}73$ b) $\cos\alpha = -0{,}2$ c) $\sin\alpha = 0{,}47$ d) $\sin\alpha = 0{,}95$
e) $\cos\alpha = -0{,}93$ f) $\tan\alpha = 2{,}47$ g) $\sin\alpha = 0{,}5 \cdot \sqrt{2}$ h) $\cos\alpha = \frac{1}{3} \cdot \sqrt{2}$
i) $\sin\alpha = 0$ j) $\sin\alpha = 1{,}2$ k) $\tan\alpha = -4$ l) $\tan\alpha = 1$

3. Berechne jeweils die rot gekennzeichneten Größen.

a)
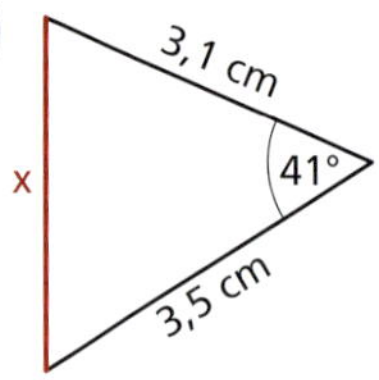

b)
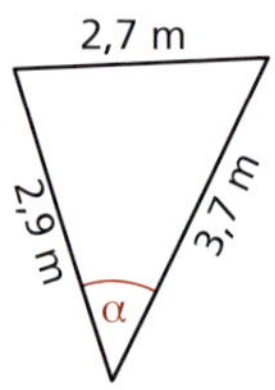

c)
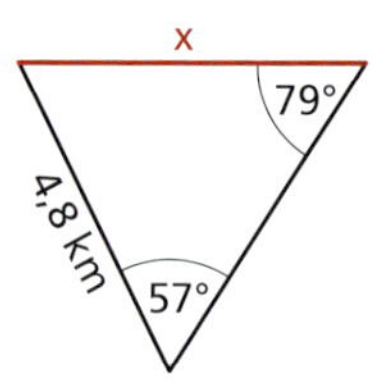

d)
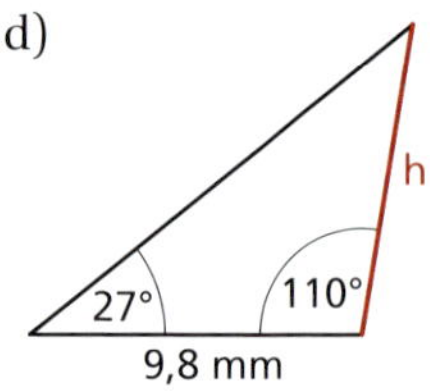

e)
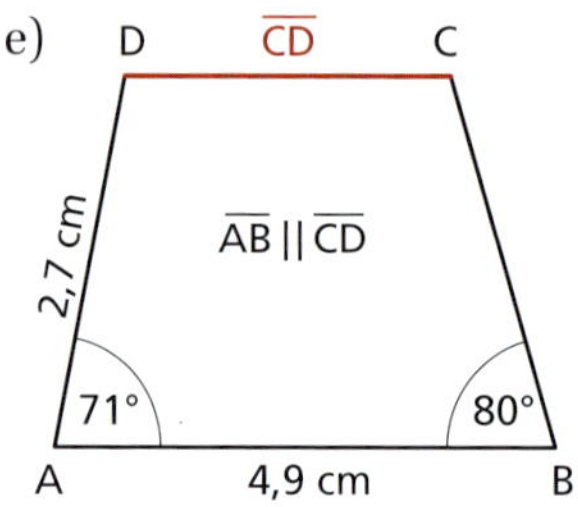

f)
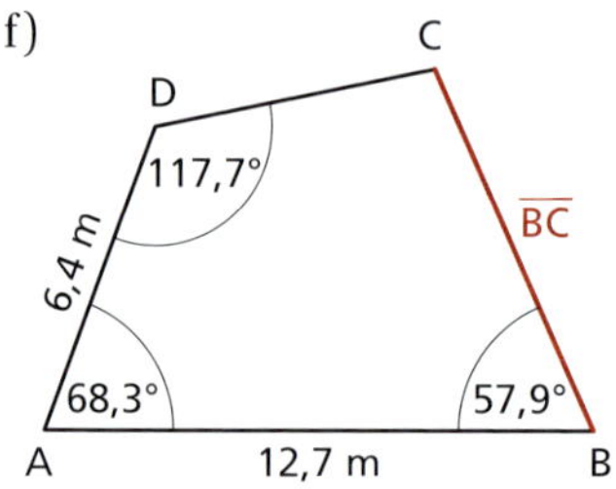

g)
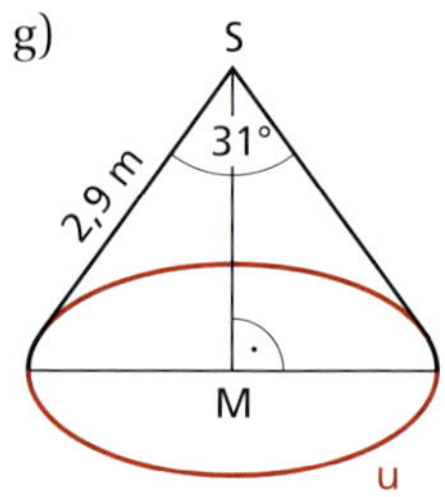

4. Ermittle zeichnerisch und rechnerisch alle fehlenden Seitenlängen und Innenwinkelgrößen sowie den Flächeninhalt der vorgegebenen Dreiecke ABC.
Skizziere jeweils die Abfolge deines Vorgehens.

a) $a = 5{,}4$ cm; $b = 7{,}8$ cm; $\beta = 63°$ b) $a = 4{,}8$ cm; $b = 3{,}5$ cm; $c = 6{,}2$ cm
c) $a = 6{,}7$ cm; $c = 5{,}4$ cm; $\beta = 26°$ d) $a = 3{,}8$ cm; $b = 6{,}6$ cm; $\alpha = 33°$

5. Berechne das Volumen und den Oberflächeninhalt der abgebildeten Körper.

a)
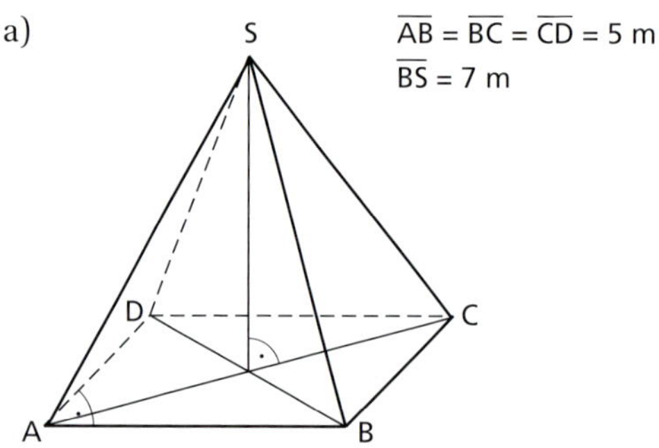

b)
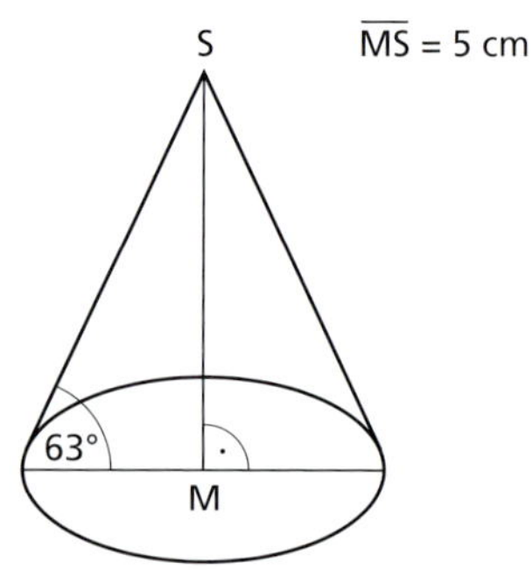

6. Eine Landstraße hat auf einer Strecke von 850 m eine Steigung von 3,7 %.

a) Um wie viel Höhenmeter steigt die Straße auf dieser Strecke an?
b) Wie groß müsste die Steigung (in Prozent) sein, wenn es doppelt so viele Höhenmeter wären?

7. Bestimme die Flussbreite.

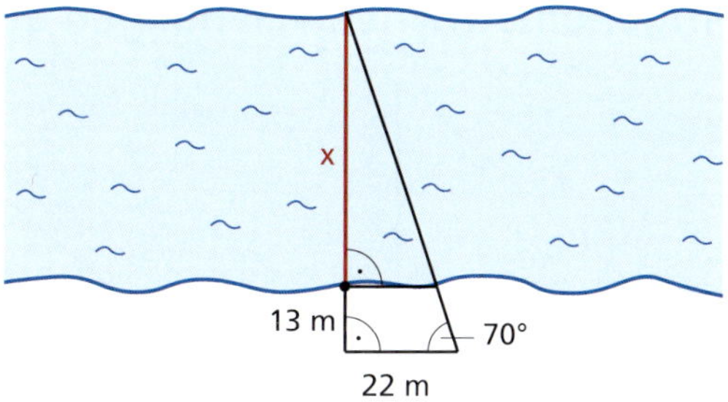

8. Mit einem Fahrzeug können folgende Steigungen befahren werden:
2. Gang: bis 25 % 3. Gang: bis 15 %
4. Gang: bis 10 %
Welchen Gang sollte man für eine 200 m lange Zufahrt einlegen, die eine Gesamthöhe von 30 m überwindet?

9. Paul lässt seinen Drachen steigen, Klara begleitet ihn. Paul sieht seinen Drachen unter einem Winkel von 16° und Klara unter einem Winkel von 22°, sie stehen in gerader Linie 25 m voneinander entfernt. Beide haben dieselbe Augenhöhe von 1,52 m.

a) Fertige eine Zeichnung in einem geeigneten Maßstab an und ermittle die Höhe des Drachens durch Messen. Erkläre, ob die Vorgaben eindeutig sind.

b) Überprüfe dein Messergebnis durch Berechnen der Höhe.

10. Zwischen zwei Hochsitzen befindet sich gefährlich sumpfiges Gelände. Ihre Entfernung soll berechnet werden. Dazu wählt man einen Punkt P auf sicherem Boden und stellt durch Messung fest, dass P vom Hochsitz A 178 m und vom Hochsitz B 345 m entfernt ist. Die Messung des Winkels zwischen beiden Messstrecken ergibt 115°.

11. Wie groß ist der Winkel α, den der Graph der Funktion mit der x-Achse einschließt?

a) $y = 2x$ b) $y = 4x - 2$ c) $y = -\frac{2}{3}x + 1$ d) $y = \frac{4}{3}x - 3$

12. Eine Gerade g schneidet die x-Achse unter einem Winkel von

a) 45° b) 75° c) 140° d) 14°

Gib für jeden Fall drei mögliche Funktionsgleichungen an.

13. Gegeben ist ein Quader ABCDEFGH mit den Kantenlängen a = 12 cm, b = 8 cm, c = 5 cm. Durch den Quader wird eine Schnittebene wie in der Abbildung gelegt.

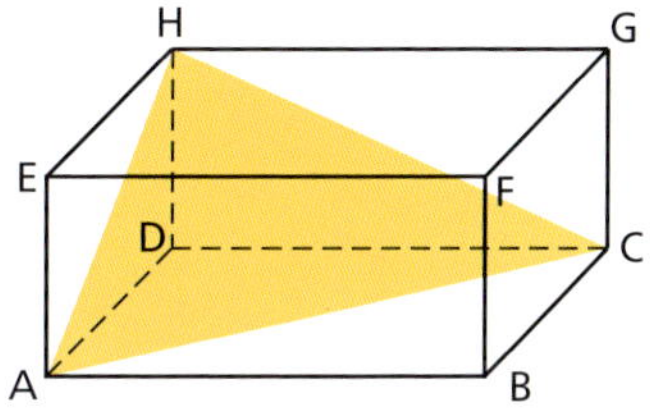

a) Berechne Seitenlängen und die Größen der Innenwinkel der Schnittfläche.

b) Wie groß ist die Schnittfläche?

c) Wie würde die Schnittfläche bei einem Würfel aussehen?

14. Ein Boot fährt vom Punkt A aus mit einer Eigengeschwindigkeit von $5\,\frac{\text{km}}{\text{h}}$, die senkrecht zum Ufer gerichtet ist, über einen 75 m breiten Fluss (siehe Skizze). Da sich das Flusswasser mit $2\,\frac{\text{km}}{\text{h}}$ bewegt, wird das Boot um die Strecke x abgetrieben.

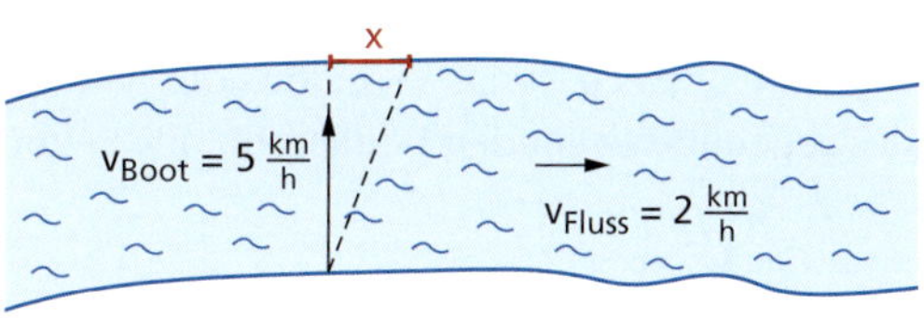

a) Berechne, wie viele Meter das Boot abgetrieben wird.

b) Das Boot soll nun nicht mehr abgetrieben werden, also senkrecht zum Ufer über den Fluss fahren. Berechne, in welche Richtung das Boot bei einer Eigenschwindigkeit von $5\,\frac{\text{km}}{\text{h}}$ gesteuert werden muss, damit es nicht mehr abgetrieben wird.

Das Wichtigste im Überblick

Trigonometrische Beziehungen am rechtwinkligen Dreieck

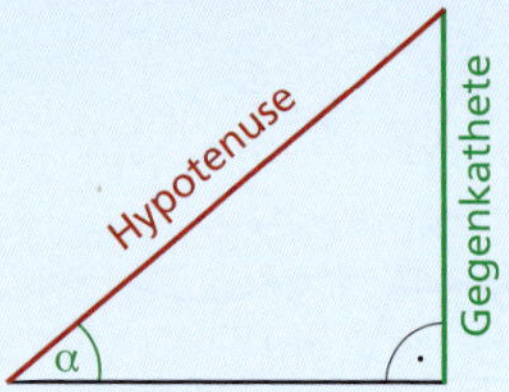

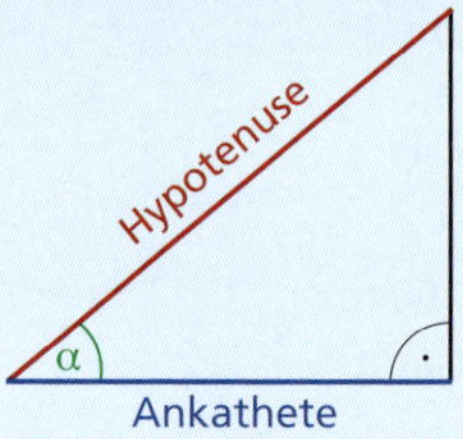

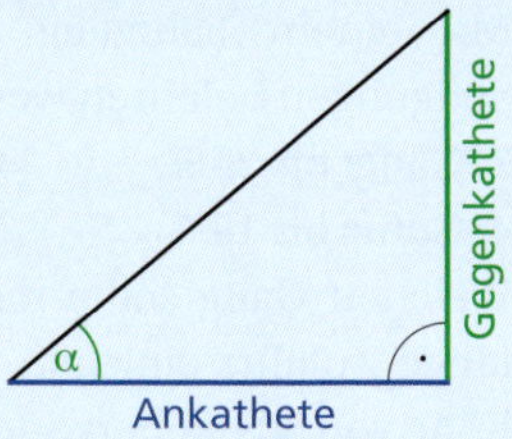

$\sin\alpha = \frac{\text{Gegenkathete}}{\text{Hypotenuse}}$ $\cos\alpha = \frac{\text{Ankathete}}{\text{Hypotenuse}}$ $\tan\alpha = \frac{\text{Gegenkathete}}{\text{Ankathete}}$

Beziehungen zwischen Sinus, Kosinus und Tangens eines Winkels

$\sin^2\alpha + \cos^2\alpha = 1$ $\sin\alpha = \cos x\,(90° - \alpha)$ $\tan\alpha = \frac{\sin\alpha}{\cos\alpha}$

Trigonometrische Beziehungen am Einheitskreis

Sinus

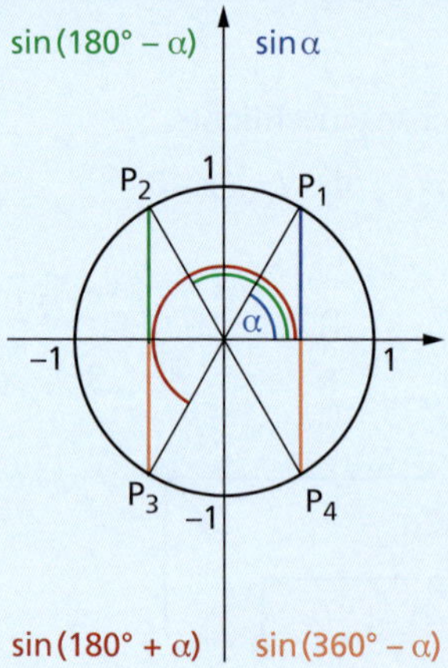

Kosinus

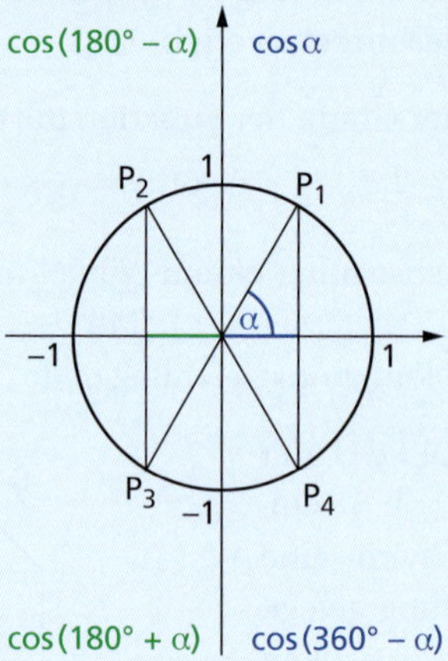

Tangens

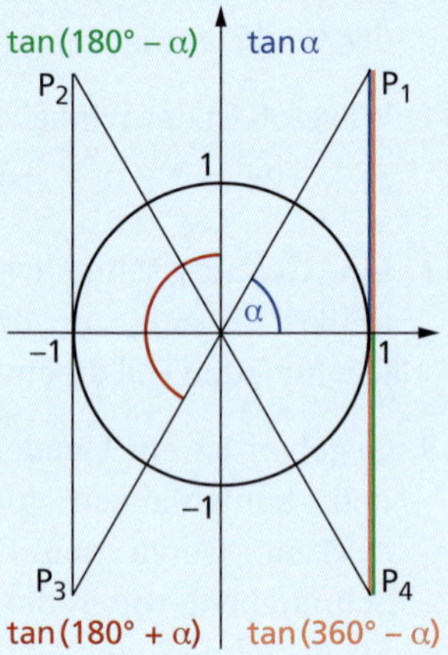

Berechnungen an beliebigen Dreiecken

Sinussatz

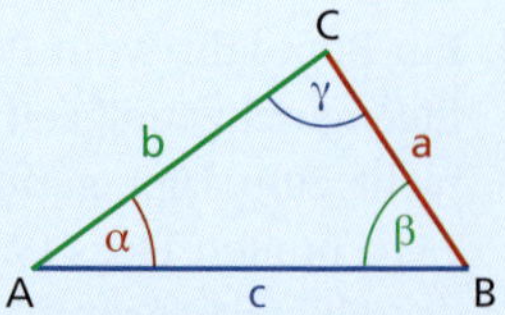

In jedem Dreieck ist das Verhältnis der Seitenlänge und des Sinus des gegenüberliegenden Winkels für alle Seiten gleich groß.

$\frac{a}{\sin\alpha} = \frac{b}{\sin\beta} = \frac{c}{\sin\gamma}$

Anwendung des Sinussatzes:

① Gegeben sind zwei Winkel und die eingeschlossene Seite des Dreiecks (dritter Winkel wird über den Innenwinkelsatz berechnet) – wsw.

② Gegeben sind zwei Seiten und ein Winkel, der der größeren Seite des Dreiecks gegenüberliegt – SsW.

Kosinussatz

In jedem Dreieck ist das Quadrat über einer Seite gleich der Summe der Quadrate über den beiden anderen Seiten vermindert um das doppelte Produkt aus diesen Seiten und dem Kosinus des von ihnen eingeschlossenen Winkels.

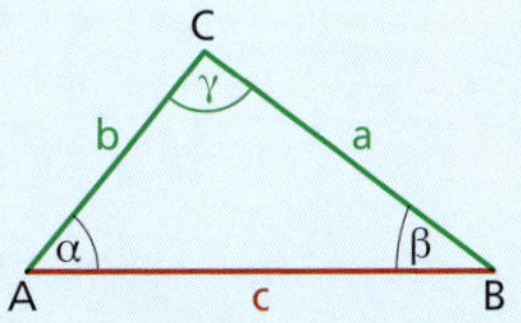

$a^2 = b^2 + c^2 - 2bc \cdot \cos\alpha$
$b^2 = a^2 + c^2 - 2ac \cdot \cos\beta$
$c^2 = a^2 + b^2 - 2ab \cdot \cos\gamma$

Für $90° < \alpha < 180°$ gilt: $\cos\alpha = -\cos(180° - \alpha)$

Anwendung des Kosinussatzes:
① Gegeben sind zwei Seiten und der eingeschlossene Winkel des Dreiecks – sws.
② Gegeben sind drei Seiten eines Dreiecks – sss.

Flächeninhalt eines beliebigen Dreiecks

Der Flächeninhalt eines Dreiecks ist das halbe Produkt aus zwei Seiten und dem Sinus des eingeschlossenen Winkels.

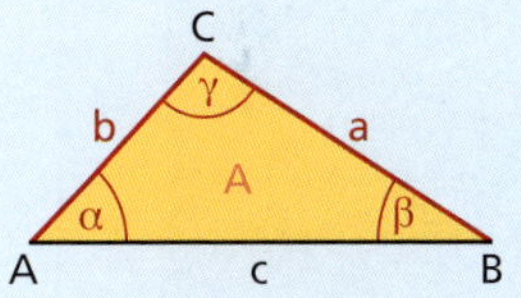

$A = \frac{1}{2} \cdot ab \cdot \sin\gamma = \frac{1}{2} \cdot bc \cdot \sin\alpha = \frac{1}{2} \cdot ac \cdot \sin\beta$

Berechnung von Seitenlängen und Winkelgrößen in Dreiecken

Gesucht	Gegeben		Hilfsmittel
Länge einer Seite	rechtwinkliges Dreieck	Länge von zwei Seiten	Satz des Pythagoras
		Länge einer Seite, Größe eines spitzen Winkels	Sinus, Kosinus, Tangens eines Winkels als Streckenverhältnisse in rechtwinkligen Dreiecken
	beliebiges Dreieck	Länge einer Seite, Größe von zwei Winkeln	Sinussatz
		Länge von zwei Seiten, Größe des eingeschlossenen Winkels	Kosinussatz
Größe eines Winkels	zwei Winkelgrößen		Satz über Innenwinkelsumme im Dreieck
	rechtwinkliges Dreieck	Länge zweier Seiten	Sinus, Kosinus, Tangens des Winkels als Streckenverhältnis
	beliebiges Dreieck	Länge zweier Seiten, Größe eines Winkels, der nicht von den gegebenen Seiten eingeschlossen wird	Sinussatz
		Länge aller drei Seiten	Kosinussatz

3 Periodische Prozesse untersuchen – Winkelfunktionen

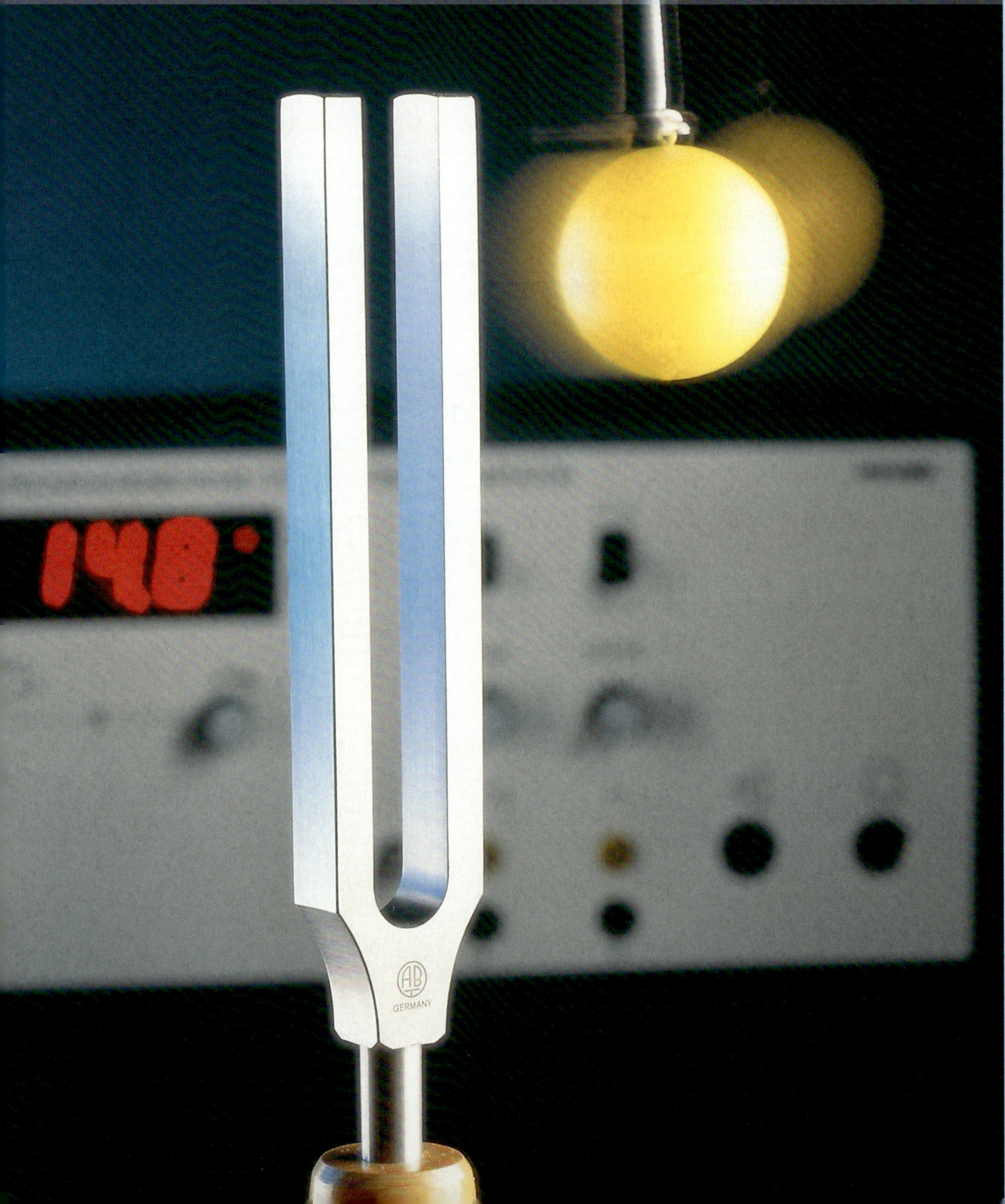

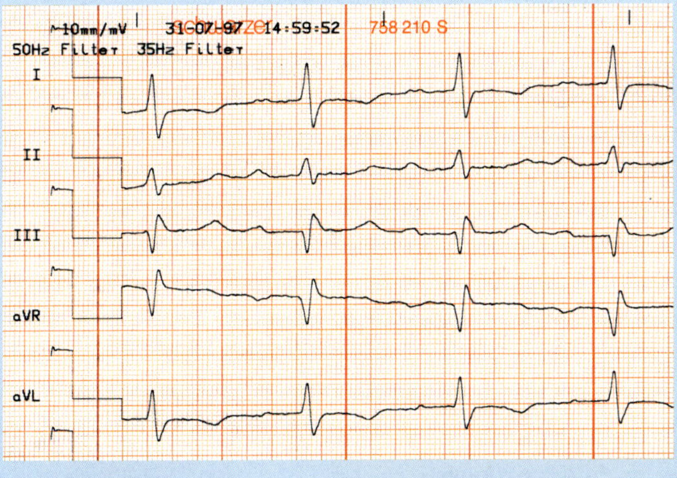

Herzschlag

Bei vielen realen Zusammenhängen, die durch Funktionen beschrieben werden können, handelt es sich um die Abhängigkeit einer Größe von der Zeit. Eine besondere Art von zeitlichen Vorgängen sind periodische Vorgänge, wie etwa der Herzschlag eines Menschen.
Woran erkennt der Arzt, dass der Herzschlag in Ordnung, der Patient gesund ist?

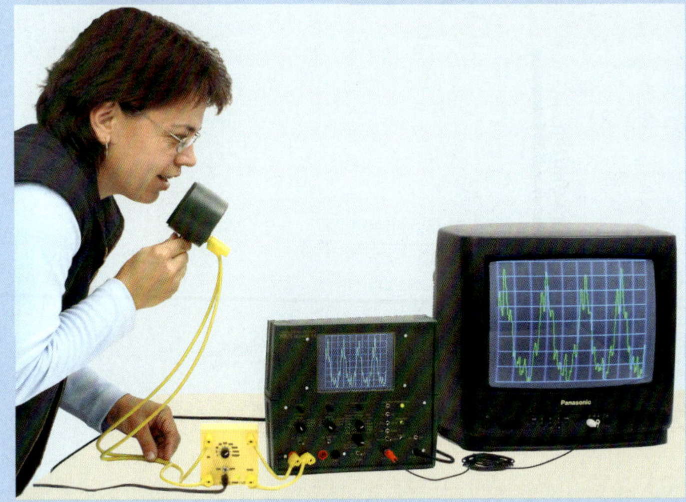

Schwingungen und Wellen

Viele Erscheinungen in Natur und Technik beruhen auf Schwingungen oder Wellen. Dazu zählen z. B. unsere Stimmen, Erdbeben oder der elektrische Wechselstrom. Kenngrößen von Schwingungen lassen sich mit Oszillografen veranschaulichen und durch eine mathematische Funktion erfassen.
Worin unterscheidet sich diese Darstellung von den bisher bekannten Funktionsgraphen?

Musik

Schallschwingungen können durch Kurven beschrieben werden. Bei der Überlagerung mehrerer solcher Kurven entstehen teilweise sehr komplizierte Schwingungsbilder. Der Mensch hört dann keinen Zusammenhang von Tönen mehr, sondern nur noch ein Geräusch.
Beschreibe jeweils die Kurven.
Finde Unterschiede und Gemeinsamkeiten.
Stellen diese Kurven Funktionen dar?
Begründe.

Funktionen

Funktionen dienen der Beschreibung vielfältiger Vorgänge im täglichen Leben.
In dieser Mindmap sind einige wichtige Merkmale und Eigenschaften dargestellt, die du bereits in den vergangenen Schuljahren kennengelernt hast. Einige Äste der Mindmap sind noch offen. Hier lassen sich am Ende des Schuljahres weitere Funktionsklassen ergänzen.

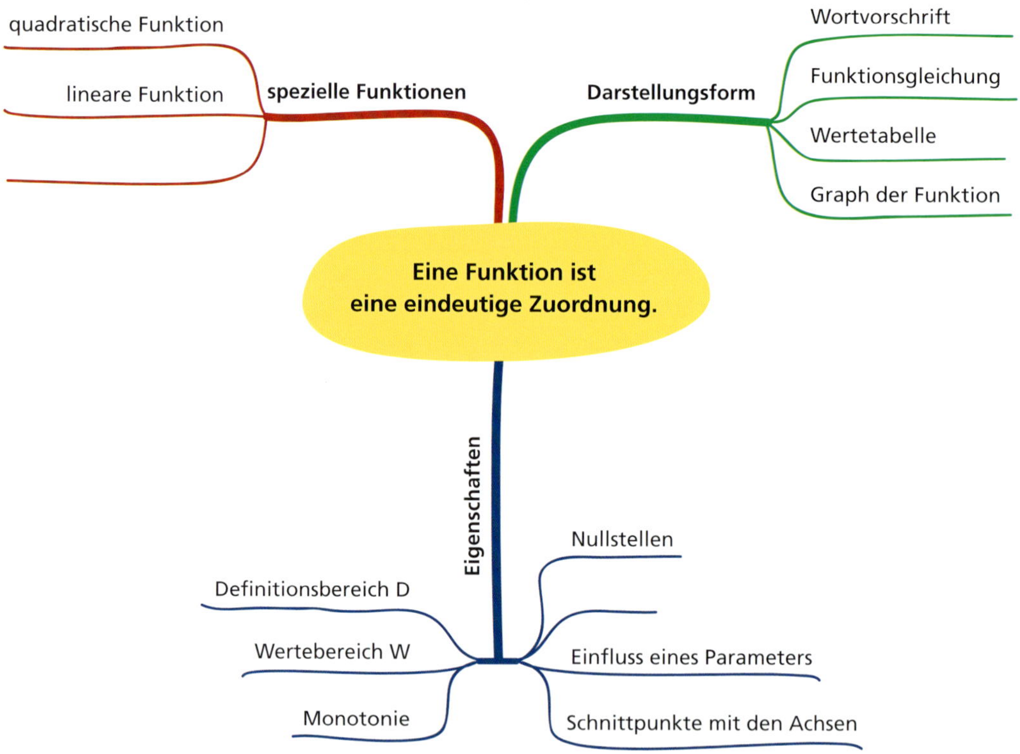

Für die lineare Funktion mit $y = 3x + 2$ gilt $x \in \mathbb{R}$ und $y \in \mathbb{R}$.

Für $y = mx + n$ gilt:

$m > 0$ Graph der Funktion ist monoton wachsend.

$m = 0$ Graph der Funktion ist konstant.

$m < 0$ Graph der Funktion ist monoton fallend.

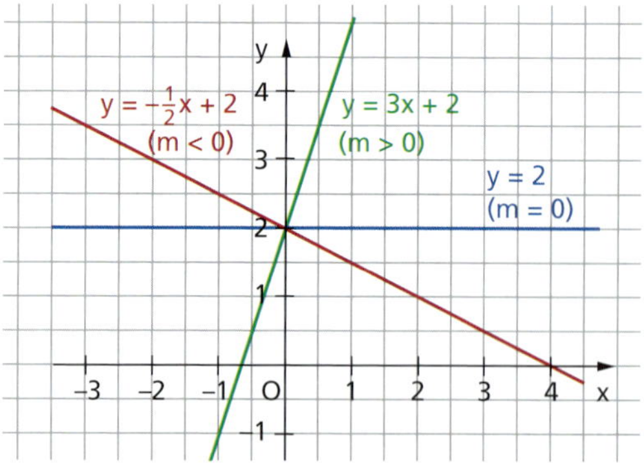

Die Nullstelle einer Funktion ist der x-Wert, für den der Funktionswert $y = 0$ ist.
Jede Funktion der Gleichung $y = mx + n$ mit $m \neq 0$ hat eine Nullstelle.

$0 = 3x + 2 \quad | -2; :3$

$x_0 = -\frac{2}{3}$

Aufgaben

1. Wiederhole deine Kenntnisse zu linearen Funktionen.
Jeder rationalen Zahl x wird das Dreifache der Zahl vermehrt um eins zugeordnet.
a) Formuliere zur Wortschrift die Funktionsgleichung.
b) Erstelle eine Wertetabelle für das Intervall $-4 < x < 4$ für eine Schrittweite von 0,5.
c) Zeichne den Graphen der Funktion mindestens im Intervall $-4 < x < 4$.
d) Ermittle rechnerisch die Nullstelle der Funktion und vergleiche mit dem Graphen.

2. Zeichne jeweils den Graphen der folgenden Funktionen und bestimme deren Eigenschaften.

a) $f(x) = 3x - 2$ b) $f(x) = 1{,}5x + 0{,}5$ c) $f(x) = -2x + 3$ d) $f(x) = x + 2$
e) $f(x) = x - 0{,}6$ f) $f(x) = -4x - 2$ g) $f(x) = -x + 2$ h) $f(x) = -x - 1$
i) $f(x) = \frac{3}{2}x + \frac{1}{2}$ j) $f(x) = -\frac{1}{2}x - 2$ k) $f(x) = \frac{5}{3}x - \frac{3}{2}$ l) $f(x) = -\frac{5}{2}x + \frac{3}{2}$

3. Die Graphen in der nebenstehenden Abbildung gehören zu quadratischen Funktionen (siehe S. 94) mit der Gleichung:
$y = f(x) = (x + d)^2 + e$.
a) Lies die Koordinaten der Scheitelpunkte der Funktionen ab.
b) Gib die Funktionsgleichungen in der Scheitelpunktsform an.
c) Ermittle für die Funktionen die Funktionsgleichungen in der Normalform.
d) Berechne die Nullstellen der Funktionen und vergleiche mit der grafischen Darstellung.

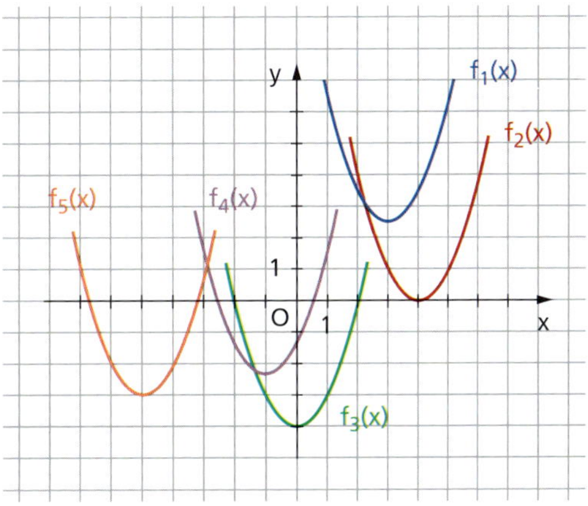

4. Folgende quadratische Funktionen sind gegeben:
① $y = x^2$ ② $y = (x + 2)^2$ ③ $y = (x - 2)^2 - 1$ ④ $y = x^2 + 2x + 1$
⑤ $y = x^2 + 4x + 8$
a) Ermittle die Koordinaten des Scheitelpunktes der Graphen.
b) Zeichne die Graphen der Funktionen.
c) Berechne die Nullstellen der Funktionen und vergleiche sie mit der grafischen Darstellung.
d) Gib weitere Eigenschaften der quadratischen Funktionen an.

5. Zeichne die Graphen folgender quadratischer Funktionen.
Erstelle dir dazu eine Wertetabelle für das Intervall $-4 < x < 4$ für eine Schrittweite von 0,5.
Beschreibe jeweils den Graphen der Funktion.
a) $y = f(x) = 2x^2$ b) $y = f(x) = 0{,}5x^2$ c) $y = f(x) = -3x^2$ d) $y = f(x) = -x^2$
e) $y = f(x) = 2x^2 + 1$ f) $y = f(x) = 2x^2 - 1$ g) $y = f(x) = -2x^2 + 1$ h) $y = f(x) = -2x^2 - 1$

6. Stelle die Funktionen mithilfe eines Tabellenkalkulationsprogramms, eines Funktionsplotters oder eines Programms zur dynamischen Geometrie dar.
a) $y_1 = 3x + 2$ $y_2 = -x - 2$ b) $y_1 = x - 3$ $y_2 = -2x + 6$
c) $y_1 = -x + 6$ $y_2 = (x - 5)^2 + 1$ d) $y_1 = x + 4$ $y_2 = x^2 + 4x$
e) $y_1 = (x - 1)^2 + 5$ $y_2 = x^2 + 6x + 7$ f) $y_1 = -x^2 - 3$ $y_2 = (x - 2)^2 - 1$

3.1 Periodische Prozesse erforschen

Periodische Funktionen

Bei vielen realen Zusammenhängen, die durch Funktionen beschrieben werden können, handelt es sich um die Abhängigkeit einer Größe von der Zeit. So hängt z. B. die Veränderung der Körpergröße oder der Anzahl der Haare eines Menschen von der Zeit ab.

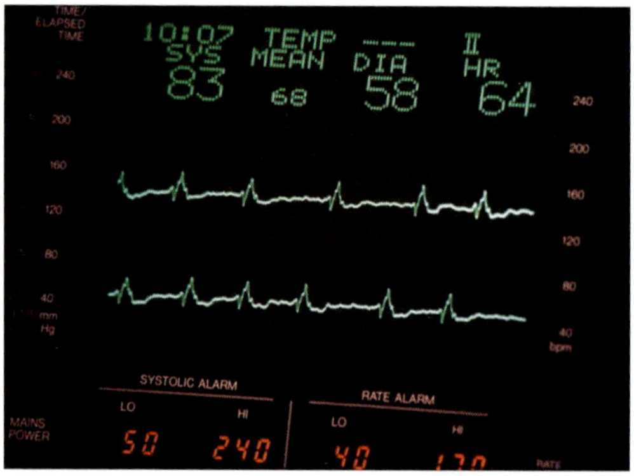

Eine besondere Art von zeitlichen Vorgängen sind periodische Vorgänge, wie etwa der Herzschlag eines Menschen (siehe S. 65). Solche periodischen Vorgänge können oft modellhaft durch Winkelfunktionen beschrieben werden.

> Eine Funktion f mit dem Definitionsbereich D heißt **periodisch mit der Periode p,** wenn es eine positive Zahl $p \in \mathbb{R}$ gibt, sodass für alle $x \in D$ auch $x + p \in D$ ist, und wenn stets gilt:
> $f(x) = f(x + p)$

Die Funktionswerte einer periodischen Funktion wiederholen sich also periodisch im Abstand p.

Die Tiden entstehen durch die Anziehungskräfte von Sonne und Mond. Etwa alle sechs Stunden wechseln sich Hoch- und Niedrigwasser ab.
Das Diagramm zeigt den Pegel für drei Tage im Januar in Wilhelmshaven. Du siehst: Er ist nicht wirklich periodisch.

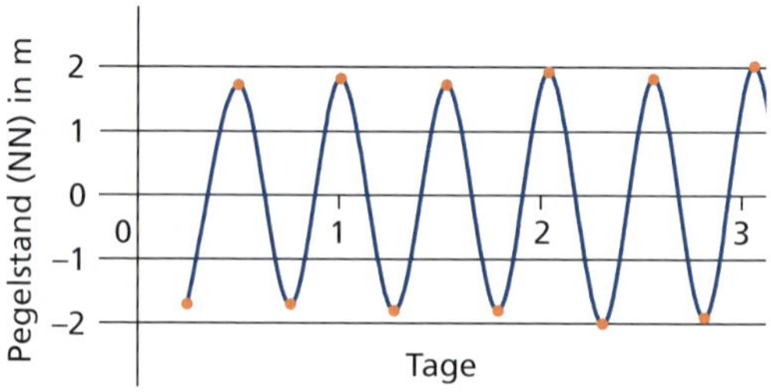

Die Tonhöhe der Sirene eines Kranken- oder Polizeifahrzeugs ändert sich periodisch. Der Tonhöhe entspricht die Frequenz des Signals.

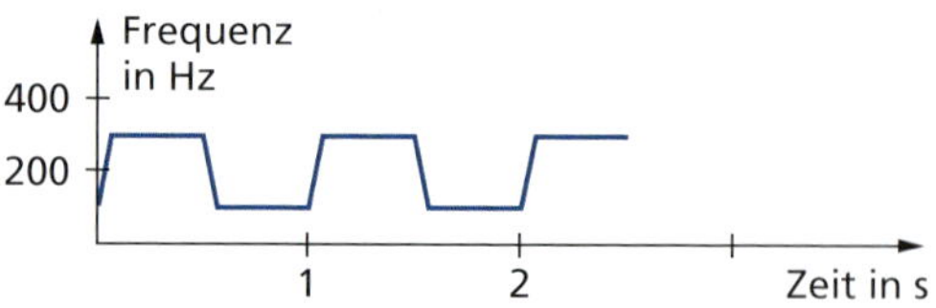

Bei Wechselstrom ändern sich periodisch die Stärke und die Richtung des Stroms.
Der zeitliche Verlauf kann mit einem Oszillografen dargestellt werden (siehe S. 65).

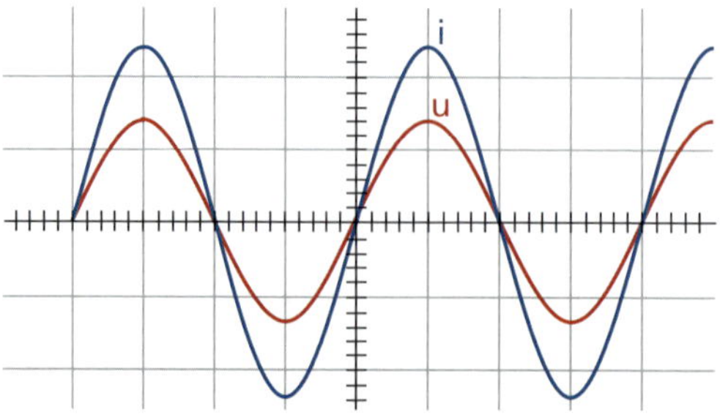

Die Sinusfunktion und die Kosinusfunktion

Die am rechtwinkligen Dreieck erklärten Beziehungen Sinus und Kosinus gelten nicht nur für Winkel zwischen 0° und 90°. Betrachtet man einen veränderlichen Winkel im Einheitskreis, so erhält man für alle Winkel die zugehörigen Sinus- und Kosinuswerte (siehe S. 40).
Die folgenden Bilder zeigen dies für spitze, stumpfe und überstumpfe Winkel:

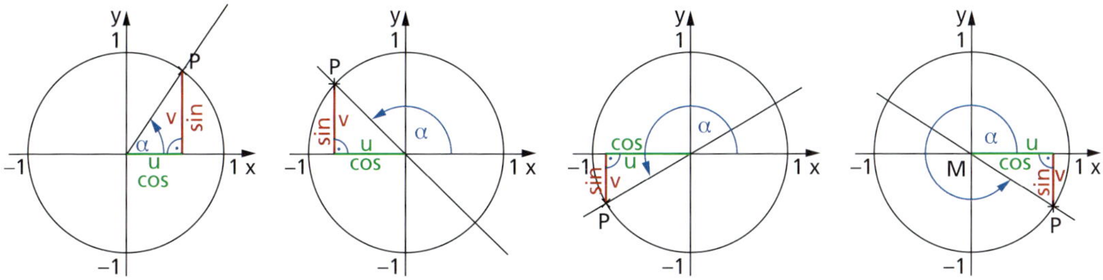

$\alpha = 55°$
$\sin 55° \approx 0{,}819$
$\cos 55° \approx 0{,}574$

$\alpha = 136°$
$\sin 136° \approx 0{,}695$
$\cos 136° \approx -0{,}719$

$\alpha = 210°$
$\sin 210° \approx -0{,}5$
$\cos 210° \approx -0{,}866$

$\alpha = 328°$
$\sin 328° \approx -0{,}530$
$\cos 328° \approx -0{,}848$

Um mit diesen Funktionen periodische Vorgänge beschreiben zu können, muss eine Erweiterung auch auf beliebige negative Winkelmaße erfolgen. Wieder werden alle Winkel als **Drehwinkel** aufgefasst.

Wird ein Strahl s um seinen Anfangspunkt S **linksherum** gedreht (entgegen dem Uhrzeigersinn), entsteht ein **positiver** Drehwinkel mit dem Scheitelpunkt S.
Wird der Strahl **rechtsherum** gedreht (im Uhrzeigersinn), entsteht ein **negativer** Drehwinkel mit dem Scheitelpunkt S.
Einer vollen Linksdrehung entsprechen genau +360° und einer vollen Rechtsdrehung entsprechen genau -360°.

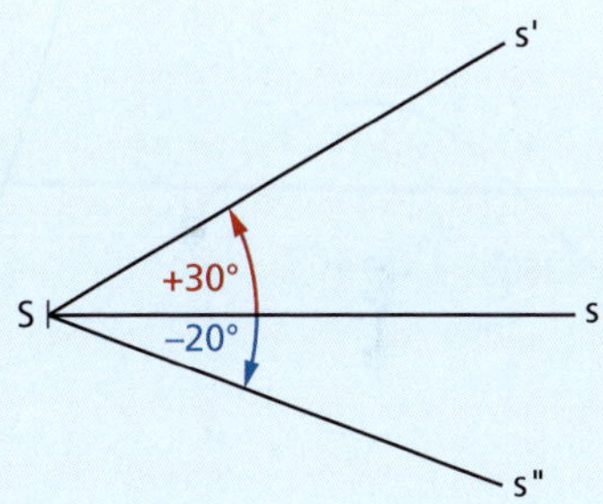

Hinweis: Das Vorzeichen eines Winkels ist geometrisch nur im Zusammenhang mit Drehungen um einen festen Punkt sinnvoll. Es gibt dann die Richtung der Drehung, d.h. den Drehsinn an. Drehwinkel kann man wie reelle Zahlen addieren oder subtrahieren.

Um mathematisch zu erfassen, dass ein Strahl mehrere Umdrehungen um seinen Anfangspunkt macht, werden auch Drehwinkel erklärt, deren Betrag größer als 360° ist.

Wenn ein Strahl bereits mehrere volle Umdrehungen in positiver bzw. negativer Drehrichtung gemacht hat, dann werden zum Drehwinkel auch die entsprechenden Vielfache von +360° bzw. -360° addiert.

+ 800° = 720° + 80° (zwei volle Linksdrehungen und dann eine Linksdrehung um 80°)
– 480° = –360° – 120° (eine volle Rechtsdrehung und dann eine Rechtsdrehung um 120°)

Nun können die Sinus- und die Kosinusfunktion für beliebige Winkel erklärt werden.

In einem Koordinatensystem sei P ein Punkt eines Kreises mit dem Radius 1, dessen Mittelpunkt im Koordinatenursprung O liegt. Die Strecke wird um einen beliebigen Drehwinkel α um O gedreht, wobei die positive x-Achse die 0°-Linie des Drehwinkels ist.

Dann gelten folgende Bezeichnungen:
Die y-Koordinate des Punktes P heißt sin α.
Die x-Koordinate des Punktes P heißt cos α.
Die Funktion y = f(α) = sin α heißt Sinusfunktion.
Die Funktion y = f(α) = cos α heißt Kosinusfunktion.

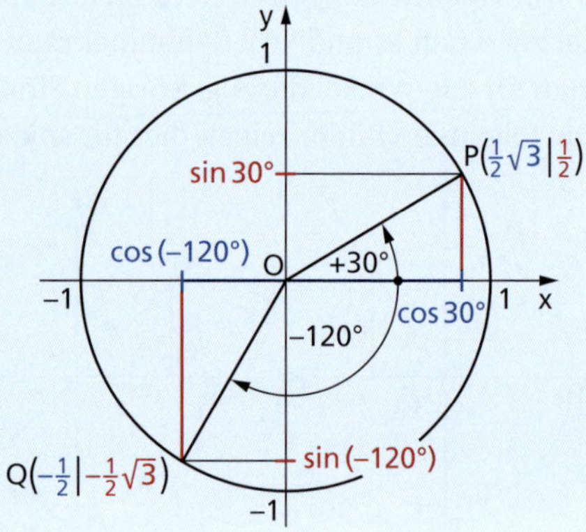

Mit dieser Definition ist jedem Drehwinkel α genau ein Sinus- bzw. Kosinuswert zugeordnet. Umgekehrt gibt es zu jedem Sinus- bzw. Kosinuswert unendlich viele Drehwinkel mit diesem Funktionswert. Wird die Zuordnung der y- bzw. x-Koordinaten des veränderlichen Punktes P zu den Drehwinkeln in einem neuen Koordinatensystem dargestellt, so erhält man die Graphen der Sinus- bzw. Kosinusfunktion. Die Graphen heißen **Sinuskurve** bzw. **Kosinuskurve.**
Die Kosinuskurve ergibt sich aus der Sinuskurve durch Verschieben um α = 90° nach links. Deshalb können beide Graphen mit der gleichen Kurvenschablone gezeichnet werden.

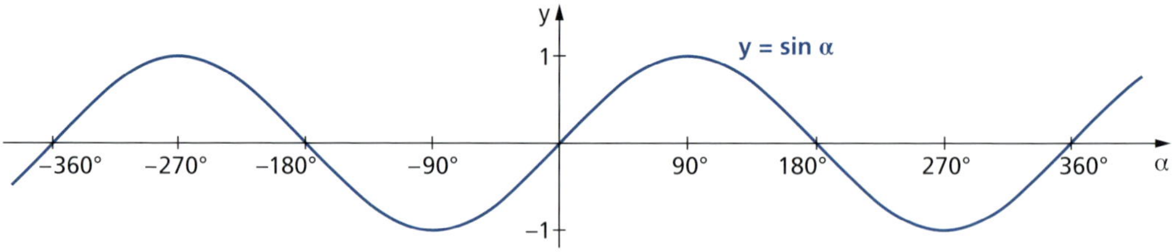

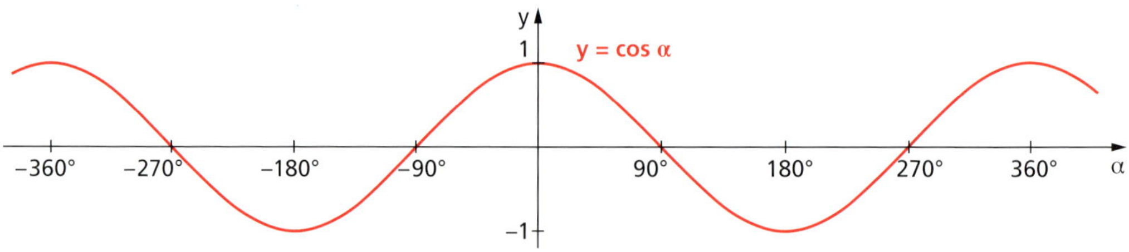

Die Eigenschaften der Funktionen können aus den Graphen abgelesen und mithilfe der Definition der Funktionen am Einheitskreis bewiesen werden.
Aus der Definition am Einheitskreis ergeben sich erneut folgende Beziehungen:

$\sin^2\alpha + \cos^2\alpha = 1$ $\qquad$ $\sin\alpha = \cos(90° - \alpha)$

Definitions- und Wertebereich der Funktionen

Für beide Funktionen gilt: Definitionsbereich: $-\infty < \alpha < +\infty$ Wertebereich: $-1 \le y \le 1$

Symmetrieeigenschaften der Graphen

Für die Sinusfunktion gilt z. B.

Symmetrieeigenschaft	Veranschaulichung	Beispiel	Allgemeine Gleichung
Der Graph ist *axialsymmetrisch* zu einer Parallelen zur y-Achse durch $\alpha = 90°$.	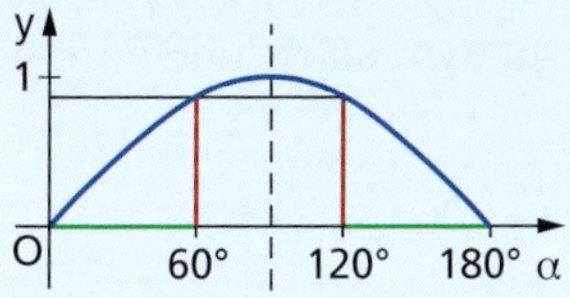	$\sin 60° = \sin 120°$ $\sin 60° = \frac{1}{2}\sqrt{3}$ $\sin 60° = 0{,}866$	$\sin \alpha = \sin(180° - \alpha)$
Der Graph ist *punktsymmetrisch* zum Koordinatenursprung. Die Funktion ist *ungerade*.	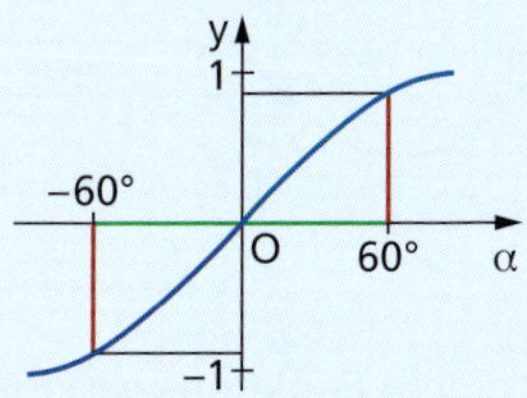	$\sin 60° = -\sin(-60°)$ $\sin 60° = \frac{1}{2}\sqrt{3}$	$\sin \alpha = -\sin(-\alpha)$

Für die Kosinusfunktion gilt z. B.

Symmetrieeigenschaft	Veranschaulichung	Beispiel	Allgemeine Gleichung
Der Graph ist *axialsymmetrisch* zu einer Parallelen zur y-Achse durch $\alpha = 180°$.	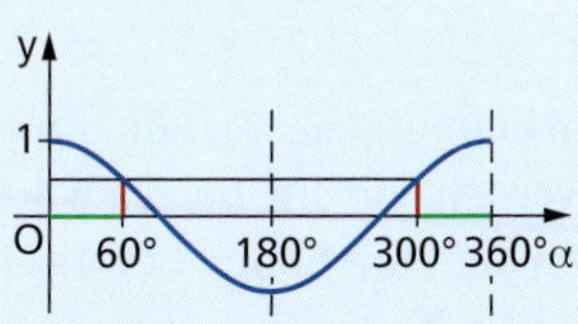	$\cos 60° = \cos 300°$ $\cos 60° = 0{,}5$	$\cos \alpha = \cos(360° - \alpha)$
Der Graph ist *axialsymmetrisch* zur y-Achse. Die Funktion ist *gerade*.	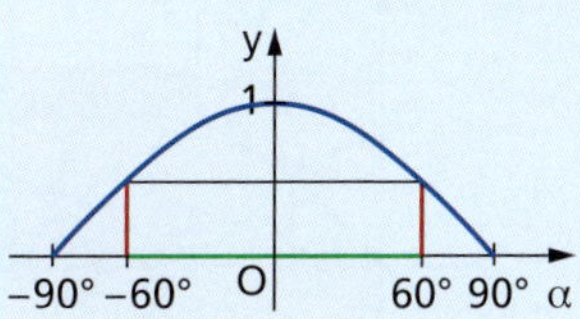	$\cos 60° = \cos(-60°)$ $\cos 60° = 0{,}5$	$\cos \alpha = \cos(-\alpha)$

Nullstellen

Sinusfunktion: $\alpha = 0° + k \cdot 180°;\ k \in \mathbb{Z}$

Kosinusfunktion: $\alpha = 90° + k \cdot 180°;\ k \in \mathbb{Z}$

Wachstumsverhalten im Intervall von 0° bis 90°

Sinusfunktion:
Die Funktion wächst im gesamten Intervall. Etwa bis 30° ist der Zuwachs fast gleichmäßig, dann wird er immer geringer.

Kosinusfunktion:
Die Funktion fällt im gesamten Intervall. Die Abnahme ist zunächst sehr gering und wird dann größer. Ab etwa 30° fällt die Funktion fast linear.

Periodizität

Die Sinus- und die Kosinusfunktion sind periodisch mit der Periode $\alpha = 360°$. Für alle α gilt:

$$\sin \alpha = \sin(\alpha + 360°) \quad \text{und} \quad \cos \alpha = \cos(\alpha + 360°)$$

Sind alle Winkel in einem Bereich gesucht, die einen bestimmten Funktionswert haben, so kann mit dem Taschenrechner zunächst nur ein Winkel ermittelt werden.
Es ist dann günstig:
- den Graphen für diesen Bereich zu skizzieren und den berechneten Winkel zu markieren,
- eine Parallele zur x-Achse etwa im Abstand des Funktionswertes zu zeichnen und dann
- die übrigen Lösungen durch Überlegungen zur Symmetrie und Periodizität zu bestimmen.

Bestimme alle Winkel α mit $\sin\alpha = -0{,}5$ im Intervall von $-180° \leq \alpha \leq 360°$.
$\alpha_1 = -30°$ (mit Taschenrechner)
$\alpha_2 = -180° + 30° = -150°$
$\alpha_3 = 180° + 30° = 210°$
$\alpha_4 = 360° - 30° = 330°$

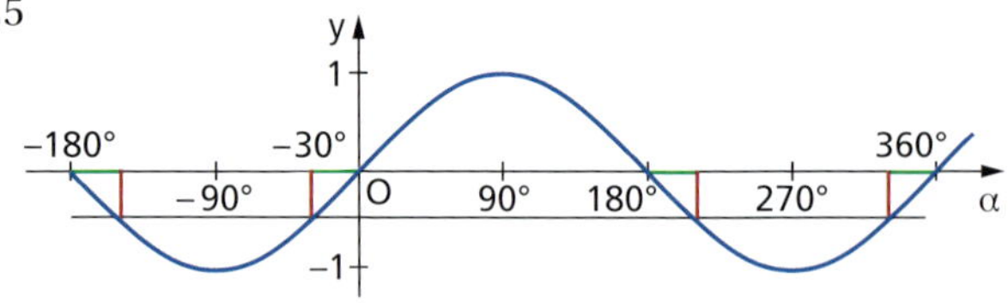

Hinweis:
Taschenrechner geben in den meisten Fällen zu einem Funktionswert folgende Winkel an:
- für die Sinusfunktion einen Winkel zwischen $-90°$ und $+90°$
- für die Kosinusfunktion einen Winkel zwischen $0°$ und $180°$

In diesen Intervallen sind die Funktionen **eineindeutig.**

Quadrantenbeziehungen

Um rechnerisch alle Winkel zu finden, die einen betragsgleichen Funktionswert haben, können die folgenden **Quadrantenbeziehungen** genutzt werden. Sie ergeben sich aus den Graphen der Winkelfunktionen und können mit den Definitionen der Funktionen bewiesen werden.

Quadrantenbeziehungen der Sinus- und Kosinusfunktion

Für $0° \leq \alpha \leq 90°$ gilt:

$$\sin\alpha = \sin(180° - \alpha) = -\sin(180° + \alpha) = -\sin(360° - \alpha)$$

$$\cos\alpha = -\cos(180° - \alpha) = -\cos(180 + \alpha) = \cos(360° - \alpha)$$

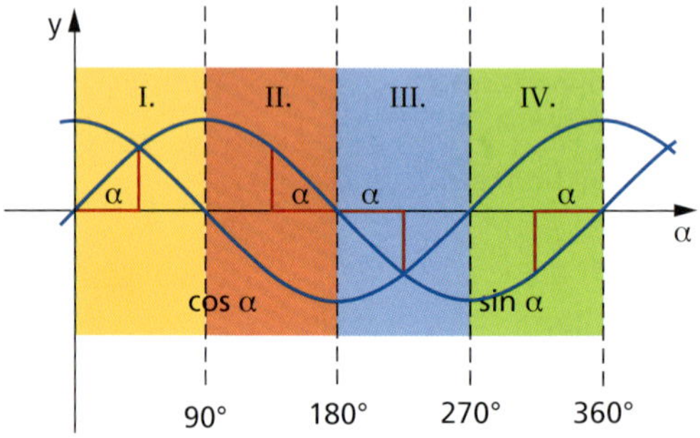

Beziehungen zwischen Sinus- und Kosinusfunktionen

Wendet man auf das rechtwinklige Dreieck im Einheitskreis den Satz des Pythagoras an, so ergibt sich der sogenannte trigonometrische Pythagoras:

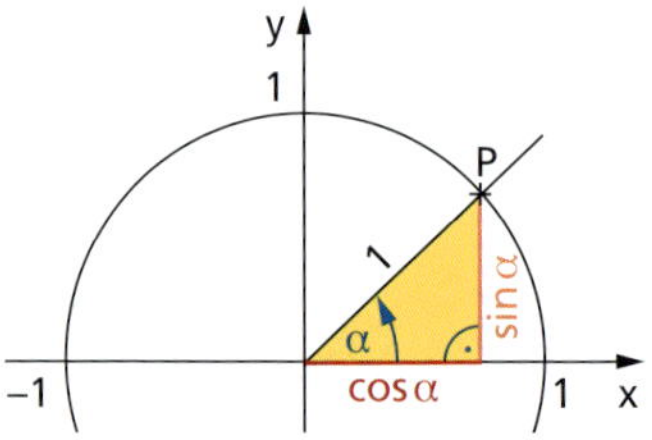

$$\sin^2\alpha + \cos^2\alpha = 1$$

Das Bogenmaß eines Winkels

Im Unterschied zu den bisher behandelten Funktionen sind bei Winkelfunktionen die Argumente keine reellen Zahlen, sondern Gradmaße von Winkeln. Damit auch bei den Winkelfunktionen die Definitionsbereiche Mengen reeller Zahlen sind, wurde ein weiteres Maß für Winkel eingeführt.

Es sei P ein Punkt eines Kreises mit dem Mittelpunkt M und dem Radius r. $\overline{MP'}$ sei das Bild der Strecke bei der Drehung um M mit einem Drehwinkel α.
Jedem Drehwinkel lässt sich dann die Länge des Weges zuordnen, die der Punkt P bei der Drehung zurücklegt, wobei einem negativen Drehwinkel auch eine negative Streckenlänge zugeordnet wird.

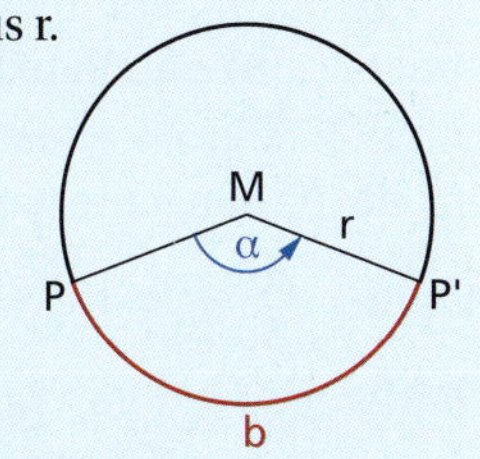

Für den Umfang u des Kreises gilt: $u = 2\pi r$

Für die Länge b des zurückgelegten Weges von P gilt: $\mathbf{b} = \frac{\alpha}{360°} \cdot u = \frac{\alpha}{360°} \cdot 2\pi r$, also $\frac{b}{r} = \frac{\alpha}{180°} \cdot \pi$

Die jedem Winkel α eindeutig zugeordnete reelle Zahl $\frac{\alpha}{180°} \cdot \pi$ heißt **Bogenmaß** des Winkels α.

Das Bogenmaß eines Winkels wird mit **arc α** (gesprochen: arkus alpha) bezeichnet (lat.: *arcus* - Bogen). Es ist also: $\operatorname{arc}\alpha = \frac{\alpha}{180°} \cdot \pi$

Das Bogenmaß ist einheitenlos. Um die Angaben vom Gradmaß unterscheiden zu können, wird die Abkürzung rad (von Radiant) verwendet. Das Bogenmaß ist 1 für r = b (siehe obere Grafik):

$1 = \frac{r}{r} = \frac{\alpha}{180°} \cdot \pi$ $\qquad$ $\alpha = \frac{180°}{\pi} \approx 57°$

Beim Taschenrechner wird der Winkelmodus RAD eingestellt, um die Winkeleinheit Radiant zu verwenden.

Bogenmaße können als Vielfache von π oder als Zahlenwerte dargestellt werden.

Winkel im Gradmaß		−90°	45°	90°	135°	180°	270°	360°	540°	720°
Winkel im Bogenmaß	**als Vielfaches von π**	$-\frac{\pi}{2}$	$\frac{\pi}{4}$	$\frac{\pi}{2}$	$\frac{3}{4}\pi$	π	$\frac{3}{2}\pi$	2π	3π	4π
	als Dezimalzahl	−1,6	0,79	1,6	2,4	3,1	4,7	6,3	9,4	12,6

Einige Eigenschaften der Winkelfunktionen werden nun umformuliert. Für alle $k \in \mathbb{Z}$ gilt:

Funktion	**DB**	**WB**	**Nullstellen**	**Periode**	**Symmetrieeigenschaften**
$f(x) = \sin x$	$\mathbb{R}$	$-1 \le y \le 1$	$x = k\pi$	$2k\pi$	punktsymmetrisch zu $P(k\pi \mid 0)$ achsensymmetrisch, $x = \frac{\pi}{2} + k\pi$
$f(x) = \cos x$	$\mathbb{R}$	$-1 \le y \le 1$	$x = \frac{\pi}{2} + k\pi$	$2k\pi$	punktsymmetrisch zu $P(\frac{\pi}{2} + k\pi \mid 0)$ achsensymmetrisch, $x = k\pi$

Bei der grafischen Darstellung der Funktion $y = \sin x$, $x \in \mathbb{R}$, ist es üblich, zur Beschriftung der x-Achse Vielfache von π zu nutzen. Auf der y-Achse wird wie üblich die Einheit 1 cm verwendet.

Die Tangensfunktion

Für den Tangens im rechtwinkligen Dreieck gilt:

$\tan\alpha = \frac{\text{Gegenkathete}}{\text{Ankathete}} = \frac{v}{u} = \frac{\sin\alpha}{\cos\alpha}$

Grafisch gesehen ergibt sich der Tangenswert als Teil der Tangente an den Einheitskreis vom Punkt R(1|0) zum Punkt Q. Durch das Einzeichnen der Tangente entsteht eine Strahlensatzfigur, da die Tangente parallel zu v ist.

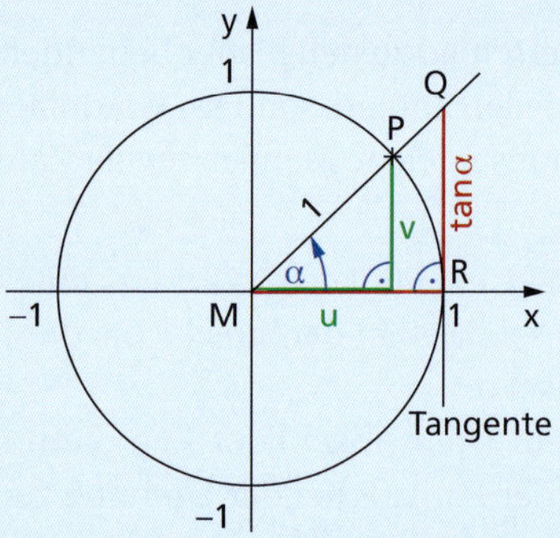

Es gilt: $\frac{\overline{RQ}}{1} = \frac{v}{u} = \frac{\sin\alpha}{\cos\alpha} = \tan\alpha$

Ordnet man jedem Winkel α seinen Tangenswert tan α zu, so erhält man eine eindeutige Zuordnung $\alpha \rightarrow \tan\alpha$. Diese eindeutige Zuordnung nennt man **Tangensfunktion.**
Man schreibt: $x \rightarrow \tan x$, $y = \tan x$ bzw. $f(x) = \tan x$

Beim Graphen der Tangensfunktion tritt eine Besonderheit auf, die durch die Division entsteht. Da die Division durch null nicht definiert ist, die Kosinusfunktion aber an den Stellen $\alpha = 90° + k \cdot 180°$ bzw. $x = \frac{\pi}{2} + k\pi$ null ist, treten an diesen Stellen sogenannte Definitionslücken auf (gekennzeichnet durch die gestrichelten Linien). Dadurch besteht der Graph der Tangensfunktion aus unendlich vielen Teilkurven.

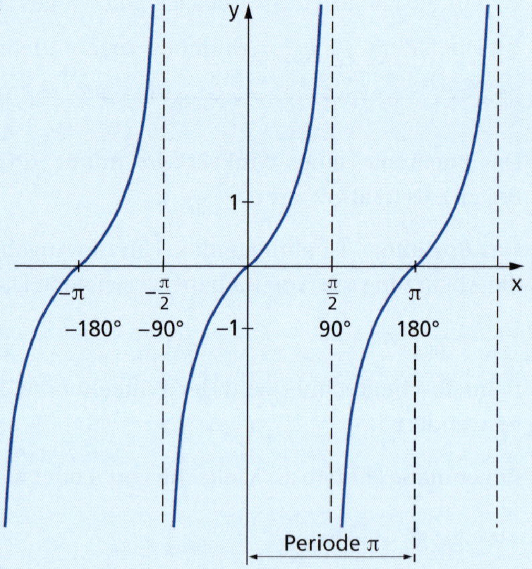

Auch die Tangensfunktion ist eine **periodische Funktion.** Die **Periode** beträgt **180° bzw. π.**

Es gilt:
$\tan\alpha = \tan(\alpha + k \cdot 180°)$ bzw.
$\tan x = \tan(x + k\pi)$ mit $k \in \mathbb{Z}$

Jede Teilkurve ist punktsymmetrisch zum Schnittpunkt mit der x-Achse.

Die **Nullstellen** der Tangensfunktion liegen bei Vielfachen von 180° bzw. bei Vielfachen von π.
Um alle Nullstellen zu erfassen, schreibt man:
$\alpha = k \cdot 180°$ bzw. $x = k\pi$ mit $k \in \mathbb{Z}$

Aufgaben

1. Vergleiche folgende Werte miteinander.
a) tan 30° und tan 210° b) tan 30° und tan (–30°) c) tan 0° und tan 180°

2. Zeichne den Graphen der Tangensfunktion für $-360° \le \alpha \le 540°$.
Verwende entweder eine Wertetabelle oder eine Kurvenschablone.

3. Gib jeweils die Anzahl der Lösungen an, die folgende Gleichungen im Intervall $-360° \le \alpha \le 540°$ haben:
a) $\tan\alpha = 2$ b) $\tan\alpha = -2$ c) $\tan\alpha = 0$ d) $\tan\alpha = -1$

Aufgaben

Periodische Funktionen

1. Untersuche, ob folgende Funktionen periodisch sind.
Gib in diesem Fall die Periode an und zeichne einen Graphen für zwei Periodenlängen.
a) $f(n) = (-1)^n;\ n \in \mathbb{N}$
b) $f(x) = [x];\ x \in \mathbb{R};\ x \geq 0;$ ([x]: ganzzahliger Anteil von x, z. B. [3,7] = 3)
c) $f(x) = x - [x];\ x \in \mathbb{R};\ x \geq 0$
d) $f(x) = (-1)^{[x]};\ x \in \mathbb{R};\ x \geq 0$

2. Der Graph zeigt die Änderung der Höhe h des Flügelendpunktes P einer Windkraftanlage bei einer gleichmäßigen Rotation.
a) Beschreibe den Graphen mit Worten.
b) Wie müsste sich der Graph ändern, wenn sich der Flügel doppelt (halb) so schnell drehen würde?

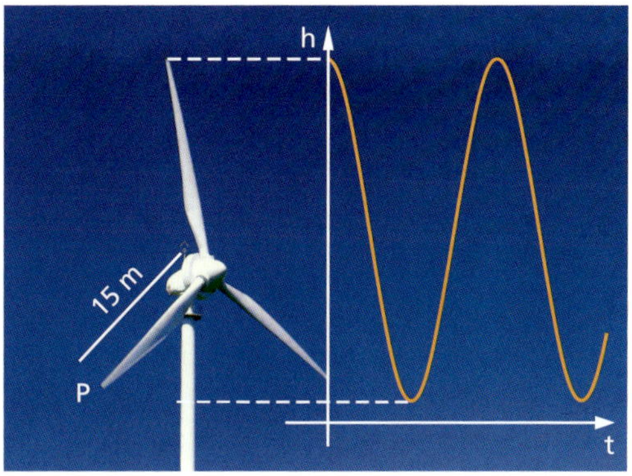

3. Welche der folgenden Vorgänge können zumindest näherungsweise durch eine periodische Funktion beschrieben werden? Nenne jeweils Bedingungen, unter denen dies zutrifft.
a) Bewegung eines Uhrzeigers
b) Wasserstand an einem Nordseestrand
c) sichtbarer Teil des Mondes
d) Wachstum der Früchte eines Obstbaumes
e) Menstruationszyklen einer Frau
f) Erddrehung

4. In einer Telefonanlage gibt es folgende Ruftakte. Stelle diese mit einer Codierung grafisch dar.

Art des Anrufs	Folgen von Tonrufen und Pausen
externer Anruf	1 s Ton; 3 s Pause; 1 s Ton; 3 s Pause …
Rückruf	1 s Ton; 1 s Pause; 1 s Ton; 1 s Pause …
interner Anruf	$\frac{1}{3}$ s Ton; $\frac{1}{3}$ s Pause; $\frac{1}{3}$ s Ton; $2\frac{2}{3}$ s Pause; $\frac{1}{3}$ s Ton; $\frac{1}{3}$ s Pause …

5. Ein Punkt P bewege sich mit konstanter Geschwindigkeit v auf dem Rand eines gleichseitigen Dreiecks. Die folgende Abbildung zeigt den Vorgang und den zugehörigen Graphen.

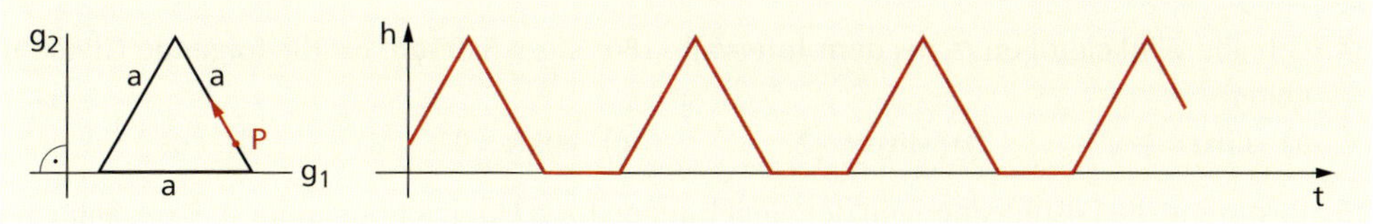

a) Wie würde sich eine Vergrößerung (Verkleinerung) der Umlaufgeschwindigkeit grafisch äußern?
b) Skizziere einen entsprechenden Graphen für ein zu umlaufendes Quadrat.
c) Stelle die zeitliche Änderung des Abstandes von P zu g_2 grafisch dar.

Die Sinus- und die Kosinusfunktion

6. Trage an eine 0°-Linie folgende Drehwinkel an.

a) +70° b) –70° c) +250°

d) –270° e) +270° f) –250°

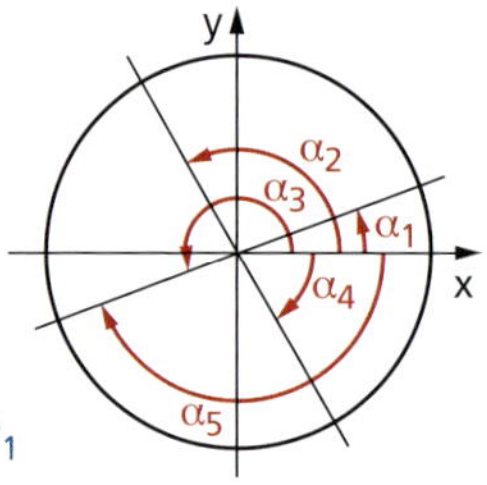

7. Die Größen der Winkel α_1 bis α_5 sind (siehe Abbildung rechts):
+200°; –60°; +20°; +120°; –160°
Ordne richtig zu.

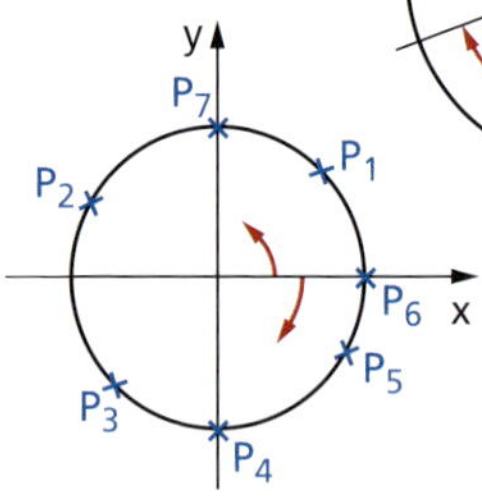

8. Die Lage der dargestellten (sieben) Punkte P_1 bis P_7 ist durch folgende Winkelgrößen festgelegt:
+720°; –390°; +510°; –315°; +585°; +810°; –450°
Welcher Punkt gehört zu welchem Winkelmaß?
Gib für jeden Punkt ein weiteres Winkelmaß an.

9. Stelle die Graphen der Sinus- und der Kosinusfunktion mithilfe einer Kurvenschablone im Intervall $360° \le \alpha \le 540°$ dar.

10. a) Stelle mithilfe des Taschenrechners für $360° \le \alpha \le 540°$ bei einer Schrittweite von 15° eine Wertetabelle für die Sinusfunktion auf.

b) Trage die Punkte dann in ein Koordinatensystem ein und verbinde diese. Verwende zum Zeichnen folgende Einteilungen:
$-1 \le \sin\alpha \le 1$ sollen 4 cm entsprechen und $0° \le \alpha \le 360°$ sollen 4,8 cm entsprechen.

c) Wie kann aus dieser Darstellung leicht die Kurve der Kosinusfunktion erzeugt werden?

11. Prüfe und veranschauliche die Richtigkeit der folgenden Gleichungen für folgende Winkel:
$\alpha_1 = 0°$; $\alpha_2 = 30°$; $\alpha_3 = 90°$; $\alpha_4 = -45°$; $\alpha_5 = 120°$

a) $\sin\alpha = \sin(180° - \alpha)$ b) $\sin(-\alpha) = -\sin\alpha$

c) $\cos(-\alpha) = \cos\alpha$ d) $\cos(90° - \alpha) = -\cos(90° + \alpha)$

e) $\cos(180° - \alpha) = -\cos\alpha$ f) $\sin^2\alpha + \cos^2\alpha = 1$

12. Begründe, dass alle Vielfachen von 360° Perioden der Sinus- und der Kosinusfunktion sind.

13. Löse die folgenden Gleichungen in den angegebenen Grundbereichen:

a) $\sin\alpha = -0{,}2$ für $-180° \le \alpha \le 270°$ b) $\sin\alpha = 0{,}8$ für $180° \le \alpha \le 360°$

c) $\sin\alpha = 0{,}4$ für $-90° \le \alpha \le 270°$ d) $\cos\alpha = -\frac{5}{4}$ für $-180° \le \alpha \le 540°$

e) $\cos\alpha = 0{,}6$ für $-180° \le \alpha \le 180°$ f) $|\sin\alpha| = 0{,}5$ für $-360° \le \alpha \le 540°$

g) $\cos\alpha = 0{,}5$ für $|\alpha| < 360°$ h) $|\cos\alpha| = 0{,}5$ für $-360° \le \alpha \le 540°$

14. Gib alle Winkelgrößen α aus dem Intervall $-180° \le \alpha \le 540°$ an, für die folgende Gleichungen gelten:

a) $\sin\alpha = \frac{1}{2}\cdot\sqrt{2}$ b) $\sin\alpha = -1$ c) $\cos\alpha = 0$ d) $\cos\alpha = 1$

15. Bestimme die Lösungsmengen der Gleichungen bzw. Ungleichungen für $0° \le \alpha \le 360°$.

a) $\sin\alpha = 0$ b) $\cos\alpha = -1$ c) $\cos\alpha = \frac{1}{2}\cdot\sqrt{2}$ d) $|\sin\alpha| = -0{,}5$

e) $|\cos\alpha| = 0{,}5$ f) $\sin\alpha > 0{,}5$ g) $\cos\alpha < 0{,}5$ h) $\sin\alpha = \frac{1}{2}\cdot\sqrt{2}$

i) $\sin\alpha = 1{,}5$ j) $\cos\alpha = 0$ k) $\cos\alpha = 2$ l) $\sin\alpha = -\frac{1}{2}\sqrt{2}$

Bogenmaß

16. Den Winkeln +120°, +200°, −40°, −120°, +480° und −1 030° wird jeweils ein Punkt des Einheitskreises zugeordnet.
Gib die Koordinaten der Punkte an und berechne die Länge des jeweiligen Bogens.

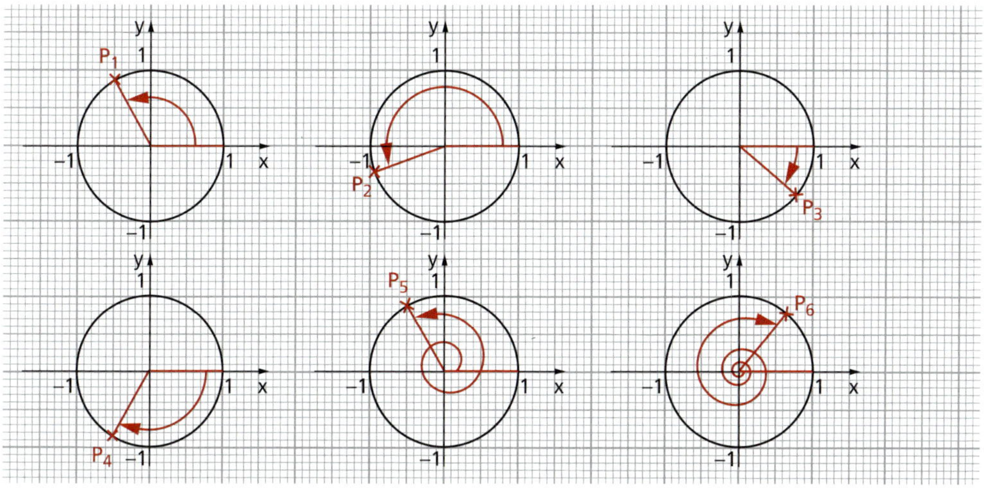

17. Miss die Strecke, die einem Winkel von 360° auf einer Schablone für die Sinuskurve entspricht, und vergleiche mit dem Bogenmaß von 360°.

18. Bestimme für die folgenden Winkel deren Bogenmaße als Vielfache von π:

a) $\alpha_1 = 0°$ b) $\alpha_2 = 180°$ c) $\alpha_3 = 360°$ d) $\alpha_4 = 30°$
e) $\alpha_5 = 45°$ f) $\alpha_6 = 120°$ g) $\alpha_7 = 150°$ h) $\alpha_8 = 300°$

19. Bestimme für die folgenden Winkel, die im Bogenmaß gegeben sind, deren Größe in Grad.

a) $x = \frac{\pi}{2}$ b) $x = \frac{3}{4}\pi$ c) $x = -\pi$ d) $x = \frac{\pi}{3}$
e) $x = -\frac{\pi}{2}$ f) $x = \frac{\pi}{18}$ g) $x = -\frac{\pi}{18}$ h) $x = \pi$

20. Gib die zugehörigen Gradmaße α bzw. Bogenmaße x an.

a) $\alpha = -30°$ b) $\alpha = 1°$ c) $\alpha = 100°$ d) $\alpha = 720°$
e) $x = -3$ f) $x = -1$ g) $x = 10$ h) $x = -10$

21. Um wie viel Grad weichen zwei Winkel in ihrer Größe voneinander ab, wenn ihr Bogenmaß um $\frac{\pi}{9}$ differiert?

22. Bestimme einen Näherungswert im Gradmaß, der zu einem Winkel mit dem Bogenmaß 1 gehört.

23. Bestätige die Gültigkeit der folgenden Beziehungen für die x-Werte: 0; π; $\frac{\pi}{2}$; $-\frac{\pi}{2}$; 1 und −2,5

a) $\sin x = \sin(\pi - x)$ b) $\sin(-x) = -\sin x$
c) $\cos(-x) = \cos x$ d) $\cos x = \cos(2\pi - x)$

24. Bestätige die Gültigkeit der folgenden Beziehungen für die x-Werte: 0; π; $\frac{\pi}{2}$; $-\frac{\pi}{2}$

a) $\sin x = \cos\left(x - \frac{\pi}{2}\right)$ b) $\cos x = \sin\left(x + \frac{\pi}{2}\right)$

3.2 Eigenschaften der Sinus- und der Kosinusfunktion

Hoch- und Tiefpunkte der Funktion

Zu den charakteristischen Eigenschaften einer Funktion gehört die Monotonie. Auf Seite 66 haben wir die Monotonie einer linearen Funktion untersucht. Auch bei quadratischen Funktionen lässt sich das Monotonieverhalten beschreiben.

Für die Funktion

① $y = x^2$

② $y = -x^2 + 1$

③ $y = (x + 2)^2 + 1$

gilt für das Monotonieverhalten:

①	$x < 0$	monton fallend
	$x > 0$	monoton wachsend
②	$x < 0$	monton wachsend
	$x > 0$	monoton fallend
③	$x < -2$	monton fallend
	$x > -2$	monoton wachsend

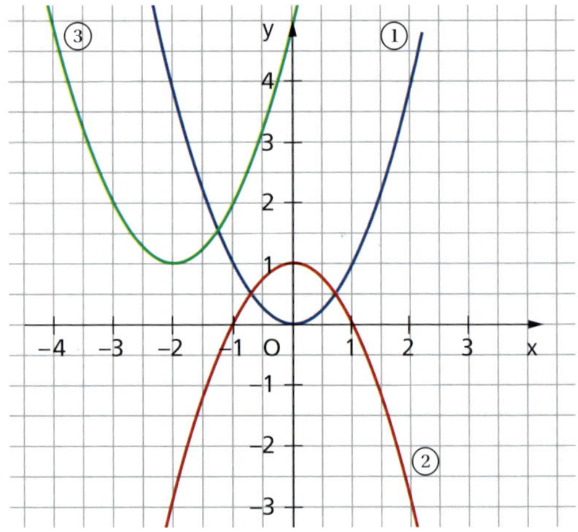

Wir betrachten nun die Punkte des Graphen, an denen eine Änderung des Monotonieverhaltens auftritt:
Bei $y = x^2$ ist es der Punkt $(0 \mid 0)$, bei $y = -x^2 + 1$ der Punkt $(0 \mid 1)$ und bei $y = (x + 2)^2 + 1$ ist es der Punkt $(-2 \mid 1)$.

Wechselt das Monotonieverhalten in einem Punkt (an einer Stelle)
- von „monoton fallend“ zu „monoton wachsend“, so nennt man den Punkt **Tiefpunkt,**
- von „monoton wachsend“ zu „monoton fallend“, so heißt er **Hochpunkt.**

Oftmals werden Hochpunkte auch als Maximumpunkte und Tiefpunkte als Minimumpunkte bezeichnet.

In unserem Beispiel ist der Punkt $(0 \mid 0)$ für die Funktion $y = x^2$ ein Tiefpunkt.

Der Punkt $(0 \mid 1)$ für die Funktion mit $y = -x^2 + 1$ ist ein Hochpunkt.

Der Punkt $(-2 \mid 1)$ für die Funktion mit $y = (x + 2)^2 + 1$ ist ein Tiefpunkt.

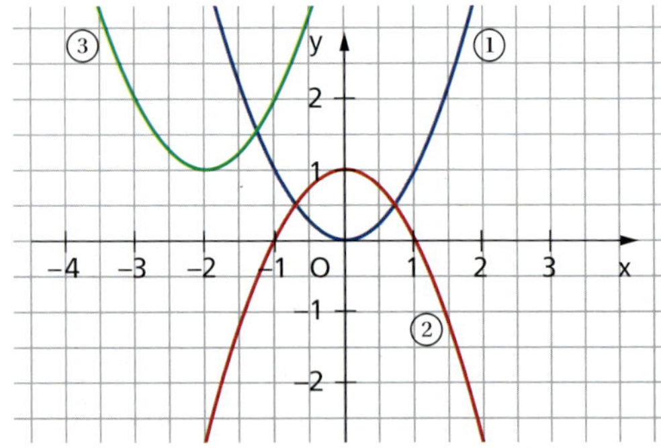

Wir betrachten nun als weiteres Beispiel die Funktion y = sin x.

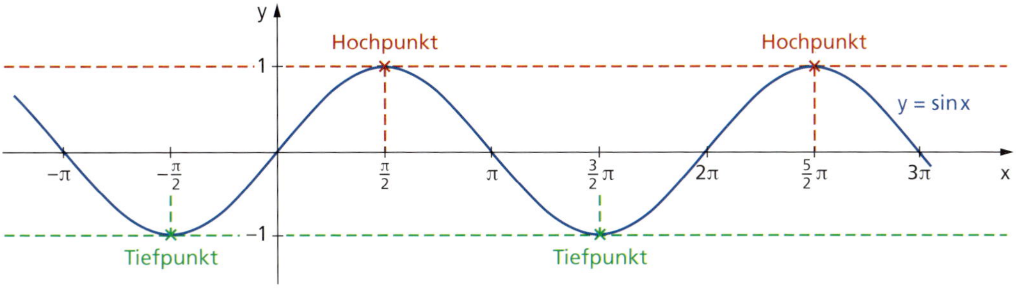

Hochpunkte: $\left(\frac{\pi}{2} \middle| 1\right)$ $\left(\frac{5\pi}{2} \middle| 1\right)$ Tiefpunkte: $\left(-\frac{\pi}{2} \middle| -1\right)$ $\left(\frac{3\pi}{2} \middle| -1\right)$

Mithilfe der zugehörigen x-Werte (der Extremstelle) lässt sich nun das Monotonieverhalten der Funktion y = sin x im Intervall $-\pi \le x \le 3\pi$ exakt angeben:

$-\pi < x < -\frac{\pi}{2}$ monoton fallend

$-\frac{\pi}{2} < x < \frac{\pi}{2}$ monoton wachsend

$\frac{\pi}{2} < x < \frac{3\pi}{2}$ monoton fallend

$\frac{3\pi}{2} < x < \frac{5\pi}{2}$ monoton wachsend

$\frac{5\pi}{2} < x < 3\pi$ monoton fallend

Um nicht für alle Teilintervalle das Monotonieverhalten angeben zu müssen, lässt sich diese Funktionseigenschaft von y = sin x wie folgt schreiben:

- für $-\frac{\pi}{2} + 2k\pi < x < \frac{\pi}{2} + 2k\pi$ monoton wachsend $(k \in \mathbb{Z})$
- für $\frac{\pi}{2} + 2k\pi < x < \frac{3\pi}{2} + 2k\pi$ monoton fallend $(k \in \mathbb{Z})$

Analoge Betrachtungen führen bei der Kosinusfunktion zu folgender Beschreibung des Monotonieverhaltens:

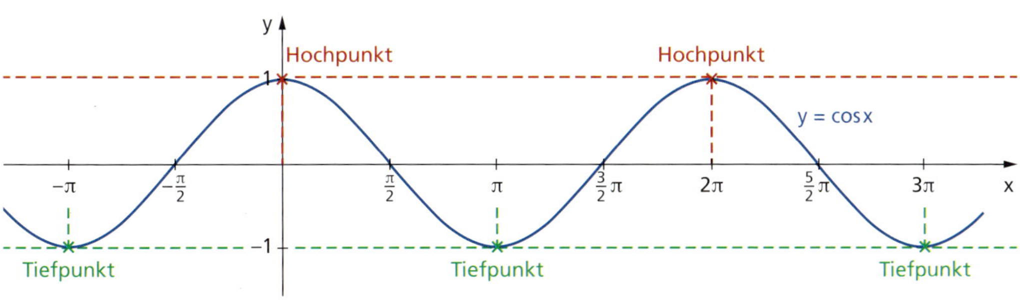

Hochpunkte: $(0 \mid 1)$ $(2\pi \mid 1)$ Tiefpunkte: $(-\pi \mid -1)$ $(\pi \mid -1)$ $(3\pi \mid -1)$

- für $\pi + 2k\pi < x < 2\pi + 2k\pi$ monoton wachsend $(k \in \mathbb{Z})$
- für $0 + 2k\pi < x < \pi + 2k\pi$ monoton fallend $(k \in \mathbb{Z})$

Die Expertenmethode – Untersuchungen an den Winkelfunktionen

Mathematische Themen kann man sich mit unterschiedlichen Lernmethoden erschließen. Besonders die Expertenmethode ist gut geeignet, um selbstständig Probleme und Aufgabenstellungen zu lösen. Erarbeitet man sich ein Thema selbst, bleiben die Ergebnisse lange im Gedächtnis.

Experten sind immer Spezialisten für ein konkretes Sachgebiet. Mit diesem Thema haben sie sich ausgiebig beschäftigt und können anderen ihre Erfahrungen weitergeben. Macht euch also selbst zu Experten und helft den anderen dabei, euer Spezialgebiet zu verstehen. Lasst euch dann von anderen Experten über deren Ergebnisse informieren und tragt die Erkenntnisse zusammen.

1. Schritt: Vorbereitung

Findet zum Hauptthema sinnvolle Teilthemen. Zum Hauptthema „Der Einfluss der Parameter auf die Eigenschaften der Winkelfunktionen“ könnten z. B. die Teilthemen zu den einzelnen Parametern bearbeitet werden:
Parameter a in $y = a \cdot \sin x$, Parameter b in $y = \sin bx$, Parameter c in $y = \sin(x + c)$, Parameter a und b in $y = a \cdot \cos bx$.
Die Zusammensetzung der Expertengruppen kann z. B. durch das Ziehen einer Karte erfolgen, wobei vier verschiedene Farben gegeben sind.

2. Schritt: Arbeit in Expertengruppen

Bildet Gruppen, die sich aus den Bearbeitern für die gleichen Teilthemen zusammensetzen. Untersucht die Wirkungen des speziellen Parameters auf die Eigenschaften und den Graphen der Funktionen.
Tauscht eure Arbeitsergebnisse aus, klärt offene Fragen und erarbeitet eine Zusammenfassung.

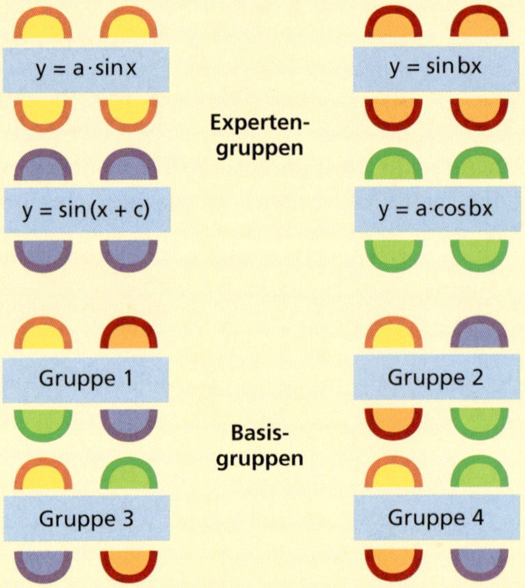

3. Schritt: Arbeit in Basisgruppen

Die Gruppen werden nun neu zusammengesetzt, indem in jeder Gruppe je ein Mitglied der Expertengruppen vertreten ist. Jeder Vertreter stellt seine Arbeitsergebnisse zu seinem Teilthema vor, für das er verantwortlich war. Im Ergebnis sind alle Mitglieder der Expertengruppe über alle Teilthemen informiert.

4. Schritt: Präsentation der Lernergebnisse

Die Ergebnisse werden nun zusammengefasst, indem die Gruppen Funktionen der Form $y = a \cdot \sin(bx + c)$ bzw. $y = a \cdot \cos bx$ betrachten.

Hinweis:
Auf den folgenden Seiten sind mögliche Ergebnisse für die Untersuchung des Parameters a in $y = a \cdot \sin x$, des Parameters b in $y = \sin bx$, des Parameters c in $y = \sin(x + c)$, der Parameter a und b in $y = a \cdot \cos bx$ sowie die Kombination der Parameter dargestellt.

Die Expertenrunde: Sinus- und Kosinusfunktion untersuchen

Zur Beschreibung realer periodischer Vorgänge kommen fast nie die „reinen" Winkelfunktionen $y = \sin x$ oder $y = \cos x$ vor, sondern Funktionsgleichungen mit mehreren Parametern, die jeweils die Eigenschaften der Funktion beeinflussen und den Graphen verändern können. Derartige Möglichkeiten hast du bereits bei den quadratischen Funktionen in Klasse 9 untersucht.

Die aktuelle Auslenkung eines Fadenpendels aus seiner Ruhelage kann durch die folgende Gleichung beschrieben werden, wenn der Luftwiderstand vernachlässigt wird:

$y = f(t) = y_{max} \cdot \sin \frac{2\pi}{T} t$

Dabei ist y_{max} die maximale Auslenkung des Pendels und T die Zeitdauer für eine vollständige Schwingung (Schwingungsdauer).

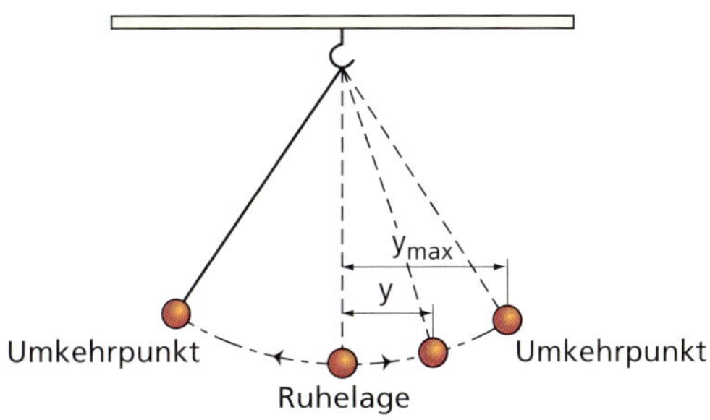

Im Folgenden ersetzen wir die konkreten Größen durch die Variablen a, b und c.
Vier Expertenrunden sollen nun die verschiedenen Möglichkeiten erkunden.
Drei Gruppen beschäftigen sich mit der Sinusfunktion und eine Gruppe mit der Kosinusfunktion.

Runde 1: Untersuchungen am Parameter a in $y = a \cdot \sin x$

Die Funktionen $f_1(x) = \sin x$,

$f_2(x) = 2 \cdot \sin x$ und

$f_3(x) = -\frac{1}{2} \cdot \sin x$

haben als wesentliche Gemeinsamkeiten die *gleiche Periodenlänge*, die *gleichen Nullstellen* und das *gleiche Symmetrieverhalten.*

Sie unterscheiden sich in ihrem Wachstumsverhalten und im Wertebereich.

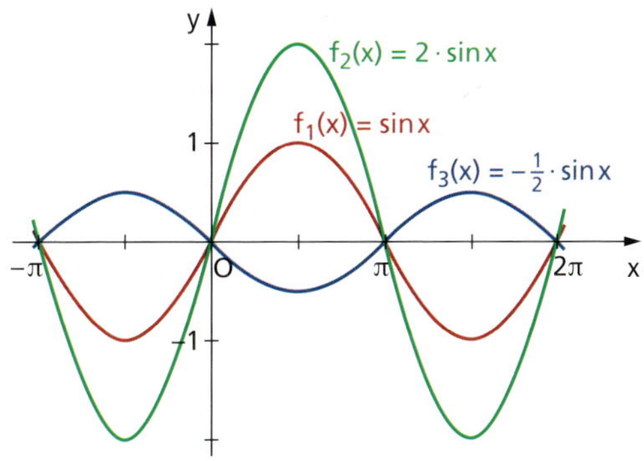

In der Funktionsgleichung $y = f(x) = a \cdot \sin x$; $a, x \in \mathbb{R}$; bewirkt der Parameter a eine Streckung ($a > 1$) oder Stauchung ($0 < a < 1$) des Graphen in y-Richtung bzw. eine Spiegelung ($a < 0$) an der x-Achse. Dies entspricht genau dem Einfluss des Parameters a bei den quadratischen Funktionen $y = ax^2$ oder dem Parameter b bei den Exponentialfunktionen $y = b \cdot a^x$.

Für den Wertebereich der Funktion $y = f(x) = a \cdot \sin x$ gilt: $-|a| \leq y \leq |a|$. Der Betrag von a gibt den maximalen Funktionswert der Funktion an.
Er heißt in Analogie zu physikalischen Begriffsbildungen auch **Amplitude der Funktion.**

Runde 2: Untersuchungen am Parameter b in y = sin bx

Die Funktionen

$f_1(x) = \sin x$,

$f_2(x) = \sin 2x$ und

$f_3(x) = \sin \frac{1}{2}x$

haben den *gleichen Wertebereich.*

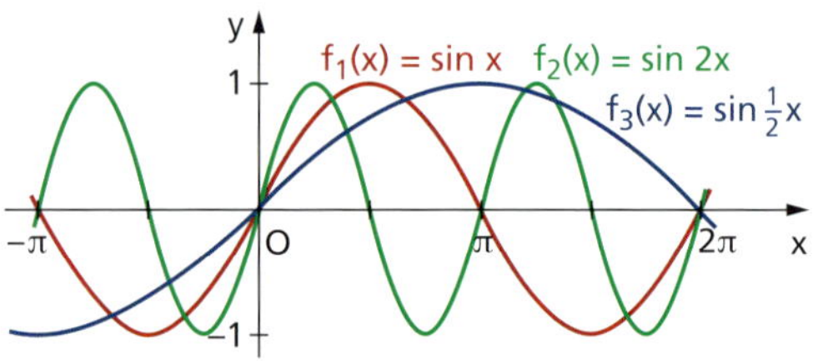

Die Unterschiede in der Lage der Nullstellen sowie in dem Wachstums- und Symmetrieverhalten ergeben sich insbesondere aus der unterschiedlichen Periodenlänge.

Die Funktion $f_2(x) = \sin 2x$ hat die Periode π bzw. 180° und die Funktion $f_3(x) = \sin \frac{1}{2}x$ hat die Periode 4π bzw. 720°.

Der Parameter b gibt für $b \in \mathbb{N}$ die Anzahl der vollständigen Perioden von 0 bis 2π an und heißt auch **Frequenz der Funktion.** Die Frequenz ist eine physikalische Größe. Bei einer Schwingung gibt sie an, wie viele Schwingungen in jeder Sekunde ausgeführt werden. Die Einheit für die Frequenz ist nach dem deutschen Physiker HEINRICH HERTZ (1857 bis 1894) benannt.

> Der Parameter b in der Funktionsgleichung $y = \sin bx$; $b, x \in \mathbb{R}$; $b > 0$ bewirkt eine Streckung $(0 < b < 1)$ bzw. Stauchung $(b > 1)$ des Graphen in x-Richtung.
> Für $b < 0$ erfolgt zusätzlich eine Spiegelung an der y-Achse.

Die Funktion $y = f(x) = \sin bx$; $b, x \in \mathbb{R}$; $b > 0$ hat die Periodenlänge $\frac{2\pi}{b}$ bzw. $\frac{360°}{b}$.

Runde 3: Untersuchungen am Parameter c in y = sin (x + c)

Die Funktionen

$f_1(x) = \sin x$,

$f_2(x) = \sin\left(x + \frac{\pi}{3}\right)$ und

$f_3(x) = \sin\left(x - \frac{\pi}{3}\right)$

haben den *gleichen Wertebereich* und die *gleiche Periodenlänge.*

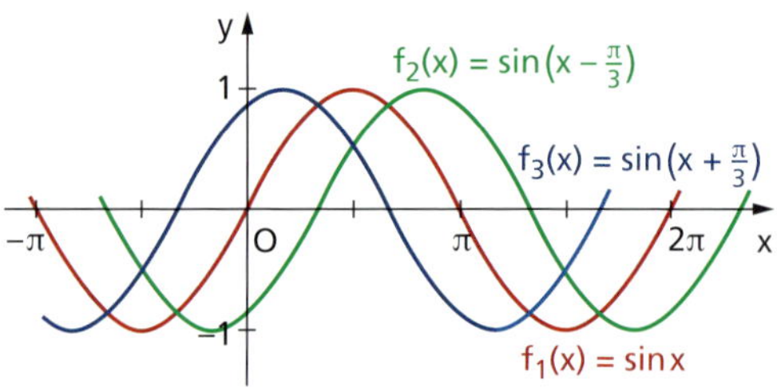

Die Unterschiede in der Lage der Nullstellen ergeben sich aus der Verschiebung entlang der x-Achse.

Der Parameter c in der Funktionsgleichung $y = \sin(x + c)$ bewirkt eine Verschiebung des Graphen in Richtung der x-Achse nach links für $c > 0$ bzw. nach rechts für $c < 0$.

> Die Funktion $y = f(x) = \sin(x + c)$; $c, x \in \mathbb{R}$ hat die Nullstellen $x_k = k \cdot \pi - c$.

Runde 4: Untersuchungen der Parameter a und b in y = a · cos bx

$f_1(x) = \cos x$

$f_2(x) = 2\cos x$

$f_3(x) = 2\cos 2x$

Analog zur Funktion mit $y = a \cdot \sin bx$ verändert der Parameter a bei $y = a \cdot \cos x$ das Wachstumsverhalten und den Wertebereich (Streckung bzw. Stauchung in y-Richtung). Der Faktor b in $y = \cos bx$ beeinflusst die Periodenlänge und die Lage der Nullstellen (Streckung bzw. Stauchung in x-Richtung).

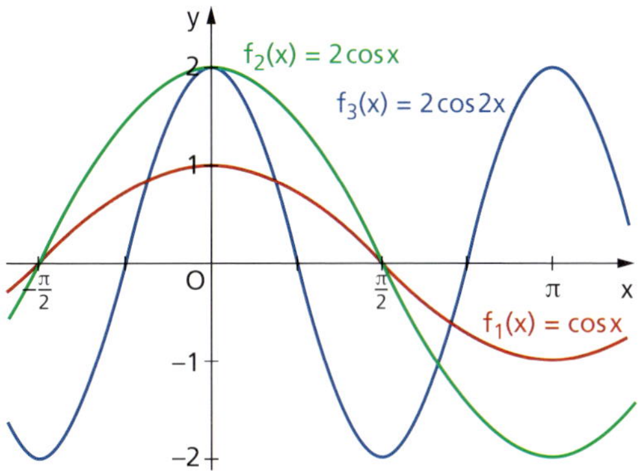

Runde 1, Runde 2 und Runde 3 zusammen

$f_1(x) = \sin x$,

$f_2(x) = 2\sin x$

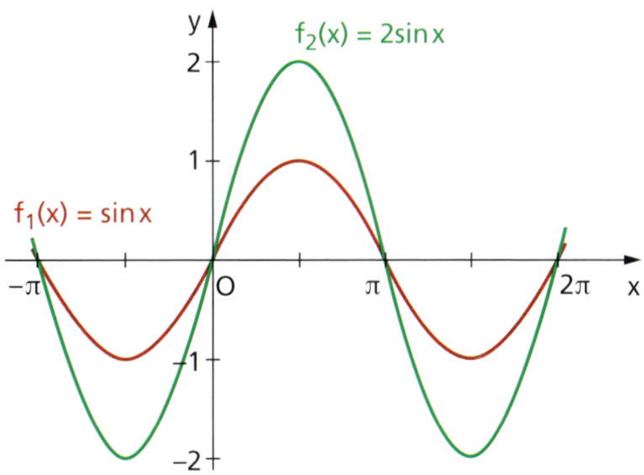

$f_3(x) = 2\sin(2x)$,

$f_4(x) = 2\sin 2\left(x - \frac{\pi}{4}\right)$

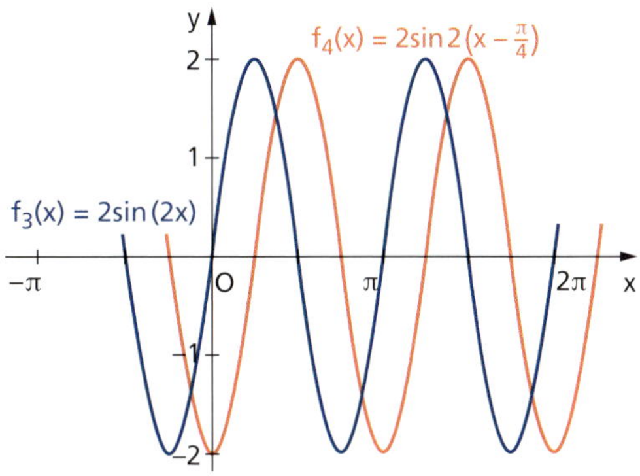

Bei Graphen der Funktionen mit Gleichungen der Form $f(x) = a \cdot \sin(bx + c)$ verknüpfen sich die Streckungen bzw. Stauchungen in x- und y-Richtung sowie die Verschiebung der Runden 1 bis 3.

Nullstellen: $x_k = \frac{k\pi - c}{b}$ Periodenlänge: $\frac{2\pi}{|b|}$

Aufgaben

1. Die folgenden Abbildungen zeigen Graphen von Funktionen mit Gleichungen der Form $y = a \cdot \sin bx$.
Bestimme aus den Abbildungen die Parameter a und b und stelle jeweils die zugehörige Funktionsgleichung auf.

a)

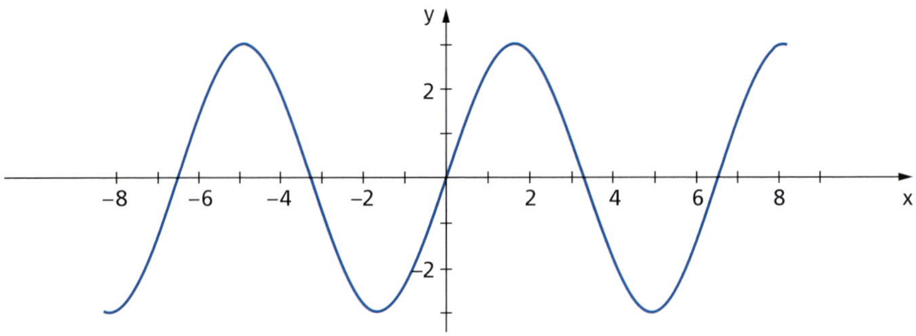

b)

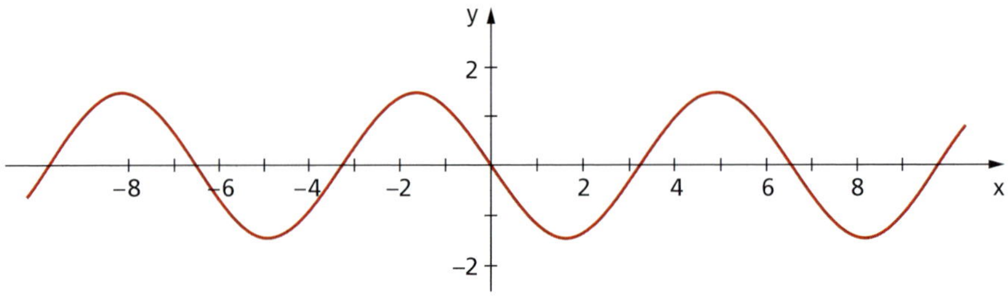

c)

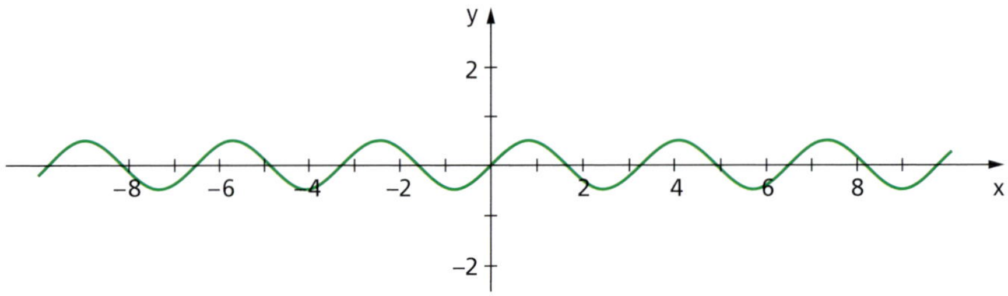

d)

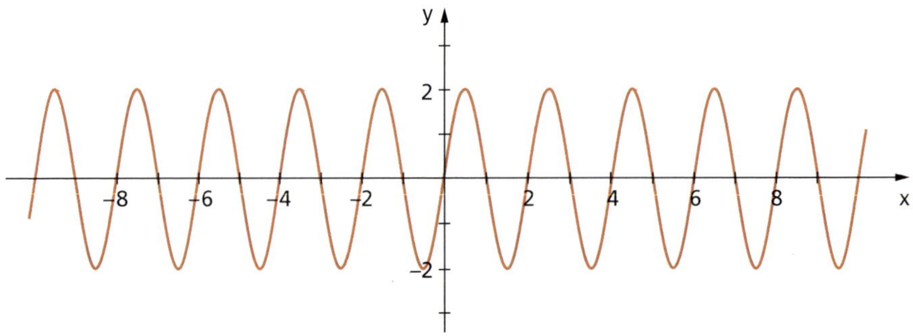

2. In den Abbildungen sind die Graphen von Funktionen mit der Gleichung der Form $y = \sin(x - c)$ dargestellt.

① $y = \sin x$ ② $y = \sin(x + 1)$ ③ $y = \sin(x + 2)$

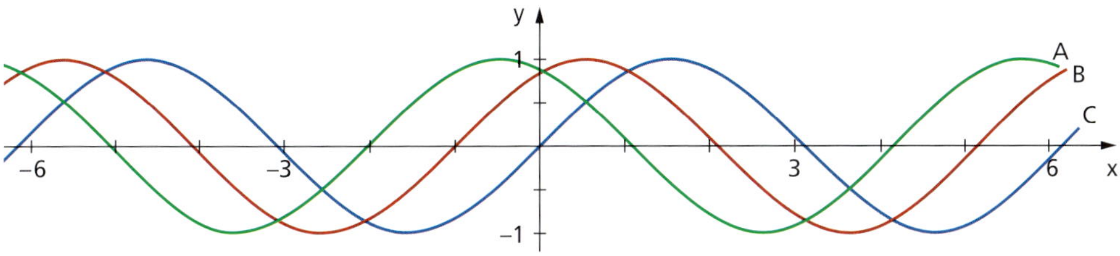

④ $y = \sin x$ ⑤ $y = \sin(x - 1)$ ⑥ $y = \sin(x - 2)$

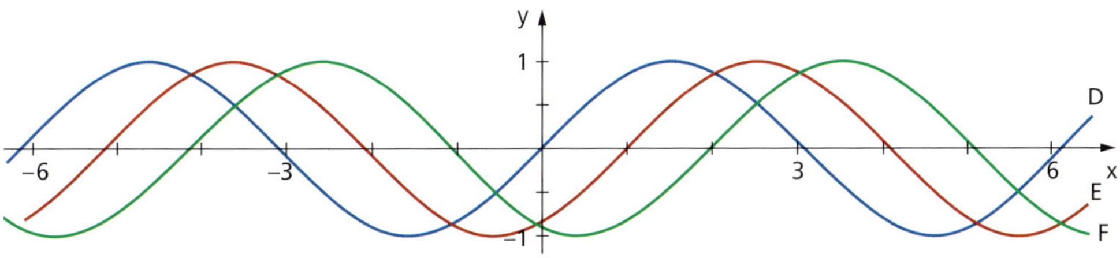

a) Gib an, welcher Graph zu welcher Funktionsgleichung gehört.

b) Beschreibe den Einfluss des Parameters c auf den Graphen der Sinusfunktion.

c) Zeichne die Graphen folgender Funktionen im Intervall $-\pi \le x \le 2\pi$:
① $y = \sin(x - 2{,}5)$ ② $y = \sin(x + \pi)$ ③ $y = \cos(x - 1)$

d) Zeichne den Graphen der Funktion $y = \sin\left(x + \frac{\pi}{2}\right)$ im Intervall $-\pi \le x \le 2\pi$.
Welche dir bekannte Funktion erhältst du? Formuliere einen Zusammenhang.

3. Die folgenden Graphen sind Funktionen mit der Gleichung der Form $y = a \cdot \sin[b(x - c)]$.
Gib für die Graphen jeweils die zugehörige Funktionsgleichung an.

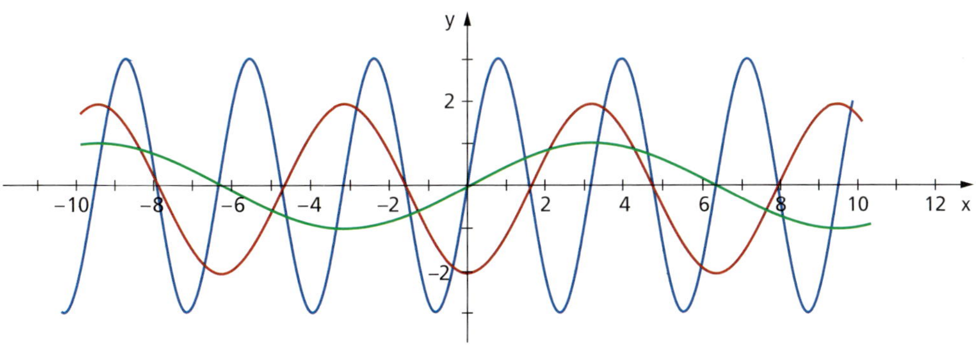

4. Gib von folgenden Funktionen den Wertebereich, die Amplitude und die Periode an. Zeichne jeweils den Graphen der Funktion im Intervall $0 \le x \le 2\pi$.

a) $y = 2\cos x$ b) $y = \cos 2x$ c) $y = -\cos x$ d) $y = \cos x + 2$
e) $y = \cos \pi x$ f) $y = 2\cos 2x + 2$ g) $y = 3\cos \pi x$ h) $y = \cos 2x + 2$

5. Zeichne die Graphen der folgenden Funktionen im Intervall $-\pi \leq x \leq 3\pi$ und gib jeweils den Wertebereich an. Gib jeweils zwei weitere Funktionen mit dem gleichen Wertebereich an.
a) $y = -2 \cdot \sin x$ b) $y = \frac{1}{2} \cdot \sin x$ c) $y = -\sin x$ d) $y = 4 \cdot \sin x + 1$

6. Gib Gleichungen der Form $y = a \cdot \sin x$ für die Graphen ①, ② und ③ an.

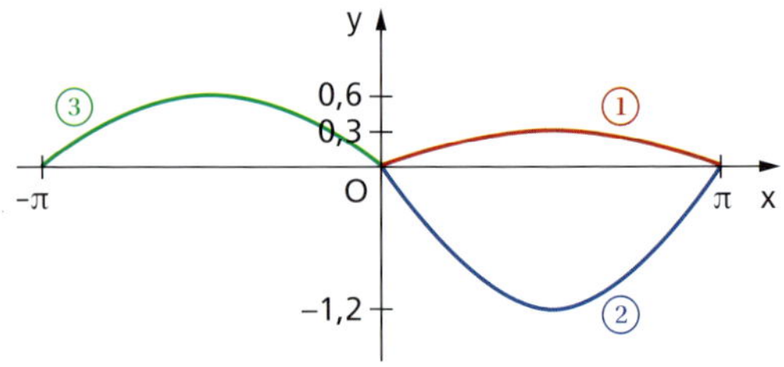

7. Der Graph von $y = \sin x$ wird an der x-Achse gespiegelt und der dadurch entstandene Graph mit dem Faktor $\sqrt{2}$ in x-Richtung gestreckt. Gib Gleichungen für die entstandenen Graphen an.

8. Entscheide, ob folgende Aussage wahr ist. Begründe.
Den Graphen von $y = a \cdot \sin x$ für $a < 0$ kann man durch Stauchung bzw. Streckung und durch anschließende Spiegelung aus dem Graphen von $y = \sin x$ gewinnen.

9. Gib für $y = f(x) = 2 \cdot \sin x$ alle Stellen x aus dem Intervall $-\pi \leq x \leq 3\pi$ an, für die Folgendes gilt:
a) $f(x) = -2$ b) $f(x) = 1$

10. Bestimme für $y = f(x) = \sin bx$ die Periodenlänge p für folgende Werte:
a) $b = \frac{2}{3}$ b) $b = \pi$ c) $b = \frac{\pi}{2}$ d) $b = 0{,}1$

11. Bestimme für $y = f(x) = \sin bx$ den Wert b für folgende Periodenlängen:
a) $p = 2\pi$ b) $p = \frac{\pi}{2}$ c) $p = 2$ d) $p = \frac{1}{2}$

12. Bestimme die kleinste positive Nullstelle für $y = \sin \frac{x}{6}$.

13. Bestimme die Anzahl der Nullstellen im Intervall $0 \leq x \leq 2\pi$ für $y = f(x) = \sin bx$.
a) $b = 1$ b) $b = 3$ c) $b = \pi$ d) $b = 1{,}5\pi$

14. Stelle für die angegebenen Funktionen jeweils eine Wertetabelle für das Intervall $-\pi \leq x \leq 2\pi$ in Schritten von $\frac{\pi}{6}$ auf.
Zeichne den Graphen in diesem Intervall im Koordinatensystem.
a) $f(x) = -\sin \frac{x}{2}$ b) $f(x) = 2 \cdot \sin \frac{x}{4}$ c) $f(x) = 1{,}5 \cdot \sin \frac{\pi}{2} x$ d) $f(x) = -3 \cdot \sin 2x$

15. In folgenden Diagrammen sind Graphen von Funktionen mit der Gleichung $y = f(x) = a \cdot \sin bx$ dargestellt. Bestimme jeweils die Parameter a und b.

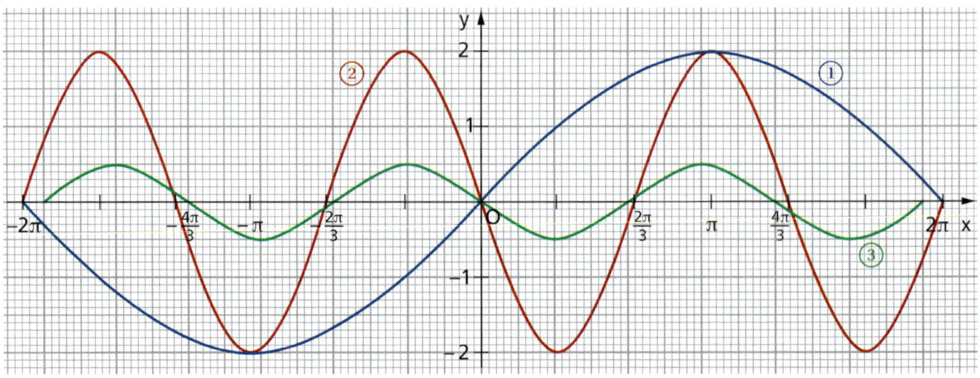

Goniometrische Gleichungen

Gleichungen, in denen die Variable im Argument einer Winkelfunktion auftritt, heißen **goniometrische** oder **trigonometrische Gleichungen** (griech.: *gonia* – Winkel). Sie können nur selten exakt, aber oft mithilfe eines Taschenrechners näherungsweise gelöst werden.

Hinweis: Alle Taschenrechnerwerte werden mit vier wesentlichen Ziffern und unter Verwendung des Gleichheitszeichens angegeben. Durch die verwendeten Näherungswerte unterscheiden sich bei der Probe die Werte beider Seiten der Gleichung meist geringfügig.

$\sin x = \sin(\pi - x)$	Periode: $2k\pi;\ k \in \mathbb{Z}$	TR-Wert: $-\frac{\pi}{2} \le x \le \frac{\pi}{2}$
$\sin x = 0{,}7$	TR-Anzeige: 0,7754	Probe:
	$x_1 = 0{,}7754 + 2k\pi$	$\sin 0{,}7754 = 0{,}7000$
	$x_2 = \pi - x_1 + 2k\pi$	$\sin 2{,}366 = 0{,}7001$
	$x_2 = 2{,}366 + 2k\pi$	

Es gibt verschiedene Möglichkeiten zum Lösen goniometrischer Gleichungen.

① Die Gleichung auf eine der elementaren Formen $\sin x = a$, $\cos x = b$ oder $\tan x = c$ zurückführen. Bei Bedarf eine Hilfsvariable (Substitutionsmethode) verwenden.

Löse die Gleichung $3 \cdot \sin(2x + 1{,}5) - 2{,}7 = 0 \quad (x \in \mathbb{R})$.

Auflösen nach $\sin(2x + 1{,}5)$:

$$3 \cdot \sin(2x + 1{,}5) - 2{,}7 = 0 \quad |\ +2{,}7$$
$$3 \cdot \sin(2x + 1{,}5) = 2{,}7 \quad |\ :3$$
$$\sin(2x + 1{,}5) = 0{,}9$$

Ersetzen (Substitution): $z = 2x + 1{,}5$ $\qquad \sin z = 0{,}9$

$z_1 = 1{,}120 + 2k\pi$ $\qquad z_2 = 2{,}022 + 2k\pi$

Lösen der Substitutionsgleichung: $2x_1 + 1{,}5 = 1{,}120 + 2k\pi$ $\qquad 2x_2 + 1{,}5 = 2{,}022 + 2k\pi$

$x_1 = -0{,}190 + k\pi$ $\qquad x_2 = 0{,}261 + k\pi$

Probe: $3 \cdot \sin(2 \cdot (-0{,}190) + 1{,}5) - 2{,}7 = 0{,}0003$; $\quad 3 \cdot \sin(2 \cdot 0{,}261 + 1{,}5) - 2{,}7 = -0{,}0002$

② Treten mehrere Winkelfunktionen mit dem gleichen Argument auf, versucht man durch Anwenden der Beziehungen $\sin^2 x + \cos^2 x = 1$ oder $\tan x = \frac{\sin x}{\cos x}$ die Gleichung so umzuformen, dass nur noch eine Winkelfunktion auftritt.

Löse die Gleichung $3 \cdot \sin x = 2 \cdot \cos x \quad (x \in \mathbb{R})$.

Da $\sin x$ und $\cos x$ nicht zugleich 0 werden können, kann man $\cos x \neq 0$ annehmen und beide Seiten durch $\cos x$ dividieren: $3 \cdot \sin x = 2 \cdot \cos x \quad |\ :\cos x$

$3 \cdot \frac{\sin x}{\cos x} = 2 \qquad 3 \cdot \tan x = 2 \qquad \tan x = \frac{2}{3}$

$x = 0{,}5880 + k\pi$

Probe: $3 \cdot \sin 0{,}588 = 1{,}664$; $\quad 2 \cdot \cos 0{,}5880 = 1{,}664$

Finde alle Lösungen im Intervall $0 \le x \le \pi$.

a) $\sin x = 2\tan x$ $\qquad$ b) $1 - \sin x \cdot \cos x = 0$ $\qquad$ c) $\sin(2x - 1) = \cos(2x - 1)$

d) $\sin x + \cos x = 0$ $\qquad$ e) $\sin^2 x = 2 \cdot \cos^2 x$ $\qquad$ f) $\cos x = \tan x$

3.3 Gemischte Aufgaben

1. Ermittle die Periode der dargestellten Funktionen.

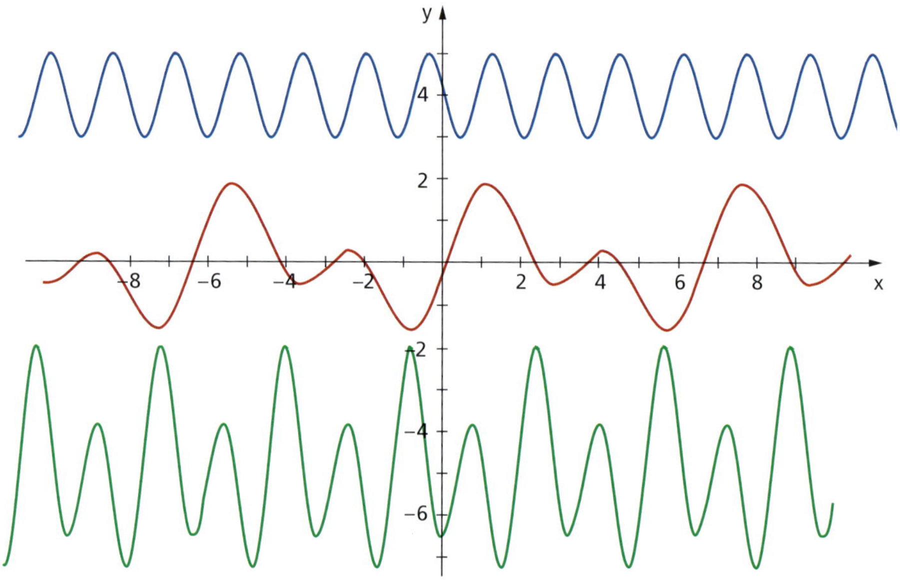

2. Mithilfe eines EKGs (Elektrokardiogramm) kann der Arzt feststellen, ob das Herz im normalen Sinusrhythmus schlägt oder ob eine Herzrhythmusstörung vorliegt. Dazu werden die durch die Bewegungen des Herzmuskels entstehenden elektrischen Spannungen in Abhängigkeit von der Zeit aufgezeichnet.

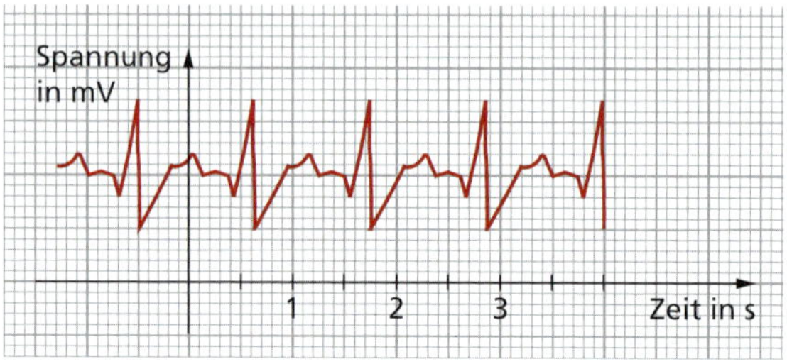

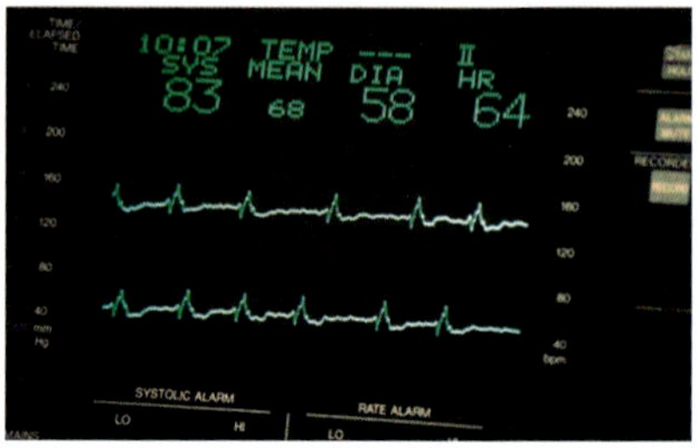

a) Woran erkennt man den regelmäßigen Herzschlag?

b) Entnimm der Abbildung, wie viel Sekunden zwischen zwei Herzschlägen liegen. Wie oft schlägt das Herz pro Minute?

3. Zeichne den Graphen der Kosinusfunktion im Intervall $-2\pi \leq x \leq 2\pi$.
Alle weiteren Teilaufgaben beziehen sich auf das angegebene Intervall.

a) Gib den Definitions- und Wertebereich an.

b) Notiere alle Nullstellen im Gradmaß und im Bogenmaß.

c) Wo hat die Funktion im Intervall ihre Hoch- und ihre Tiefpunkte?

d) Markiere in der Zeichnung alle Winkel, deren Kosinuswert 0,5 beträgt.
Gib die markierten Winkel im Gradmaß und im Bogenmaß an.

4. Die Grafik zeigt die Veränderung der Kohlendioxidkonzentration in der Atmosphäre.
Die Messungen wurden in Hawaii auf dem Berg Mauna Loa in 3400 m Höhe vorgenommen. Die jahreszeitlichen Schwankungen werden durch die unterschiedlichen biologischen Aktivitäten der Vegetation hervorgerufen.

a) Begründe, warum sich die Kurve durch die Summe aus einer periodischen Funktion und einer linearen Funktion beschreiben lässt.
b) Bestimme näherungsweise die Periodenlänge und die Amplitude des periodischen Anteils der Funktion. Interpretiere die Werte.
c) Bestimme näherungsweise den Anstieg des linearen Anteils der Funktion. Interpretiere den Wert.
d) Berechne die mittlere Kohlendioxidkonzentration im Jahre 2010 unter der Annahme, dass sich der Entwicklungstrend nicht ändert. Interpretiere dein Ergebnis.

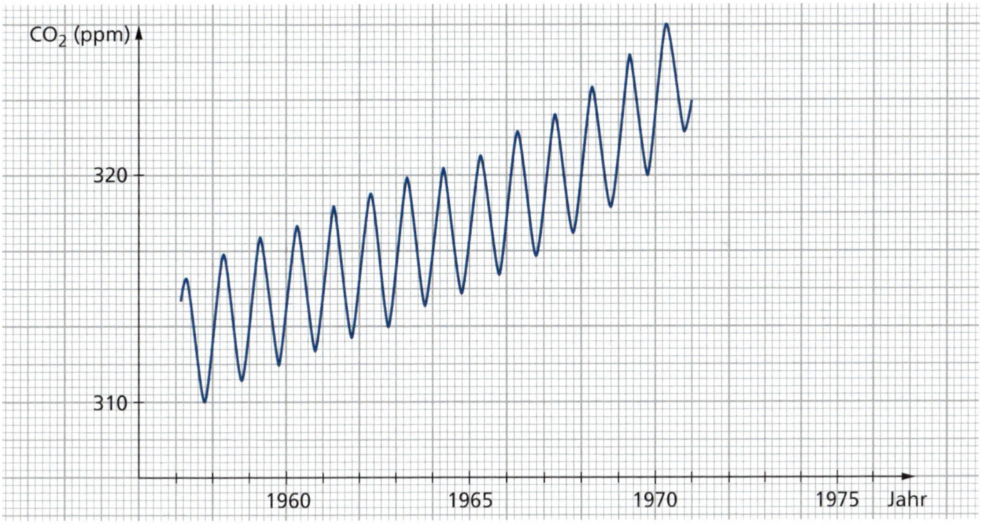

5. Die aktuelle Spannung in einem Wechselstromkreis kann unter vereinfachten Annahmen mit der Gleichung $U(t) = U_{max} \cdot \sin(2\pi f \cdot t)$ beschrieben werden.
Das Diagramm zeigt die (idealisierte) Spannungskurve für die in Haushalten übliche Netzspannung (f = 50 Hz).

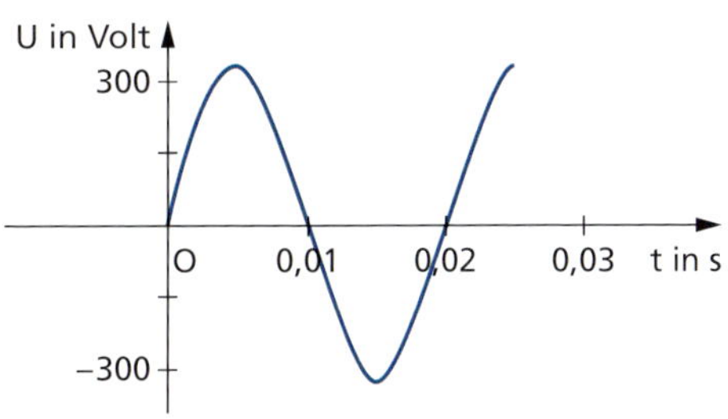

a) Bestimme die Parameter aus dem Graphen und gib die Gleichung für die Funktion an.
b) Der Effektivwert der Netzspannung berechnet sich nach der Formel $U_{eff} = \frac{1}{\sqrt{2}} \cdot U_{max}$.
Berechne den Effektivwert der Netzspannung.

Teste dich selbst

1. Übernimm die Tabelle in dein Heft und ordne zu.

a)

Winkel im Gradmaß		30°			150°		270°				540°
Winkel im Bogenmaß	0		$\frac{\pi}{4}$	2π		$\frac{\pi}{18}$		$\frac{\pi}{3}$	4π	$\frac{5}{2}\pi$	

b)

Winkel im Gradmaß	0°		160°	–50°			240°	380°			90°
Winkel im Bogenmaß		2			–3	10			0,7	0,5	

2. a) Stelle die Funktion $y = \sin x$ im Intervall $-2\pi \leq x \leq 2\pi$ grafisch dar.
Ermittle die Nullstellen, die Extrempunkte und den Wertebereich in diesem Intervall.
Beschreibe das Symmetrieverhalten des Graphen.

b) Führe die Aufgabenstellung a für die Funktion $y = \cos x$ durch.

3. Ermittle jeweils die nächsten zwei größeren Winkel, für die die Sinusfunktion den gleichen Funktionswert besitzt wie der angegebene Winkel.

a) $\alpha = 25°$ b) $\alpha = 139°$ c) $\alpha = -40°$

d) $\alpha = -60°$ e) $x = \pi$ f) $x = \frac{\pi}{4}$

4. Ermittle die Lösungen folgender Gleichungen im Intervall $0° \leq \alpha \leq 180°$:

a) $\sin\alpha = 0{,}43$ b) $\cos\alpha = -0{,}56$ c) $-4\sin\alpha = -2$

d) $1 - \cos\alpha = 0{,}56$ e) $3\sin\alpha = 6$ f) $\sin 2\alpha = 0{,}2$

5. Zeichne jeweils den Graphen der Funktion im Intervall $-\pi \leq x \leq 2\pi$ und gib den Definitions- und Wertebereich an.
Beschreibe den Einfluss der Faktoren vor den Winkelfunktionen.

a) $y = 3\sin x$ b) $y = 0{,}8\sin x$ c) $y = 4\cos x$

6. Zeichne jeweils den Graphen der Funktion im Intervall $-\pi \leq x \leq 2\pi$ und gib den Definitions- und Wertebereich sowie die Nullstellen und die Periode an.
Beschreibe den Einfluss der Faktoren vor x.

a) $y = \sin 3x$ b) $y = \sin 0{,}8x$ c) $y = \cos 4x$

7. Ermittle die Funktionsgleichungen zu folgenden Graphen. Begründe deine Entscheidungen.

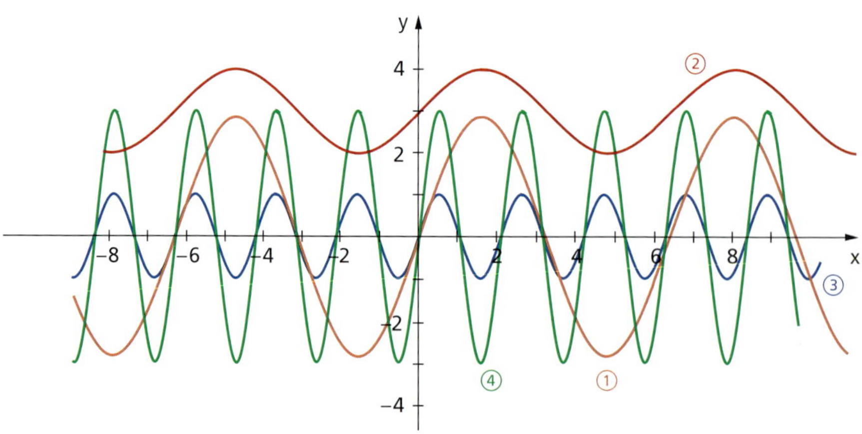

Winkelfunktionen

Die Sinusfunktion

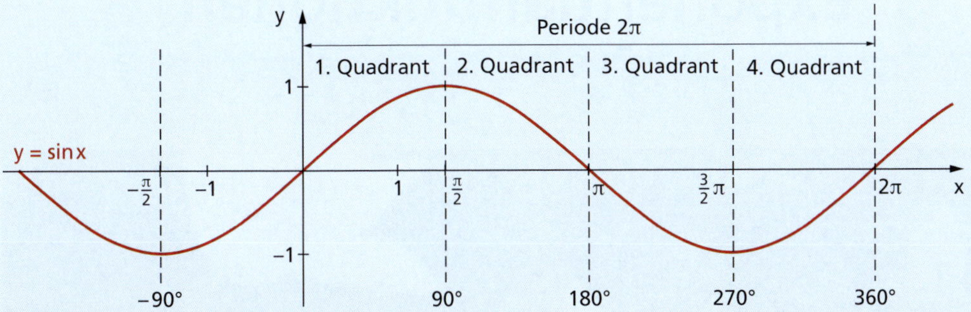

Eigenschaften

Definitionsbereich: $x \in \mathbb{R}$
Nullstellen: $k \cdot \pi \ (k \in \mathbb{Z})$

Wertebereich: $-1 \leq y \leq 1$
kleinste Periodenlänge: 2π

Parameter $f(x) = a \cdot \sin(bx + c)$

Dabei bewirken a, b und c die folgenden Veränderungen gegenüber dem Graphen von $f(x) = \sin x$:

- $|a| > 1$ ($|a| < 1$) eine Streckung (Stauchung) der Amplitude,
  $a < 0$ zusätzlich eine Spiegelung an der x-Achse
- $b > 1$ ($b < 1$) eine Verkleinerung (Vergrößerung) der Periode
- $c > 0$ ($c < 0$) eine Verschiebung nach links (rechts) in Richtung der x-Achse

Die Kosinusfunktion

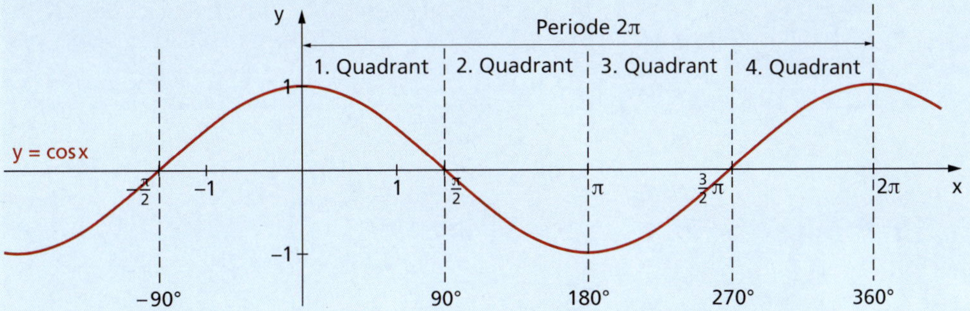

Eigenschaften

Definitionsbereich: $x \in \mathbb{R}$
Nullstellen: $\frac{\pi}{2} + k \cdot \pi \ (k \in \mathbb{Z})$

Wertebereich: $-1 \leq y \leq 1$
kleinste Periodenlänge: 2π

4 Potenzfunktionen und Exponentialfunktionen

Funktionale Zusammenhänge

Durch die Funktionen mit der Gleichung $y = a \cdot x^n$, $a \in \mathbb{R}$, $n \in \mathbb{Z}$, die man auch als Potenzfunktionen bezeichnet, lassen sich reale Zusammenhänge beschreiben.

① Radius eines Kreises → Flächeninhalt eines Kreises
② Kantenlänge → Masse eines Holzwürfels
③ Geschwindigkeit → benötigte Zeit für 100 km
④ Grundkreisradius → Höhe eines Zylinders mit einem Volumen von $10\ dm^3$

Welche der genannten Zusammenhänge lassen sich damit beschreiben? Gib die Gleichungen an.

Exponentielles Wachstum

Auf einem Teich blühen an einem Sommertag vier Teichrosen, am zweiten Tag acht, am dritten Tag 16 und am vierten Tag 32. Mit jedem weiteren Tag verdoppelt sich die Anzahl der Teichrosen. Am 10. Tag ist die Hälfte des Teiches mit Rosen bedeckt.

Wie viele Teichrosen blühen am zehnten Tag?
Nach wie vielen Tagen ist der Teich vollständig bedeckt?

Halbwertszeit

Der Zerfall radioaktiver Stoffe kann durch den Zusammenhang $N = N_0 \cdot e^{-\lambda \cdot t}$ beschrieben werden. Von ursprünglich N_0 Kernen eines radioaktiven Stoffes sind nach einer Zeit t noch N vorhanden.

Berechne λ, wenn nach einer Zeit $T_{1/2}$ von 5 000 Jahren nur noch die Hälfte der ursprünglichen Kerne vorhanden ist.
Wie nennt man $T_{1/2}$?

Quadratische Funktionen

Quadratische Funktionen mit der Gleichung $y = f(x) = ax^2$

Die Graphen der Funktionen mit der Gleichung $y = f(x) = ax^2$ $(a \neq 0)$ sind Normalparabeln, die für $a \neq 1$ gestreckt oder gestaucht sind.
Man sagt, die Normalparabel wird **gestreckt,** wenn $|a| > 1$, bzw. wird **gestaucht,** wenn $|a| < 1$.
Wechselt das Vorzeichen von a, so entsteht der neue Graph durch **Spiegelung** an der x-Achse.
Zum Zeichnen der Graphen kann eine Wertetabelle hilfreich sein.

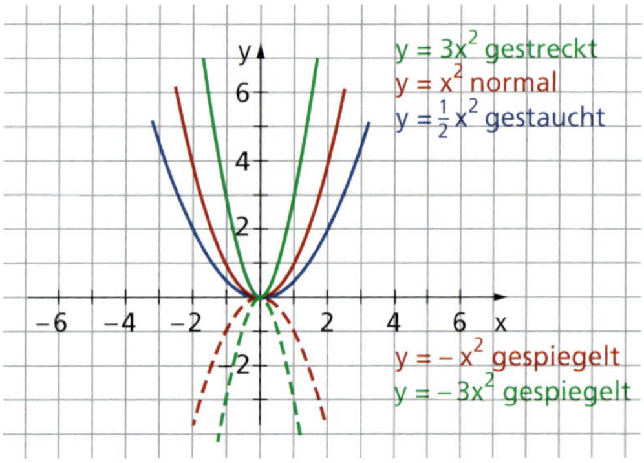

$y = 0{,}7x^2$

x	–2	–1,5	–1	–0,5	0	0,5	1	1,5	2
y	2,8	1,6	0,7	0,2	0	0,2	0,7	1,6	2,8

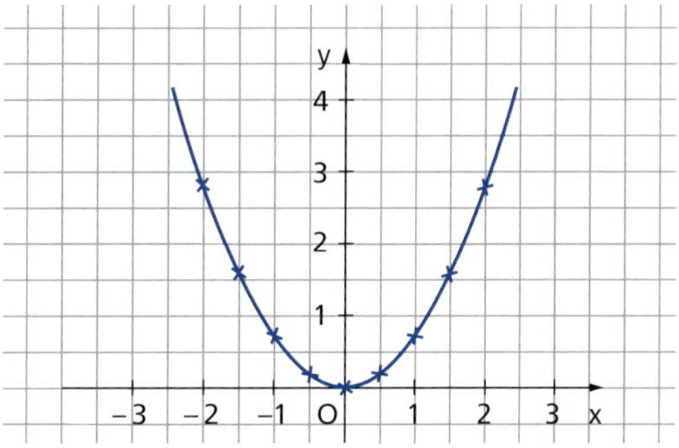

Hinweis:
Will man den Graphen nur skizzieren, reichen außer dem Scheitelpunkt zu jeder Seite zwei Punkte.

Quadratische Funktionen mit der Gleichung $y = f(x) = (x + d)^2 + e$

Graphen der Funktionen der Form

$y = f(x) = (x + d)^2 + e$

entstehen aus den Graphen von

$y = f(x) = x^2$

durch Verschiebung um e in Richtung der positiven y-Achse und um –d in Richtung der positiven x-Achse.
Sie besitzen den Scheitelpunkt S (–d | e).

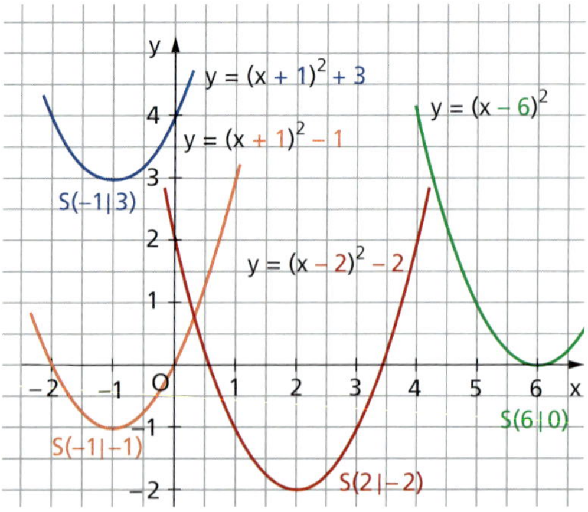

Quadratische Funktionen mit der Gleichung $y = f(x) = x^2 + px + q$

Der Graph der Funktion $y = f(x) = x^2 + px + q$ ist eine verschobene **Normalparabel.**

Ihr **Scheitelpunkt** S hat die Koordinaten $\left(-\frac{p}{2} \mid -D\right)$ mit $D = \frac{p^2}{4} - q$.

Zum Zeichnen kann die Schablone verwendet werden. Die Kontrolle erfolgt mit der Punktprobe.

Zeichne den Graphen der Funktion
$y = x^2 + 3x - 2$.

$p = 3;\ q = -2$

$\frac{p}{2} = -\frac{3}{2} = -1{,}5$

$D = \left(\frac{3}{2}\right)^2 + 2 = 2{,}25 + 2 = 4{,}25$

$S\left(-\frac{p}{2} \mid -D\right)$, also $S(\mathbf{-1{,}5} \mid \mathbf{-4{,}25})$

Punktprobe: $\mathbf{-4{,}25} = (\mathbf{-1{,}5})^2 + 3 \cdot (\mathbf{-1{,}5}) - 2$
$= 2{,}25 - 4{,}5 - 2$
$= -4{,}25$ (wahre Aussage)

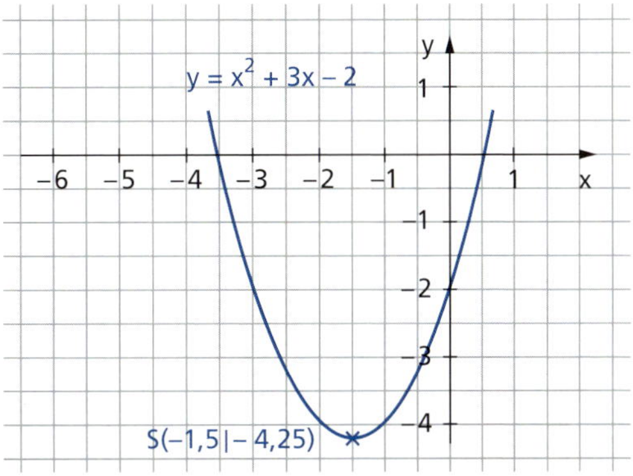

Zur Berechnung der Nullstellen wird in der Funktionsgleichung y = 0 gesetzt. Damit wird das Bestimmen der Nullstellen auf das Lösen der quadratischen Gleichung $0 = x^2 + px + q$ zurückgeführt.

Die Anzahl der Nullstellen und das Vorhandensein von Nullstellen der quadratischen Funktion ergibt sich aus der Diskriminante $D = \left(\frac{p}{2}\right)^2 - q$.

Die quadratische Funktion $y = x^2 + px + q$ besitzt

- zwei Nullstellen, wenn $\left(\frac{p}{2}\right)^2 - q > 0$,
- eine Nullstelle, wenn $\left(\frac{p}{2}\right)^2 - q = 0$,
- keine Nullstelle, wenn $\left(\frac{p}{2}\right)^2 - q < 0$ ist.

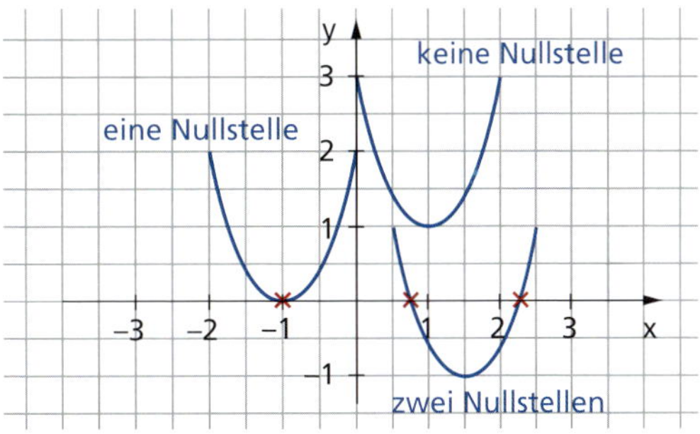

Aufgaben

1. Gegeben sind die Funktionen f(x) und g(x).
   a) Gib den Wertebereich von f und g an.
   b) P und Q sind die Schnittpunkte der Parabel und der Geraden.
   Lies deren Koordinaten ab und überprüfe mithilfe der Punktprobe.
   c) Gib die Nullstellen und die Schnittpunkte beider Funktionen mit den Koordinatenachsen an.
   d) Gib die Intervalle an, in denen die Graphen fallen bzw. steigen.

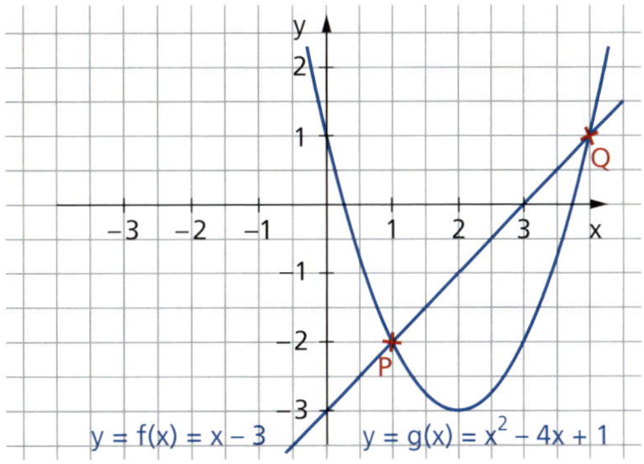

2. Stelle die Funktion $y = f(x)$ grafisch dar. Bestimme jeweils den Wertebereich, die Nullstellen, die Schnittpunkte mit den Koordinatenachsen, das Symmetrieverhalten und die Intervalle, in denen die Funktion monoton wachsend ist.

a) $y = 2x$ b) $y = -2x + 3$ c) $y = 3$ d) $y = 0{,}4\,x^2$

e) $y = -x^2$ f) $y = (x - 1)^2$ g) $y = (x - 3)^2 + 1$ h) $y = (x + 3)^2 - 1$

3. a) Lies die Koordinaten der Scheitelpunkte ab.

b) Gib die Funktionsgleichungen an, die zu den Graphen f_1 bis f_5 gehören.

c) Beschreibe das Monotonieverhalten der Funktionen.

d) Welchen Wertebereich besitzen die Funktionen?

e) Ermittle die Nullstellen aus der Zeichnung und durch Rechnung.

f) Lies die Koordinaten der Punkte näherungsweise ab, die das Bild von f_2 gemeinsam mit anderen Graphen besitzt.

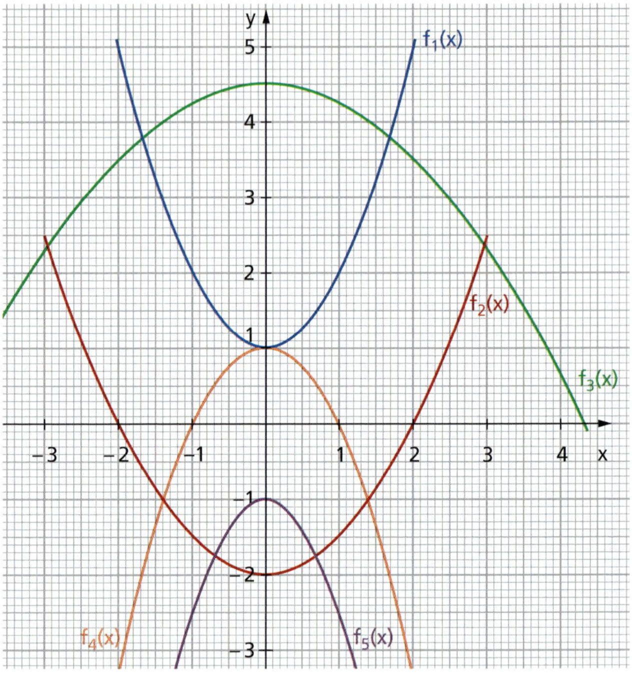

4. Die folgenden Graphen gehören zu Funktionen der Form $y = f(x) = (x + d)^2 + e$.

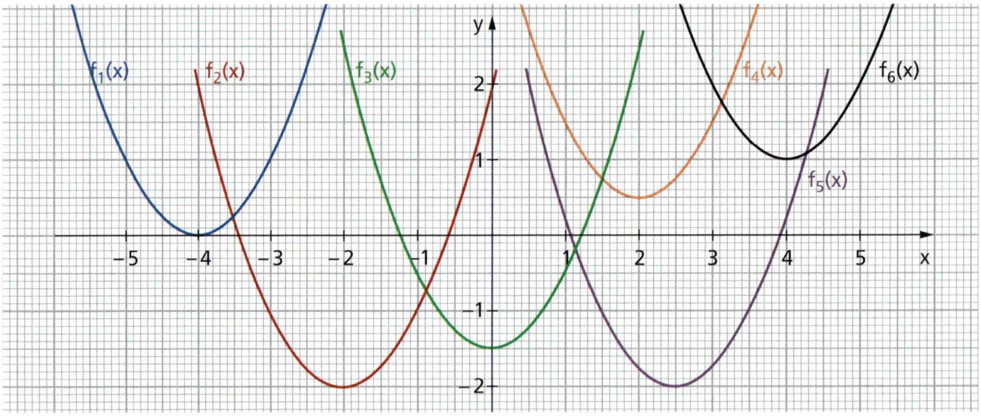

a) Welche Verschiebungen der Normalparabel $y = x^2$ führen zu den abgebildeten Graphen?

b) Gib die Scheitelpunkte und die Wertebereiche der Funktionen an.

c) Gib die Funktionsgleichungen an und berechne die Nullstellen der Funktionen.

d) Welcher Zusammenhang besteht zwischen den Parametern d, e und dem Scheitelpunkt?

Die folgenden Aufgaben können in Gruppenarbeit gelöst und die Ergebnisse vor der Klasse präsentiert werden:

5. Gegeben sei eine Funktion $y = f(x) = x^2 - 3x - 1{,}75$.

a) Untersucht die Funktion auf Symmetrie, Schnittpunkte mit den Koordinatenachsen und Monotonie. Gebt Definitions- und Wertebereich der Funktion f(x) an.

b) Zeichnet die Funktion f(x) im Intervall $-1 \leq x \leq 4$ in ein Koordinatensystem.

c) Berechnet, welche Punkte auf dem Graphen von f(x) von der Abszissenachse den Abstand 35,69 haben.

d) Die Gerade g, die die x-Achse bei 0,5 schneidet und die durch die Ordinatenachse bei 1 geht, schneidet den Graphen der Funktion f(x). Bestimmt alle gemeinsamen Punkte von f(x) und g.

e) Berechnet, für welche a die Gerade g_a: $y = -2x + a$ mit dem Graphen der Funktion f(x) keinen Schnittpunkt besitzt.

6. Gegeben sei die quadratische Funktion $y = f(x) = 3x^2 - 9x + 15$.

a) Untersucht die Funktion vollständig auf deren Eigenschaften.
Zeichnet den Graphen der Funktion im Intervall $-1{,}5 \leq x \leq 4{,}5$.

b) Auf dem Graphen der Funktion f(x) liegen Punkte, die von der Abszissenachse den Abstand 24 haben. Berechnet die Koordinaten dieser Punkte.

c) Untersucht, für welche t der Graph der Funktion f(x) mit der Funktion $g(x) = -x^2 + t$ keinen, einen bzw. zwei Schnittpunkte besitzt.

d) Berechnet die Schnittpunkte des Graphen der Funktion f(x) mit der Geraden h, die durch die Punkte A(1; 1) und B(2; –5) verläuft.

7. Gegeben sei die Funktion $y = f(x) = x^2 + e$.

a) Zeichnet den Graphen der Funktion f(x) für e = 1,5 im Intervall $-3 \leq x \leq 3$.
Spiegelt anschließend diese Parabel an der Geraden y = 1.
Gebt für diese gespiegelte Parabel die Funktionsgleichung an.

b) Diskutiert die Anzahl der Nullstellen der Funktion f(x) in Abhängigkeit von e.
Begründet eure Aussagen.

8. Der Querschnitt einer Rinne kann durch den Graphen der Funktion $y = f(x) = x^2 - 16$ im III. und IV. Quadranten beschrieben werden (Koordinateneinheit 1 cm).

a) Skizziert den Sachverhalt.

b) Berechnet die maximale Tiefe der Rinne.

c) Bestimmt deren weiteste Öffnung.

d) Ermittelt die Tiefe der Rinne 3 cm vom Rand entfernt.

e) Berechnet, in welcher Entfernung vom Rand die Tiefe der Rinne noch 1 cm beträgt.

9. Entscheidet, ob die Aussage wahr ist. Begründet eure Entscheidung.

a) Der Graph jeder quadratischen Funktion ist achsensymmetrisch.

b) Ist der Graph einer Funktion achsensymmetrisch, so ist sie eine quadratische Funktion.

c) Eine quadratische Funktion kann höchstens zwei Nullstellen haben.

d) Eine quadratische Funktion hat mindestens eine Nullstelle.

e) Wenn die Parabel nach unten geöffnet ist, so hat sie einen tiefsten Punkt.

f) Befindet sich der Scheitelpunkt des Graphen einer quadratischen Funktion oberhalb der x-Achse, dann besitzt die Funktion keine Nullstellen.

4.1 Potenzfunktionen

Zu den Potenzfunktionen mit natürlichen Exponenten gehören die Funktionen $y = x$ und $y = x^2$.

Die Funktion $y = x$ ist ein Spezialfall der linearen Funktion $y = mx + n$ und die Funktion $y = x^2$ ist eine spezielle quadratische Funktion.

Potenzfunktionen mit natürlichen Exponenten

Wir vergleichen jeweils zwei Größen miteinander und untersuchen die Zusammenhänge.

Zusammenhang zwischen der Seitenlänge a und dem Flächeninhalt A eines Quadrats:

$A = a^2$

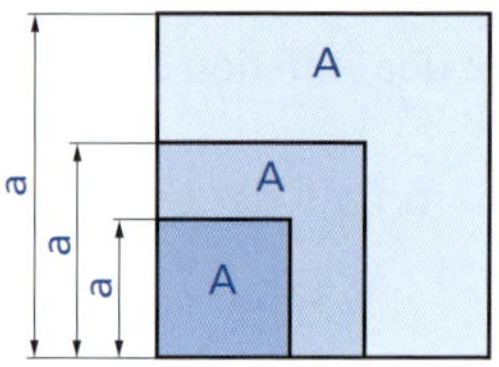

a in cm	0,5	1	1,5	2	3	4
A in cm^2	0,25	1	2,25	4	9	16
$\frac{A}{a^2}$	1	1	1	1	1	1

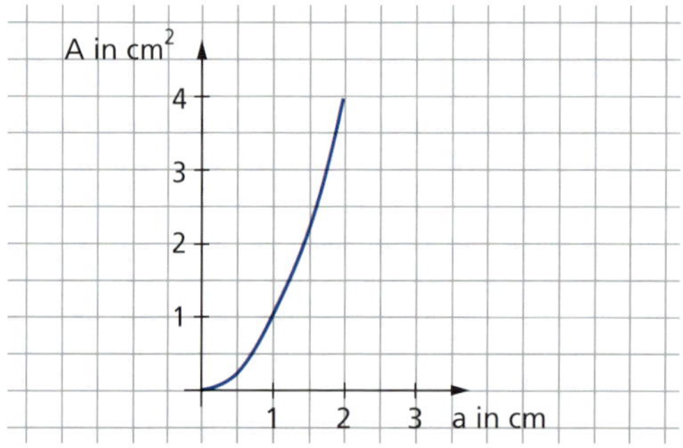

Der Flächeninhalt wächst quadratisch, d. h. mit der 2. Potenz der Seitenlänge a.
Wird die Seitenlänge verdoppelt, vergrößert sich der Flächeninhalt auf das Vierfache.
Der Quotient $A : a^2$ ist konstant.

Zusammenhang zwischen der Kantenlänge a und dem Volumen V eines Würfels:

$V = a^3$

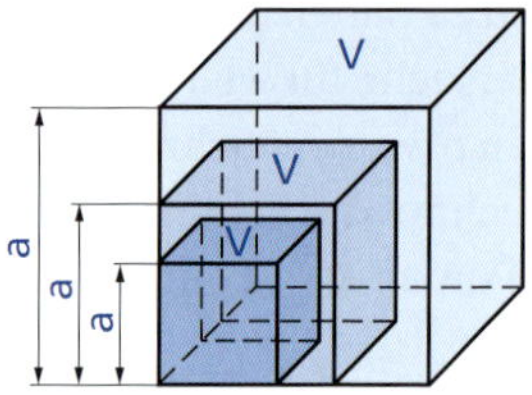

a in cm	0,5	1	1,5	2	3	4
V in cm^3	0,125	1	3,375	8	27	64
$\frac{V}{a^3}$	1	1	1	1	1	1

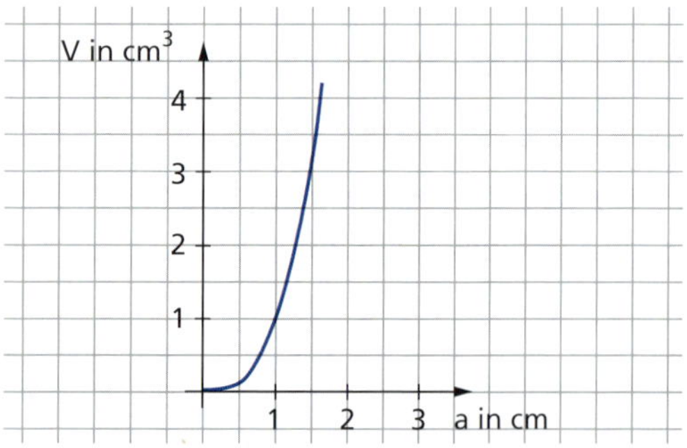

Das Volumen wächst kubisch, d. h. mit der 3. Potenz der Kantenlänge a.
Wird die Kantenlänge verdoppelt, vergrößert sich das Volumen auf das Achtfache.
Der Quotient $V : a^3$ ist konstant.

Funktionen mit der Gleichung $y = f(x) = x^n$ mit $n \in \mathbb{N}$ und $n \neq 0$ heißen **Potenzfunktionen** mit **natürlichen Exponenten.** Der Parameter n heißt **Grad** der Potenzfunktion.
Für $n \geq 2$ heißen die Graphen der Funktionen **Parabeln n-ten Grades.**

In der folgenden Übersicht sind die Eigenschaften der Potenzfunktionen mit ungeradem und geradem Exponenten zusammengestellt.

n ist ungerade

Funktionen: $y = x^3$; $y = x^5$

Wertetabelle:

x	−1,5	−1	−0,5	0	0,5	1	1,5
x^3	−3,4	−1	−0,13	0	0,13	1	3,4
x^5	−7,6	−1	−0,03	0	0,03	1	7,6

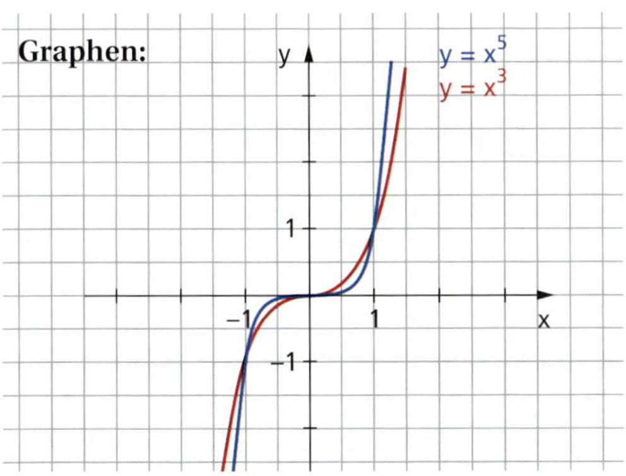

Definitions- und Wertebereich:
$x \in \mathbb{R}$; $y \in \mathbb{R}$

Einfluss der Parameter auf den Graphen:
$|x| > 1$: Je größer n, desto dichter an y-Achse
$|x| < 1$: Je größer n, desto dichter an x-Achse

Symmetrieeigenschaften:
punktsymmetrisch zu $O(0\,|\,0)$

Nullstelle: $x = 0$

Besondere Punkte: $P_1(-1\,|\,-1)$, $P_2(0\,|\,0)$, $P_3(1\,|\,1)$

Wachstumsverhalten:
Wenn x wächst, wächst auch y.

n ist gerade

Funktionen: $y = x^2$; $y = x^4$

Wertetabelle:

x	−1,5	−1	−0,5	0	0,5	1	1,5
x^2	2,3	1	0,25	0	0,25	1	2,3
x^4	5,1	1	0,06	0	0,06	1	5,1

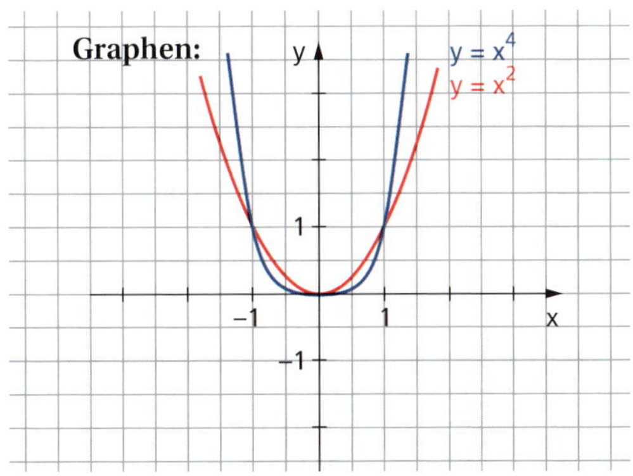

Definitions- und Wertebereich:
$x \in \mathbb{R}$; $y \in \mathbb{R}$, $y \geq 0$

Einfluss der Parameter auf den Graphen:
$|x| > 1$: Je größer n, desto dichter an y-Achse
$|x| < 1$: Je größer n, desto dichter an x-Achse

Symmetrieeigenschaften:
achsensymmetrisch zur y-Achse

Nullstelle: $x = 0$

Besondere Punkte: $P_1(-1\,|\,1)$, $P_2(0\,|\,0)$, $P_3(1\,|\,1)$

Wachstumsverhalten:
y fällt für $x < 0$; y wächst für $x > 0$ für wachsende x.

Hinweis: Anhand der Graphen für die Funktionen $y = x^2$ und $y = x^3$ kann man Eigenschaften der Potenzfunktionen mit natürlichen Exponenten ablesen.

Potenzfunktionen mit negativen ganzzahligen Exponenten

Funktionen mit der Gleichung $y = x^{-n} = \frac{1}{x^n}$ mit $x \neq 0$, $n \in \mathbb{N}$ und $n \geq 1$ heißen **Potenzfunktionen mit negativen ganzzahligen Exponenten.**
Die Graphen der Funktionen heißen **Hyperbeln.**
Der Teil des Graphen in einem Quadranten heißt **Hyperbelast.**

Zur Untersuchung der Eigenschaften der Funktionen werden ebenfalls zwei Fälle unterschieden.

n ist ungerade

Funktionen: $y = x^{-1} = \frac{1}{x}$; $y = x^{-3} = \frac{1}{x^3}$

Wertetabelle:

x	−2	−1	−0,5	0,5	1	2
x^{-1}	−0,5	−1	−2	2	1	0,5
x^{-3}	−0,13	−1	−8	8	1	0,13

Graphen:

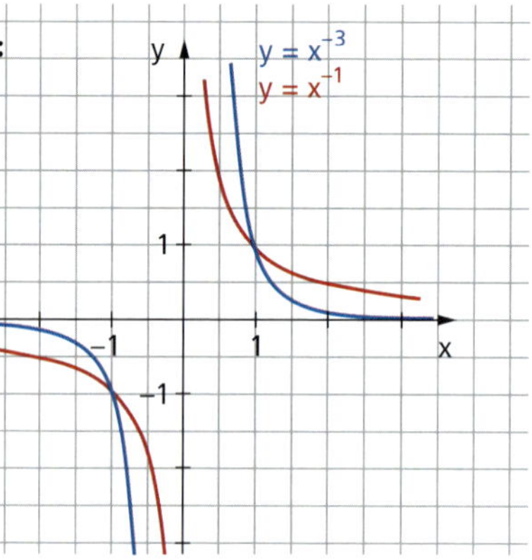

Definitions- und Wertebereich:
$x \in \mathbb{R}, x \neq 0; y \in \mathbb{R}, y \neq 0$

Einfluss des Parameters auf den Graphen:
$|x| > 1$: Je größer n, desto dichter an x-Achse
$|x| < 1$: Je kleiner n, desto dichter an y-Achse

Symmetrieeigenschaften:
punktsymmetrisch zu $O(0\,|\,0)$

Nullstellen: keine

Besondere Punkte: $P_1(-1\,|\,-1)$, $P_2(1\,|\,1)$

Wachstumsverhalten:
y fällt für $x < 0$; y fällt für $x > 0$.

n ist gerade

Funktionen: $y = x^{-2} = \frac{1}{x^2}$; $y = x^{-4} = \frac{1}{x^4}$

Wertetabelle:

x	−2	−1	−0,5	0,5	1	2
x^{-2}	0,25	1	4	4	1	0,25
x^{-4}	0,06	1	16	16	1	0,06

Graphen:

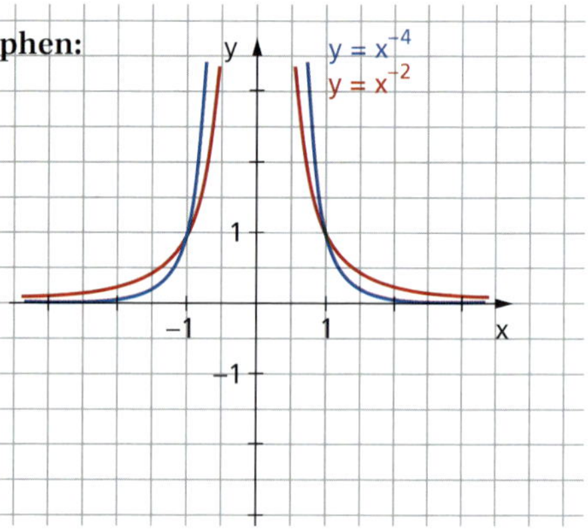

Definitions- und Wertebereich:
$x \in \mathbb{R}, x \neq 0; y \in \mathbb{R}, y > 0$

Einfluss des Parameters auf den Graphen:
$|x| > 1$: Je größer n, desto dichter an x-Achse
$|x| < 1$: Je kleiner n, desto dichter an y-Achse

Symmetrieeigenschaften:
achsensymmetrisch zur y-Achse

Nullstellen: keine

Besondere Punkte: $P_1(-1\,|\,1)$, $P_2(1\,|\,1)$

Wachstumsverhalten:
y wächst für $x < 0$; y fällt für $x > 0$.

Der Hyperbelast der Funktion $y = \frac{1}{x}$ im I. Quadranten ist ein Spezialfall des Graphen eines antiproportionalen Zusammenhangs mit der allgemeinen Gleichung $y = k \cdot \frac{1}{x}$ mit $k \in \mathbb{R}$, $k > 0$.
Wie bei einem antiproportionalen Zusammenhang gilt auch hier:
Je größer x, desto kleiner y.

Das Produkt zweier natürlicher Zahlen ist 16. Wir stellen die möglichen Lösungen in einer Wertetabelle und im Koordinatensystem dar.

x	1	2	4	8	16
y	16	8	4	2	1
$x \cdot y$	16	16	16	16	16

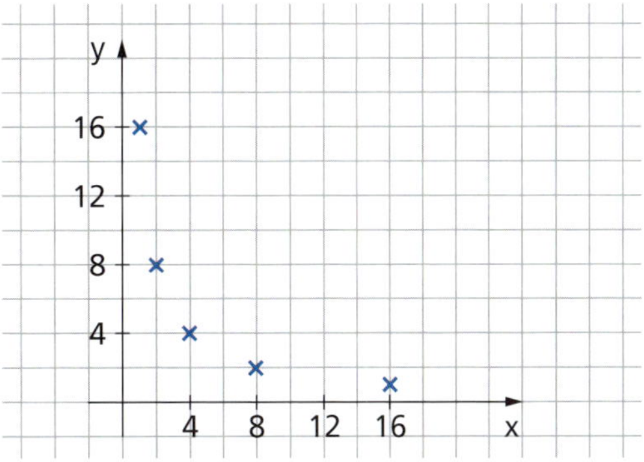

Der Graph „schmiegt" sich also immer weiter an die x-Achse an, je größer x wird.
Er kommt der Achse immer näher, ohne sie jemals zu berühren.
Man spricht von einer **asymptotischen Annäherung** an die x-Achse und bezeichnet die x-Achse als **Asymptote** der Funktion.

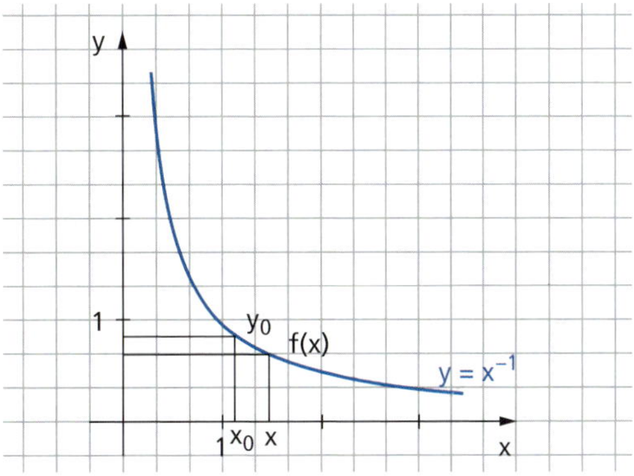

Um die anschauliche Vorstellung von der immer dichteren Annäherung mathematisch zu beschreiben, kann folgende Betrachtung verwendet werden:

Für jede noch so kleine positive Zahl y_0 gibt es eine Zahl x_0, sodass für alle $x > x_0$ gilt: $f(x) < y_0$

Für $y_0 = 10^{-7}$ gilt: $x_0 = 10^7 = 10\,000\,000$; für alle $x > x_0$ ist $f(x) = \frac{1}{x} < 10^{-7} = y_0$

Analog kommen die beiden Hyperbeläste auch der y-Achse immer näher, je kleiner $|x|$ wird, d. h., die y-Achse ist ebenfalls eine Asymptote der Funktion $y = \frac{1}{x}$.

Hinweis:
Beim Skizzieren einer Hyperbel muss darauf geachtet werden, dass sich der Graph nicht wieder von der x-Achse entfernt oder die Achse berührt.

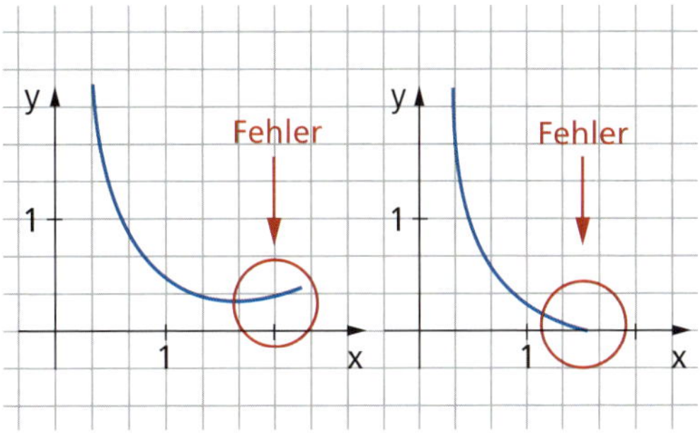

Das für die Funktion $y = x^{-1}$ festgestellte asympotische Verhalten kann auch für andere Potenzfunktionen mit negativen ganzzahligen Exponenten beobachtet werden (siehe S. 100).

Potenzfunktionen mit rationalen Exponenten

Bisher wurden Potenzfunktionen untersucht, bei denen der Exponent eine natürliche oder eine ganze Zahl war. Der nächste Schritt der Erweiterung des Grundbereichs der Exponenten ist nun der Zahlbereich der rationalen Zahlen.

Als einfachsten Fall betrachten wir zuerst Exponenten der Form $\frac{1}{n}$.

Beim Rechnen mit Potenzen haben wir die Potenz $a^{\frac{1}{n}}$ als die n-te Wurzel aus a definiert:

$a^{\frac{1}{n}} = \sqrt[n]{a}$ $(n \in \mathbb{N}; n \geq 2; a \in \mathbb{R}; a > 0)$

Wurzelfunktionen

Funktionen mit der Gleichung $y = x^{\frac{1}{n}} = \sqrt[n]{x}$ mit $x \geq 0, n \in \mathbb{N}$ und $n > 1$ heißen **Wurzelfunktionen.**

$y = x^{\frac{1}{2}} = \sqrt{x}$ und $y = x^{\frac{1}{3}} = \sqrt[3]{x}$

Wertetabelle:

x	0	0,5	1	2	4	6	8	9
$\sqrt{x}$	0	0,7	1	1,4	2	2,4	2,8	3
$\sqrt[3]{x}$	0	0,8	1	1,3	1,6	1,8	2	2,1

Hinweis: Irrationale Funktionswerte sind nur auf eine Dezimalstelle genau angegeben.

Definitions- und Wertebereich:
$x \in \mathbb{R}, x \geq 0; y \in \mathbb{R}, y \geq 0$

Symmetrieeigenschaften:
keine

Nullstellen:
$x = 0$

Besondere Punkte:
$P_1(0|0), P_2(1|1)$

Wachstumsverhalten:
Wenn x wächst, wächst auch y.

Graphen:

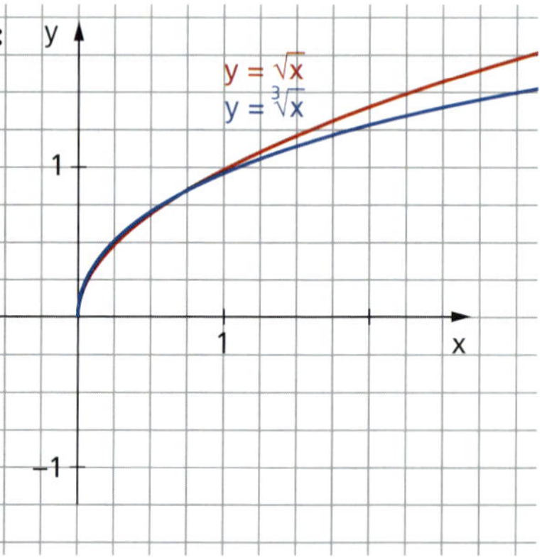

Die Wurzelfunktionen wachsen unbeschränkt, d. h., für jedes noch so große y_0 gibt es ein x_0, sodass für alle $x > x_0$ gilt: $f(x) > y_0$

$f(x) = x^{\frac{1}{2}}; y_0 = 1000$: Für alle $x > x_0$ mit $x_0 = 1\,000\,000$ gilt $f(x) > 1000$.

Umkehrfunktionen von Potenzfunktionen mit natürlichen Exponenten

Bei einigen funktionalen Zusammenhängen, bei denen eine Größe Y von einer Größe X abhängt, ist es sinnvoll, auch umgekehrt die Abhängigkeit der Größe X von der Größe Y zu untersuchen. Dazu betrachtet man Y als Definitionsbereich und X als Wertebereich; f: $Y \rightarrow X$.

Es wird eine geradlinig gleichförmige Bewegung mit der Geschwindigkeit $v = 2\,\frac{km}{h}$ untersucht.

	Zusammenhang	Umgekehrter Zusammenhang
verbale Beschreibung	Der zurückgelegte Weg hängt von der verflossenen Zeit ab.	Die benötigte Zeit hängt vom zurückzulegenden Weg ab.
Größengleichung	$s = 2\,\frac{km}{h} \cdot t$	$t = \frac{1}{2}\,\frac{h}{km} \cdot s$
grafische Darstellung	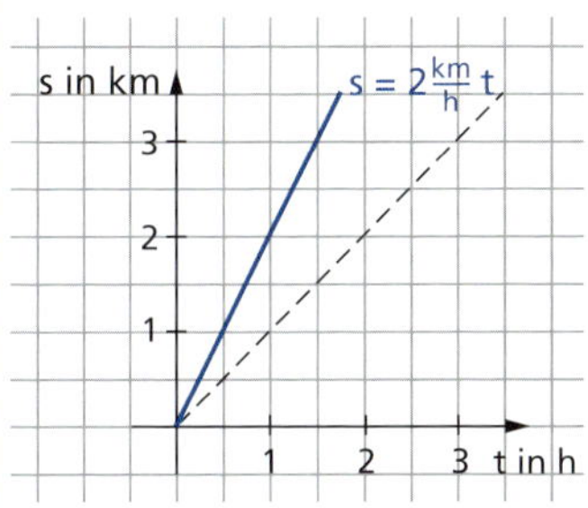	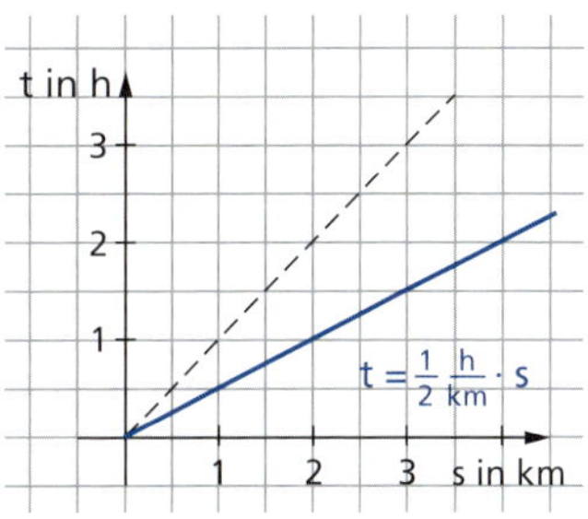
mathematische Beschreibung	$y = 2x$	$x = \frac{1}{2}y$

$x = f(y) = \frac{1}{2}y$ ist die **Umkehrfunktion** der Funktion $y = 2x$. Spiegelt man das Koordinatensystem samt dem Graphen an der Geraden $y = x$, so erhält man den Graphen der Umkehrfunktion.

In der Mathematik ist es allerdings üblich, auch bei Umkehrfunktionen die Elemente des Definitionsbereiches mit x und die Elemente des Wertebereiches mit y zu bezeichnen.
Die x-Werte werden auf der Abszissenachse und die y-Werte auf der Ordinatenachse abgetragen.
Zu einer Funktion gibt es nur dann eine Umkehrfunktion, wenn die Funktion eine **eineindeutige Zuordnung** ist, d. h., wenn es zu jedem Funktionswert nur ein Argument mit diesem Wert gibt.

Zur Funktion $y = x^2$ mit $x \in \mathbb{R}$ gibt es keine Umkehrfunktion, da es zu jedem y-Wert zwei Argumente gibt, nämlich $\sqrt{y}$ und $-\sqrt{y}$.
Wenn man aber den Definitionsbereich auf $x \geq 0$ einschränkt, ist diese eingeschränkte Funktion umkehrbar.

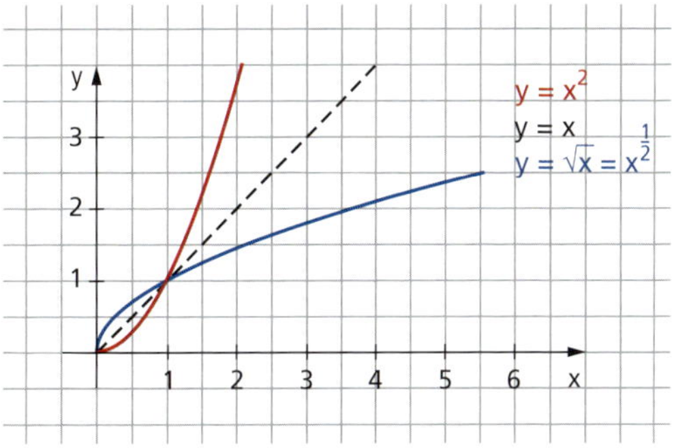

Funktion:	$y = x^2, x \geq 0$	$y = x^3, x \geq 0$
Umstellen nach x:	$x = \sqrt{y}$	$x = \sqrt[3]{y}$
x und y vertauschen:	$y = \sqrt{x}$	$y = \sqrt[3]{x}$

Der Graph von $y = \sqrt{x}$ ergibt sich aus dem Graphen von $y = x^2$ für $x \geq 0$ durch Spiegelung an der Geraden von $y = x$. Er ist also ein Teil einer Parabel und heißt **Parabelast.**

Potenzfunktionen mit beliebigen rationalen Exponenten

Auf der Grundlage der Definition einer Potenz mit rationalem Exponenten können auch Potenzfunktionen mit rationalen Exponenten definiert werden.

> Funktionen mit der Gleichung $y = x^{\frac{m}{n}}$ mit $x > 0$, $m \in \mathbb{Z}$, $m \neq 0$, $n \in \mathbb{N}$ und $n \geq 2$ heißen **Potenzfunktionen mit rationalen Exponenten.**

Da $x^{\frac{m}{n}} = \sqrt[n]{x^m} = (\sqrt[n]{x})^m$, kann man die Funktionen auch als Nacheinanderausführung einer Potenzfunktion mit ganzzahligen Exponenten und einer Wurzelfunktion bzw. umgekehrt auffassen.

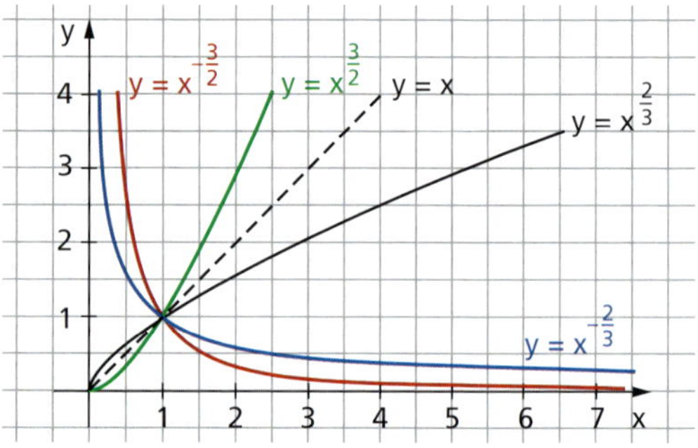

Definitions- und Wertebereich ist stets die Menge der positiven reellen Zahlen einschließlich der Null für $m > 0$ bzw. ohne Null für $m < 0$.

Funktionen mit der Gleichung $y = f(x) = a(x + d)^n + e$ ($n \in \mathbb{Z}$)

Der Einfluss der Parameter a, d und e auf den Graphen der Funktion $y = a(x + d)^n + e$ wurde für den Fall $n = 2$ der quadratischen Funktion bereits untersucht. Die Aussagen lassen sich für ein beliebiges $n \in \mathbb{Z}$ verallgemeinern.

> Der Graph von $y = a(x + d)^n + e$ ergibt sich aus dem Graphen von $y = x^n$ durch:
> - Streckung bzw. Stauchung mit dem Faktor $|a|$ in y-Richtung
> - Spiegelung an der x-Achse, falls $a < 0$
> - Verschiebung um e in Richtung der positiven y-Achse
> - Verschiebung um $-d$ in Richtung der positiven x-Achse

$y = -2 \cdot x^4$
Strecken mit 2;
Spiegeln an der x-Achse

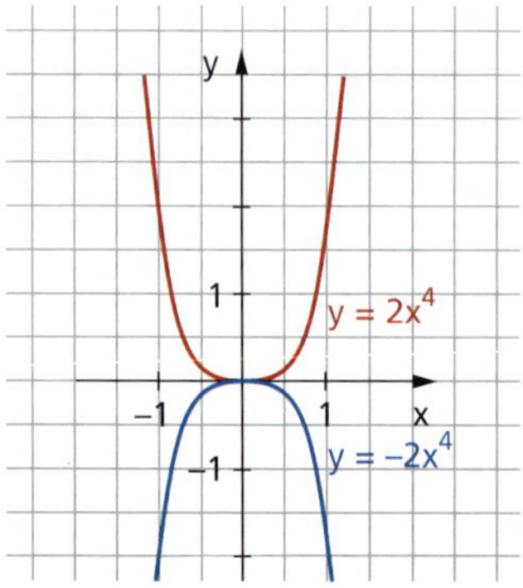

$y = x^3 + 1$
Verschieben um 1 in y-Richtung

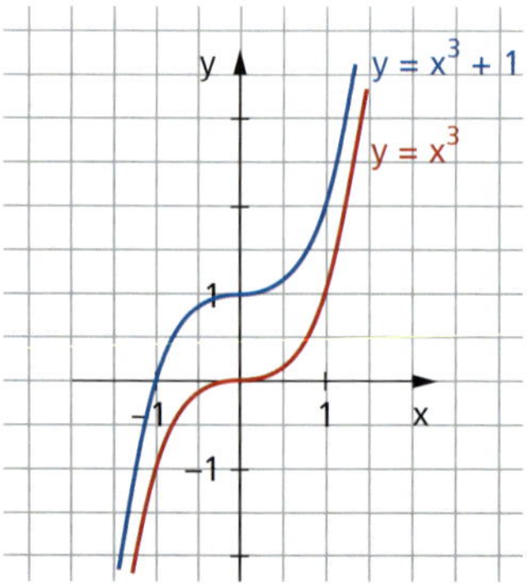

$y = (x + 1)^{-1}$; $x \neq -1$
Verschieben um -1 in x-Richtung

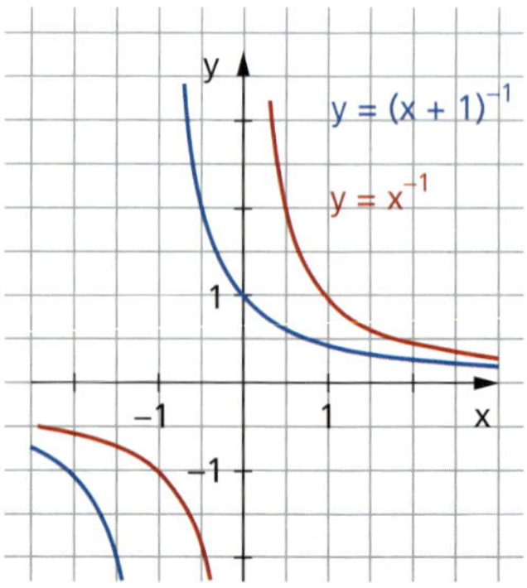

Lösen von Wurzelgleichungen

Viele Funktionen können durch eine Gleichung mit zwei Variablen dargestellt werden.

Beim Arbeiten mit diesen Funktionen sind oft Gleichungen zu lösen, so z. B. bei der Berechnung von Nullstellen oder von anderen Argumenten zu gegebenen Funktionswerten.

Beim Arbeiten mit Wurzelfunktionen treten spezielle Gleichungstypen auf.

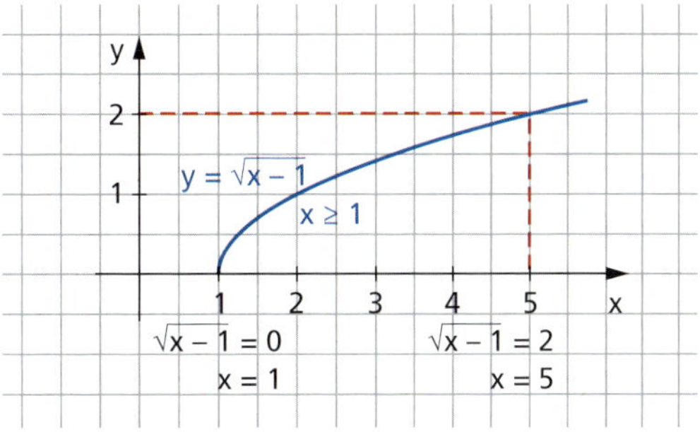

In einer Wurzelgleichung gibt es eine Variable im Radikanden einer Wurzel.

$\sqrt{x-1} = 2$ $\qquad$ $\sqrt{x-1} = x - 3$ $\qquad$ $x \in \mathbb{R},\ x \geq 1$

Wurzelgleichungen können in einigen Fällen durch Quadrieren auf lineare oder quadratische Gleichungen zurückgeführt werden.

$2\sqrt{x+4} = x + 4$	| quadrieren
$4(x+4) = (x+4)^2$	| Klammern auflösen
$4x + 16 = x^2 + 8x + 16$	| − 16; − 4x
$0 = x^2 + 4x$	| ausklammern
$0 = x(x+4)$	

$x_1 = 0$ oder $x_2 + 4 = 0$, also $L = \{0; -4\}$

Probe:	für x_1	für x_2
linke Seite:	$2\sqrt{0+4} = 2\sqrt{4} = 4$	$2\sqrt{-4+4} = 2\sqrt{0} = 0$
rechte Seite:	$0 + 4 = 4$	$-4 + 4 = 0$
Vergleich:	$4 = 4$	$0 = 0$
	wahre Aussage	wahre Aussage

$L = \{0; -4\}$

Quadrieren bzw. Potenzieren sind keine äquivalenten Umformungen einer Gleichung.
Die Lösung muss unbedingt an der ursprünglichen Wurzelgleichung überprüft werden.

HINWEIS

In einigen Fällen lassen sich Wurzelgleichungen grafisch lösen. Man kann die beiden Seiten der Wurzelgleichung als Funktionsgleichungen y_1 und y_2 schreiben. Die Abszisse des Schnittpunktes der entsprechenden Funktionsgraphen liefert dann näherungsweise eine Lösung der Wurzelgleichung.

$\sqrt[3]{x-1} + x - 2 = 0 \quad | -x;\ +2$

$\sqrt[3]{x-1} = -x + 2$

$y_1 = \sqrt[3]{x-1}$

$y_2 = -x + 2$

Die Wurzelgleichung hat die Lösung $x \approx 1{,}4$.

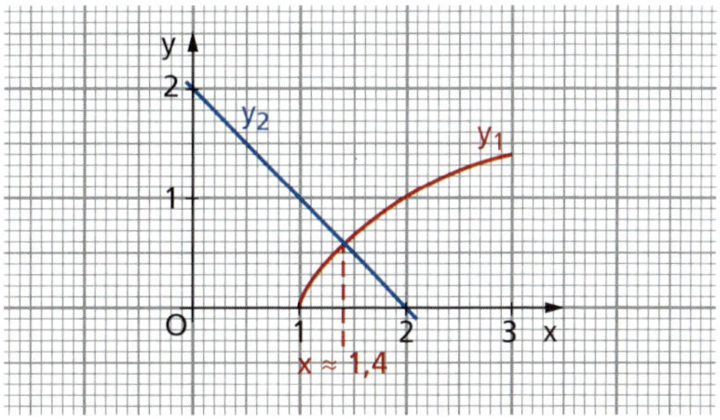

Aufgaben

Funktionen mit natürlichen Exponenten

1. Welche Funktionen sind Potenzfunktionen mit einem natürlichen Exponenten?
$y_1 = x^2$ $y_2 = x^5$ $y_3 = 2^x$ $y_4 = x$ $y_5 = x^{0,5}$ $y_6 = x^{-3}$ $y_7 = 3x^2$ $y_8 = x^3 + x^2$

2. Gegeben sei die Funktion mit der Gleichung $y = x^3$.
a) Prüfe, ob folgende Punkte auf dem Graphen der Funktion $y = x^3$ liegen.
$A(1|-1)$ $B(3|27)$ $C(-2|8)$ $D(5|125)$ $E(0|0)$ $F(-4|16)$ $G(0{,}25|0{,}625)$
b) Welche Funktionswerte haben die Argumente 2; 1,4; 0,3; –2,1?
c) Zu welchen Argumenten gehören die Funktionswerte –16; 0,125; –8; 1?
d) Wie verhalten sich die Funktionswerte bei sehr großen bzw. sehr kleinen Argumenten?
e) Welcher der folgenden Zusammenhänge gilt für alle x:
(1) $f(x) = -f(x)$ (2) $f(x) = f(-x)$ (3) $f(-x) = -f(x)$

3. Wie ändern sich die Funktionswerte von $y = x^2$ bzw. $y = x^3$, wenn die Argumente verdoppelt, halbiert oder vervierfacht werden?

4. Es sei $f(x) = x^2$ und $g(x) = x^3$. Bestimme
a) die Schnittpunkte der Graphen beider Funktionen;
b) alle Argumente, für die gilt: $f(x) = 2$; $g(x) = 2$; $f(x) = -2$; $g(x) = -2$; $f(x) = 0$.

5. Ein Stahlwürfel mit einem Volumen von $1\ cm^3$ habe eine Masse von 8 g. Bestimme daraus die Masse von Stahlwürfeln aus dem gleichen Stahl mit 2 cm, 5 cm und 10 cm Kantenlänge.

6. a) Berechne mithilfe eines Taschenrechners für die Funktionen $f(x) = x^3$ und $g(x) = x^4$ eine Wertetabelle mit den x-Werten:
–1,5; –1,3; –1; –0,5; –0,25; 0; 0,25; 0,5; 1; 1,3; 1,5
b) Stelle die Funktionen f und g grafisch dar.
c) Welches ist der größtmögliche Definitionsbereich der Funktionen f und g?
d) Ermittle die Nullstellen von f und g.
e) Welche Aussagen kannst du zu den Wertebereichen von f und g treffen?
f) Vergleiche die Funktionswerte $f(0{,}5)$ und $f(-0{,}5)$ miteinander. Was kannst du allgemein über die Funktionswerte $f(x)$ und $f(-x)$ aussagen?
g) Vergleiche die Funktionswerte $g(0{,}5)$ und $g(-0{,}5)$ miteinander. Was kannst du allgemein über die Funktionswerte $g(x)$ und $g(-x)$ aussagen?
h) Gib alle Argumente an, bei denen die Funktion f bzw. g monoton wächst bzw. monoton fällt.
i) Besitzen die Graphen von f bzw. g jeweils eine Symmetrieachse?
j) Gibt es einen größten (einen kleinsten) Funktionswert von f bzw. g?

7. Berechne jeweils die fehlende Koordinate des Punktes P so, dass P auf dem Graphen der Potenzfunktion $y = x^4$ liegt.

a) P(0,2 | ■) b) P(■ | 2,0736) c) P(−0,5 | ■) d) P(■ | 10 000)
e) P(■ | 0,0001) f) P(■ | 1) g) P(−1 | ■) h) P(0,5 | ■)

8. Bestimme die Gleichung einer Potenzfunktion $y = x^n$ mit $n \in \mathbb{N}$, die durch den angegebenen Punkt verläuft.

a) A(2 | 8) b) F(1 | 1) c) E(−1 | 1) d) D(0 | 0) e) C(0,5 | 0,03125)

9. Folgende Wertetabellen gehören zu Funktionen:

x	0	1	2	4	6	9
y	0	1	1,4142	2	2,449	3

x	−2	−1	0	1	2	4
y	−8	−1	0	1	8	64

x	−2	−1	0	1	2	4
y	−32	−1	0	1	32	1024

x	−4	−1	0	1	2	3
y	8	0,5	0	0,5	2	4,5

a) Schließe die Funktionen aus, die keine Potenzfunktionen der Form $y = x^n$ mit $n \in \mathbb{N}$ sein können. Begründe deine Entscheidung.

b) Gib zu den verbleibenden Wertetabellen Funktionsgleichungen an.

10. Gib die Eigenschaften der Potenzfunktion $y = x^0$ an.

Potenzfunktionen mit negativen ganzzahligen Exponenten

11. Löse die Aufgaben im Kopf.

a) Vier Arbeiter brauchen für eine Arbeit sechs Stunden.
Wie lange braucht ein Arbeiter für dieselbe Arbeit?

b) Bei einer Durchschnittsgeschwindigkeit von 20 $\frac{\text{km}}{\text{h}}$ braucht ein Moped 40 min für eine Strecke. Wie lange fährt das Moped, wenn es auf dieser Strecke eine Durchschnittsgeschwindigkeit von 40 $\frac{\text{km}}{\text{h}}$ hat?

c) Eine Pumpe füllt ein Becken in sechs Stunden. Wie lange brauchen zwei (bzw. drei; vier; sechs) Pumpen mit derselben Leistung, um das Becken zu füllen?

d) Wenn Tom 5 € pro Tag ausgibt, reicht sein Urlaubsgeld zehn Tage.
Wie lange reicht es, wenn er 2 € pro Tag ausgibt?

e) Eine Klasse besteht aus 30 Schülern. Wie viele Möglichkeiten gibt es, sie in gleich große Gruppen aufzuteilen?

f) Ein Fahrstuhl darf maximal mit 640 kg belastet werden.
Welche durchschnittliche Masse dürfen die Personen besitzen, wenn 4 (bzw. 5; 6; 8; 10; 12) Personen in den Fahrstuhl steigen?

12. Die folgenden Punkte liegen auf den Graphen der Funktion $y = x^{-1}$.
Bestimme die fehlenden Koordinaten.

a) A(0,1 | ■) b) B(3 | ■) c) C(■ | 0,1) d) D(■ | −1) e) E$\left(■ \mid -\frac{1}{5}\right)$

13. Die folgenden Punkte liegen auf dem Graphen der Funktion $y = x^{-2}$.
Bestimme die fehlenden Koordinaten.

a) A(0,01 | ■) b) B(3 | ■) c) C(10 | ■) d) D(■ | 4) e) E(■ | 16)

14. Gib eine Potenzfunktion mit negativem ganzzahligem Exponenten an, deren Graph durch folgenden Punkt verläuft:

a) A(2 | 0,5) b) B(0,5 | 2) c) C(−2 | 0,25) d) D(−2 | −0,125) e) E(−1 | −1)

15. a) Erstelle für die Funktionen f mit $f(x) = x^{-1}$ und g mit $g(x) = x^{-2}$ eine Wertetabelle mit den x-Werten: −3; −2,5; −2; −1,5; −1; −0,5; 0,5; 1; 1,5; 2; 2,5; 3

b) Stelle die Funktionen f und g grafisch dar.

c) Welches ist der größtmögliche Definitionsbereich der Funktionen f und g?

d) Ermittle die Schnittpunkte der Graphen von f und g.

e) Welche Aussagen kannst du zu den Wertebereichen von f und g machen?

f) Vergleiche die Funktionswerte f(3) und f(−3) miteinander.
Was kannst du allgemein über die Funktionswerte f(x) und f(−x) aussagen?

g) Vergleiche die Funktionswerte g(3) und g(−3) miteinander.
Was kannst du allgemein über die Funktionswerte g(x) und g(−x) aussagen?

h) Gib alle x-Werte an, für die die Funktionen f bzw. g monoton wachsen (monoton fallen).

i) Besitzen die Graphen von f bzw. g jeweils eine Symmetrieachse?

j) Gibt es einen größten (einen kleinsten) Funktionswert von f bzw. g?

Potenzfunktionen mit rationalen Exponenten

16. Zeichne mithilfe einer Wertetabelle die Graphen folgender Funktionen im Intervall $0 \leq x \leq 2$ jeweils in ein gemeinsames Koordinatensystem und vergleiche die Graphen.

a) $y = x^2$ und $y = \sqrt{x}$ b) $y = x^3$ und $y = \sqrt[3]{x}$ c) $y = x^4$ und $y = \sqrt[4]{x}$

17. Die folgenden Punkte sollen auf dem Graphen einer Wurzelfunktion liegen. Gib jeweils zwei mögliche Funktionen und die fehlende(n) Koordinate(n) an.

a) A(2 | ■) b) B(■ | 2) c) C($\sqrt{2}$ | ■) d) D(■ | $\sqrt{2}$) e) E(e | e)

18. Beschreibe die Abhängigkeit der Größe Y von der Größe X durch eine Funktion. Untersuche, was es bedeutet, wenn man umgekehrt die Abhängigkeit der Größe X von der Größe Y betrachtet, und gib eine Funktion für diesen Zusammenhang an.

a) X: Anzahl n von Mineralwasserflaschen zu 0,35 ct Y: Preis P für n Flaschen

b) X: Kantenlänge a eines Würfels Y: Volumen V des Würfels

19. Welche der folgenden durch eine Gleichung, einen Graphen oder eine Wertetabelle dargestellten Funktionen sind eineindeutige Zuordnungen?

a) $y = x^4$ b) $y = x^5$ c) $y = x^{-3}$

d)
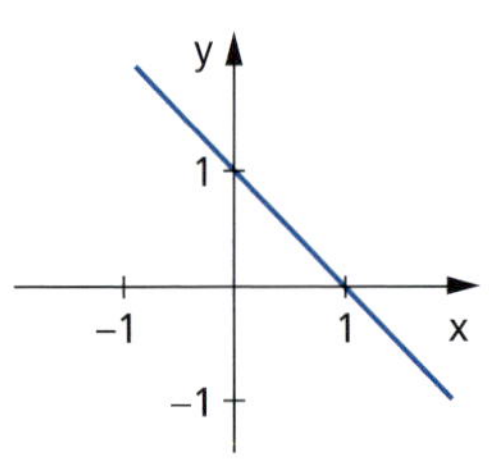

e)
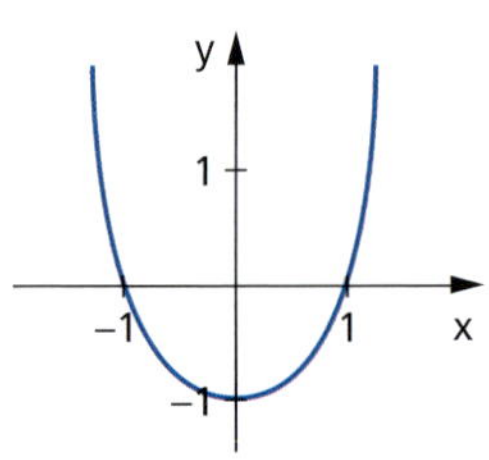

f)
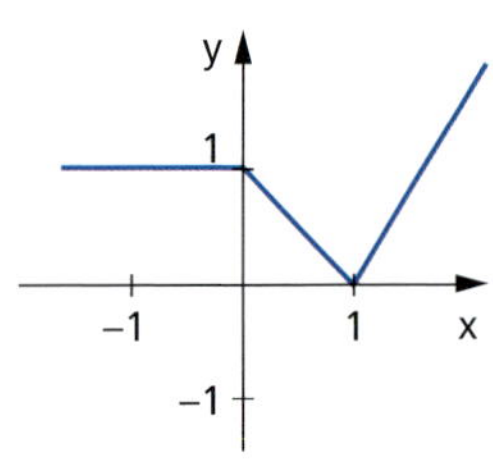

g)

x	−2	−1	1	2
y	2	4	6	8

h)

x	−2	−1	1	2
y	4	1	1	4

i)

x	−2	−1	1	2
y	2	1	1	4

20. Gib zu folgenden Funktionen die Umkehrfunktion an. Stelle jeweils die Funktion und die Umkehrfunktion in einem Koordinatensystem dar.

a) $y = x + 1$ b) $y = 3x$ c) $y = 4x - 6$
d) $y = x^2 \quad (x \geq 0)$ e) $y = 0{,}25 \cdot x^2 \quad (x \geq 0)$ f) $y = x^3$

21. Untersuche den Einfluss verschiedener Exponenten auf die Eigenschaften von Potenzfunktionen mit rationalen Exponenten.
Führe geeignete Fallunterscheidungen durch. Nutze ein Computeralgebrasystem.

a) Nullstellen b) Besondere Punkte c) Monotonieverhalten d) Asymptoten

22. Zeichne folgende Funktionen mithilfe einer Wertetabelle im Intervall $0 < x \leq 4$.
Kontrolliere mit einem Computeralgebrasystem.

a) $y = x^{1,7}$ b) $y = x^{-1,7}$ c) $y = x^{0,7}$ d) $y = x^{-0,7}$

23. Die folgenden Punkte liegen auf dem Graphen der Funktion $y = x^{2,5}$. Gib die fehlende Koordinate mit drei wesentlichen Ziffern an.

a) $A(4\,|\,\square)$ b) $B(\square\,|\,243)$ c) $C(2\,|\,\square)$ d) $D(\square\,|\,1)$ e) $E(-1\,|\,\square)$

24. Gib die Gleichung einer Funktion mit rationalem Exponenten an, die durch folgenden Punkt verläuft:

a) $A(4\,|\,8)$ b) $B(9\,|\,27)$ c) $C(4\,|\,0{,}125)$ d) $D(0{,}25\,|\,8)$ e) $E(0{,}36\,|\,0{,}7776)$

Funktionen mit der Gleichung $y = f(x) = a(x + d)^n + e$

25. Der Graph einer Potenzfunktion 4. Grades wird so entlang der y-Achse verschoben, dass sie die Nullstellen $x_1 = 1$ und $x_2 = -1$ hat.
Bestimme die Funktionsgleichung. Kontrolliere mit einem Computeralgebrasystem.

26. a) Skizziere die folgenden Funktionen in einem Koordinatensystem:
(1) $f_1(x) = (x + 3)^5 + 2$ (2) $f_2(x) = \frac{1}{(x - 4)^2} - 3$
b) Berechne jeweils x bzw. y.
(1) $f_1(-3)$; $f_1(0)$; $f_1(-2)$; $f_1(x) = 34$ (2) $f_2(3)$; $f_2(0)$; $f_2(x) = -2{,}75$
c) Bestimme die Nullstellen der beiden Funktionen.

27. Bestimme die Nullstellen folgender Funktionen. Kontrolliere mit einem Computeralgebrasystem, indem du die Graphen darstellst.

a) $y = (x + 4)^4 - 1$ b) $y = (x - 3)^3 - 1$ c) $y = (x - 2)^4 + 3$ d) $y = (x - 1)^3 + 8$

Lösen von Wurzelgleichungen

28. Gib alle Lösungen der Wurzelgleichungen an. Bestimme vorher den Variablengrundbereich.

a) $\sqrt{x} = 7$ b) $\sqrt{x + 2} = 4$ c) $\sqrt{x - 1} = 6$ d) $\sqrt{x - 3} = -1$
e) $\sqrt{x - 2} = 0$ f) $\sqrt{x^2} = 2$ g) $\sqrt[3]{x} = 4$ h) $\sqrt[3]{1 - x} = -2$

29. Gib die Lösungsmengen an. Führe jeweils die Probe aus.

a) $\sqrt{4x + 5} = x + 2$ b) $\sqrt{x^2 + 2} = 3x$ c) $x + 5 - \sqrt{4x + 41} = 0$
d) $\sqrt{x - 1} = \sqrt{2x + 3}$ e) $\sqrt{2x + 8} - \sqrt{5 + x} = 1$ f) $x - \sqrt{x + 5} - 1 = 0$
g) $\sqrt{x^2 + 3x} = 1 - \sqrt{x^2 + x}$ h) $\sqrt{x + 1} = 1 + \sqrt{x - 4}$ i) $\sqrt{x^2 - x} = \sqrt{x^2 + x} - \sqrt{2}$

4.2 Exponential- und Logarithmusfunktionen

Lineares und exponentielles Wachstum

Grits Taschengeldzahlungen für die nächsten acht Monate sollen neu geregelt werden.
Variante 1: Sie bekommt ab sofort 20 € und dann an jedem Monatsersten 2 € mehr.
Variante 2: Sie bekommt ab sofort 1 € und an jedem Monatsersten verdoppelt sich der Betrag.

Das **lineares Wachstum** einer Größe y in der Zeit t wird durch die Funktionsgleichung
$\mathbf{y = f(t) = a + m \cdot t}$ mit $a, m \in \mathbb{R}$; $m > 0$ beschrieben.
Dabei ist a der Anfangswert und m ist der Zuwachs pro Zeiteinheit.
Wenn t um eine Zeiteinheit wächst, wächst y um m.

Das **exponentielle Wachstum** einer Größe y in der Zeit t wird durch die Funktionsgleichung
$\mathbf{y = f(t) = a \cdot b^t}$ mit $a, b \in \mathbb{R}$; $a > 0$; $b > 1$ beschrieben.
Dabei ist a der Anfangswert und b ist der Wachstumsfaktor pro Zeiteinheit.
Wenn t um eine Zeiteinheit wächst, vervielfacht sich y um den Faktor b.

lineares Wachstum

Monat	0	1	2	3	4	5	6	7	8
Betrag	20	22	24	26	28	30	32	34	36

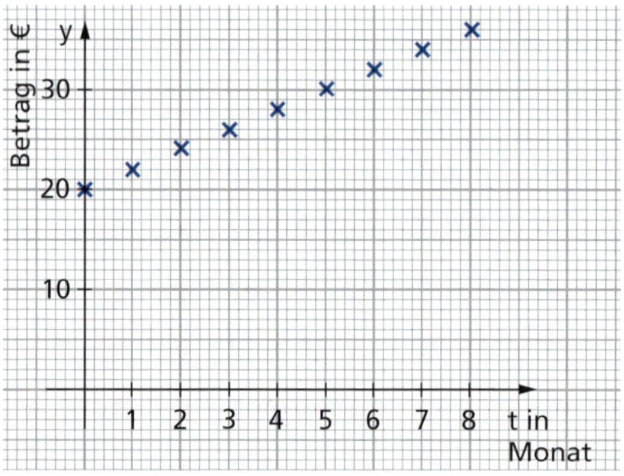

Gleichung: $y = 20\,€ + 2\,€ \cdot t$

wörtliche Beschreibung:
Der Anfangswert des Taschengeldes zum Zeitpunkt $t = 0$ beträgt 20 €.
Das Taschengeld erhöht sich monatlich um 2 €.
Der Betrag des Taschengeldes wächst linear.
Die Summe der Beträge ergibt 252 €.

exponentielles Wachstum

Monat	0	1	2	3	4	5	6	7	8
Betrag	1	2	4	8	16	32	64	128	256

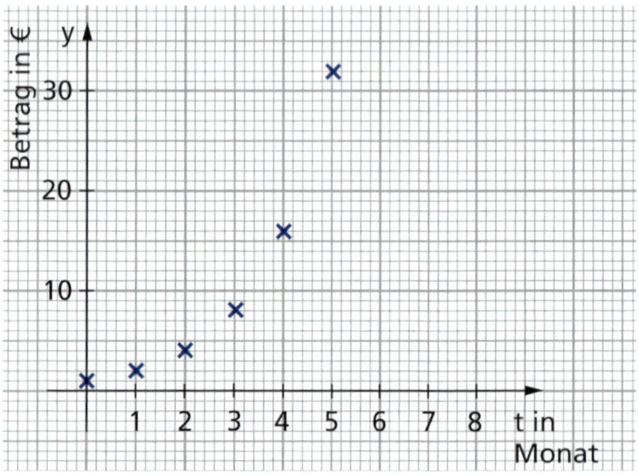

Gleichung: $y = 1\,€ \cdot 2^t$

wörtliche Beschreibung:
Der Anfangswert des Taschengeldes zum Zeitpunkt $t = 0$ beträgt 1 €.
Das Taschengeld verdoppelt sich monatlich, d. h., es wird mit 2 multipliziert.
Der Betrag wächst exponentiell.
Die Summe der Beträge ergibt 511 €.

Prozentuale Wachstumsraten

Wenn eine Größe in gleichen Zeiteinheiten immer um den gleichen Prozentsatz wächst, so wächst die Größe exponentiell.

Herr Müller legt für seinen Sohn 1000 € für drei Jahre an. Er bekommt jährlich 5 % Zinsen, die dem Konto gutgeschrieben und danach mit verzinst werden.

Anfangswert:	1000 €
nach dem 1. Jahr:	$1000\text{ €} + 0{,}05 \cdot 1000\text{ €} = 1000\text{ €} \cdot (1 + 0{,}05) = 1000\text{ €} \cdot 1{,}05 = 1050\text{ €}$
nach dem 2. Jahr:	$1050\text{ €} + 0{,}05 \cdot 1050\text{ €} = 1050\text{ €} \cdot (1 + 0{,}05) = 1050\text{ €} \cdot 1{,}05 = 1102{,}50\text{ €}$
nach dem 3. Jahr:	$1102{,}5\text{ €} + 0{,}05 \cdot 1102{,}50\text{ €} = 1102{,}50\text{ €} \cdot (1 + 0{,}05) = 1157{,}625\text{ €}$

Der Kontostand nach dem 3. Jahr beträgt $1000\text{ €} \cdot 1{,}05^3 = 1158\text{ €}$.

Dem prozentualen Wachstum um 5 % entspricht ein exponentielles Wachstum mit dem Wachstumsfaktor $1 + 0{,}05 = 1{,}05$.

Wächst eine Größe y vom Anfangswert a aus pro Zeiteinheit jeweils um p %, so wächst sie exponentiell nach der Gleichung $\mathbf{y = f(t) = a \cdot (1 + p\,\%)^t}$ mit $a > 0$.

Lineare und exponentielle Abnahme

Die lineare Abnahme einer Größe y in der Zeit t wird durch die Funktionsgleichung $\mathbf{y = f(t) = a - m \cdot t}$ mit $m > 0$ beschrieben.
Dabei ist a der Anfangswert und m ist die Abnahme pro Zeiteinheit.
Wenn t um eine Zeiteinheit wächst, fällt y um m.

Die **exponentielle Abnahme** einer Größe y in der Zeit t wird durch die Funktionsgleichung $\mathbf{y = f(t) = a \cdot b^t}$ mit $a > 0$; $0 < b < 1$ beschrieben.
Dabei ist a der Anfangswert und b ist der Abnahmefaktor pro Zeiteinheit.
Wenn t um eine Zeiteinheit wächst, verringert sich y mit dem Faktor b.

Die Mutter von Ole verwahrt für ihren Sohn 400 €, die er in den nächsten Monaten ausgeben will. Sie bietet ihm zwei Varianten an. Entweder erhält er monatlich 80 € oder er darf monatlich über die Hälfte des noch vorhandenen Geldes verfügen.

lineare Abnahme
Anfangswert 400 €, monatlich 80 € weniger

Wertetabelle:

Monat	0	1	2	3	4	5	6
Rest in €	400	320	240	160	80	0	0

exponentielle Abnahme
Anfangswert 400 €, monatlich die Hälfte

Wertetabelle:

Monat	0	1	2	3	4	5	6
Rest in €	400	200	100	50	25	12,5	6,25

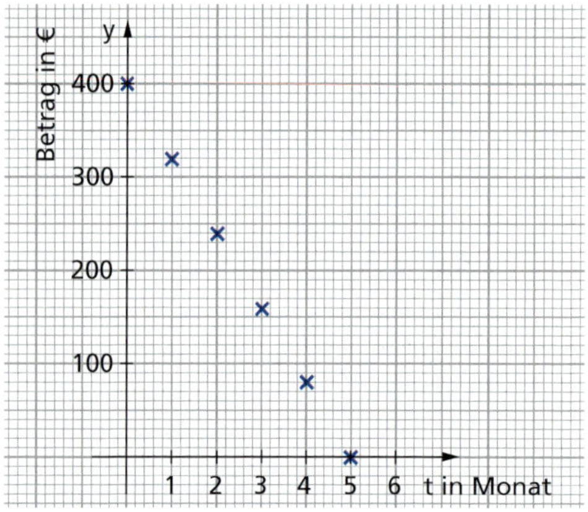

Gleichung: $y = 400\,€ - 80\,€ \cdot t$

wörtliche Beschreibung:
Der Anfangswert des Geldbetrages bei $t = 0$ beträgt 400 €.
Der Betrag verringert sich monatlich um 80 €.
Er fällt linear.
Nach fünf Monaten sind 400 € verbraucht.

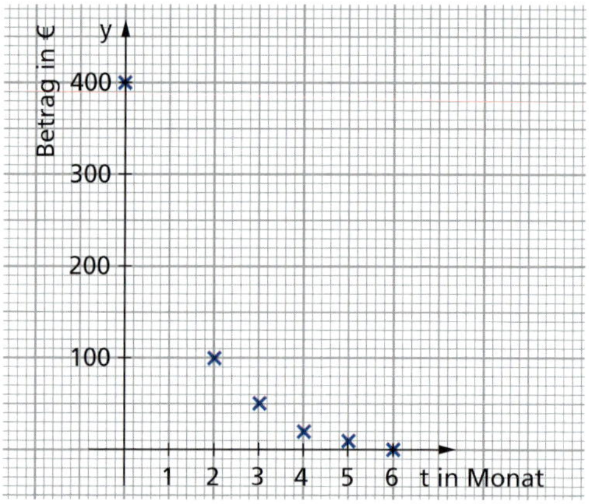

Gleichung: $y = 400\,€ \cdot 0{,}5^t$

wörtliche Beschreibung:
Der Anfangswert des Geldbetrages bei $t = 0$ beträgt 400 €.
Der Betrag wird monatlich halbiert.
Er fällt exponentiell.
Die 400 € werden theoretisch nie verbraucht.

Analog zum exponentiellen Wachstum kann die exponentielle Abnahme durch einen Faktor oder durch eine prozentuale Rate beschrieben werden. Häufig nennt man den Abnahmefaktor auch **Zerfallsfaktor** und die Rate **Zerfallsrate.**

> Fällt eine Größe y vom Anfangswert a aus pro Zeiteinheit jeweils um p %, so fällt sie exponentiell nach der Gleichung $\mathbf{y = f(t) = a \cdot (1 - p\,\%)^t}$ mit $a > 0$.

Berechnungen bei exponentiellen Wachstums- und Abnahmeprozessen

Alle Berechnungen für Vorgänge mit exponentiellem Wachstum bzw. exponentieller Abnahme können mit der Gleichung $y = f(t) = a \cdot b^t$ durchgeführt werden. Statt t kann auch eine andere Größe vorkommen. Die Gleichung muss dann nach der entsprechenden Variablen umgestellt werden.

Berechnung des Anfangswertes a

Die von der „Killeralge" verseuchte Fläche verzehnfacht sich jährlich. Von 1997 bis 2005, also in acht Jahren, überwucherte sie 427 ha. Wie groß war etwa die Fläche zu Anfang?

Gegeben: $t = 8$ Jahre; $y = f(8) = 427$ ha; $b = 10$ Gesucht: Anfangsfläche in ha

Ausgangsgleichung: $y = a \cdot b^t$

Einsetzen der gegebenen Werte: $427\text{ ha} = a \cdot 10^8 \quad | \cdot 10^{-8}$

Umstellen nach a: $a = 427\text{ ha} \cdot 10^{-8} = 0{,}00000427\text{ ha} = 427\text{ cm}^2$

Antwort: Die Algenplage begann 1997 mit einer Fläche von 427 cm^2.

Berechnung des Wachstumsfaktors bzw. der Wachstumsrate

Ein Aktionär kaufte seine Aktien vor zehn Jahren für 5 000 €.
Derzeit sind sie 10 794,60 € wert.
Welcher durchschnittlichen jährlichen Wachstumsrate entspricht dies?

Gegeben: $y = f(10) = 10\,794{,}60$ €; $a = 5\,000$ €; $t = 10$ Jahre

Gesucht: p in %

Lösung:

Ausgangsgleichung: $y = a \cdot (1 + p\,\%)^t$

Einsetzen der gegebenen Werte: $10\,794{,}60\text{ €} = 5\,000\text{ €} \cdot (1 + p\,\%)^{10} \quad | :5\,000\text{ €}$

Umstellen nach p %:

$$(1 + p\,\%)^{10} = 10\,794{,}60 : 5\,000 = 2{,}15892$$

$$1 + p\,\% = \sqrt[10]{2{,}15892} \approx 1{,}08 \quad | -1$$

$$p\,\% = 0{,}08 = 8\,\%$$

Antwort: Der Wert der Aktien wuchs im Durchschnitt jährlich um 8 %.

Berechnung von Zeiten

Einem Patienten wurden um 8.00 Uhr für eine medizinische Untersuchung 100 mg eines Mittels injiziert, das die Fahrtauglichkeit beeinflusst. Es wird im Körper des Patienten stündlich um 15 % abgebaut. Der Patient darf wieder ein Auto führen, wenn das Mittel auf 20 mg abgebaut ist.
Wann ist der Patient wieder fahrtauglich?

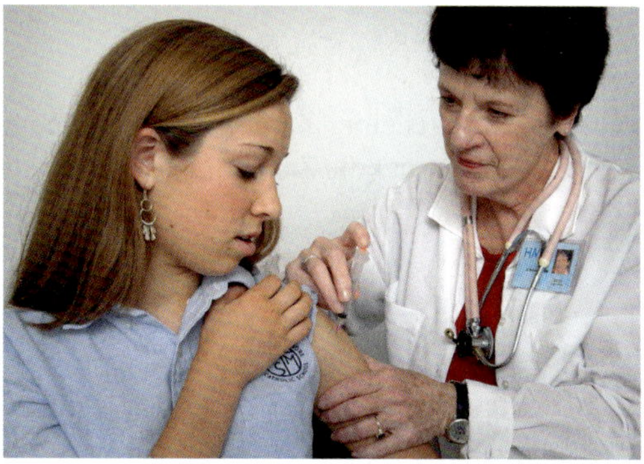

Gegeben: a = 100 mg; p = 15 % pro Std.

Gesucht: t in Stunden mit $y(t) = 20$ mg

Lösung:

Ausgangsgleichung: $y = a \cdot (1 - p\,\%)^t$

Einsetzen der gegebenen Werte: $20 = 100\,(1 - 0{,}15)^t \quad | :100$

Umstellen nach t:

$$0{,}85^t = 0{,}2 \quad | \text{ Logarithmieren der Gleichung}$$

$$\lg 0{,}85^t = \lg 0{,}2$$

$$t \cdot \lg 0{,}85 = \lg 0{,}2 \quad | :\lg 0{,}85$$

$$t \approx 9{,}9$$

Antwort: Nach etwa zehn Stunden, d. h. ab 18.00 Uhr, ist der Patient wieder fahrtauglich.

In unserem dritten Beispiel zum Berechnen von Zeiten tritt eine bisher unbekannte Rechenoperation auf, das Logarithmieren.
Was Logarithmen sind und wie man damit rechnen kann, werden wir im nächsten Abschnitt zeigen.

Das Rechnen mit Logarithmen

EVARISTE GALOIS (1811 bis 1832), der mit 20 Jahren die Grundlagen für eine neue mathematische Theorie schuf, wurde bei der Aufnahmeprüfung für ein Mathematikstudium über Logarithmen befragt.
GALOIS schrieb zwei Folgen an die Tafel 1; b; b^2; b^3; b^4; …
0; 1; 2; 3; 4; …

Er erklärte, dass die erste Folge Potenzen und die zweite Folge ihre Logarithmen sind. Als der Prüfer eine Erklärung verlangte, warf GALOIS aus Zorn über diese albernen Fragen mit einem nassen Schwamm.

Der Logarithmus ist im Grunde eine andere Bezeichnung für einen Exponenten.

> Der Exponent x in der Gleichung $b^x = z$ heißt **Logarithmus von z zur Basis b.**
> Schreibweise: $x = \log_b z$ $(b, z, x \in \mathbb{R};\ b, z > 0)$

Der Logarithmus einer Zahl z zu einer Basis ist also der Exponent, mit dem man die Basis potenzieren muss, um die Zahl z zu erhalten.

Logarithmusschreibweise:	$3 = \log_2 8$	$3 = \log_5 125$	$3 = \log_{0,4} 0{,}064$	$x = \log_b z$
Potenzschreibweise:	$2^3 = 8$	$5^3 = 125$	$0{,}4^3 = 0{,}064$	$b^x = z$

Der Logarithmus einer Zahl kann in einfachen Fällen durch inhaltliche Überlegungen bestimmt werden. Dazu muss die Zahl in gleiche Faktoren entsprechend der Basis zerlegt werden.

$x = \log_5 625$ Es gilt: $625 = 5 \cdot 125 = 5 \cdot 5 \cdot 25 = 5 \cdot 5 \cdot 5 \cdot 5 = 5^4$ Somit gilt: $x = 4$

$x = \log_2 0{,}25$ Es gilt: $0{,}25 = \frac{1}{4} = \frac{1}{2^2} = 2^{-2}$ Somit gilt: $x = -2$

Da $b^1 = b$ und $b^0 = 1$ gilt, gelten auch folgende Gleichungen:

> $\log_b b = 1$ und $\log_b 1 = 0$ $(b \in \mathbb{R};\ b > 0)$

Die Basis 10 ist die Grundlage für das dekadische Positionssystem. Die Exponenten von Zehnerpotenzen haben daher eine besondere Bedeutung und werden als **dekadische Logarithmen** bezeichnet und in der Kurzschreibweise $\mathbf{\log_{10} z = \lg z}$ dargestellt.

Dekadische Logarithmen sind Lösungen der Gleichung $10^x = z$.
Sie können mit einem Taschenrechner durch Betätigung der Taste [lg] ermittelt werden.

$10^x = 4$ $x = \lg 4 = 0{,}60205\ldots$ $10^x = 2\,000$ $x = \lg 2\,000 = 3{,}30103\ldots$

Hinweis: Einige Taschenrechner haben auch die Taste [ln]. Damit können die sogenannten **natürlichen Logarithmen** berechnet werden. Die Basis ist in diesem Fall die irrationale Zahl e = 2,71828…, auch eulersche Zahl genannt.

Aus den Potenzgesetzen können die **Logarithmengesetze** hergeleitet werden:

Potenzgesetz: $b^x \cdot b^y = b^{x+y}$ für $b, x, y \in \mathbb{R}$ und $b > 0$

Es sei: $b^x = z_1$ und $b^y = z_2$, also $x = \log_b z_1$ und $y = \log_b z_2$

$\log_b (z_1 \cdot z_2) = \log_b (b^x \cdot b^y) = \log_b (b^{x+y}) = x + y = \log_b z_1 + \log_b z_2$

1. Logarithmengesetz: $\log_b (z_1 \cdot z_2) = \log_b z_1 + \log_b z_2$ $(b, z_1, z_2 \in \mathbb{R}$ und $b, z_1, z_2 > 0)$

Analog lässt sich das 2. Logarithmengesetz aus dem Potenzgesetz $b^x : b^y = b^{(x-y)}$ herleiten.

2. Logarithmengesetz: $\log_b (z_1 : z_2) = \log_b z_1 - \log_b z_2$ $(b, z_1, z_2 \in \mathbb{R}$ und $b, z_1, z_2 > 0)$

Potenzgesetz: $(b^x)^r = b^{x \cdot r}$ für $b, x, r \in \mathbb{R}$ und $b > 0$

Es sei: $b^x = z$, also $x = \log_b z$

$\log_b z^r = \log_b (b^x)^r = \log b\,(b^{x \cdot r}) = x \cdot r = r \cdot \log_b z$

3. Logarithmengesetz: $\log_b (z^r) = r \cdot \log_b z$ $(b, z, r \in \mathbb{R}$ und $b, z > 0)$

Das Logarithmieren ist neben dem Wurzelziehen und Potenzieren eine Möglichkeit zum Umformen einer Gleichung $T_1 = T_2$.

Rechenoperation	Gegebene Zahlen		Gesuchte Zahl	Beispiel
Potenzieren	Basis	Exponent	Potenzwert	$2^3 = 8$
Wurzelziehen (Radizieren)	Potenzwert (Radikand)	Exponent (Wurzelexponent)	Basis (Wurzel)	$\sqrt[3]{8} = 2$
Logarithmieren	Basis	Potenzwert	Exponent (Logarithmus)	$\log_2 8 = 3$

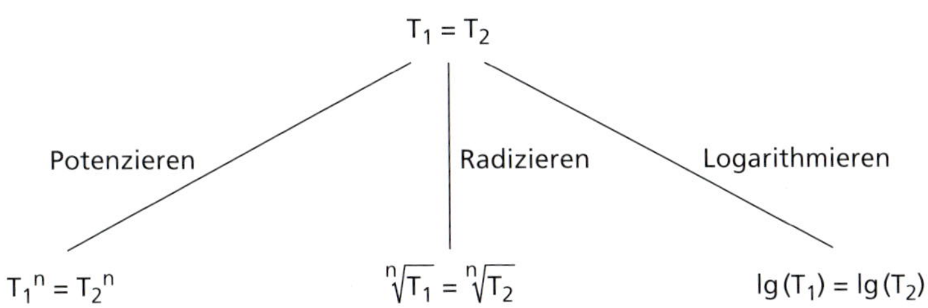

$25 = 3^k$ | Logarithmieren

$\lg 25 = \lg 3^k$ | $\lg z^r = r \cdot \lg z$ anwenden

$\lg 25 = k \cdot \lg 3$ | $:\lg 3$

$k = \frac{\lg 25}{\lg 3} = 2{,}929947\ldots$

Probe:

$3^{2{,}929947} = 24{,}99999\ldots \approx 25$

Exponentialfunktionen

Die Gleichungen, die zur Beschreibung des exponentiellen Wachstums bzw. der exponentiellen Abnahme (siehe S. 110) verwendet wurden, sind Gleichungen von Exponentialfunktionen.

> Funktionen mit der Gleichung $y = a \cdot b^x$ mit $a \neq 0$; $b > 0$ und $b \neq 1$; $a, b \in \mathbb{R}$ heißen **Exponentialfunktionen.**

Der Definitionsbereich der Exponentialfunktionen sind die reellen Zahlen, d. h., der Exponent der Potenz b^x kann auch eine irrationale Zahl sein.

Potenzen mit irrationalen Exponenten können wie jede reelle Zahl durch eine Intervallschachtelung mit beliebiger Genauigkeit bestimmt werden.

Intervallschachtelung für	Intervallschachtelung für		
$1 < \sqrt{2} < 2$	$3^1 = 3$	$< 3^{\sqrt{2}} <$	$3^2 = 9$
$1{,}4 < \sqrt{2} < 1{,}5$	$3^{1,4} = 4{,}6\ldots$	$< 3^{\sqrt{2}} <$	$3^{1,5} = 5{,}1\ldots$
$1{,}41 < \sqrt{2} < 1{,}42$	$3^{1,41} = 4{,}70\ldots$	$< 3^{\sqrt{2}} <$	$3^{1,42} = 4{,}75\ldots$
$1{,}414 < \sqrt{2} < 1{,}415$	$3^{1,414} = 4{,}727\ldots$	$< 3^{\sqrt{2}} <$	$3^{1,415} = 4{,}732\ldots$
$1{,}4142 < \sqrt{2} < 1{,}4143$	$3^{1,4142} = 4{,}7287\ldots$	$< 3^{\sqrt{2}} <$	$3^{1,4143} = 4{,}7292\ldots$

Um die Eigenschaften von Exponentialfunktionen genauer zu beschreiben, unterscheiden wir die Fälle $b > 1$ (exponentielles Wachstum) und $b < 1$ (exponentielle Abnahme). Es sei zunächst $a = 1$.

$y = b^x$, $b > 1$

Funktionen: $y = 2^x$; $y = 3^x$

Wertetabelle:

x	−3	−2	−1	0	1	2
$y = 2^x$	0,13	0,25	0,5	1	2	4
$y = 3^x$	0,03	0,11	0,33	1	3	9

Graphen:

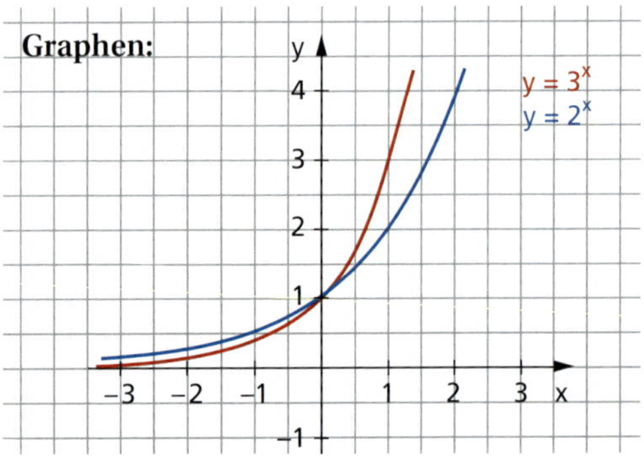

$y = b^x$, $0 < b < 1$

Funktionen: $y = \left(\frac{1}{2}\right)^x = 2^{-x}$; $y = \left(\frac{1}{3}\right)^x = 3^{-x}$

Wertetabelle:

x	−2	−1	0	1	2	3
$y = 2^{-x}$	4	2	1	0,5	0,25	0,13
$y = 3^{-x}$	9	3	1	0,33	0,11	0,03

Graphen:

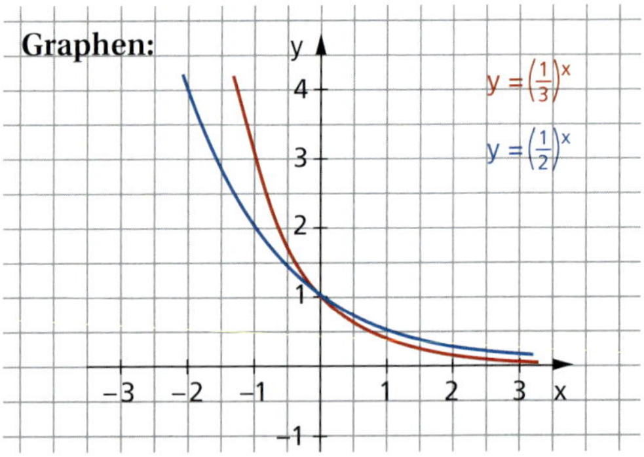

Definitions- und Wertebereich:
$x \in \mathbb{R}, y \in \mathbb{R}, y > 0$

Einfluss der Parameter:
Je größer b, umso dichter liegt die Kurve an der y-Achse bzw. an der x-Achse.

Symmetrieeigenschaften:
keine

Nullstellen:
keine

Besondere Punkte:
$P_1(0\,|\,1),\ P_2(1\,|\,b),\ P_3\left(-1\,\middle|\,\frac{1}{b}\right)$

Wachstumsverhalten:
Wenn x wächst, wächst auch y.

Definitions- und Wertebereich:
$x \in \mathbb{R}, y \in \mathbb{R}, y > 0$

Einfluss der Parameter:
Je kleiner b, umso dichter liegt die Kurve an der y-Achse bzw. an der x-Achse.

Symmetrieeigenschaften:
keine

Nullstellen:
keine

Besondere Punkte:
$P_1(0\,|\,1),\ P_2(1\,|\,b),\ P_3\left(-1\,\middle|\,\frac{1}{b}\right)$

Wachstumsverhalten:
Wenn x wächst, fällt y.

In beiden Fällen ist die x-Achse Asymptote der Funktion.

Der Graph von $y = b^{-x}$ geht durch Spiegelung an der y-Achse aus dem Graphen von $y = b^x$ hervor.

Der Parameter a in der Funktionsgleichung $y = a \cdot b^x$ bewirkt analog zum Einfluss des Parameters a bei den Potenzfunktionen $y = a \cdot x^n$ mit $n \in \mathbb{Z}$ eine Streckung bzw. Stauchung in Richtung der y-Achse und für $a < 0$ zusätzlich eine Spiegelung an der x-Achse.

Für $a > 0$ kann man a stets als Potenz mit der Basis b darstellen. Es gilt: $a = b^{\log_b a}$

Deshalb gilt auch $y = a \cdot b^x = b^{\log_b a} \cdot b^x = b^{x + \log_b a}$. Der Graph der Funktion $y = b^{x + \log_b a}$ ergibt sich aus dem Graph von $y = b^x$ analog zu den Potenzfunktionen durch Verschieben um $-\log_b a$ in Richtung der positiven x-Achse. Eine Streckung der Exponentialfunktion $y = b^x$ mit dem Faktor $a > 0$ ist also gleichbedeutend mit einer Verschiebung des Graphen um $-\log_b a$ in x-Richtung.

$y = 2^x$ und

$y = 2 \cdot 2^x = 2^{x+1}$

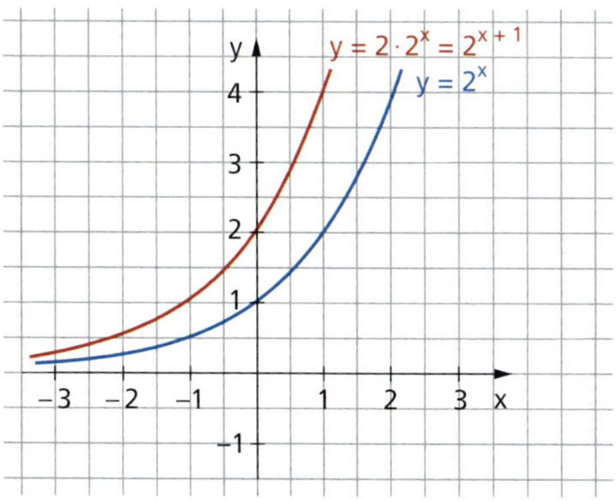

$y = -\left(\frac{1}{2}\right)^x = -2^{-x}$ und

$y = \frac{1}{2} \cdot \left(-\left(\frac{1}{2}\right)^x\right) = -\left(\frac{1}{2}\right)^{x+1} = -2^{-(x+1)}$

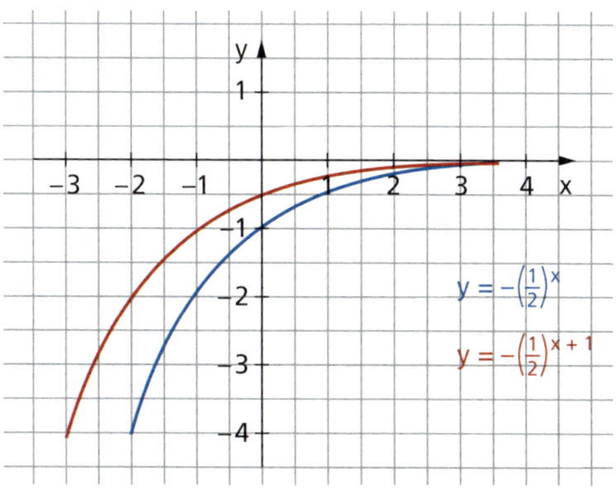

Eine Exponentialfunktion ist durch zwei Punkte eindeutig bestimmt.

Bestimme die Exponentialfunktion, die durch die Punkte P(–1 | 1,5) und Q(2 | 12) verläuft, und gib die entsprechende Gleichung an.

Ansatz: $y = a \cdot b^x$

Einsetzen der Koordinaten: $1{,}5 = a \cdot b^{-1}$ und $12 = a \cdot b^2$

Berechnen von b (Einsetzungsverfahren): $a = 1{,}5b$ $\quad 12 = 1{,}5b \cdot b^2$

$8 = b^3$

$b = 2$

Berechnen von a: $1{,}5 = a \cdot 2^{-1}$

$a = 1{,}5 \cdot 2 = 3$

Gleichung der Funktion: $y = 3 \cdot 2^x$

Punktprobe: $3 \cdot 2^{-1} = 3 \cdot \frac{1}{2} = 1{,}5$

$3 \cdot 2^2 = 3 \cdot 4 = 12$

Antwort: Die Exponentialfunktion hat die Gleichung $y = 3 \cdot 2^x$.

Logarithmusfunktionen

Hängt eine Größe Y exponentiell von einer Größe X ab, so ist es in einigen Fällen sinnvoll, den umgekehrten Zusammenhang zu untersuchen.

Der Luftdruck p nimmt mit zunehmender Höhe h exponentiell ab. Bei einer mittleren Temperatur von 0 °C zwischen der Höhe NN (Höhe des Meeresspiegels) und der Höhe h gilt die Gleichung:

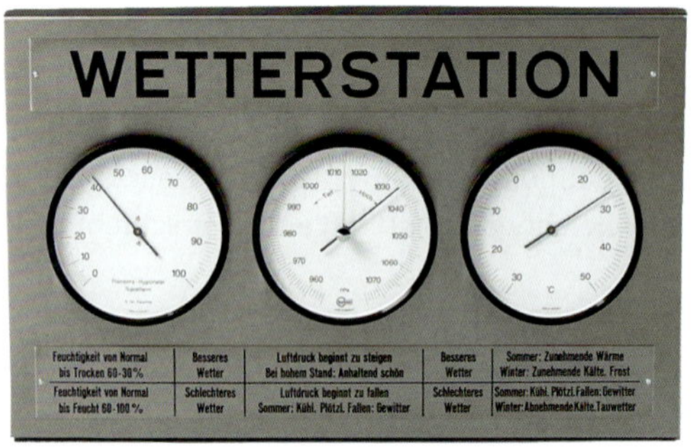

$p = p_0 \cdot 0{,}882^h$

Dabei wird h in Kilometer angegeben. p_0 ist der Druck in Höhe des Meeresspiegels (Höhe NN). Wird umgekehrt gefragt, in welcher Höhe man sich befindet, wenn der Druck p herrscht, so muss die Gleichung nach h umgestellt werden.

Nach den Logarithmengesetzen gilt: $\lg p = \lg p_0 + h \cdot \lg 0{,}882$

$h \cdot \lg 0{,}882 = \lg p - \lg p_0 = \lg \frac{p}{p_0}$

Daraus folgt: $h = -18{,}3 \cdot \lg \frac{p}{p_0}$

Mit dieser Gleichung, die barometrische Höhenformel heißt, kann bei bekanntem Druck p die aktuelle Höhe bestimmt werden. Höhenmessgeräte, die man bei Wanderungen im Gebirge benutzten kann, messen den Luftdruck und berechnen daraus die erreichte Höhe.

Hinweis: Solch ein Höhenmessgerät muss an Höhenmarken auf den aktuellen Luftdruck eingestellt werden.

Mit den Variablenbezeichnungen x für die gegebene Größe und y für die gesuchte Größe und mit $p_0 = 1$ ergeben sich folgende Funktionsgleichungen:

$y = 0{,}882^x$ und

$y = \frac{1}{\lg 0{,}882} \cdot \lg x = -18{,}3 \cdot \lg x$

Die zweite Funktion ist die Umkehrfunktion der ersten Funktion.

Ihre Graphen gehen durch Spiegelung an der Geraden y = x auseinander hervor.

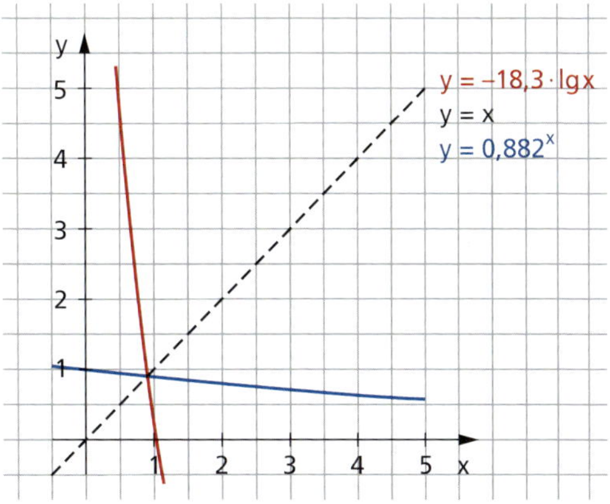

> Funktionen mit der Gleichung $y = \log_b x$ mit $x > 0$, $x \in \mathbb{R}$, $b > 0$, $b \neq 1$ heißen **Logarithmusfunktionen.**

Die Logarithmusfunktionen sind die Umkehrfunktionen der Exponentialfunktionen $y = b^x$. Deshalb ergeben sich einige ihrer Eigenschaften aus denen der Exponentialfunktionen.

Eigenschaften der Logarithmusfunktionen $y = \log_b x$ $(x > 0;\ b > 0,\ b \neq 1)$

Definitions- und Wertebereich: $x \in \mathbb{R}$, $y \in \mathbb{R}$, $x > 0$

Einfluss der Parameter:
Für $b > 1$ gilt:
Je größer b, umso dichter liegt die Kurve an der y-Achse bzw. an der x-Achse.
Für $b < 1$ gilt:
Je kleiner b, umso dichter liegt die Kurve an der y-Achse bzw. an der x-Achse.

Symmetrieeigenschaften: keine

Nullstellen: $x = 1$

Besondere Punkte: $P_1(1\,|\,0)$, $P_2(b\,|\,1)$

Wachstumsverhalten:
Für $b > 1$ gilt:
Wenn x wächst, wächst y.
Für $b < 1$ gilt:
Wenn x wächst, fällt y.

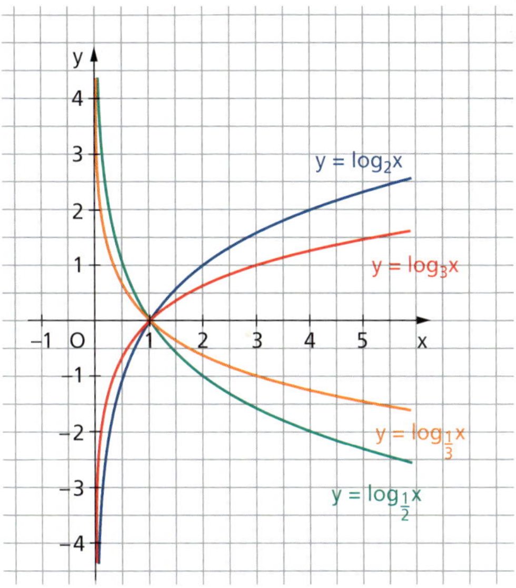

Die y-Achse ist Asymptote der Funktionen.

Die Graphen von $y = \log_b x$ und $y = \log_{\frac{1}{b}} x$ gehen durch Spiegelung an der x-Achse auseinander hervor, da $\log_{\frac{1}{b}} x = \frac{\log_b x}{\log_b \frac{1}{b}} = \frac{\log_b x}{-1} = -\log_b x$.

Aufgaben

Exponentielles Wachstum

1. Entscheide, ob lineares oder exponentielles Wachstum vorliegt. Bestimme jeweils eine Gleichung, die die zeitliche Entwicklung der Größe beschreibt.

	Zeit t in h	0	1	2	3	4	5
a)	Masse m in g	30	48	76,8	122,88	196,6	314,573
b)	Länge *l* in cm	25	28,5	32	35,5	39	42,5
c)	Höhe h in cm	10	11,1	12,2	13,3	14,4	15,5
d)	Fläche A in cm^2	2	2,2	2,42	2,662	2,9282	3,221

2. Anne und Tom haben unterschiedliche Sparmodelle. Anne hat bereits 300 € auf dem Konto. Monatlich erhöht sie ihren Kontostand um 5 €. Tom hat 500 € auf dem Konto und legt es für 10 Jahre mit einem jährlichen Zinssatz von 5 % an. Löse diese Aufgabe grafisch.

a) Wessen Kontostand ist nach 10 Jahren höher?

b) Wann haben beide ungefähr den gleichen Kontostand?

3. Penizillinspritzen sind schmerzhaft, aber hochwirksam bei der Bekämpfung von Infektionskrankheiten. 1928 erkannte A. Fleming, dass Stoffwechselprodukte verschiedener Pilze schädliche Bakterien und Viren im Körper abtöten. Seither wird der Pilzschimmel Penicillium notatum zur Herstellung des Antibiotikums gezüchtet. Bestimme die Anzahl der Pilze, die aus 5 Pilzen entstehen, wenn sie sich täglich verdoppeln.

a) Nach einem Tag b) Nach einer Woche c) Nach einem Monat

4. Jeder Mensch hat zwei Eltern und vier Großeltern.

a) Wie viele Urgroßeltern hat jeder Mensch?

b) Wie viele Vorfahren hast du, wenn du 40 Generationen berücksichtigst?

c) 40 Generationen entsprechen etwa 1000 Jahren. Im Jahre 1000 gab es auf der Erde nur etwa 500 Mill. Menschen. Vergleiche mit dem Ergebnis von Aufgabe b.

5. Falte ein Blatt Papier des Formats A 3 in der Mitte.

a) Falte erneut und schätze, wie oft du diesen Vorgang wiederholen kannst.

b) Das Papier ist 0,1 mm dick. Wie dick ist es nach 10-maligem Falten?

6. Berechne jeweils den jährlichen Wachstumsfaktor und die Wachstumsrate unter der Annahme exponentiellen Wachstums.

a) Die Bevölkerung einer Stadt wuchs in einem Jahr von 25 731 auf 26 246.

b) Die Erträge stiegen in vier Jahren von 24 500 dt auf 30 931 dt.

c) Eine Algenart verbreitete sich in fünf Jahren von 34 ha auf 47,7 ha.

7. Milchsäurebakterien vermehren sich in nicht homogenisierten Milchprodukten bei warmem Wetter so schnell, dass sich ihre Anzahl in 40 Minuten verdoppelt. Bei der Käse- und Joghurtherstellung sind diese Bakterien wichtig, frische Milch wird jedoch sauer. In frisch gemolkener Milch befinden sich 8 000 Bakterien pro Liter.

Auf welchen Wert kann die Zahl der Bakterien ansteigen, wenn die Milch eine Stunde (bzw. 30 Minuten; 4 Stunden) nicht gekühlt wird?

8. Salmonellen sind Bakterien, die sich in warmen Speisen (z. B. Kartoffelsalat, Hähnchen) schnell vermehren. Schon nach 20 Minuten kann sich ihre Anzahl verdoppeln. Besonders im Sommer erleiden viele Menschen Salmonellenvergiftungen. In frischem Kartoffelsalat wurden 500 Bakterien nachgewiesen.
Berechne die Anzahl der daraus entstehenden Bakterien, wenn der Salat zwei bzw. vier oder acht Stunden ungekühlt steht.

9. Eltern legen für ihr neugeborenes Kind 1000 € auf einem Sparbuch mit einem Zinssatz von 4 % an.
a) Auf welche Summe ist das Guthaben angewachsen, wenn das Kind 14 bzw. 27 Jahre alt ist?
b) Wie lange muss das Geld auf dem Konto bleiben, wenn es sich verdoppeln soll?
c) Welchen Betrag müssen die Eltern anlegen, wenn bei gleichem Zinssatz am 18. Geburtstag des Kindes 10 000 € zur Verfügung stehen sollen?

Exponentielle Abnahme

10. Entscheide, ob lineare oder exponentielle Abnahme vorliegt. Bestimme jeweils eine Gleichung, die den Vorgang beschreibt

	Zeit t in h	0	2	4	6	8	10
a)	Masse m in mg	30	26	22	18	14	10
b)	Länge l in m	25	6,25	1,5625	0,39	0,098	0,0244
c)	Fläche A in m^2	4	3,2	2,56	2,048	1,6384	1,31
d)	Höhe h in m	21	18,5	16	13,5	11	8,5

11. Eine Firma verspricht, dass man 3 kg pro Woche abnimmt, wenn man sich an ihre Diät hält.
a) Ein 114 kg schwerer Mann will seine ideale Masse von 75 kg erreichen. Wie lange wird das bei dieser Diät dauern?
b) Eine 125 kg schwere Frau hält die Diät 12 Wochen durch. Wie schwer ist sie danach?
c) Eine 98 kg schwere Frau ernährt sich sechs Wochen nach dieser Diät und ist danach 83 kg schwer. Wurde die Versprechung eingehalten?

12. Berechne die Ausgangs- bzw. die Endgröße.
a) Die Anzahl verringert sich täglich um 2. Nach 3 Wochen sind es nur noch 40.
b) Die Dosis verringert sich täglich um 2 %. Nach 3 Wochen beträgt sie 20 ml.
c) Die Anzahl verringert sich jährlich um 1000. Vor 20 Jahren waren es 84 000.

13. Berechne jeweils den Abnahmefaktor und die Abnahmerate unter der Bedingung exponentieller Abnahme.
a) Die Radioaktivität sinkt in 5 Jahren auf 80 % des Ausgangswertes.
b) Die Lichtintensität sinkt in 3 Metern Meerestiefe auf 34,3 % ab.
c) Der Wert des Geldes sank in 10 Jahren auf 80 % des Ausgangswertes.

14. Beim Durchgang radioaktiver Strahlen durch Beton nimmt die Intensität exponentiell mit der Dicke der Betonmauer ab. Für eine Dicke von 1,00 m sinkt die Intensität auf 10 % des ursprünglichen Wertes. Bei welcher Dicke einer Betonmauer würde die Intensität auf 1 % bzw. auf die Hälfte reduziert werden?

15. Die D-Mark hat jährlich rund 2,6 % ihrer Kaufkraft verloren, seit sie 1948 eingeführt wurde.
a) Welchen Prozentsatz ihres anfänglichen Wertes ihrer Kaufkraft erreichte sie im Jahr der deutschen Einheit bzw. bei Einführung des Euro?
b) In welchen Jahren sank die Kaufkraft unter 50 % bzw. 25 % ihres ursprünglichen Wertes?

16. Ein Patient bekommt eine Injektion mit 10 mg eines hochwirksamen Antibiotikums. Im Körper werden im Laufe eines Tages 30 % des Medikamentes abgebaut.
a) Wie viel Milligramm des Medikamentes sind am 2., am 3. bzw. am 10. Tag nach der Injektion noch im Körper vorhanden?
b) Wenn im Körper nur noch 0,1 mg vorhanden ist, wird dieser Rest ausgeschieden. Wann ist dieser Zeitpunkt erreicht?

17. In der medizinischen Diagnostik wird unter anderem radioaktives Jod mit einer Halbwertszeit von rund einer halben Stunde eingesetzt. Ein Patient bekommt eine Injektion mit 10 ml Jod. Wie viel Prozent der Ausgangsmenge sind nach einer, zwei bzw. zwölf Stunden noch im Körper des Patienten?

Rechnen mit Logarithmen

18. Löse die folgenden Gleichungen durch inhaltliche Überlegungen.
Gib den Exponenten in der Logarithmusschreibweise an.
Beispiel: $2^x = 8$; $8 = 2^3$; $x = 3$; $3 = \log_2 8$

a) $2^x = 16$ b) $2^x = 64$ c) $3^x = 27$ d) $5^x = 125$ e) $4^x = 64$
f) $10^x = 100$ g) $0{,}1^x = 0{,}001$ h) $0{,}5^x = 0{,}25$ i) $0{,}7^x = 0{,}49$ j) $0{,}5^x = 0{,}125$

19. Bestimme x durch inhaltliche Überlegungen.
a) $3^x = \frac{1}{81}$ b) $2^x = \frac{1}{32}$ c) $7^x = \frac{1}{49}$ d) $7^x = \frac{1}{7}$ e) $5^x = 25 \cdot 5$
f) $5^x = 25 \cdot \sqrt{5}$ g) $12^x = 1$ h) $0{,}5^x = 0{,}0625$ i) $2^x = 0{,}25$ j) $4^x = 16 \cdot 4$

20. Berechne folgende Logarithmen durch inhaltliche Überlegungen:
a) $\log_5 25$ b) $\log_5 (5^8)$ c) $\log_2 32$ d) $\log_2 64$ e) $\log_{0,1} 10$
f) $\log_{14} 1$ g) $\log_{27} 3$ h) $\log_3 \frac{1}{81}$ i) $\log_{10} 0{,}1$ j) $\log_{25} 5$

21. Berechne die Basen.
a) $\log_b 125 = 3$ b) $\log_b 100 = 2$ c) $\log_b 10\,000 = -4$ d) $\log_b 81 = 4$

22. Ermittle die Lösungen folgender Gleichungen:
a) $\log_2 z = 3$ b) $\log_5 z = 2$ c) $\log_2 z = 0{,}5$ d) $\log_2 z = -4$ e) $\log_5 z = -2$
f) $\log_4 z = 3$ g) $\log_4 z = -3$ h) $\log_{25} z = \frac{1}{2}$ i) $\log_{16} z = -\frac{1}{4}$ j) $\log_5 z = \frac{1}{2}$

23. Schreibe die Exponenten als dekadische Logarithmen und bestimme sie.
a) $10^x = 100$ b) $10^x = 1$ c) $10^x = 100\,000$ d) $10^x = 1$ Billion
e) $10^x = 0{,}001$ f) $10^x = \frac{1}{10\,000}$ g) $10^x = 0{,}01$ h) $10^x = 0{,}0000001$

24. Löse folgende Gleichungen ohne Taschenrechner:

a) $2^x = 32$ b) $3^x = 9 \cdot \sqrt{3}$ c) $2^{x+1} = 64$ d) $4^{x+3} = 256$

e) $10^x = 0{,}001$ f) $10^{x+3} = 100\,000$ g) $10^{x-2} = 0{,}0001$ h) $10^{2x} = 10\,000$

25. Forme in gleichwertige Terme um. Gib gegebenenfalls einschränkende Bedingungen an.

a) $\log_b(m \cdot n)$ b) $\log_b(10 \cdot n)$ c) $\log_b(4 \cdot x \cdot y)$ d) $\log_b\left(\frac{5}{x}\right)$ e) $\log_b\left(\frac{m}{3}\right)$

f) $\log_b\left(\frac{m \cdot n}{a \cdot c}\right)$ g) $\log_b\left(\frac{12b}{3a}\right)$ h) $\log_b\left(\frac{a}{b \cdot c}\right)$ i) $\log_b\left(\frac{4ad}{3bc}\right)$ j) $\log_b m + \log_b n$

26. Forme mithilfe der Logarithmengesetze um.

a) $2\log_b c + 5\log_b a$ b) $3\log_b r - 4\log_b s$ c) $-5\log_b p - 3\log_b q + \log_b s$

d) $\frac{1}{2}\log_b p + \frac{1}{4}\log_b q$ e) $\frac{1}{2}\lg m + \frac{1}{2}\lg n$ f) $\frac{5}{6}\log_b a + \frac{2}{3}\log_b 8$

27. Ermittle die Lösungen folgender Gleichungen mithilfe der Logarithmengesetze:

a) $\lg x = 2\lg 4 + 3\lg 2$ b) $\log_b x = 3\log_b 4 - 2\log_b 8$

c) $\log_b x = \frac{1}{2}\log_b 16 - \frac{1}{3}\log_b 8$ d) $\log_b x = \log_b(m^2 - n^2) - \log_b(m + n)$

e) $\log_b x = \frac{1}{3}\lg 32 - \frac{1}{3}\lg 4$ f) $\log_b x = \log_b(m + n) + \log_b(m - n)$

28. Löse folgende Gleichungen:

a) $2^x = 30$ b) $3^x = 29$ c) $5 \cdot 4^x = 8$ d) $2 \cdot 1{,}5^x = 6{,}75$

e) $0{,}98^x = \frac{1}{2}$ f) $1{,}2^x = 2$ g) $5 \cdot 1{,}8^x = 29{,}16$ h) $0{,}7^x = 0{,}1$

Exponentialfunktionen

29. Fertige für folgende Funktionen eine Wertetabelle an und zeichne ihre Graphen danach in ein gemeinsames Koordinatensystem. Beschreibe die typischen Eigenschaften der Graphen und vergleiche sie miteinander.

a) $f_1(x) = 2^x$; $f_2(x) = 4^x$; $f_3(x) = 5^x$ b) $f_1(x) = 0{,}5^x$; $f_2(x) = 0{,}25^x$; $f_3(x) = 0{,}2^x$

30. Vergleiche die Graphen folgender Funktionen. Erläutere ihre Symmetrieeigenschaften.

a) $f_1(x) = 3^x$ und $f_2(x) = \left(\frac{1}{3}\right)^x$ b) $f_1(x) = \left(\frac{4}{3}\right)^x$ und $f_2(x) = \left(\frac{3}{4}\right)^x$

31. Welche der folgenden Gleichungen beschreiben die gleiche Funktion:

A: $y = \left(\frac{2}{3}\right)^x$ B: $y = \frac{2}{3^x}$ C: $y = \left(\frac{3}{2}\right)^{-x}$ D: $y = \frac{2^x}{3^x}$ E: $y = \frac{2^x}{3}$ F: $y = 2 \cdot 3^{-x}$

32. Bestimme die Exponentialfunktion $y = b^x$, die durch den angegebenen Punkt verläuft.

a) P(1 | 6) b) P(2 | 9) c) P(0,5 | 3) d) P(−2 | 16) e) P(0 | 1) f) P(−3 | 0,125)

33. Bestimme die fehlende Koordinate eines Punktes auf dem Graphen der Funktion $y = 0{,}25^x$.

a) A(■ | 1) b) B(4 | ■) c) C(■ | 4) d) D(■ | $\frac{1}{64}$) e) E(■ | 0,5) f) F(■ | $\sqrt{2}$)

34. Gegeben sei die Funktion mit der Gleichung $y = 2^x$.

a) Zeige, dass für diese Funktion $f(x + 1) = 2 \cdot f(x)$ gilt. Berechne dazu f(−1); f(0); f(1); f(2); f(3); f(4) und veranschauliche diesen Zusammenhang grafisch.

b) Leite den entsprechenden Zusammenhang für die Funktionen mit den Gleichungen $y = 3^x$ bzw. $y = 0{,}5^x$ her.

c) Verallgemeinere diese Eigenschaft für eine beliebige Exponentialfunktion $y = b^x$.

35. Begründe, dass der Zusammenhang $f(x+1) = b \cdot f(x)$ für beliebige Exponentialfunktionen der Form $y = a \cdot b^x$ gilt.

36. Überprüfe, ob die Punkte P zur Exponentialfunktion $y = a^x$ gehören.

a) $P(5|243)$; $y = 3^x$ b) $P(-2|6{,}25)$; $y = 0{,}4^x$ c) $P(-3|0{,}01)$; $y = 10^x$

37. Zeichne die Graphen der folgenden Funktionen in ein gemeinsames Koordinatensystem und gib die Symmetrien der Graphen untereinander an. Begründe diese Beziehungen mit den Funktionsgleichungen.

a) $f_1(x) = 2^x$ b) $f_2(x) = \left(\frac{1}{2}\right)^x$ c) $f_3(x) = -2^x$ d) $f_4(x) = -\left(\frac{1}{2}\right)^x$

38. Der Graph der Funktion $y = \left(\frac{5}{3}\right)^x$ wird in der angegebenen Weise gespiegelt. Gib die Funktionsgleichungen der dabei entstehenden Funktionen an.

a) an der y-Achse b) an der y-Achse und danach an der x-Achse
c) an der x-Achse d) an der x-Achse und danach an der y-Achse
e) an der Geraden $y = x$ f) an der Geraden $y = 0$

39. Welche der folgenden Gleichungen beschreiben die gleiche Funktion:

a) $f_1(x) = 4 \cdot \left(\frac{1}{3}\right)^x$ b) $f_2(x) = \left(\frac{4}{3}\right)^x$ c) $f_3(x) = \frac{4}{3^x}$ d) $f_4(x) = \frac{4 \cdot 1}{3^x}$

e) $f_5(x) = -\frac{1}{4^x}$ f) $f_6(x) = \left(-\frac{1}{4}\right)^x$ g) $f_7(x) = -1 \cdot \left(\frac{1}{4}\right)^x$ h) $f_8(x) = -\left(\frac{1}{4}\right)^x$

40. Bestimme die fehlende Koordinate eines Punktes, der auf dem Graphen der Funktion $y = -0{,}25 \cdot 2^x$ liegt.

a) $A(-1|\blacksquare)$ b) $B(4|\blacksquare)$ c) $C(\blacksquare|-4)$ d) $D\left(\blacksquare\middle|-\frac{1}{64}\right)$ e) $E(\blacksquare|-0{,}5)$

41. Bestimme die Exponentialfunktionen $y = a \cdot b^x$, deren Graphen durch die angegebenen Punkte verlaufen.

a) $P_1(1|6)$; $P_2(0|2)$ b) $P_1(1|3)$; $P_2\left(-2\middle|\frac{1}{72}\right)$ c) $P_1(0{,}5|1)$; $P_2(2|27)$

42. Beschreibe die folgenden Vorgänge durch eine Exponentialfunktion. Gib die inhaltliche Bedeutung von x und y einschließlich der verwendeten Einheiten an.

a) Eine Bakterienkultur verdoppelt sich stündlich. Zum Zeitpunkt $t = 0$ gab es 5 Bakterien.
b) 200 € werden mit einem Zinssatz von 3 % für 8 Jahre angelegt.
c) Von dem radioaktiven Material Bi-212 mit der Ausgangsmasse 200 g zerfällt pro Stunde die Hälfte der noch vorhandenen Kerne.
d) Das radioaktive Isotop Cs-137 hat eine Halbwertszeit von 30 Tagen. Zum Zeitpunkt $t = 0$ sind 2 kg dieses radioaktiven Cäsiums vorhanden.

43. Gegeben seien die Funktionen $f_1(x) = 3^x$; $f_2(x) = 3^x + 2$ und $f_3(x) = 3^x - 1{,}5$.

a) Skizziere die Graphen der Funktionen in ein gemeinsames Koordinatensystem.
b) Finde Gemeinsamkeiten und Unterschiede zwischen den Graphen.
c) Beschreibe die Lage der Asymptoten aller Funktionsgraphen.
d) Durch welche Bewegung sind die Graphen von f_2 und f_3 aus dem Graphen von f_1 hervorgegangen?

44. Skizziere die Graphen folgender Funktionen, indem du zuerst die Asymptote und dann typische Punkte einträgst:

a) $f_1(x) = 4^{-x} + 1$ b) $f_2(x) = -2^x - 3$ c) $f_3(x) = 0{,}5 \cdot 4^x + 1$

45. Gegeben seien die Funktionen mit den Gleichungen $f_1(x) = 2^x$; $f_2(x) = 2^{x-1}$ und $f_3(x) = 2^{x+3}$.
a) Stelle für die drei Funktionen eine gemeinsame Wertetabelle auf.
b) Zeichne die drei Graphen der Funktionen in ein gemeinsames Koordinatensystem.
c) Durch welche Bewegungen sind die Graphen von f_2 und f_3 aus dem Graphen von f_1 hervorgegangen?

46. Skizziere die Graphen der folgenden Funktionen.
a) $f_1(x) = 3^{x-2}$ b) $f_2(x) = 0{,}25^{x+4}$ c) $f_3(x) = 2^{-x-1}$ d) $f_4(x) = 4^{x-3} + 2$

47. a) Vergleiche die Graphen der Funktionen $f_1(x) = \frac{1}{2} \cdot 2^x$ und $f_2(x) = 2^{x-1}$.
b) Übertrage die in a) gefundene Eigenschaft auf $f(x) = 3 \cdot \left(\frac{1}{3}\right)^x$.

48. Beschreibe die Bewegungen, durch die die Graphen der Funktionen aus der Exponentialfunktion $y = 3^x$ hervorgehen.
a) $y = 3^{x+4}$ b) $y = -3^{x-2}$ c) $y = -3^x + 2$ d) $y = 3^{-x}$ e) $y = 0{,}25 \cdot 3^x + 6$

49. Bestimme die Funktionsgleichungen.
a) Eine Exponentialfunktion mit der Basis 3 wird um 3,5 Einheiten nach oben verschoben.
b) Eine Exponentialfunktion mit der Basis 0,4 wird an der x-Achse gespiegelt und mit dem Faktor 2 gestreckt.
c) Ein exponentieller Zerfallsprozess hat den Anfangswert 100 und nimmt pro Zeiteinheit um 5 % ab.
d) Eine Exponentialfunktion mit der Basis 6 wird zuerst um 4 Einheiten nach oben und dann um 2 Einheiten nach links verschoben.

Logarithmusfunktionen

50. Skizziere die Graphen folgender Logarithmusfunktionen in ein gemeinsames Koordinatensystem und vergleiche sie miteinander.
a) $y = \log_3 x$ b) $y = \log_5 x$ c) $y = \lg x$ d) $y = \log_{0{,}5} x$ e) $y = \log_{0{,}1} x$

51. Begründe, warum als Basis der Logarithmusfunktionen nur positive reelle, von 1 verschiedene Basen möglich sind.

52. Lies aus den Graphen der Funktionen die Funktionsgleichungen der Logarithmusfunktionen der Form $y = f(x) = \log_b x$ ab. Begründe, warum ein Punkt ausreichend ist, um die Basis eindeutig zu bestimmen. Welcher Punkt darf es nicht sein?

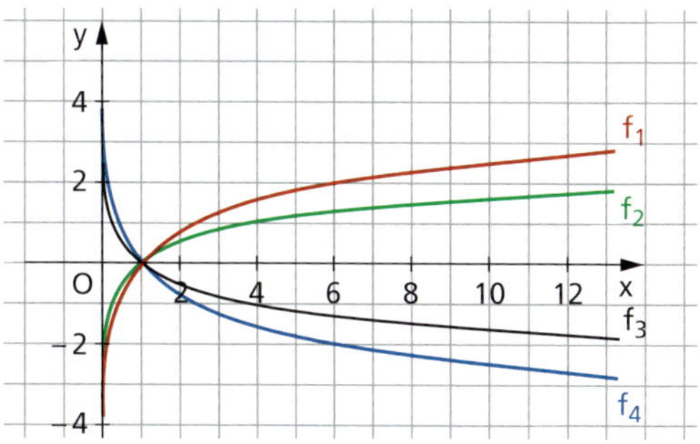

53. Bestimme die Logarithmusfunktion der Form $y = \log_b x$, deren Graph durch den angegebenen Punkt P verläuft.
a) P(64 | 3) b) P(100 | 2) c) P(8 | –3) d) P(1 | 0) e) P(0,125 | 3)

54. Beschreibe und begründe die Symmetrieeigenschaften der Graphen folgender Funktionen:
a) $f_1(x) = 2^x$ und $f_2(x) = \log_2 x$ b) $f_1(x) = 0{,}5^x$ und $f_2(x) = \log_{0{,}5} x$

4.3 Gemischte Aufgaben

Funktionen in der Mathematik

1. Durch welche Graphen werden proportionale bzw. antiproportionale Zuordnungen dargestellt?

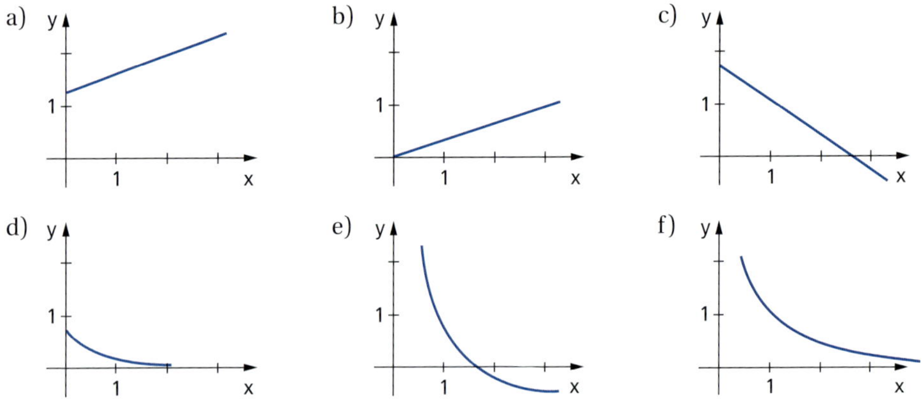

2. Zeichne die Graphen folgender Funktionen für $x \geq 0$ in ein gemeinsames Koordinatensystem:
$f_1(x) = 2x$; $f_2(x) = x^2$; $f_3(x) = 2^x$
a) Vergleiche die Graphen miteinander.
b) Lies die Schnittpunkte der Graphen ab und kontrolliere sie durch Rechnung.

3. Ordne dem Graphen die richtige Funktionsgleichung (1) bis (6) zu.

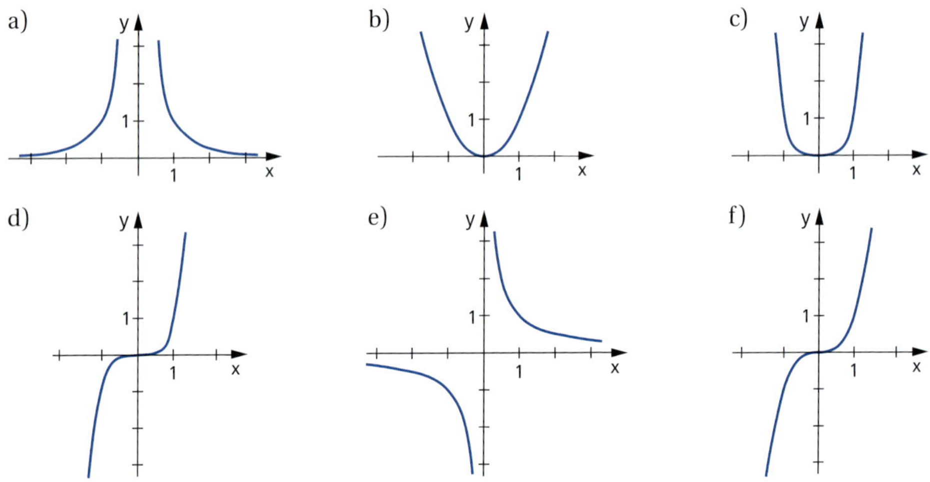

(1) $y = x^2$ (2) $y = x^3$ (3) $y = x^5$ (4) $y = x^4$ (5) $y = x^{-2}$ (6) $y = x^{-1}$
Kontrolliere deine Entscheidungen mit einem geeigneten Computerprogramm.

4. Skizziere die Graphen der Funktionen in ein gemeinsames Koordinatensystem. Gib auch ihre Definitionsbereiche, Wertebereiche und Nullstellen an.
a) $f_1(x) = (x - 4)^4 - 1$ b) $f_2(x) = (x + 3)^3 + 1$ c) $f_3(x) = -0{,}5x^6$

5. Welche der folgenden Aussagen sind falsch? Berichtige die Fehler.
Kontrolliere mit einem geeigneten Computerprogramm.

a) Die Funktion $y = 3x^{-2}$ ist im gesamten Definitionsbereich streng monoton wachsend.

b) Die Funktion $y = (x - 6)^4 - 5$ hat ihren Scheitelpunkt bei $S(6 \mid 5)$. Sie hat eine Nullstelle.

6. Untersuche, ob die angegebenen Wertepaare zu einer Potenzfunktion mit ganzzahligen Exponenten gehören, und gib in diesem Fall die Funktionsgleichung an.

a)

x	−3	−2	−1	0	0,5	4
y	−54	−16	−2	0	0,25	128

b)

x	−3	−0,5	1	2,5	5
y	$-\frac{1}{3}$	−72	9	0,576	0,072

c)

x	−3	−2	−1	0	2	3
y	243	48	3	0	48	243

d)

x	−3	−2	−1	0	1
y	−13,5	−4	−0,5	0	0,5

7. Löse inhaltlich. Ermittle die Lösungen näherungsweise grafisch. Fasse die Seiten der Gleichung als Funktionsterme auf. Zeichne die entsprechenden Graphen.
Kontrolliere mit einem geeigneten Computerprogramm.

a) $2x = 2^x$ b) $2^x = 0{,}5x + 3$ c) $x = 3^x$ d) $\lg x = x - 9$

8. Eine häufig verwendete Basis bei Exponentialfunktionen ist die irrationale Zahl e = 2,71828…, die eulersche Zahl. An die Graphen der Exponentialfunktionen $y = 2^x$ und $y = e^x$ wurden in den Punkten P und Q die Tangenten gezeichnet. Bestimme jeweils den Anstieg der beiden Tangenten und vergleiche ihn mit den Funktionswerten an den entsprechenden Stellen.
Was stellst du fest?

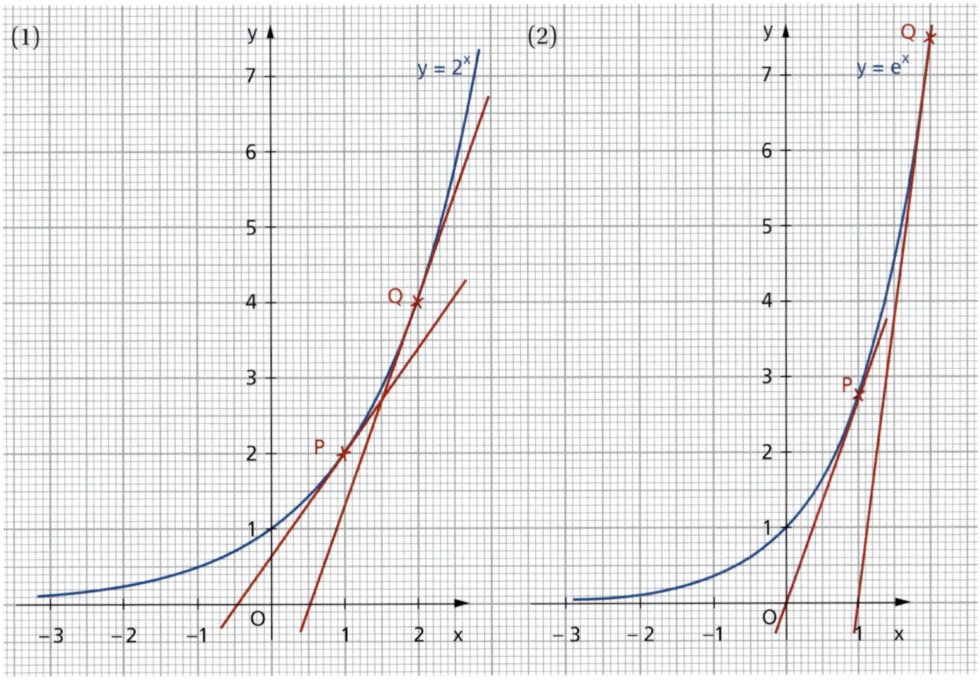

9. Gegeben seien zwei typische Punkte der Graphen der Exponentialfunktionen $y = 4^x$ und $y = 0{,}25^x$. Ihre Graphen seien g_1 und g_2.

a) Bestimmt die typischen Punkte dieser Exponentialfunktionen und zeichnet ihre Graphen. Entwickelt aus den Graphen die Umkehrfunktionen durch Spiegelung am Graphen der Funktion $y = x$. Nutzt die typischen Punkte.

b) Bestimmt die Gleichungen der Umkehrfunktionen durch Rechnung.

c) Bestimmt die Definitions- und Wertebereiche der Exponentialfunktionen und ihrer Umkehrfunktionen.

d) Lest das Monotonieverhalten der Funktionen ab. Entwickelt eine begründete Vermutung über das Monotonieverhalten einer beliebigen Funktion und ihrer Umkehrfunktion.
Prüft diese Vermutung anhand selbst gewählter Beispiele.
Präsentiert eure Ergebnisse.

Funktionen im Finanzwesen

10. Andreas hat sich 600 € von seinem Freund geborgt. Dieser verlangt jährlich 5 % Zinsen und will das Geld nur in einem Betrag zurückgezahlt haben. Andreas kann monatlich nur 50 € sparen. Wann kann Andreas das Geld an seinen Freund zurückzahlen?

11. Ein Geldbetrag wurde vor fünf Jahren mit einem Zinssatz von 4 % angelegt. Derzeit beläuft sich das Kapital auf 14 599,80 €.
Gib die Exponentialfunktion an, die die Entwicklung des Kapitals beschreibt.
Berechne die Beträge, die vor einem, zwei, drei, vier bzw. fünf Jahren auf dem Konto waren.
Wie entwickelt sich das Kapital, wenn es weitere fünf Jahre bei gleichen Konditionen auf dem Konto verbleibt?

12. Für den Kauf eines drei Jahre alten Gebrauchtwagens möchte Herr Hennig einen Kredit über 8 000 € mit einem Zinssatz von 9,9 % bei einer Bank aufnehmen.

a) Bestimme die Zinsen, die innerhalb von vier Jahren an die Bank gezahlt werden müssten, wenn Herr Hennig den Kredit nicht tilgen würde.

b) Bestimme die Zinsen, die Herr Hennig jeweils in den vier Jahren an die Bank zahlen muss, wenn er jährlich 2 000 € tilgt.
Berechne die durchschnittliche Monatsrate, die er über vier Jahre zahlen müsste, um das Auto abzuzahlen.

c) Der Autohändler bietet nur für Neuwagen Kredite mit einem Zinssatz von 0,99 % und Laufzeiten von vier Jahren. Der preiswerteste Neuwagen kostet 10 000 €. Herr Hennig überlegt, ob sich der Kauf eines Neuwagens lohnt. Was sagst du dazu?

13. Für den Bau eines Hauses nimmt Familie Klemm ein Darlehen von 100 000 € mit einer Laufzeit von zehn Jahren und einem festen Zins von 7 % auf. Sie zahlen in Monatsraten die jährlichen Zinsen zuzüglich 5 % des jeweiligen Restwertes des Darlehens als Abzahlung.

a) Berechne die Monatsraten im 1. Jahr.

b) Berechne die Monatsraten im 5. Jahr.

c) Berechne die Monatsraten im 10. Jahr.

d) Berechne die Summe, die nach zehn Jahren noch vom Darlehen übrig ist.

e) Was würde sich bei der Abzahlung ändern, wenn Familie Klemm zehn Jahre lang monatlich 1000 € einzahlen würde?

Funktionen im Alltag

14. Ein Kuchen, der in der 20 °C warmen Küche aus dem Backofen genommen wird, hat eine Oberflächentemperatur von 160 °C. In jeder Minute kühlt sich die Oberfläche des Kuchens so ab, dass der Temperaturunterschied von anfangs 140° um 10 % sinkt.

a) Wie warm ist der Kuchen an der Oberfläche nach 1 min, nach 10 min bzw. nach 1 h?

b) Ronny kommt von der Schule und sieht den frisch gebackenen Kuchen. Kann er von der Temperatur des Kuchens, die gerade 37 °C beträgt, auf den Zeitpunkt des Herausnehmens des Kuchens aus dem Ofen schließen? Suche auch eine allgemeine Lösung auf diese Frage.

15. Alkohol im Blut wird so von der Leber abgebaut, dass der Alkoholgehalt des Blutes stündlich um 0,2 Promille sinkt. Um 1 Uhr geht ein Zecher mit einem Blutalkoholgehalt von 2,5 Promille schlafen.

a) Welchen Blutalkoholgehalt hat dieser Mann um 7.00 Uhr?

b) Wann ist der Alkoholgehalt kleiner als 0,5 ‰?

c) Wann beträgt der Alkoholgehalt wieder 0 ‰?

16. Der Lautstärkepegel L_N, der in Phon gemessen wird, beschreibt das subjektive Hörempfinden des Menschen. Die Intensität I des Schalls, der das Hörempfinden auslöst, wächst bei steigender Lautstärke viel schneller als die Empfindung des Menschen. Der Zusammenhang wird durch folgende Gleichung beschrieben:

$L_N = 10 \cdot \lg \frac{I}{I_0}$, wobei I_0 die Schallintensität an der Hörschwelle ist.

Mit der Maßzahl $I_0 = 10^{-12}\,\frac{W}{m^2}$ zu rechnen, ist nicht nötig, da jeder seine individuelle Vorstellung von der Hörschwelle besitzt.

Wichtig ist das Verhältnis der Schallintensität eines Reizes zur Schallintensität an der Hörschwelle $\frac{I}{I_0}$.

a) Zeige, dass der Lautstärkepegel an der Hörschwelle 0 phon beträgt.

b) Zeige, dass der Erhöhung des Hörempfindens um 20 phon eine Vervielfachung des Reizes mit dem Faktor 100 zugrunde liegt.

c) Die Lautstärke von Discomusik liegt ungefähr bei 100 phon. Mit welchem Faktor wurde die Schallintensität der Flüstersprache (des normalen Sprechens) vervielfacht?

Art des Schalls	Phon
Hörschwelle	0
Flüstersprache	20
normales Sprechen	40
Lautsprechermusik	60
sehr lauter Straßenlärm	80
Nietarbeiten in einer Fabrikhalle	100
Flugzeugmotor in 4 m Abstand	120
Schmerzschwelle	130

17. Das Diagramm zeigt, wie schnell sich eine Brausetablette in einem Glas Wasser auflöst, wenn man nicht umrührt.

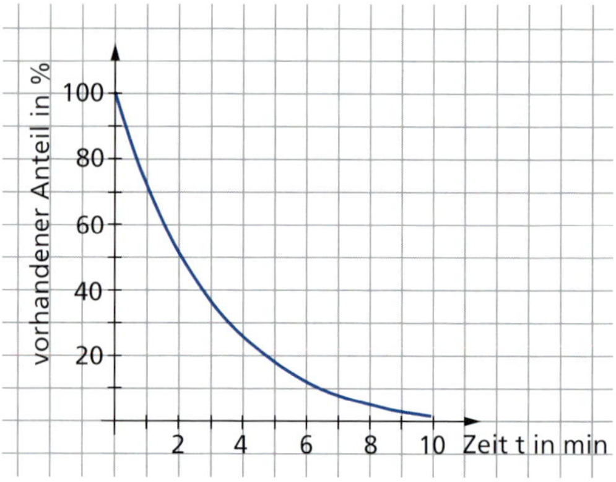

a) Wann hat sich die Hälfte der Tablette aufgelöst?
Welcher Anteil der Tablette hat sich in der ersten Minute aufgelöst?

b) Kann man das Auflösen der Brausetablette mit einer exponentiellen Abnahme beschreiben?

c) Untersuche das Auflösen von Brausetabletten in kaltem und warmem Wasser.

18. Von den 6,3 Milliarden Menschen im Jahre 2000 lebten 30 % in den reicheren und 70 % in den ärmeren Ländern. Nach Prognosen bis zum Jahr 2020 rechnet man mit einer jährlichen Wachstumsrate der Bevölkerung von 0,35 % in den reicheren und 1,75 % in den ärmeren Ländern.

a) Berechne die Bevölkerungszahlen in den ärmeren und reicheren Ländern in den Jahren 2000 und 2020.

b) Leben auch 2020 noch 70 % der Weltbevölkerung in den ärmeren Ländern?

c) 1980 lebten 4,354 Milliarden Menschen auf der Erde und die jährliche Bevölkerungszunahme wurde mit 1,73 % vorhergesagt. Vergleiche die Prognose mit der tatsächlichen Bevölkerungszahl im Jahre 2000.

19. Die folgende Tabelle enthält die Bevölkerung ausgewählter Länder in den Jahren 1950 und 1996 sowie eine Prognose für das Jahr 2050.

Land	Bevölkerung 1950	Bevölkerung 1996	Bevölkerung 2050
Indien	358 000 000	945 000 000	1 533 000 000
USA	158 000 000	269 000 000	348 000 000
Russland	102 000 000	148 000 000	114 000 000
Japan	84 000 000	125 000 000	110 000 000
Indonesien	80 000 000	200 000 000	318 000 000
Deutschland	68 000 000	82 000 000	70 000 000
Brasilien	54 000 000	161 000 000	243 000 000
Pakistan	40 000 000	140 000 000	357 000 000
Nigeria	33 000 000	115 000 000	339 000 000
Mexiko	28 000 000	93 000 000	154 000 000
Ägypten	22 000 000	68 000 000	115 000 000
Äthiopien	18 000 000	58 000 000	213 000 000

a) Suche das Land mit der größten bzw. mit der kleinsten Wachstumsrate in den Jahren 1950 bis 1996 bzw. 1996 bis 2050 heraus.

b) Gibt es Länder, bei denen die Bevölkerungszahl erst wächst und dann fällt?

c) Erstelle alle Wachstumsraten mithilfe eines Tabellenkalkulationsprogramms.

d) Suche Ursachen für die unterschiedliche Bevölkerungsentwicklung.
Trenne eventuell nach „ärmeren“ und „reicheren“ Ländern.

e) Suche im Internet weitere Zahlen zur Bevölkerung dieser Länder und stelle sie grafisch dar.

Funktionen in der Natur

20. Dringt Licht ins Meerwasser ein, so nimmt die Lichtintensität je Meter Wassertiefe um 12 % ab. Über dem Meer beträgt die Lichtintensität 100 %.

a) Mandy taucht 5 m tief. Auf wie viel Prozent ist die Lichtintensität in dieser Tiefe gesunken?

b) In welcher Tiefe befindet sich ein Sporttaucher bei einer Lichtintensität von 2 % des Ausgangswertes?

c) In verschmutztem Meerwasser ist die Lichtintensität schon in 3 m Tiefe auf 25 % abgesunken. Berechne den Abnahmefaktor pro Meter Wassertiefe.

21. Bei täglichen Windmessungen auf der Insel Rügen während eines Jahres hat eine Schülergruppe eine interessante Entdeckung gemacht. Sie stellte fest, dass bei allen Messungen die Windgeschwindigkeit v in Abhängigkeit von der Höhe h etwa logarithmisch ansteigt.

a) So berechnete nach Eingabe der Messwerte am 14.11.2004 in Bergen der Computer mit einem Näherungsverfahren die dargestellte Logarithmusfunktion. Berechne die Abweichungen der Messwerte von den Funktionswerten.

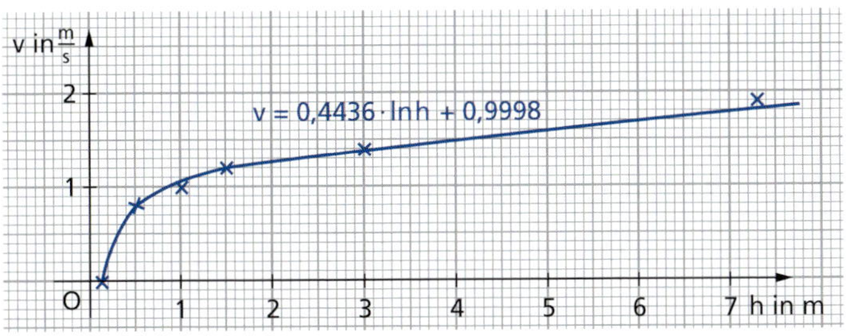

h in m	v in $\frac{m}{s}$
0,12	0
0,5	0,8
1,0	1,0
1,5	1,2
3,0	1,4
7,3	1,9

b) Bei einer weiteren Messung in Gingst erhielten die Schüler die angegebene Messwertreihe. Der Computer ermittelte als Näherungsfunktion: $y = 0{,}6200 \cdot \ln x + 2{,}6465$
Stelle die Näherungsfunktion möglichst genau in einem Koordinatensystem dar und trage die Messwerte ein. Welche Windgeschwindigkeit herrschte voraussichtlich in 30 m Höhe?

c) Da die Windgeschwindigkeit unterhalb der Vegetationshöhe gleich 0 ist, geben die Nullstellen der Logarithmusfunktionen die Höhe des Bewuchses am Messort an. Wie hoch war die Vegetation an den Messstellen in Bergen bzw. Gingst?

Gingst, 22.11.2004

h in m	v in $\frac{m}{s}$
0,12	1,4
0,5	1,9
1,0	2,8
1,5	3,0
3,2	3,4
4,2	3,6
5,0	3,7
8,3	3,8

22. Beim freien Fall werden ungefähr folgende Geschwindigkeiten und Fallwege erreicht:

Fallzeit in Sekunden	0	1	2	3	4	5	…
Fallgeschwindigkeit in Meter pro Sekunde	0	10	20	30	40	50	…
Fallweg in Meter	0	5	20	45	80	125	…

a) Wie wachsen die Fallgeschwindigkeiten? Finde eine Gleichung.

b) Berechne die Fallgeschwindigkeit nach 10 (nach 20; 30 bzw. nach n) Sekunden.

c) Wie wachsen die Fallwege?

d) Berechne den Fallweg nach 10 (nach 20; 30 bzw. nach n) Sekunden.

23. Der Luftdruck nimmt bei einer durchschnittlichen Temperatur von 0 °C mit zunehmender Höhe über dem Erdboden entsprechend der barometrischen Höhenformel $h = 18\,300 \cdot \lg\left(\frac{p_0}{p}\right)$ ab.

Dabei ist h die Höhe in Meter über NN, p_0 der Luftdruck in hPa auf NN und p der Luftdruck in hPa in der Höhe h. Mithilfe eines Barometers kann man also bei einer Bergwanderung feststellen, auf welcher Höhe man sich befindet.

a) Zu Beginn betrug der Luftdruck auf NN 1000 hPa. Lege eine Wertetabelle für die Höhe in Abhängigkeit vom Luftdruck an. Beginne bei p = 1000 hPa und gehe bis zu p = 500 hPa.

b) Veranschauliche diesen Zusammenhang in einem geeigneten Koordinatensystem.

c) Wie hoch befinden sich die Bergwanderer bei ihrer ersten Rast, wenn der Luftdruck dort 960 hPa beträgt? Markiere den entsprechenden Punkt im Graphen.

d) Die nächste Rast wollen die Wanderer einlegen, wenn sie weitere 40 hPa „geschafft" haben. Auf welcher Höhe befinden sie sich dann? Markiere auch diesen Punkt im Graphen.

e) Die Tagestour ist beim Barometerstand von 840 hPa beendet. Auf welcher Höhe übernachten die Bergwanderer? Zeichne den „Übernachtungspunkt" in den Graphen.

24. Vergleiche und beschreibe jeweils die drei Prozesse, die den Diagrammen zugrunde liegen.

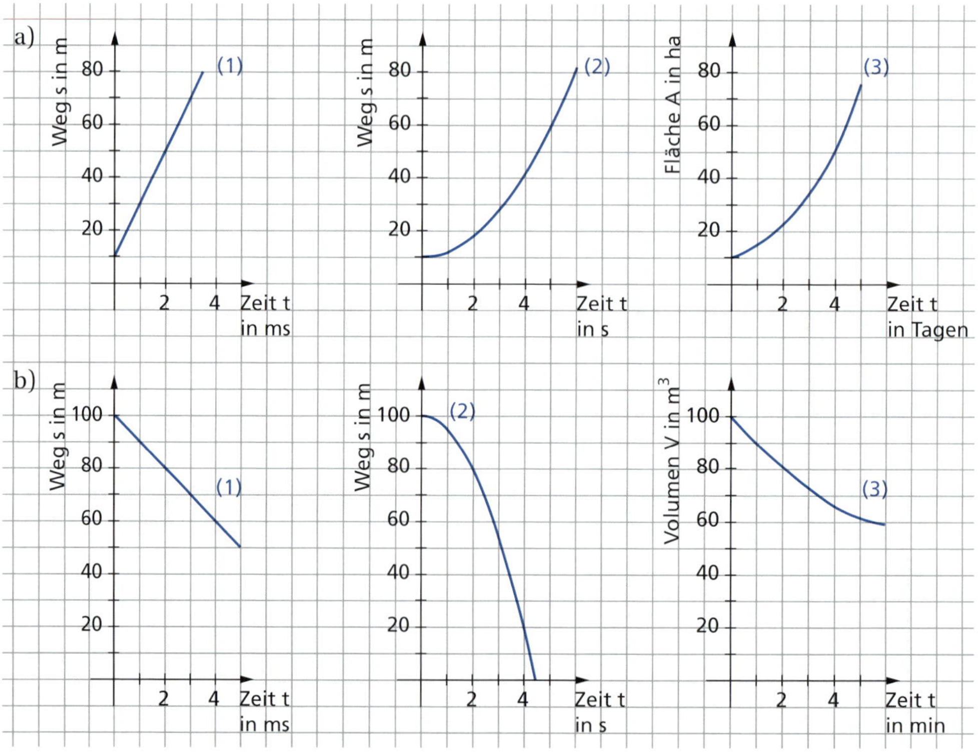

25. Aus einem zylindrischen Gefäß fließt die Flüssigkeit durch eine kapillare Ausflussöffnung hinaus. In Abhängigkeit von der Zeit wurde die Höhe des Wasserstands gemessen.

Zeit in Sekunden	Höhe in Millimeter
0	180
5	135
10	100
15	75
20	55

a) Ermittle eine Gleichung zur Berechnung der Höhe des Wasserstandes.
b) Wie groß ist die Höhe des Wasserstandes nach 40 s?
c) Wann ist die Höhe geringer als 1 mm?
d) Wann ist das Gefäß leer?
e) Entwickle eine Grafik, aus der das abgeflossene Flüssigkeitsvolumen zu einem beliebigen Zeitpunkt abgelesen werden kann.
f) Führe ein entsprechendes Experiment durch und vergleiche deine Beobachtungen mit dem hier dargestellten Zusammenhang.

Zum Knobeln

26. Gegeben sei die Funktion mit der Gleichung $y = \log_3 x$. Ihr Graph sei g. Zwei weitere Funktionen seien gegeben durch die Gleichungen $f_1(x) = 2 \cdot \log_3 x$ und $f_2(x) = \frac{1}{2} \cdot \log_3 x$.
a) Berechne Wertetabellen für die drei Funktionen. Benutze mindestens die Argumente 0,1; 0,5; 0,8; 1; 2; 3; 6; 8 und 10.
b) Zeichne die Graphen der Funktionen in ein gemeinsames Koordinatensystem.
c) Wodurch gehen die Graphen der Funktionen f_1 und f_2 aus g hervor? Formuliere den Zusammenhang allgemein für $f(x) = a \cdot \log_b x$.
d) Skizziere nun die Graphen der Funktionen $f(x) = -2 \cdot \log_3 x$ und $f(x) = -\frac{1}{2} \cdot \log_3 x$.
e) Skizziere nun die Graphen der Funktionen $f(x) = -3 \cdot \log_2 x$ und $f(x) = -\frac{1}{3} \cdot \log_2 x$.

27. Vor der Erfindung elektronischer Rechner waren Logarithmen für das praktische Rechnen von enormer Bedeutung. Aufwendige Rechnungen konnten jetzt in einem Bruchteil der bisher erforderlichen Zeit durchgeführt werden. Mithilfe des Logarithmus gelang es, eine Rechnung auf Rechenoperationen der nächstniedrigeren Stufe zurückzuführen, das Multiplizieren auf das Addieren, das Dividieren auf das Subtrahieren, das Potenzieren auf das Multiplizieren und das Wurzelziehen auf das Dividieren. Für die Bestimmung des Logarithmus einer Zahl hatte man Logarithmentafeln (Zehnerlogarithmen).

(1) $a \cdot b = 10^{\lg a + \lg b}$

Nachweis: Es sei $x = \lg a$ und $y = \lg b$ und damit $10^x = a$ bzw. $10^y = b$.

Dann gilt: $a \cdot b = 10^x \cdot 10^y = 10^{x+y} = 10^{\lg a + \lg b}$

(2) $a^b = 10^{b \cdot \lg a}$

Nachweis: Es sei $x = \lg a$ und damit $10^x = a$.

Dann gilt: $a^b = (10^x)^b = 10^{b \cdot x} = 10^{b \cdot \lg a}$

a) Zeige, dass gilt: $\frac{a}{b} = 10^{\lg a - \lg b}$

b) Zeige, dass gilt: $\sqrt[b]{a} = 10^{\frac{\lg a}{b}}$

c) Führe für die folgenden Beispiele die Rechnung auf den gezeigten „Umwegen" aus:
$2\,345 \cdot 45{,}6$; $2\,345 : 45{,}6$; $2\,345^6$; $\sqrt[6]{2\,345}$

Auf dem beschriebenen Prinzip beruht auch das Rechnen mit dem Rechenstab (Rechenschieber). Erkundige dich, wie mit einem Rechenstab gerechnet wurde.

1. Entscheide jeweils, ob es sich bei folgenden Zusammenhängen um einen linearen, einen quadratischen oder um einen kubischen Zusammenhang handeln kann.

	x	0	0,2	0,5	1	1,5	2	2,4	3	10
a)	y	0	0,008	0,125	1	3,375	8	15,824	27	1000
b)	y	0	0,04	0,25	1	2,25	4	5,76	9	100
c)	y	0	0,4	0,1	1	3	4	4,8	6	20

2. Gegeben sei ein Punkt des Graphen der Potenzfunktion $y = x^7$.
Ermittle jeweils die fehlende Koordinate.

a) A(2 | ■) b) B(0,5 | ■) c) C(–3 | ■) d) D(■ | –1)
e) E(■ | 0) f) F(■ | –128) g) G(■ | –2187) h) H(8 | ■)

3. Welche der folgenden Punkte liegen auf den Graphen der Funktionen $f(x) = x^{-1}$ bzw. $g(x) = x^{-2}$?

a) A(0,5 | 4) b) B(5 | 0,25) c) C(5 | 0,2) d) D(1 | 1)
e) E(10 | 0,01) f) F(0 | 0) g) G(–1 | –1) h) H(–1 | 1)

4. Untersuche, ob die Funktion g eine Umkehrfunktion der Funktion f ist.

a) $f(x) = x;\ g(x) = \frac{1}{x}$ b) $f(x) = x^2 + 1\ (x \geq 0);\ g(x) = \sqrt{x - 1}\ (x \geq 1)$

5. Bestimme die Nullstellen folgender Funktionen:

a) $y = x^{-1} + 3$ b) $y = x^{-2} + 3$ c) $y = \frac{1}{4}x^3 - 2$ d) $y = \frac{2}{x^2} - 0{,}5$

6. Beschreibe die Lage der Geraden, die Asymptoten der Graphen folgender Funktionen sind:

a) $y = \frac{1}{x + 4}$ b) $y = (x - 3)^{-2}$ c) $y = (x + 2)^{-1} + 1$ d) $y = \frac{1}{x - 3} + 4$

7. Nach dem Verzehr von Süßigkeiten verdoppeln sich die Bakterien des Zahnbelages in 15 min, nach dem Zähneputzen nur alle 120 min. Wie viele Bakterien entstehen in beiden Fällen innerhalb von zwölf Stunden aus einer einzigen Bakterie?

8. Berechne die Ausgangsgröße oder die Endgröße.

a) Katrin ist 1,36 m groß. Sie wuchs in den vergangenen sechs Jahren jährlich um 5 cm.
b) Ronny legt 2 000 € zu einem Zinssatz von 3 % für zwei Jahre an.
c) Eine Pilzkultur hat sich in zehn Tagen auf 400 cm^2 bei einer Verdopplungszeit von zwei Tagen ausgebreitet.

9. Beschreibe den Einfluss des Parameters a auf den Graphen der Funktion $y = a \cdot 2^x$.
Skizziere die Graphen in ein gemeinsames Koordinatensystem.

a) a = 3 b) a = 0,2 c) a = –1 d) a = –0,4 e) a = –5

10. Bestimme die fehlende Koordinate eines Punktes, der auf dem Graphen der Funktion $y = \log_{0,25} x$ liegt.

a) $A\left(\frac{1}{16} \middle| ■\right)$ b) B(64 | ■) c) C(3 | ■) d) D(256 | ■) e) E(■ | 0)

11. Im Jahre 2002 legte Fabian 1500 € zu 4 % p. a. fest an. Im Jahr 2004 legte Laura 1800 € zu 3,5 % p. a. fest an. Beiden Konten werden die jährlichen Zinsen gutgeschrieben.
Wann haben beide einen gleichen Betrag auf ihrem Festkonto? Berechne diesen Betrag.

Das Wachstum von Funktionen für positive Argumente

Wie ändert sich y, wenn x wächst?

mögliche Aussagen:
- y wird größer.
- y wächst.
- y steigt.
- f ist monoton steigend.

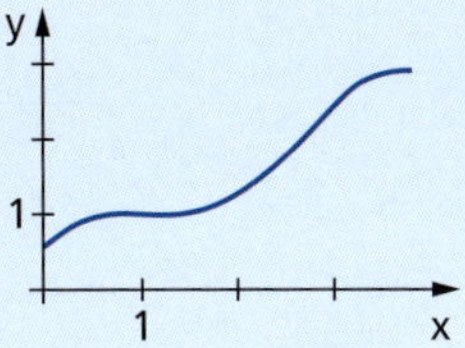

mögliche Aussagen:
- y wird kleiner.
- y fällt.
- f ist monoton fallend.

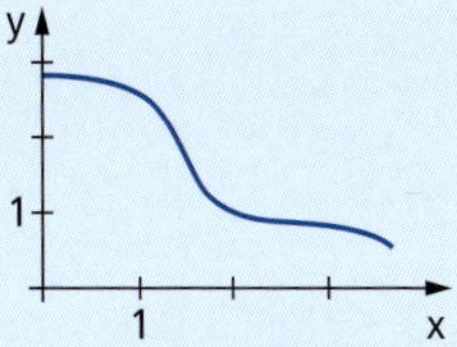

Wie ändert sich y, wenn x um 1 wächst?

lineares Wachstum:
y wächst um m.

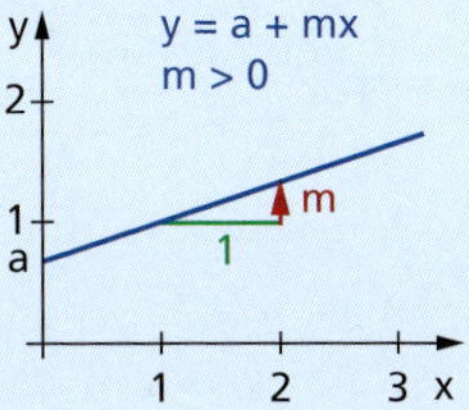

lineare Abnahme:
y fällt um m.

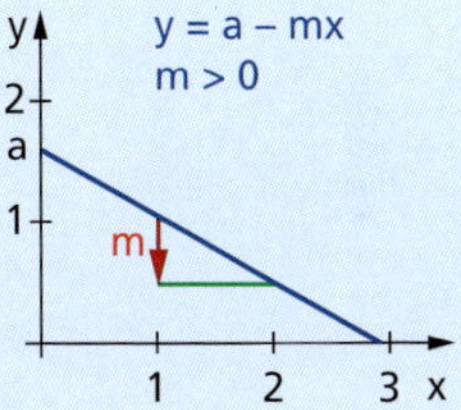

exponentielles Wachstum:
y vervielfacht sich um b.
y nimmt um p % zu.

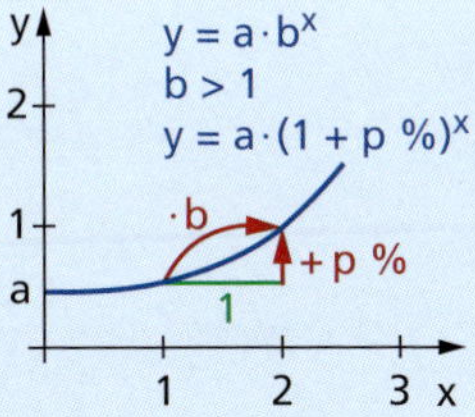

exponentielle Abnahme:
y verringert sich um b.
y nimmt um p % ab.

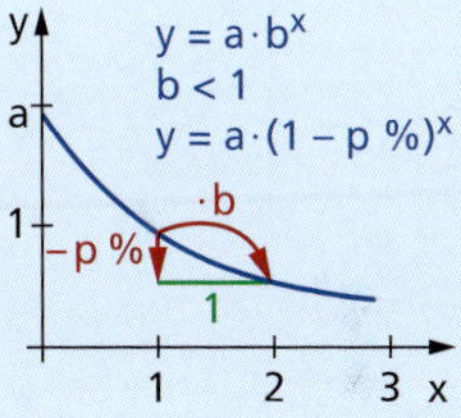

Wie ändert sich y, wenn x vervielfacht wird?

proportionales Wachstum:
Wird x verdoppelt, so verdoppelt sich auch y.

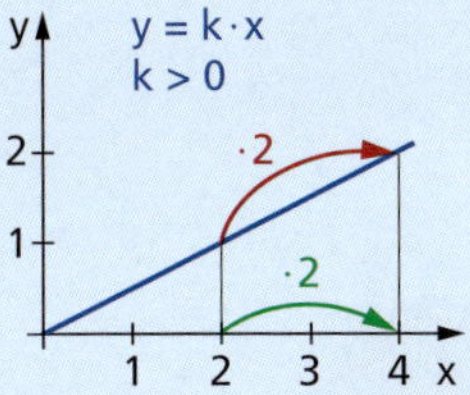

antiproportionale Abnahme:
Wird x verdoppelt, so wird y halbiert.

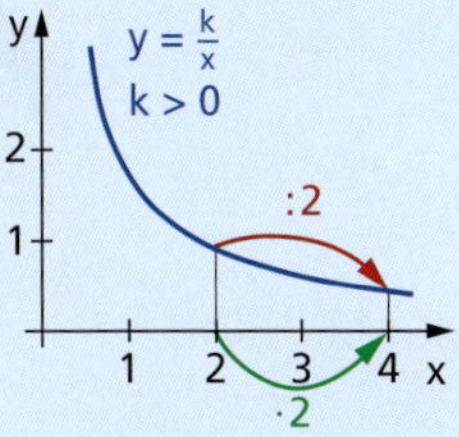

quadratisches Wachstum:
Wird x verdoppelt, so vervierfacht sich y.

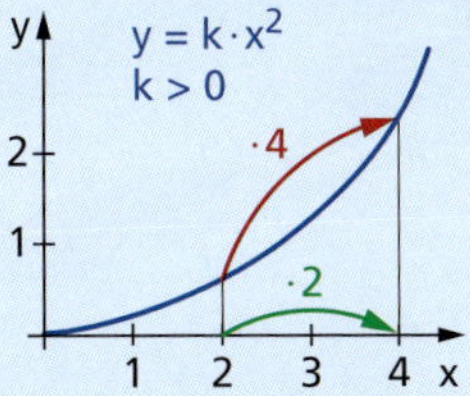

quadratische Abnahme:
Wird x verdoppelt, so wird y geviertelt.

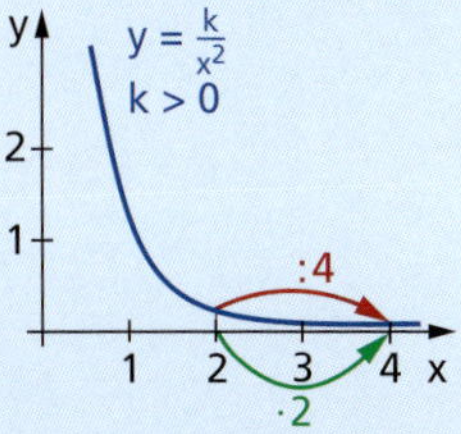

5 Ganzrationale Funktionen

In der Werkstatt

Eine Kugel mit dem Radius r = 1 dm ist so zu bearbeiten, dass ein Zylinder entsteht.

Wie sollte der Radius des Zylinders gewählt werden, damit möglichst wenig Abfall entsteht?

Serpentinen

Zum Überwinden großer Höhenunterschiede werden Straßen im Gebirge mit Serpentinen gebaut. Sie sind durch mehrere aufeinanderfolgende enge Kurven gekennzeichnet.

Wie lässt sich der Übergang einer Linkskurve in eine Rechtskurve mathematisch beschreiben?

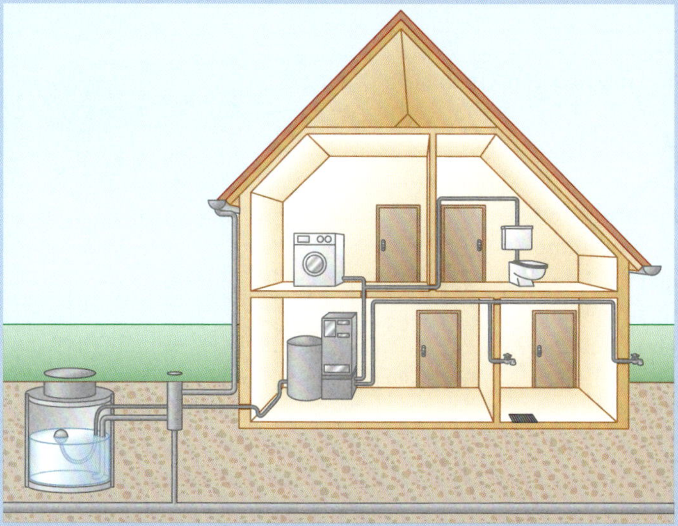

Regenwassernutzung

Die Anschaffung einer Regenwassersammelanlage kostet Geld, hilft aber, Kosten zu verringern.

Wie kann nach einigen Jahren ermittelt werden, ob sich die Anschaffung der Anlage gelohnt hat?

Volumenberechnung

Aus der Kantenlänge a wird das Volumen eines Würfels nach der Gleichung

$V = f(a) = a^3$ ermittelt.

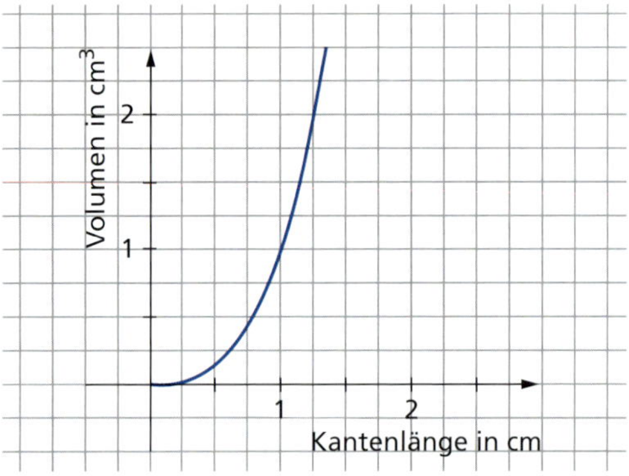

Aus dem Durchmesser d wird das Volumen einer Kugel nach der Gleichung

$V = g(d) = \frac{1}{6}\pi d^3$ ermittelt.

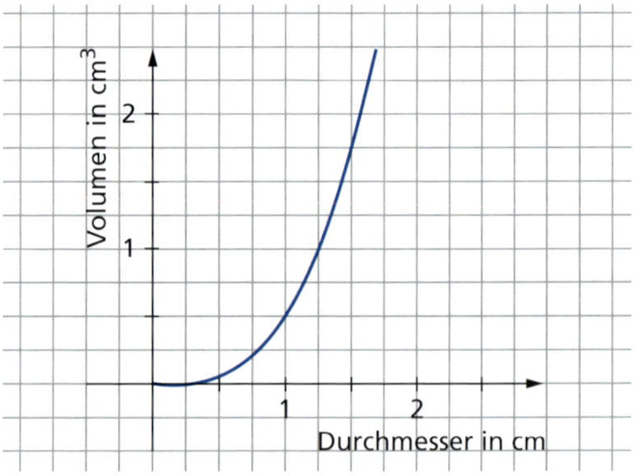

Die Funktionen f und g sind Potenzfunktionen mit einem natürlichen Exponenten. Der Funktionsgraph von g geht aus dem Graphen von f durch Stauchung hervor.

Zinseszins

Wenn ein Kapital länger als ein Jahr verzinst wird, werden im Allgemeinen jeweils am Jahresende die Zinsen berechnet, dem Kapital zugeschlagen und dann im folgenden Jahr mitverzinst. Das Anfangskapital wächst um einen bestimmten Faktor. Die entsprechende Rechnung heißt **Zinseszinsrechnung.**

> Für die Beziehung zwischen dem **Anfangskapital** K_0, dem **Zinssatz** p %, der Anzahl von Jahren n und dem **Endkapital** K_n gilt folgende Beziehung:
>
> $K_n = K_0 \cdot \left(\frac{100 + p}{100}\right)^n$ bzw. $K_n = K_0 \cdot \left(1 + \frac{p}{100}\right)^n$
>
> Man setzt $\frac{100 + p}{100} = 1 + \frac{p}{100} = q$ und nennt q den **Zinsfaktor.** Dann gilt:
>
> $K_n = K_0 \cdot q^n$

Sind das Anfangskapital und die Anzahl der Jahre fest vorgegeben, so ist die Zuordnung „Zinssatz in Prozent → Endkapital in Euro" eine monoton wachsende Funktion. Im nebenstehenden Diagramm sind die Graphen der Funktionen

$g(x) = 1000 \cdot \left(1 + \frac{1}{100} \cdot x\right)^{10}$ und

$h(x) = 1000 \cdot \left(1 + \frac{1}{100} \cdot x\right)^{15}$

im Intervall [0; 6] dargestellt.

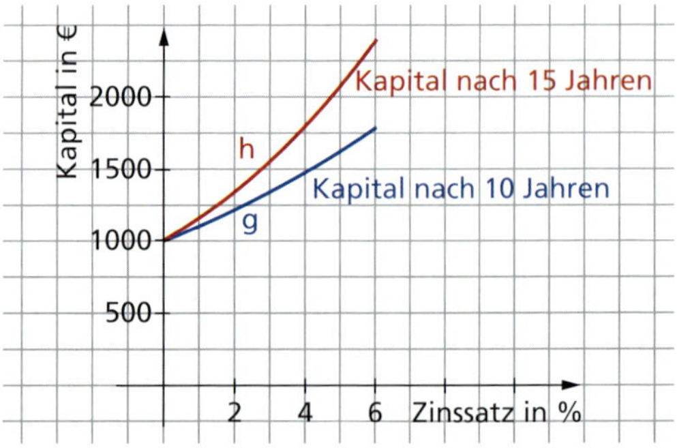

Aufgaben

1. Gegeben sind folgende Funktionen:

f: Kantenlänge eines Würfels $\rightarrow$ Volumen des Würfels;

g: Durchmesser einer Kugel $\rightarrow$ Volumen der Kugel

a) Gib die Definitionsbereiche der Funktionen f und g an.

b) Gib die Wertebereiche der Funktionen f und g an.

c) Bestimme die Funktionswerte von f und g zu folgenden Argumenten: 0,8 cm; 1,5 dm; 12 m

d) Bestimme für beide Funktionen die Argumente zu folgenden Funktionswerten: 27 cm^3; 64 m^3; 125 l; 18 hl

e) Entscheide durch inhaltliche Überlegungen, ob die Graphen beider Funktionen einen Schnittpunkt besitzen. Begründe.

2. Peter stellt Ines das folgende Rätsel:
„Wenn ich die Kantenlänge eines Würfels um 1 cm vergrößere, so vergrößert sich das Volumen des Würfels um 19 cm^3."
Entscheide, ob Peters Aussage für jeden Würfel, nur für Würfel einer bestimmten Kantenlänge oder für keinen Würfel wahr ist.
Gib, falls möglich, eine passende Kantenlänge für den Würfel an.

3. Aus einem Kochtopf, der einen inneren Durchmesser von 24 cm besitzt, soll mit einer Suppenkelle (d = 8 cm) Tomatencremesuppe verteilt werden. Der Kochtopf ist bis zu einer Höhe von 15 cm mit der Suppe gefüllt.

a) Gib an, welche geometrischen Figuren geeignete mathematische Modelle für die Form des Kochtopfes und der Kelle sind.

b) Ermittle, wie viele Kellen mit Tomatencremesuppe verteilt worden sind, wenn nach der Mahlzeit noch ein Drittel der ursprünglichen Menge übrig ist.

4. Bestimme jeweils das Endkapital nach drei Jahren:

a) Ein Betrag von 800,00 € wird zu 4,0 % p. a. angelegt.

b) Ein Betrag von 800,00 € wird im ersten Jahr mit 3,5 % p. a., im zweiten Jahr mit 4,0 % p. a. und im dritten Jahr mit 4,5 % p. a. verzinst.

c) Ein Betrag von 800,00 € wird im ersten Jahr mit 4,5 % p. a., im zweiten Jahr mit 4,0 % p. a. und im dritten Jahr mit 3,5 % p. a. verzinst.

d) Vergleiche deine Ergebnisse aus a), b) und c) miteinander.

5. Auf ein Konto werden jährlich 200 € eingezahlt und jährlich mit einem gleichbleibenden Zinssatz p % verzinst. Die Variable q bezeichnet den Zinsfaktor. Es ist das Kapital nach drei Jahren zu ermitteln. Gegeben sind die folgenden Terme:

$T_1 = ((200\,€ \cdot q + 200\,€) \cdot q + 200\,€) \cdot q;$

$T_2 = 200\,€ \cdot q^3 + 200\,€ \cdot q^2 + 200\,€ \cdot q$

a) Erläutere durch inhaltliche Überlegungen die Vorgehensweise bei der Berechnung des Kapitals mithilfe des Terms T_1.

b) Erläutere durch inhaltliche Überlegungen die Vorgehensweise bei der Berechnung des Kapitals mithilfe des Terms T_2.

c) Zeige die Gleichwertigkeit beider Terme durch Umformen.

d) Gib einen Term zur Bestimmung des Kapitals nach fünf Jahren an.

5.1 Ganzrationale Funktionen untersuchen

Funktionen klassifizieren

Beim Berechnen des Kapitals für eine Folge von Einzelzahlungen auf ein Konto ergibt sich der Term $T = 200\ €\cdot q^3 + 200\ €\cdot q^2 + 200\ €\cdot q$, wobei die Variable q den Zinsfaktor bezeichnet (siehe S. 139, Aufgabe 5). Ein sinnvoller Grundbereich für die Variable q ist das Intervall [1; 1,1].

Der Term T beschreibt somit einen funktionalen Zusammenhang zwischen der Menge [1; 1,1] und dem Kapital nach drei Jahren. Durch das Umbenennen der Variablen q in die für Argumente von Funktionen gebräuchliche Bezeichnung x und das Weglassen der Einheit € erhalten wir die Funktionsgleichung $f(x) = 200x^3 + 200x^2 + 200x$.

Die Analyse der rechten Seite der Funktionsgleichung liefert uns folgende Ergebnisse:
- Es treten die Potenzfunktionen $p_1(x) = x^1$, $p_2(x) = x^2$ und $p_3(x) = x^3$ auf. Es handelt sich um Potenzfunktionen mit natürlichen Exponenten.
- Die Potenzfunktionen mit natürlichen Exponenten werden mit Faktoren multipliziert. In diesem Beispiel sind die Faktoren positiv, da es sich um Einzahlungen auf das Konto handelt. In anderen inhaltlichen Zusammenhängen können auch negative Faktoren auftreten.
- Nach dem Multiplizieren werden die einzelnen Terme mithilfe der Addition verknüpft.

Wir verallgemeinern die am Beispiel gewonnenen Beobachtungen nach dem **Baukastenprinzip:**
- Als Rohlinge liegen die Potenzfunktionen mit natürlichen Exponenten vor: $p_0(x) = 1$, $p_1(x) = x^1$, $p_2(x) = x^2$ ...
- Eine endliche Auswahl dieser Rohlinge wird jeweils mit einer Zahl multipliziert.
- Nach der Multiplikation werden die Funktionsterme durch Addition verbunden.

Jede auf der Basis dieses Baukastens konstruierte Funktion heißt **ganzrationale Funktion.**

> Als ganzrationale Funktion n-ten Grades bezeichnet man eine Funktion f, die durch eine Gleichung der Form $f(x) = a_nx^n + a_{n-1}x^{n-1} + a_{n-2}x^{n-2} + ... + a_1x + a_0$ dargestellt werden kann. Die Koeffizienten $a_n, a_{n-1}, a_{n-2}, ..., a_1, a_0$ sind reelle Zahlen mit $a_n \neq 0$ und $n \in \mathbb{N}$. Der Definitionsbereich ganzrationaler Funktionen ist $\mathbb{R}$, falls nicht ausdrücklich eine Einschränkung vorgenommen worden ist.

- Konstante Funktionen mit der Gleichung $f(x) = c$ für $c \in \mathbb{R}$ sind ganzrationale Funktionen vom Grad $n = 0$, da $a_0 = c$ gesetzt werden kann.
- Lineare Funktionen mit der Gleichung $f(x) = mx + n$ $(m \neq 0)$ sind ganzrationale Funktionen ersten Grades, da $a_0 = n$ und $a_1 = m$ gesetzt werden können.
- Quadratische Funktionen von der Form $f(x) = ax^2 + bx + c$ $(a \neq 0)$ sind ganzrationale Funktionen vom Grad 2, da $a_0 = c$, $a_1 = b$ und $a_2 = a$ gesetzt werden können.

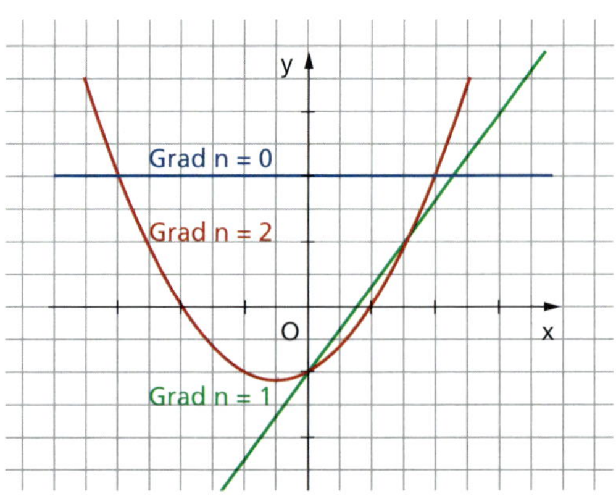

Das Baukastenprinzip lässt sich durch das Verknüpfen ganzrationaler Funktionen fortsetzen. Als Analogie dient die Darstellung der rationalen Zahlen als Quotienten ganzer Zahlen.

Ganze Zahlen $\mathbb{Z}$ —Quotientenbildung→ Menge der rationalen Zahlen $\mathbb{Q}$ als Menge aller Quotienten $\frac{p}{q}$ (p, q $\in \mathbb{Z}$; q $\neq$ 0)

Das Ergebnis der Zahlenbereichserweiterung ist der Zahlenbereich der rationalen Zahlen, der die Menge der ganzen Zahlen als Teilmenge enthält.

Ganzrationale Funktionen —Quotientenbildung→ Menge der rationalen Funktionen als Menge aller Funktionen f mit $f(x) = \frac{p(x)}{q(x)}$; p und q sind ganzrationale Funktionen, q ist nicht die konstante Funktion, die für jedes x den Wert 0 annimmt.

Das Ergebnis der Quotientenbildung ist die Menge der **rationalen Funktionen.** Sie enthält die Menge aller ganzrationalen Funktionen als Teilmenge.
Diejenigen rationalen Funktionen, die nicht zur Teilmenge der ganzrationalen Funktionen gehören, werden als **gebrochenrationale Funktionen** bezeichnet.

Ganzrationale Funktionen	Gebrochenrationale Funktionen	Nichtrationale Funktionen
$f(x) = 3x - 4$	$f(x) = \frac{1}{x-1}$	$f(x) = 2^x$
$f(x) = 4x^2 + x - \frac{3}{2}$	$f(x) = \frac{x-1}{x^2+1}$	$f(x) = \log_{10} x$
$f(x) = x^3 - 6x^2 + 12x - 9$	$f(x) = \frac{x^5 - 9x^3}{x^3 - 7x - 6}$	$f(x) = \sqrt{x+1} - \sqrt{2x}$
$f(x) = x^4 - 3x^2 - 4$		$f(x) = (\ln(x))^2 - 0{,}0001$
		$f(x) = e^{0,5x} - 4\cos x$

Die reellen Funktionen lassen sich also folgendermaßen einteilen:

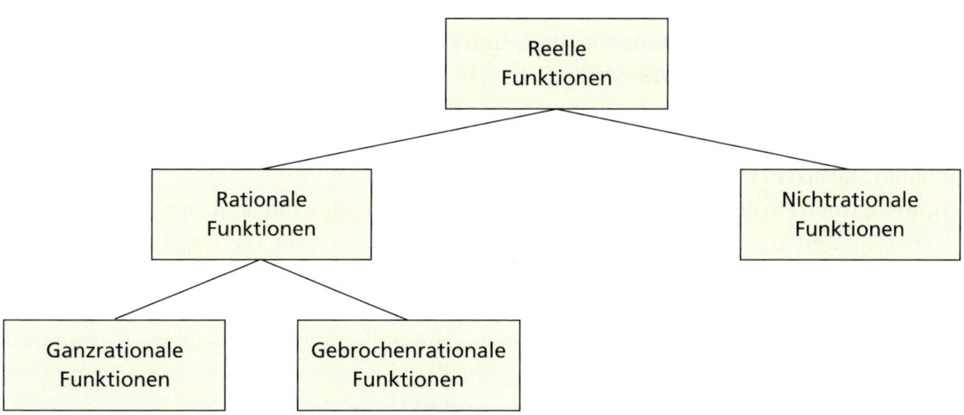

Den grafischen Verlauf beschreiben

Monotonie, Hoch- und Tiefpunkte

Eine Kugel mit dem Radius r = 1 dm ist so zu bearbeiten, dass ein Zylinder entsteht. Wie groß ist der Radius x des Zylinders zu wählen, damit möglichst wenig Abfall anfällt (siehe S. 137)?

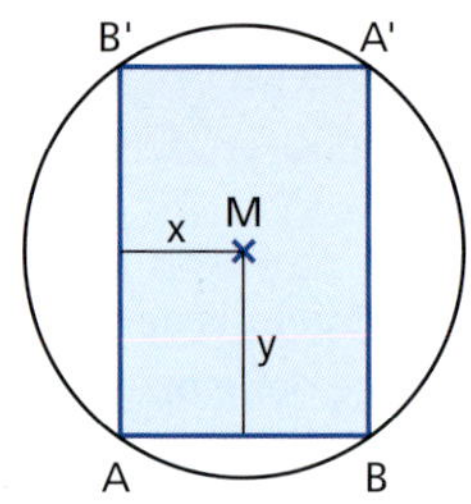

Folgende Zusammenhänge können zum Lösen des Problems genutzt werden:

- $V_{Kugel} = \frac{4}{3}\pi \cdot 1\ dm^3$
- $V_{Zylinder} = \pi \cdot x^2 \cdot 2y$
- $x^2 + y^2 = 1\ dm^2$ (Satz des Pythagoras)

Beim Verändern der Größe y verändern sich die Höhe, der Radius und möglicherweise auch das Volumen des Zylinders. Um den funktionalen Zusammenhang zwischen der Größe y und dem Volumen des Zylinders durch eine Gleichung zu beschreiben, ist der Term x^2 zu ersetzen.

$$\begin{aligned} V_{Zylinder} &= \pi \cdot x^2 \cdot 2y \\ &= \pi \cdot (1\ dm^2 - y^2) \cdot 2y \\ &= -2\pi y^3 + 2\pi \cdot y \cdot 1\ dm^2 \end{aligned}$$

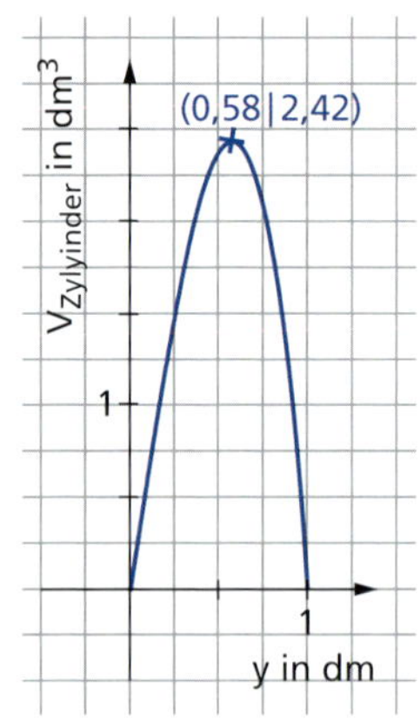

Der Zusammenhang zwischen der Größe y und dem Volumen des Zylinders lässt sich somit durch eine ganzrationale Funktion dritten Grades beschreiben. Der Definitionsbereich umfasst alle Werte zwischen 0 dm und 1 dm.
Weil das Volumen der Kugel feststeht, ist die Abfallmenge minimal, wenn das Volumen des Zylinders am größten wird. Am Funktionsgraphen ist abzulesen, dass der Zylinder für $y \approx 0{,}58$ dm sein maximales Volumen besitzt.

$x = \sqrt{1\ dm^2 - (0{,}58\ dm)^2} \approx 0{,}82\ dm$

Bei einem Radius von rund 0,82 dm fällt bei der Herstellung des Zylinders die geringste Abfallmenge an.

Eine Funktion f heißt in einem Intervall ihres Definitionsbereiches

- **(streng) monoton wachsend,** wenn für alle x_1 und x_2 aus dem Intervall gilt:
  Aus $x_1 < x_2$ folgt immer $f(x_1) \leq f(x_2)$ ($f(x_1) < f(x_2)$).
- **(streng) monoton fallend,** wenn für alle x_1 und x_2 aus dem Intervall gilt:
  Aus $x_1 < x_2$ folgt immer $f(x_1) \geq f(x_2)$ ($f(x_1) > f(x_2)$).

Eine Funktion f besitzt in $(x_E \mid f(x_E))$ einen

- **Hochpunkt,** wenn f in einem zum Definitionsbereich gehörenden Intervall $[a; x_E]$ streng monoton wachsend und in einem zum Definitionsbereich gehörenden Intervall $[x_E; b]$ streng monoton fallend ist, bzw. einen
- **Tiefpunkt,** wenn f in einem zum Definitionsbereich gehörenden Intervall $[a; x_E]$ streng monoton fallend und in einem zum Definitionsbereich gehörenden Intervall $[x_E; b]$ streng monoton wachsend ist.

In beiden Fällen wird der Punkt $(x_E \mid f(x_E))$ als **Extrempunkt** bezeichnet.

Symmetrie

Zwei Figuren sind achsensymmetrisch bezüglich der y-Achse, wenn jedem Punkt $P(x \mid y)$ der ersten Figur der Punkt $P'(-x \mid y)$ der zweiten Figur entspricht.
Für den Graphen einer Funktion f bedeutet das, dass zu jedem Punkt $(x \mid f(x))$ auch der Punkt $(-x \mid f(-x))$ zum Graphen gehören muss und die y-Koordinaten beider Punkte übereinstimmen.

Für eine Funktion f mit dem Definitionsbereich D_f sind zu unterscheiden:
- Der Graph ist **achsensymmetrisch zur y-Achse,** wenn zu $x \in D_f$ auch $-x$ zu D_f gehört und stets die Gleichung $\mathbf{f(x) = f(-x)}$ erfüllt ist. Die Funktion f heißt **gerade.**
- Der Graph ist **punktsymmetrisch zum Koordinatenursprung,** wenn zu $x \in D_f$ auch $-x$ zu D_f gehört und stets die Gleichung $\mathbf{-f(x) = f(-x)}$ erfüllt ist. Die Funktion f heißt **ungerade.**

Die Grundbausteine ganzrationaler Funktionen sind Potenzfunktionen mit natürlichen Exponenten. Der Graph der Funktion $f(x) = x^n$ verläuft
- punktsymmetrisch zum Koordinatenursprung $(0 \mid 0)$, wenn n ungerade ist, und
- achsensymmetrisch zur y-Achse, wenn n gerade ist.

Untersuche die Symmtrieeigenschaften der Funktionsgraphen von $f(x) = 0{,}25x^4 - x^2 + 1$ und $g(x) = 0{,}2x^3 - x$.

Die dargestellten Funktionsgraphen sowie die eingezeichneten Hoch- und Tiefpunkte führen zu der Vermutung, dass der Graph von g punktsymmetrisch zu $(0 \mid 0)$ verläuft und der Graph von f achsensymmetrisch zur y-Achse.

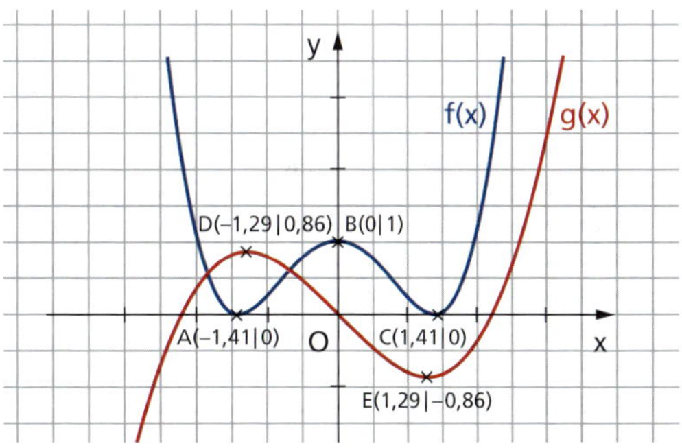

Zum Untersuchen der Symmetrieeigenschaften von Funktionsgraphen werden zunächst markante Punkte wie Schnittpunkte mit der x-Achse, Hochpunkte oder Tiefpunkte geprüft.
Im obigen Beispiel bestätigen die Tiefpunkte A und C bei f die Vermutung der Achsensymmetrie sowie der Hochpunkt D und der Tiefpunkt E bei g die Vermutung der Punktsymmetrie. Eine gesicherte Aussage zum Symmetrieverhalten ist jedoch nur durch das Analysieren der Funktionsgleichung möglich, da Funktionsgraphen nur einen Ausschnitt des Werteverlaufs einer Funktion darstellen können.

Zum rechnerischen Untersuchen des Symmetrieverhaltens ist in der Funktionsgleichung auf beiden Seiten die Variable x durch den Term (−x) zu ersetzen.

$g(x) = 0{,}2x^3 - x;\; g(-x) = 0{,}2\,(-x)^3 - (-x) = -0{,}2x^3 + x = -g(x)$
Der Graph von g verläuft tatsächlich punktsymmetrisch zum Koordinatenursprung.

Allgemein gilt der folgende Zusammenhang:

> Treten in der Gleichung einer ganzrationalen Funktion f
> - ausschließlich gerade Exponenten auf, so verläuft ihr Graph achsensymmetrisch zur y-Achse;
> - ausschließlich ungerade Exponenten auf, so verläuft ihr Graph punktsymmetrisch zum Koordinatenursprung $(0 \mid 0)$.
>
> In beiden Fällen ist auch die Umkehrung zutreffend.

Krümmungsverhalten, Wendepunkte

Jeder erfahrene Verkehrsteilnehmer kennt den Unterschied zwischen Links- und Rechtskurven (z. B. durch das Einschlagen des Fahrradlenkers).
Das Krümmungsverhalten kann anhand von Funktionsgraphen auch mathematisch beschrieben werden.

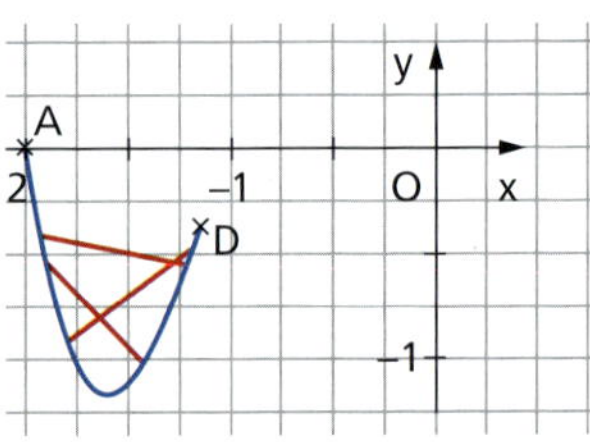

Von A nach D wird eine Linkskurve durchfahren. Jede Strecke mit Anfangs- und Endpunkt zwischen A und D in der Kurve verläuft oberhalb des Funktionsgraphen.

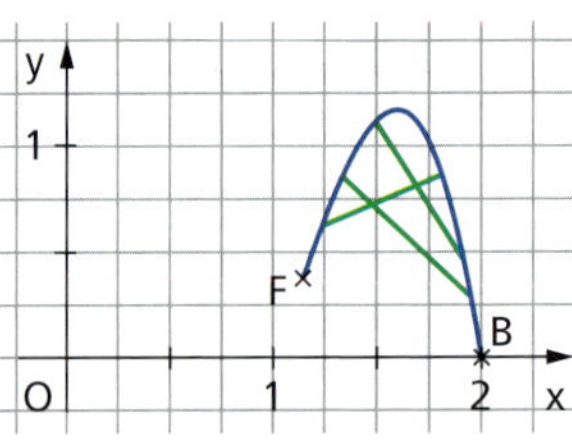

Von F nach B wird eine Rechtskurve durchfahren. Jede Strecke mit Anfangs- und Endpunkt zwischen F und B in der Kurve verläuft unterhalb des Funktionsgraphen.

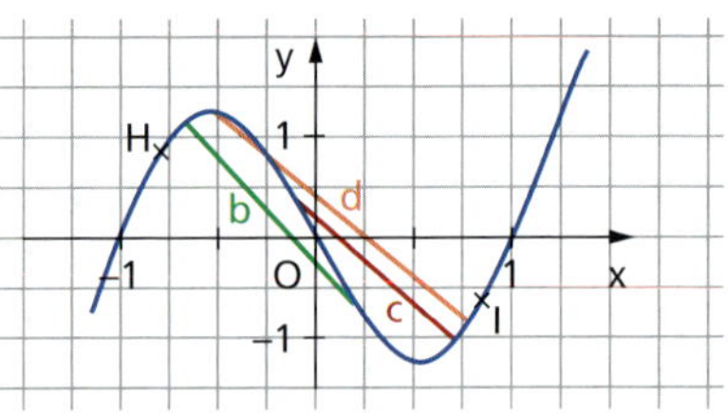

Das Kurvenstück zwischen H und I ist weder eine Links- noch eine Rechtskurve. Es gibt Strecken, die unterhalb des Graphen verlaufen (wie b), oberhalb des Graphen (wie c) oder teilweise oberhalb und teilweise unterhalb des Graphen (wie d).

Die obigen Beispiele verdeutlichen die unterschiedlichen Möglichkeiten für das Krümmungsverhalten von Funktionsgraphen:

> Der Graph einer Funktion f ist in dem Abschnitt zwischen dem Anfangspunkt $A(x_A \mid f(x_A))$ und dem Endpunkt $E(x_E \mid f(x_E))$
> - **linksgekrümmt,** wenn das Intervall $[\, x_A; x_E \,]$ zum Definitionsbereich von f gehört und jede Strecke, die ihren Anfangs- und Endpunkt auf dem Funktionsgraphen zwischen A und E besitzt, **oberhalb** des Funktionsgraphen verläuft, bzw.
> - **rechtsgekrümmt,** wenn das Intervall $[\, x_A; x_E \,]$ zum Definitionsbereich von f gehört und jede Strecke, die ihren Anfangs- und Endpunkt auf dem Funktionsgraphen zwischen A und E besitzt, **unterhalb** des Funktionsgraphen verläuft.

In einigen Sportarten müssen die Sportler den schnellen Wechsel von Links- und Rechtskurven beherrschen.
Häufig folgen bei alpinen Skidisziplinen oder im Rennschlitten- und Bobsport Links- und Rechtskurven direkt aufeinander.
Wendepunkte beschreiben den Übergang aus einer Linkskurve in eine Rechtskurve und umgekehrt.

Der Graph einer Funktion f besitzt im Punkt $W(x_W \mid f(x_W))$ einen **Wendepunkt,** wenn es zwei Punkte $A(x_A \mid f(x_A))$ und $E(x_E \mid f(x_E))$ mit $x_A < x_W < x_E$ auf dem Graphen gibt, sodass
- der Graph auf dem Abschnitt zwischen A und W **linksgekrümmt** und auf dem Abschnitt zwischen W und E **rechtsgekrümmt** ist oder
- der Graph auf dem Abschnitt zwischen A und W **rechtsgekrümmt** und auf dem Abschnitt zwischen W und E **linksgekrümmt** ist.

Verhalten im Unendlichen

Bei unbeschränkt wachsenden Argumenten ($x \to +\infty$) können drei Fälle eintreten:

Die Funktionswerte f(x) streben gegen eine feste Zahl $g \in \mathbb{R}$.
Schreibweise:
$\lim\limits_{x \to +\infty} f(x) = g$

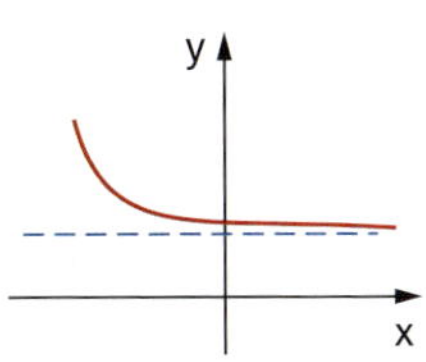

Die Funktionswerte f(x) streben gegen (+ oder –) unendlich.
Schreibweise:
$\lim\limits_{x \to +\infty} f(x) = +\infty$; $\lim\limits_{x \to +\infty} f(x) = -\infty$

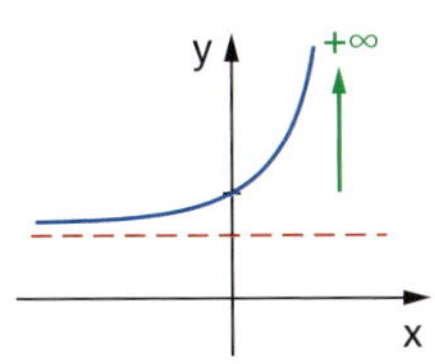

Die Funktionswerte f(x) verhalten sich unbestimmt.

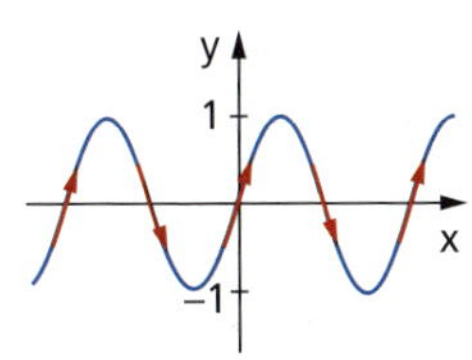

Skizziere diese Fälle analog für $x \to -\infty$.

Potenzfunktionen mit natürlichen Exponenten $f(x) = ax^n$

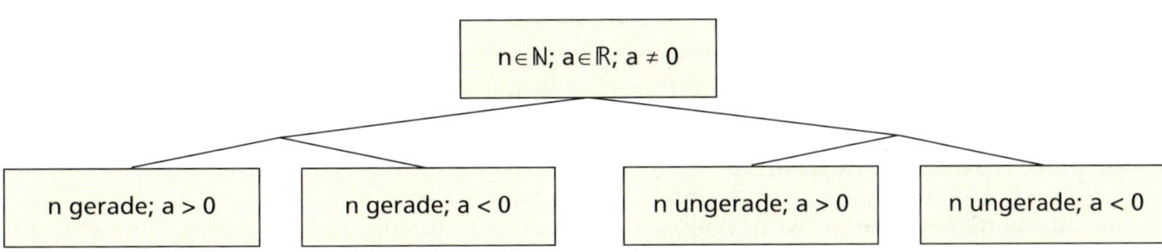

n gerade; a > 0	n gerade; a < 0	n ungerade; a > 0	n ungerade; a < 0
$\lim\limits_{x \to +\infty} f(x) = +\infty$	$\lim\limits_{x \to +\infty} f(x) = -\infty$	$\lim\limits_{x \to +\infty} f(x) = +\infty$	$\lim\limits_{x \to +\infty} f(x) = -\infty$
$\lim\limits_{x \to -\infty} f(x) = +\infty$	$\lim\limits_{x \to -\infty} f(x) = -\infty$	$\lim\limits_{x \to -\infty} f(x) = -\infty$	$\lim\limits_{x \to -\infty} f(x) = +\infty$

Für eine ganzrationale Funktion mit der Gleichung

$f(x) = a_n x^n + a_{n-1} x^{n-1} + \ldots + a_1 x + a_0$

($n \in \mathbb{N}$; $a_n \neq 0$) lässt sich das Verhalten im Unendlichen aus dem Verhalten der Potenzfunktion $g(x) = a_n x^n$ ableiten.

$n \in \mathbb{N}$	$a_n \in \mathbb{R}$	$\lim\limits_{x \to -\infty} f(x)$	$\lim\limits_{x \to +\infty} f(x)$
gerade	positiv	$+\infty$	$+\infty$
gerade	negativ	$-\infty$	$-\infty$
ungerade	positiv	$-\infty$	$+\infty$
ungerade	negativ	$+\infty$	$-\infty$

Aufgaben

Funktionsgleichungen ganzrationaler Funktionen

1. Entscheide zu den nachfolgend angegebenen Funktionen, ob es sich um ganzrationale, gebrochenrationale oder nichtrationale Funktionen handelt.

a) $f(x) = -x^3$ b) $g(x) = \frac{1}{x^2}$ c) $h(x) = 1 - \frac{1}{3}x$ d) $p(x) = 1 - \left(\frac{1}{3}\right)^x$

e) $q(x) = 1 - \frac{1}{3x}$ f) $K(p) = \left(1 + \frac{p}{100}\right)^3$ g) $s(t) = v_0 \cdot t + \frac{a}{2} \cdot t^2$ h) $z(u) = \frac{u^3 + u}{-1 - u^2}$

2. Forme die Funktionsterme in Summen um.

a) $f_1(x) = (x + 1)^2$ b) $f_3(x) = (x - 1)^3$ c) $K(p) = \left(1 + \frac{p}{100}\right)^3$ d) $f_2(x) = (x + 2)(x - 2)$

3. Neben der gesetzlichen Rentenversicherung gibt es als Ergänzung staatlich geförderte Produkte zur Altersvorsorge. Ein Teil dieser Produkte wird als Sparplan bei Banken angeboten. Herr Vogel hat bei einer Bank einen entsprechenden Vertrag abgeschlossen, der eine jährliche Zahlung von 1000 € vorsieht. Die staatliche Förderung beträgt jährlich 154 €. Pro Kind gibt es eine staatliche Zulage von 185 €. Die staatlichen Zulagen werden mit den eingezahlten Beiträgen auf dem Konto zum Jahresende verzinst.

a) Berechne das Guthaben von Herrn Vogel nach fünf Jahren, wenn er im dritten Jahr Vater geworden ist und das Kapital jährlich mit 2,5 % verzinst wird.

b) Gib eine Gleichung der Zuordnung „Zinsfaktor → Guthaben" nach fünf Jahren an.

c) Herr Vogel möchte ausrechnen, wie hoch der Zinssatz sein müsste, um nach fünf Jahren bei einer jährlichen Einzahlung von 1000 € ohne die staatliche Förderung auf das gleiche Guthaben zu kommen wie bei seinem Banksparplan mit staatlicher Förderung und 2,5 % Zinsen pro Jahr. Stelle zu diesem Problem eine passende Gleichung auf, verwende den Zinsfaktor q als Variable.

Monotonie, Hoch- und Tiefpunkte

4. Bestimme den Scheitelpunkt und gib an, in welcher Teilmenge des Definitionsbereiches die Funktion streng monoton fallend bzw. streng monoton wachsend ist.

a) $f(x) = 3x^2 + 6$ b) $g(x) = x^2 - 4x + 4$ c) $h(x) = -0{,}5x^2 + x$

d) $p(x) = (x + 4)(x + 2)$ e) $q(x) = (-4x + 1)(x + 0{,}75)$ f) $r(x) = 0{,}1(2x - 1)^4$

5. a) Nenne Gemeinsamkeiten und Unterschiede der dargestellten Funktionsgraphen hinsichtlich des Monotonieverhaltens und hinsichtlich der Hoch- und Tiefpunkte.

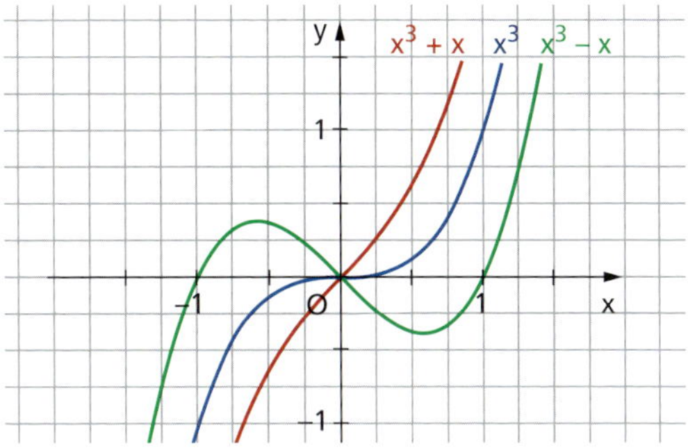

b) Formuliere als Vermutung, welcher Zusammenhang zwischen dem Wert von a im Term $x^3 + ax$ sowie dem Monotonieverhalten und den Hoch- und Tiefpunkten von Funktionen mit der Gleichung $f(x) = x^3 + ax$ besteht.

c) In der Darstellung des Graphen der Funktion $y = x^3$ ist nicht eindeutig erkennbar, ob die Funktion in der Nähe des Koordinatenursprungs streng monoton wachsend ist. Entscheide für $0 < x_1 < x_2$, ob $x_1^3 < x_2^3$ ist, und begründe.

6. In einem rechtwinkligen Dreieck haben beide Katheten zusammen eine Länge von 10 m.

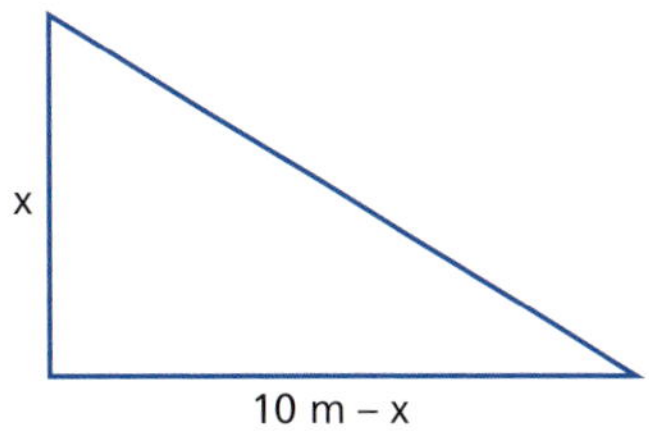

a) Erstelle eine Wertetabelle mit fünf unterschiedlichen Möglichkeiten für die Längen der beiden Katheten und berechne jeweils den Umfang des rechtwinkligen Dreiecks.

b) Gib als Vermutung an, für welche Kathetenlängen der Umfang des rechtwinkligen Dreiecks minimal wird.

c) Überprüfe die Vermutung aus Aufgabe b) rechnerisch.

Symmetrie

7. Untersuche die Graphen folgender Funktionen rechnerisch auf ihr Symmetrieverhalten. Ersetze dazu im Funktionsterm x durch (– x) und forme um.

a) $f(x) = 2x$ b) $g(x) = x - 2$ c) $h(x) = 0{,}25x^4 - x^2 + 1$ d) $k(x) = x^{49} + 5x^3$

8. Jens und Patrick bereiten sich gemeinsam auf den nächsten Test vor. Jens argumentiert:
„$y = x$ ist ungerade, $y = x^2$ ist gerade, also ist $y = x^2 + x$ sowohl gerade als auch ungerade."
Patrick entgegnet, dass diese Schlussfolgerung nicht zutreffend ist, und äußert:
„Weil es keine natürliche Zahl gibt, die sowohl gerade als auch ungerade ist, gibt es auch keine Funktion, die beide Eigenschaften erfüllt."
Setze dich mit den Äußerungen beider Schüler kritisch auseinander.
Benenne fehlerhafte Aussagen und stelle diese richtig.

9. Begründe die Gültigkeit der folgenden Eigenschaften für beliebige Funktionen f und g mit dem Definitionsbereich ℝ:

a) Wenn f und g gerade Funktionen sind und $r \neq 0$ eine beliebige reelle Zahl ist, so sind auch die Funktionen $s(x) = f(x) + g(x)$ und $v(x) = r \cdot f(x)$ gerade Funktionen.

b) Wenn f und g ungerade Funktionen sind und $r \neq 0$ eine beliebige reelle Zahl ist, so sind auch die Funktionen $s(x) = f(x) + g(x)$ und $v(x) = r \cdot f(x)$ ungerade Funktionen.

Krümmungsverhalten, Wendepunkte und Verhalten im Unendlichen

10. Die Ortschaften A und B sind durch eine Serpentinenstraße von 8,5 km Länge miteinander verbunden. Der Verlauf der Straße auf der Karte lässt sich annähernd durch den Graphen einer ganzrationalen Funktion beschreiben. Der Ort B liegt 800 m höher als der Ort A.

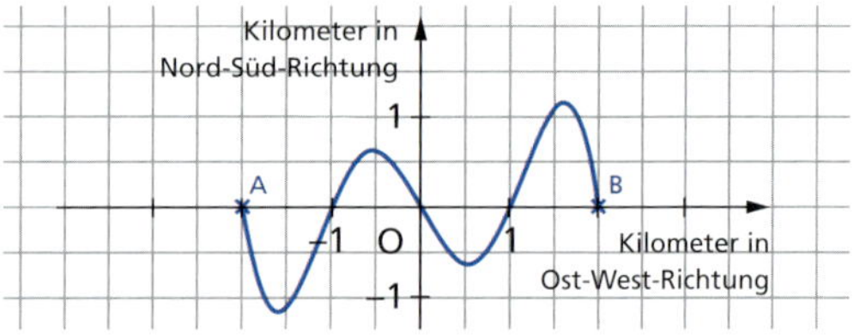

a) Gib die Anzahl der Linkskurven und der Rechtskurven an, die ein Autofahrer zu durchfahren hat, wenn er die Straße von A nach B benutzt.

b) Gib die Anzahl der Wendepunkte des Funktionsgraphen und ihre inhaltliche Bedeutung für das Fahrverhalten des Autofahrers an.

c) Gib die Koordinaten aller Wendepunkte näherungsweise an.

d) Bestimme die durchschnittliche prozentuale Steigung, die eine kurvenfreie und direkt von A nach B führende Straße hätte.

e) Bestimme die durchschnittliche prozentuale Steigung der Serpentinenstraße.

11. Gegeben sind die Graphen der Funktionen f, g, h und k mit den folgenden Gleichungen:

$f(x) = -\frac{1}{4}\cdot(x-2)^2 + 3,\ \ g(x) = \frac{1}{4}\cdot x^3 + x^2 - x - 1,\ \ h(x) = \frac{4}{25}\cdot x^4 + x^3 + x^2 - x - 2,\ \ k(x) = -\frac{1}{5}\cdot x^5 + \frac{3}{2}\cdot x^3 - 2x$

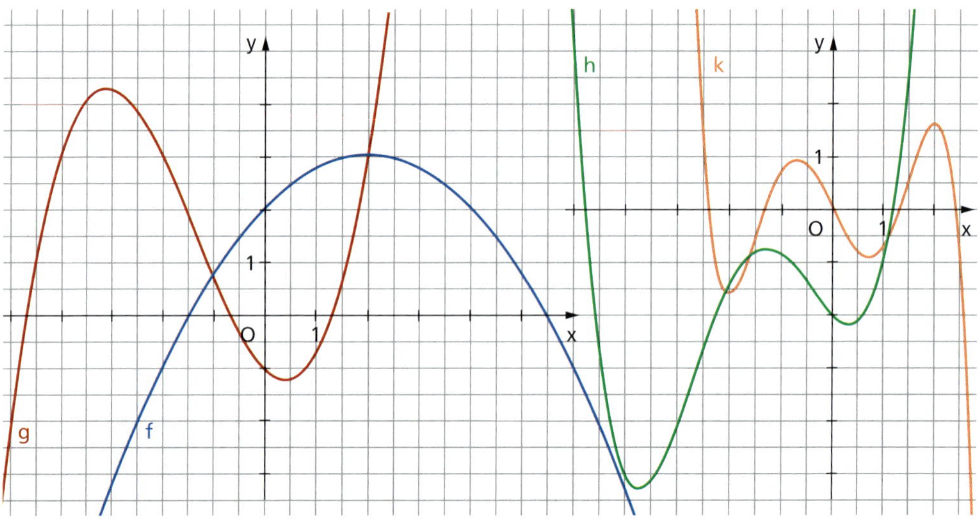

a) Beschreibe zu allen gegebenen Funktionen ihr Verhalten im Unendlichen.

b) Gib zu jeder Funktion die Anzahl der Extrempunkte an.

c) Gib zu jeder Funktion die Anzahl der Wendepunkte an.

d) Formuliere als Vermutung, welcher Zusammenhang zwischen dem Grad einer ganzrationalen Funktion, der maximalen Anzahl der Extrempunkte und der maximalen Anzahl der Wendepunkte besteht.

12. Skizziere den Graphen einer Funktion f mit folgenden Eigenschaften:
Die Funktion f besitzt zwei Extrempunkte und einen Wendepunkt.
Es gilt: $\lim\limits_{x \to -\infty} f(x) = +\infty$ und $\lim\limits_{x \to +\infty} f(x) = -\infty$

5.2 Nullstellen ganzrationaler Funktionen bestimmen

Wird die Kantenlänge a eines Würfels um 1 cm vergrößert, so erhöht sich das Volumen des Würfels auf das Achtfache.
Bestimme alle Kantenlängen a, für die diese Eigenschaft erfüllt ist.

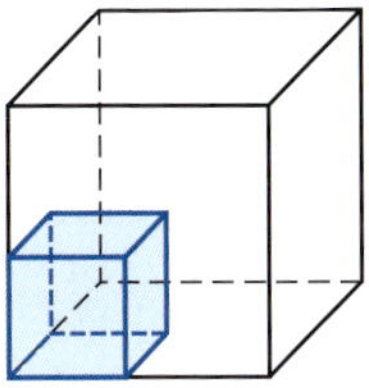

Beim Lösen einer Sachaufgabe kann man zunächst versuchen, durch Probieren mit einfachen Werten eine Lösung zu finden.

Hier führt das Probieren schnell zum Erfolg, denn a = 1 cm ist eine passende Lösung. Damit ist das Problem teilweise gelöst. Zur vollständigen Lösung fehlt ein Nachweis, dass *keine* weiteren Lösungen existieren, oder das Ermitteln aller weiteren Lösungen. Das Übersetzen der Sachaufgabe in ein mathematisches Modell führt zum Aufstellen der Gleichung
$(a + 1\text{ cm})^3 = 8a^3$.
Gesucht sind alle Lösungen dieser Gleichung. Nach dem Ausmultiplizieren des Terms auf der linken Seite und dem Zusammenfassen ergibt sich die Gleichung
$-7a^3 + 3\text{ cm} \cdot a^2 + 3\text{ cm}^2 \cdot a + 1\text{ cm}^3 = 0$.
Die gesuchten Lösungen der ursprünglich aufgestellten Gleichung lassen sich also als Nullstellen einer ganzrationalen Funktion ansehen.

Bestimmen von Nullstellen linearer und quadratischer Funktionen

	Lineare Funktion	**Quadratische Funktion**
Funktionsgleichung	$f(x) = mx + n \quad (m \neq 0)$	$f(x) = ax^2 + bx + c \quad (a \neq 0)$
Nullstellenberechnung	$mx + n = 0 \quad \mid -n$ $mx = -n \quad \mid :m$ $x = -\frac{n}{m}$	$ax^2 + bx + c = 0 \quad \mid :a$ $x^2 + \frac{b}{a}x + \frac{c}{a} = 0$ $x_{1,2} = -\frac{b}{2a} \pm \sqrt{\left(\frac{b}{2a}\right)^2 - \frac{c}{a}}$

Nullstellenbestimmung durch Abspalten von Linearfaktoren

Für quadratische Gleichungen der Form $x^2 + px + q = 0$ gilt die folgende Eigenschaft:
Wenn x_1 und x_2 die Lösungen der Gleichung sind, so gilt für jede reelle Zahl x die Gleichung $x^2 + px + q = (x - x_1)(x - x_2)$. Die Faktoren $(x - x_1)$ und $(x - x_2)$ werden als **Linearfaktoren** bezeichnet, da die Zuordnungen $x \rightarrow x - x_1$ und $x \rightarrow x - x_2$ lineare Funktionen sind.
Diese als **Linearfaktorzerlegung** bekannte Eigenschaft lässt sich auf die Nullstellen ganzrationaler Funktionen höheren Grades verallgemeinern und sieht für n = 3 folgendermaßen aus:

Wenn x_1, x_2 und x_3 die Lösungen der Gleichung $x^3 + ux^2 + vx + w = 0$ sind, so gilt für jede reelle Zahl x die Gleichung $x^3 + ux^2 + vx + w = (x - x_1)(x - x_2)(x - x_3)$.

Diese Eigenschaft ist dann nützlich zum Bestimmen aller Lösungen, wenn es gelingt, eine der Lösungen, z. B. x_1, durch Probieren zu bestimmen.

Mithilfe der folgenden Schritte können dann x_2 und x_3 bestimmt werden:

1. Vereinfachen der Gleichung $x^3 + ux^2 + vx + w = 0$ durch Division durch $x - x_1$
2. Bestimmen von x_2 und x_3 durch Lösen der verbleibenden quadratischen Gleichung

Aufgrund der Linearfaktorzerlegung führt die Division zu einer quadratischen Gleichung.

Das Verfahren der Polynomdivision

Das Verfahren der Polynomdivision dient zur Division einer ganzrationalen Funktion f vom Grad n durch eine ganzrationale Funktion g vom Grad m ($n \geq m$).
Es können zwei Fälle eintreten:
- Polynomdivision ohne Rest: Das Ergebnis ist eine ganzrationale Funktion vom Grad n - m.
- Polynomdivision mit Rest

Zum Ausführen einer Polynomdivision müssen die Summanden bei beiden Funktionen nach der Größe der Exponenten geordnet sein.

Dividiert man die Funktion f durch einen Linearfaktor $(x - x_0)$ mit $f(x_0) = 0$, so kann bei der Polynomdivision nur der Fall ohne Rest eintreten.

Bleibt beim Abspalten eines Linearfaktors einer ganzrationalen Funktion ein Rest übrig, so ist der verwendete Linearfaktor oder die Polynomdivision fehlerhaft. Beide Schritte sollten nochmals geprüft werden.

HINWEIS

Es ist zu untersuchen, ob die Gleichung $-7a^3 + 3\,\text{cm} \cdot a^2 + 3\,\text{cm}^2 \cdot a + 1\,\text{cm}^3 = 0$ neben der Lösung $a_1 = 1\,\text{cm}$ noch weitere Lösungen besitzt. Durch Polynomdivision mit dem Linearfaktor $g(a) = (a - 1\,\text{cm})$ wird die Gleichung zu einer quadratischen Gleichung vereinfacht.
Die Einheiten werden hier weggelassen.

Polynomdivision f : g	Ergebnis	Nebenrechnung
$(-7a^3 + 3a^2 + 3a + 1) : (a - 1) =$	$-7a^2 - 4a - 1$	$-7a^3 : a = -7a^2$
$-(-7a^3 + 7a^2)$		$-7a^2 \cdot (a - 1) = -7a^3 + 7a^2$
$-4a^2 + 3a + 1$		$-4a^2 : a = -4a$
$-(-4a^2 + 4a)$		$-4a \cdot (a - 1) = -4a^2 + 4a$
$-a + 1$		$-a : a = -1$
$-(-a + 1)$		$-1 \cdot (a - 1) = -a + 1$
0		

Die vereinfachte Gleichung lautet $-7a^2 - 4a - 1 = 0$.

Der Algorithmus zur Polynomdivision setzt sich aus mehreren Schritten mit prinzipiell gleichem Ablauf zusammen. Jeder der Schritte besteht aus drei einzelnen Rechnungen und liefert einen Summanden für das Ergebnis:

1. Dividieren des ersten Summanden der links stehenden Funktion durch den ersten Summanden von g
2. Ergebnis aus 1. notieren und in der Nebenrechnung mit g multiplizieren
3. Ergebnis der Nebenrechnung aus 2. von der links stehenden Funktion subtrahieren

Die Polynomdivision ist beendet, wenn nach der Subtraktion das Ergebnis 0 erscheint. Anderenfalls wird die Polynomdivision mit einem weiteren Schritt mit der als Differenz bei 3. erhaltenen Funktion fortgesetzt.

Mit dem Ergebnis der Polynomdivision kann das Würfelproblem von Seite 149 leicht gelöst werden. Die quadratische Gleichung $-7a^2 - 4a - 1 = 0$ besitzt keine Lösung im Bereich der reellen Zahlen. Damit ist a = 1 cm die einzige Lösung des Problems.

Wie die Lösung des Würfelproblems zeigt, gibt es ganzrationale Funktionen, deren Funktionsterme sich nicht vollständig in Linearfaktoren zerlegen lassen. Jedoch können Gleichungen durch das Abspalten von Linearfaktoren vereinfacht werden. Allgemein gilt für ganzrationale Funktionen die folgende Eigenschaft:

Ganzrationale Funktionen $f(x) = a_nx^n + a_{n-1}x^{n-1} + a_{n-2}x^{n-2} + \ldots + a_1x + a_0$ mit $n \in \mathbb{N}$, $a_0, a_1, \ldots, a_n \in \mathbb{R}$ und $a_n \neq 0$ haben höchstens n reelle Nullstellen.
Ist x_0 eine reelle Nullstelle von f, so gilt

$$f(x) = a_nx^n + a_{n-1}x^{n-1} + a_{n-2}x^{n-2} + \ldots + a_1x + a_0 = (x - x_0) \cdot f_R(x),$$

wobei f_R eine ganzrationale Funktion vom Grad n - 1 ist.

Falls die ganzrationale Funktion $f(x) = a_nx^n + a_{n-1}x^{n-1} + \ldots + a_1x + a_0$ n reelle Nullstellen $x_1, x_2, \ldots, x_n$ besitzt, so gibt es die folgende Linearfaktorzerlegung:
$f(x) = a_nx^n + a_{n-1}x^{n-1} + \ldots + a_1x + a_0 = a_n(x - x_1)(x - x_2) \ldots (x - x_n)$

Das bisher beschriebene Verfahren zum Bestimmen der Nullstellen durch das Abspalten von Linearfaktoren kann dann sinnvoll eingesetzt werden, wenn eine oder mehrere Nullstellen der ganzrationalen Funktion f durch Probieren gefunden werden konnten und nach dem Abspalten der Linearfaktoren eine quadratische Funktion übrig bleibt. Eine nützliche Hilfestellung zu diesem Verfahren bildet die folgende Eigenschaft:

Bei einer ganzrationalen Funktion f mit $f(x) = x_n + a_{n-1}x^{n-1} + \ldots + a_1x + a_0$ und $a_0, a_1, \ldots, a_{n-1} \in \mathbb{Z}$ ist jede ganzzahlige Nullstelle x_0 ein Teiler von a_0.

Spezialfall: Nullstellenbestimmung durch Substitution

Gleichungen der Form $a_4x^4 + a_2x^2 + a_0 = 0$ nennt man **biquadratische Gleichungen.** Durch die Umbenennung $x^2 = t$ wird aus der biquadratischen Gleichung die quadratische Gleichung $a_4t^2 + a_2t + a_0 = 0$. Jede Lösung der biquadratischen Gleichung kann aus den Lösungen der quadratischen Gleichung bestimmt werden. Dieses Verfahren wird als **Substitution** bezeichnet.

Es sind alle Nullstellen der Funktion $f(x) = x^4 - 3x^2 - 4$ zu bestimmen.

$x^4 - 3x^2 - 4 = 0$ | Substitution $x^2 = t$

$t^2 - 3t - 4 = 0$

$t_{1,2} = 1{,}5 \pm 2{,}5;\ t_1 = 4;\ t_2 = -1$

Durch das Umkehren der Substitution erhält man aus den Lösungen t_1 und t_2 der quadratischen Gleichung die Nullstellen der Funktion f. Dazu sind nacheinander die Lösungen der quadratischen Gleichung in die Gleichung $x^2 = t$ einzusetzen und jeweils die Lösungen für x zu berechnen.
Aus $x^2 = 4$ ergeben sich die Lösungen $x_1 = 2$ und $x_2 = -2$.
Die Gleichung $x^2 = -1$ besitzt keine Lösung im Bereich der reellen Zahlen.

Nullstellenbestimmung mittels GTR oder CAS

Ein kugelförmiger Behälter soll zu drei Viertel seines Fassungsvermögens mit Flüssigkeit gefüllt werden.
Wie hoch ist dann der Flüssigkeitspegel an der tiefsten Stelle des Behälters?
Durch das Gleichsetzen der Formel für drei Viertel des Kugelvolumens $V = \frac{4}{3}\pi r^3$ und der Formel für das Volumen einer Kugelkappe $V = \frac{\pi}{3}h^2(3r - h)$ gelangt man zu der Gleichung $\frac{3}{4} \cdot \frac{4}{3}\pi r^3 = \frac{\pi}{3}h^2(3r - h)$, nach Vereinfachungen zu $r^3 - h^2r + \frac{1}{3}h^3 = 0$ und nach Division durch $\frac{1}{3}r^3$ zu $\left(\frac{h}{r}\right)^3 - 3\left(\frac{h}{r}\right)^2 + 3 = 0$.
Mit $\frac{h}{r} = x$ erhält man schließlich $x^3 - 3x^2 + 3 = 0$.
Für derartige Gleichungen steht kein allgemeingültiges Lösungsverfahren zur Verfügung.
Die Gleichung lässt sich aber sowohl mit der *SOLVE*-Funktion eines CAS als auch grafisch lösen. Die abgelesenen Nullstellen und damit die Lösungen der Gleichung lauten $x_1 \approx -0{,}9$, $x_2 \approx 1{,}3$ und $x_3 \approx 2{,}5$.
Da die Variable x das Verhältnis $\frac{h}{r}$ angibt, scheiden x_1 und x_3 als Lösungen aus; x_1, weil negativ, und x_2, weil $\frac{h}{r}$ nicht größer als 2 sein kann.
Für $\frac{h}{r} \approx 1{,}3$ bzw. $h \approx 1{,}3r$ lassen sich nun für verschiedene Radien die Höhen so angeben, dass die Behälter zu drei Viertel gefüllt sind.

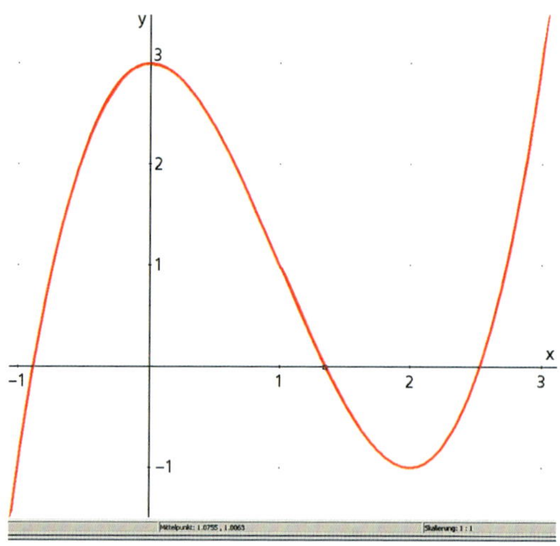

Aufgaben

1. Gegeben sind die linearen Funktionen $f_1(x) = 2x + 2$, $f_2(x) = -x - 1$ und $f_3(x) = -3x + \frac{1}{2}$.
a) Berechne die Nullstellen dieser Funktionen.
b) Gib jeweils den Schnittpunkt mit der y-Achse an.
c) Zeichne die Graphen dieser Funktionen.

2. Berechne die Nullstellen folgender Funktionen:

a) $f(x) = x^2 + 3x$	b) $f(x) = x^2 - 225$	c) $f(x) = (x + 3)(x - 2)$	d) $f(x) = x^2 + 4$
e) $f(x) = x^2 - 4x + 4$	f) $f(x) = x^2 - 12x + 11$	g) $f(x) = x^2 + 2x + 6$	h) $f(x) = -9x^2 - 27x + 36$

3. Die Nullstellen einer quadratischen Funktion sind $x_1 = -\frac{1}{2}$ und $x_2 = 4$.
Gib für diese Funktion eine Funktionsgleichung an.

4. Die Lösungen der Gleichung $x^2 + px + q = 0$ sind $x_{1,2} = -\frac{p}{2} \pm \sqrt{\frac{p^2}{4} - q}$, falls $\frac{p^2}{4} - q \geq 0$ ist.
Setze in das Produkt $(x - x_1)(x - x_2)$ für x_1 und x_2 die Terme aus der Lösungsformel ein. Vereinfache so weit wie möglich und gib zu jedem Schritt die verwendete Umformungsregel an.

5. Führe die folgenden Polynomdivisionen aus:

a) $(x^3 - 2x^2 - 5x + 6) : (x - 1)$ b) $(x^3 - 3x^2 - 10x + 24) : (x - 2)$

c) $(x^3 + 6x^2 + 3x - 10) : (x + 2)$ d) $(x^3 + 3x^2 + 4x + 12) : (x + 3)$

6. Überprüfe, ob die folgenden Polynomdivisionen ohne Rest ausführbar sind:

a) $(x^4 + x^3 - 7x^2 + 19x - 4) : (x + 4)$ b) $(x^3 - 1) : (x - 1)$

c) $(15x^3 + x^2 + x - 5) : (3x - 1)$ d) $(4x^4 - 6x^3 + 3x - 4) : (2x + 3)$

7. Vereinfache die folgenden Quotienten mithilfe der Polynomdivision:

a) $\frac{x^5 - 1}{x - 1}$ b) $\frac{a^4 - 81}{a - 3}$ c) $\frac{b^3 + 1}{b + 1}$ d) $\frac{x^4 - 16}{x - 2}$

8. a) Wo steckt der Fehler? Löse die Aufgabe korrekt.

$$(2x^3 + 6x^2 + 4x) : (x - 2) = 2x^2 + 2x$$
$$\underline{-(2x^3 - 4x^2)}$$
$$2x^2 + 4x$$
$$\underline{-(2x^2 + 4x)}$$
$$0$$

b) Bestimme alle Nullstellen der Funktion mit der Gleichung $f(x) = 2x^3 + 6x^2 + 4x$.

9. Berechne die Nullstellen folgender Funktionen:

a) $f_1(x) = x^3 - 2x^2 - 5x + 6$ b) $f_2(x) = x^3 + 2x^2 - x - 2$

10. Zeige, dass x_0 eine Nullstelle der Funktion f ist. Ermittle weitere Nullstellen.

a) $f(x) = 2x^3 - 25x - 125$; $x_0 = 5$

b) $f(x) = x^3 + 2x^2 - 13x + 10$; $x_0 = 2$

c) $f(x) = x^4 - 8x^2 + 16$; $x_0 = -2$

11. a) Bestimme die Nullstellen der Funktion $f(x) = 4x^3 - 19x^2 - 36x + 36$.
Hinweis: Ermittle eine Nullstelle durch Probieren.

b) Forme den Funktionsterm durch Ausklammern von Linearfaktoren in ein Produkt um.

12. Bestimme alle Nullstellen der Funktion $f(x) = x^3 - x^2 - \frac{x}{100} + \frac{1}{100}$.
Hinweis: Ermittle eine Nullstelle durch Probieren oder aus einer geeigneten grafischen Darstellung der Funktion. Stelle die Funktion (möglichst computergestützt) im Intervall $[-0{,}2; 1{,}2]$ dar. Vergleiche mit dem Verlauf des Graphen der Funktion $g(x) = x^3 - x^2$.

13. Bestimme alle Nullstellen der nachstehenden Funktionen:

a) $f_1(x) = x^5 - 2x^3$ b) $f_2(x) = -x^4 - 7x^3 + 36x$ c) $f_3(x) = 0{,}25x^3 + 0{,}25x^2 - 3x$

d) $f_4(x) = x^4 + 3x^3 + 2x^2$ e) $f_5(x) = x^4 - 256$ f) $f_6(x) = x \cdot (x^4 - 125x)$

14. Bestimme alle Nullstellen der nachstehenden Funktionen:

a) $f_1(x) = 16x^4 - 33x^2 + 16$ b) $f_2(x) = x^4 + 2{,}6x^2 + 0{,}69$ c) $f_3(x) = x^6 - 14x^4 + 49x^2 - 36$

d) $f_4(x) = x^4 - 3x^2 + 2$ e) $f_5(x) = x^4 - 5x^2 + 4$ f) $f_6(x) = x^5 + 7{,}25x^3 + 2{,}25x$

15. Diskutiere die Funktion $f(x) = x^4 - 4x^2 + a$ hinsichtlich der Anzahl ihrer Nullstellen in Abhängigkeit von a ($a \in \mathbb{R}$).

16. Zeige für eine ganzrationale Funktion dritten Grades, dass sie höchstens drei Nullstellen besitzen kann.

Regula falsi (Sekantennäherungsverfahren)

Die *Regula falsi* (lat.: *Regel des Falschen;* Regel, die von einem falschen Ansatz ausgeht) ist ein Verfahren zur näherungsweisen Nullstellenbestimmung einer Funktion und zum näherungsweisen Lösen von Gleichungen.

Aus zwei (angenommenen) Näherungswerten x_1 und x_2 für die gesuchte Nullstelle x_0 von f mit $f(x_1) < 0$ und $f(x_2) > 0$ (oder umgekehrt) bestimmt man einen genaueren Näherungswert x_3 mit

$$x_3 = x_1 - \frac{x_2 - x_1}{f(x_2) - f(x_1)} \cdot f(x_1).$$

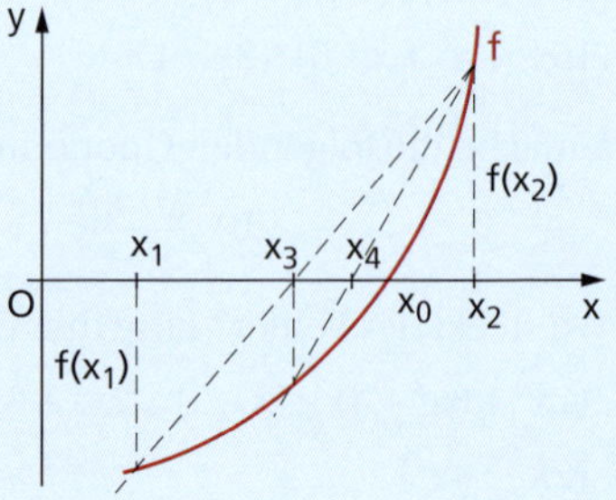

Das Verfahren wird mit x_1 und x_3 (bzw. x_2 und x_3) fortgesetzt, bis die geforderte Genauigkeit erreicht ist.

Schrittfolge:

(1) Lege ein Intervall $[x_1; x_2]$ fest, in dem die gesuchte Lösung der Gleichung liegen könnte; x_1 und x_2 sind dann die Startwerte für die weitere Rechnung. Du findest geeignete Startwerte mithilfe einer grafischen Darstellung oder durch Probieren.
(Beachte: Die Funktionswerte an den Stellen x_1 und x_2 müssen unterschiedliche Vorzeichen haben.)

(2) Berechne mithilfe der Näherungsformel aus x_1 und x_2 einen Näherungswert x_3.

(3) Überlege, in welchem Teilintervall ($[x_1; x_3]$ oder $[x_3; x_2]$) die gesuchte Nullstelle liegt, und wiederhole Schritt (2) mit den neuen Ausgangswerten.

(4) Wiederhole die Schrittfolge so lange, bis die geforderte Genauigkeit erreicht ist.

Die Gleichung $x^3 - 3x^2 + 1 = 0$ soll mit einer Genauigkeit von fünf Dezimalstellen näherungsweise gelöst werden. Gesucht sind also die Nullstellen der Funktion $f(x) = x^3 - 3x^2 + 1$.

(1) Als Startwerte wählen wir $x_1 = 0{,}5$ und $x_2 = 1$, weil $f(0{,}5) > 0$ und $f(1) < 0$ ist.

(2) Berechnung von x_3:
$$x_3 = 0{,}5 - 1 - \frac{0{,}5}{f(1) - f(0{,}5)} \cdot f(0{,}5) = 0{,}5 - \frac{1 - 0{,}5}{-1 - 0{,}375} \cdot 0{,}375 \approx 0{,}636364$$

(3) Die wiederholte Anwendung der Näherungsformel liefert die Folge:
0,636364; 0,651297; 0,652586; 0,652694; 0,652703; 0,652704; 0,652704; 0,652704; 0,652704

Als Näherung der gesuchten Lösung ergibt sich $x_0 \approx 0{,}65270$. Mit anderen Startwerten erhält man auf demselben Weg die beiden anderen Lösungen der Gleichung.

Aufgaben

1. Die Funktion $f(x) = 0{,}5x^3 + \frac{x}{10} - 0{,}25$ besitzt genau eine Nullstelle. Bestimme für die Nullstelle einen Näherungswert mit der Genauigkeit von drei Dezimalstellen.

2. Bestimme für $6^{\frac{1}{3}}$ einen Näherungswert mit der Genauigkeit von drei Dezimalstellen.

3. Entscheide, ob jede Nullstelle einer ganzrationalen Funktion mittels Regula falsi näherungsweise bestimmt werden kann. Begründe.

5.3 Gemischte Aufgaben

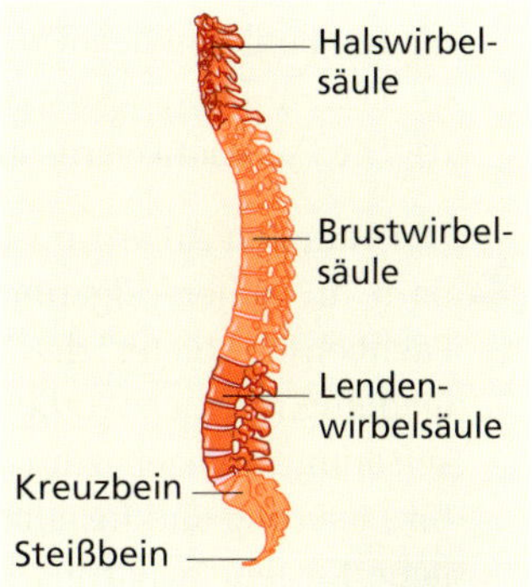

1. a) Unter welchen Bedingungen lässt sich der Verlauf der menschlichen Wirbelsäule als Graph einer Funktion ansehen?
b) Bestimme anhand der nebenstehenden Darstellung die Anzahl der Extrempunkte.
c) Beschreibe den Zusammenhang zwischen dem Krümmungsverhalten und den farblich hervorgehobenen Abschnitten der Wirbelsäule.
d) Nenne Anwendungsbereiche, für die die Modellierung mithilfe von Funktionsgleichungen vorteilhaft sein könnte.

2. Der Verlauf der Sitzfläche eines Liegestuhls soll möglichst genau durch die Gleichung einer ganzrationalen Funktion beschrieben werden.
a) Gib an, wie viele Hoch-, Tief- und Wendepunkte zu einer geeigneten ganzrationalen Funktion gehören müssen.
b) Gib an, welchen Grad eine geeignete ganzrationale Funktion mindestens besitzen muss. Begründe.

3. Jede quadratische Funktion lässt sich durch eine Gleichung der Form $f(x) = ax^2 + bx + c$ $(a \neq 0)$ darstellen. Gib Bedingungen an die Koeffizienten a, b und c für die Gültigkeit der folgenden Eigenschaften an:
a) Die Funktion besitzt einen Hochpunkt.
b) Die Funktion ist im gesamten Definitionsbereich linksgekrümmt.
c) Die Funktion besitzt keinen Wendepunkt.
d) Die Stelle $x = 0$ ist eine Nullstelle der Funktion.
e) Die Stelle $x = 0$ ist die einzige Nullstelle der Funktion.
f) Der Funktionsgraph verläuft achsensymmetrisch zur y-Achse.
g) Der Funktionsgraph verläuft achsensymmetrisch zur y-Achse und besitzt zwei Schnittpunkte mit der x-Achse.
h) Die Funktionswerte der Funktion können beliebig groß werden.

4. a) Bestimme alle Nullstellen der Funktionen
$f(x) = x^3 + 0{,}5x^2 - 4x - 2$ und $g(x) = \frac{1}{35} \cdot (x^4 + 4x^3 - 34x^2 - 76x + 105)$.
b) Stelle die rechte Seite der Funktionsgleichungen als Produkte von Linearfaktoren dar.
c) Beschreibe für f und g die Entwicklung der Funktionswerte für $x \to +\infty$ und $x \to -\infty$.
d) Beschreibe jeweils mithilfe der Linearfaktorzerlegung, in welchen Intervallen alle Funktionswerte positiv bzw. alle Funktionswerte negativ sind.
e) Skizziere die Graphen beider Funktionen in einem Koordinatensystem.
f) Ermittle näherungsweise die Koordinaten der Hoch- und Tiefpunkte von f und g.
g) Formuliere eine Vermutung, bezüglich welcher zur y-Achse parallelen Geraden eine Achsensymmetrie des Graphen von g vorliegt.
h) Begründe die Vermutung aus g) mithilfe der Linearfaktorzerlegung.

5. Bestimme jeweils eine Funktionsgleichung einer quadratischen Funktion, die die folgende Bedingung erfüllt. Entscheide, ob die Lösung eindeutig ist. Begründe.
a) Die Funktion besitzt in $x = 1$ ihre einzige Nullstelle. Ihr Graph ist linksgekrümmt.
b) Die Funktion besitzt die Nullstellen 1 und –1. Ihr Wertebereich ist die Menge aller $y \geq -2$.
c) Die Funktion besitzt den Hochpunkt $(2\,|\,1)$ und die Nullstelle $x = 0$.
d) Die Funktionswerte streben für $x \to +\infty$ gegen $+\infty$. Die Nullstellen sind –1 und 3.

6. Die Familien Adler und Fuchs sind Nachbarn in einer Eigenheimsiedlung. Ein Fachbetrieb bietet den Bewohnern der Siedlung in einer Werbeaktion Regenwassersammelanlagen zum Preis von 2 200 € für Lieferung und Installation an. Die jährliche Kosteneinsparung soll durchschnittlich 275 € betragen. Frau Adler und Frau Fuchs beraten auf der Terrasse, was von diesem Angebot zu halten ist.

Frau Adler argumentiert, dass es trotz des attraktiven Preises besser ist, das Geld gegen Zinsen auf einem Sparbuch anzulegen. Frau Fuchs hingegen meint, dass sich die Anlage schon nach acht Jahren gerechnet haben wird. Das spricht für den Kauf der Anlage.
a) Arbeitet in kleinen Gruppen zusammen, um Argumentationen für die Positionen beider Nachbarinnen vorzubereiten. Stellt eure Argumentation den Schülern der Klasse vor.
b) Gebt eine Formel zur Berechnung des Guthabens an, das Frau Adler acht Jahre nach dem Anlegen der Summe von 2 200 € bei einem Zinssatz von p % p. a. auf dem Sparbuch hätte.
c) Frau Fuchs findet die Idee ihrer Nachbarin mit dem Sparbuch durchaus überlegenswert. Sie schlägt vor, die Anlage zu kaufen und die jährliche Einsparung gegen Zinsen auf einem Sparbuch anzulegen. Gebt eine Formel zur Berechnung des Guthabens an, das Frau Fuchs nach acht Jahren bei einem Zinssatz von p % p. a. auf dem Sparbuch hätte.
d) Untersucht für verschiedene Zinssätze, wer nach acht Jahren das größere Guthaben auf dem Sparbuch besitzt. Vergleicht die Ergebnisse und entscheidet, ob das Ergebnis des Vergleichs überhaupt von der Höhe des Zinssatzes abhängt.
e) Da die Anlage mit einer separaten Wasseruhr ausgestattet ist, kann Frau Fuchs nach acht Jahren genau angeben, wie hoch die jährlichen Einsparungen tatsächlich gewesen sind:

Jahr	1	2	3	4	5	6	7	8
Einsparung in Euro	260	310	280	345	330	350	325	330

Untersucht für die Zinssätze p % = 2,5 %, p % = 3,0 % und p % = 3,5 %, auf welchem Sparbuch sich nach acht Jahren das größere Guthaben befindet.
f) Bestimmt durch eine grafische Lösung näherungsweise den Zinssatz p %, für den das Guthaben auf den beiden Sparbüchern nach acht Jahren auf den gleichen Betrag angewachsen ist. Es genügt eine Genauigkeit von einer Dezimalstelle. Verwendet ein Computeralgebrasystem oder ein dynamisches Geometrieprogramm.
g) Gebt Größen an, von denen die Höhe der jährlichen Einsparungen abhängt.
Welche Gründe kann es für die höheren Einsparungen ab dem vierten Jahr geben?
Hinweis: Verwendet zum einfacheren Darstellen der Formeln den Zinsfaktor q.

7. Ein Unternehmen möchte in die Entwicklung eines neuen Produktes investieren. Damit sich die Investition wirtschaftlich auszahlt, müssen in den Folgejahren mit dem Produkt Gewinne erzielt werden. Sie werden als Rückflüsse bezeichnet.
Die Planung sieht eine Investitionssumme von 100 000 € vor sowie nachstehend angegebene Rückflüsse in den Folgejahren:

Jahr	1	2	3	4	5
Rückflüsse in Euro	20 000	25 000	30 000	32 000	30 000

a) Berechne näherungsweise, für welchen Zinssatz p % durch das Anlegen der Investitionssumme und das Anlegen der Rückflüsse nach fünf Jahren das gleiche Endkapital erzielt werden würde.

b) Ein externer Berater empfiehlt eine alternative Variante zur Entwicklung und Vermarktung des neuen Produktes. Diese sieht eine Investitionssumme von 150 000 € sowie die nachstehend angegebenen Rückflüsse vor:

Jahr	1	2	3	4	5
Rückflüsse in Euro	56 000	50 000	36 000	34 000	25 000

Entscheide, welche der beiden Varianten für das Unternehmen vorteilhafter ist. Begründe die Entscheidung durch einen Vergleich beider Varianten.

8. Die Gesamtkosten zur Herstellung beliebiger Produkte setzen sich aus den sogenannten Fixkosten, z. B. für die Beschaffung von Maschinen, und den variablen Kosten für Materialeinsatz und Arbeitslohn zusammen.
In einem Unternehmen zur Herstellung von Spezialwerkzeugen werden für eine neue Produktionslinie 30 000 € für Fixkosten geplant. Die variablen Kosten lassen sich mithilfe der Funktion $K_v = 0{,}5x^3 - x^2 + 1000x$ ermitteln (x gibt die Stückzahl der zu produzierenden Werkzeuge an).

a) Stelle eine Gleichung für die Kostenfunktion der Gesamtkosten für diese neue Produktionslinie auf und stelle sie grafisch dar.

b) Berechne die Stückkosten für die Herstellung von einem Werkzeug, wenn insgesamt 1, 20 oder 100 solcher Werkzeuge produziert werden.

c) Stelle eine Gleichung zur Berechnung der Stückkosten auf. Entscheide, ob es sich bei der Zuordnung Stückzahl → Stückkosten um eine ganzrationale, eine gebrochenrationale oder eine nichtrationale Funktion handelt.

d) Untersuche anhand des Funktionsgraphen, für welche Anzahl produzierter Werkzeuge die Stückkosten minimal sind. Verwende zum Darstellen des Funktionsgraphen ein Computeralgebrasystem.

9. Gegeben sind $x_1 = -2$, $x_2 = 0$ und $x_3 = 1$.

a) Gib die Gleichung einer ganzrationalen Funktion f mit den Nullstellen x_1, x_2 und x_3 an.

b) Gib zu der Bedingung aus a) eine ganzrationale Funktion vierten Grades an.

c) Gib zu der Bedingung aus a) eine ganzrationale Funktion fünften Grades an.

Teste dich selbst

1. Die Abbildung rechts zeigt den Graphen einer ganzrationalen Funktion g vierten Grades im Intervall [–1,8; 2,7].

a) Ordne die eingezeichneten Punkte A, B und C den Begriffen Extrempunkt und Wendepunkt zu.

b) Gib Intervalle an, in denen g monoton wachsend bzw. monoton fallend ist.

c) Gib Intervalle an, in denen der Graph von g linksgekrümmt bzw. rechtsgekrümmt ist.

d) Lies die Nullstellen von g aus dem Graphen ab.

e) Beschreibe, wie mithilfe der Funktionsgleichung geprüft werden kann, ob g außerhalb des Intervalls [–1,8; 2,7] weitere Nullstellen besitzt.

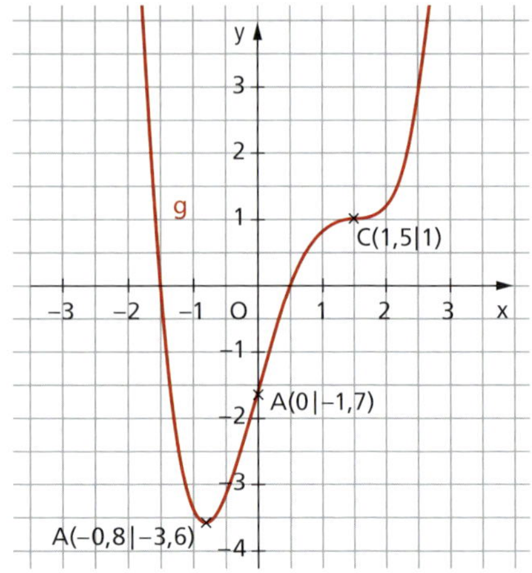

2. Die Kantenlängen eines Quaders sind a, b und h. Bestimme a, b und h rechnerisch, wenn folgende Bedingungen erfüllt sind:

a) Die Breite b hat die vierfache Größe der Höhe h. Die Kante a ist um 5 cm länger als die Breite b. Das Volumen des Quaders beträgt 1,5 cm^3.

b) Die Höhe h ist doppelt so groß wie seine Breite b. Die Kante a ist um 2 cm länger als b. Das Volumen des Quaders beträgt 2 cm^3.

3. Als die Klasse 10a den Mathematikraum betritt, steht an der Tafel der folgende Lösungsweg:

a) Gib zu diesem Lösungsweg eine mögliche Aufgabenstellung an.

b) Entscheide, ob der Lösungsweg richtig ist. Korrigiere, falls du Fehler findest.

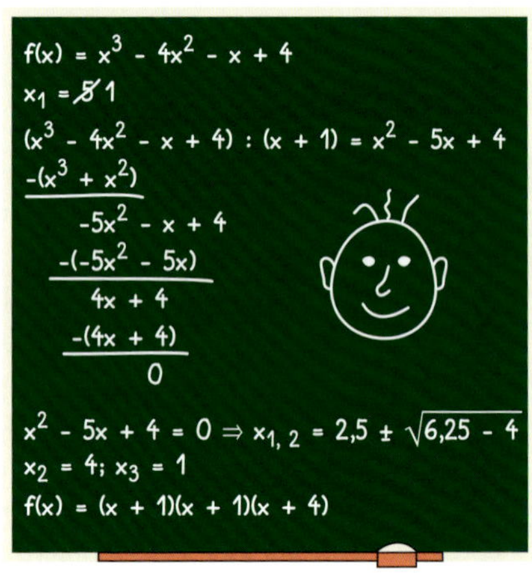

4. Gib jeweils die Gleichung einer passenden ganzrationalen Funktion an.

a) Die Funktion dritten Grades ist ungerade, hat eine Nullstelle in $x = 1$ und strebt für $x \to +\infty$ gegen $+\infty$.

b) Die Funktion vierten Grades ist gerade und hat Nullstellen in $x = 0$ und $x = 1$.

5. Das Anfangskapital $K_0 = 10\,000$ € soll für zwei Jahre angelegt werden. Die Zinssätze für beide Jahre sind variabel. Ihr arithmetisches Mittel beträgt 4 %.

a) Bestimme die Höhe des Kapitals nach zwei Jahren für die folgenden Zinssätze.

Zinssatz im ersten Jahr in %	1	2	3	4	5	6	7
Zinssatz im zweiten Jahr in %	7	6	5	4	3	2	1
Endkapital in €							

b) Formuliere als Vermutung, für welche Zinssätze das Endkapital am größten wird.

c) Überprüfe die Vermutung aus b) rechnerisch.

Ganzrationale Funktionen

Funktionsgleichung

- $f(x) = a_n x^n + a_{n-1} x^{n-1} + \ldots + a_1 x^1 + a_0 \quad (n \in \mathbb{N};\ a_0, a_1, \ldots, a_n \in \mathbb{R})$
- Die Zahl n heißt Grad der Funktion f, wenn $a_n \neq 0$ ist.
  Der Term $a_n x^n + a_{n-1} x^{n-1} + \ldots + a_1 x^1 + a_0$ heißt **Polynom n-ten Grades.**

Besondere Punkte

- H ist ein **Hochpunkt,** wenn die Funktion f für $x < x_H$ **streng monoton wachsend** und für $x_H < x < x_T$ **streng monoton fallend** ist.
- T ist ein **Tiefpunkt,** wenn die Funktion f für $x_H < x < x_T$ **streng monoton fallend** und für $x > x_T$ **streng monoton wachsend** ist.
- W ist ein **Wendepunkt,** wenn der Funktionsgraph im Punkt W sein Krümmungsverhalten ändert. Jeder Wendepunkt markiert den Übergang von einer Linkskurve in eine Rechtskurve oder umgekehrt.

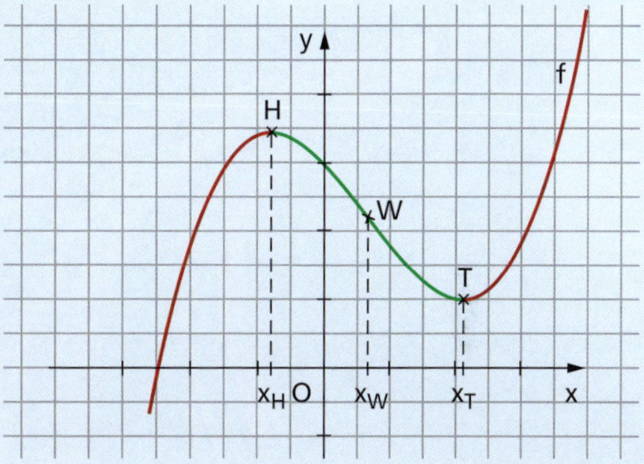

Nullstellen und Linearfaktoren

- Jede ganzrationale Funktion n-ten Grades besitzt höchstens n Nullstellen im Bereich der reellen Zahlen.
- Zu jeder Nullstelle x_0 einer ganzrationalen Funktion gehört der Linearfaktor $x - x_0$. Die Funktion f besitzt die Linearfaktoren x, x + 2 und x − 2. Die Gleichung $f(x) = \frac{1}{4}x(x+2)(x-2)$ gibt die Linearfaktorzerlegung von f an.
- Für die Funktion g führt das Abspalten der Linearfaktoren zur Gleichung
  $g(x) = (x+2)(x-2)\left(\frac{3}{16}x^2 + \frac{1}{4}\right)$.
  Die Gleichung der Restfunktion
  $f_R(x) = \frac{3}{16}x^2 + \frac{1}{4}$
  erhält man durch Polynomdivision.

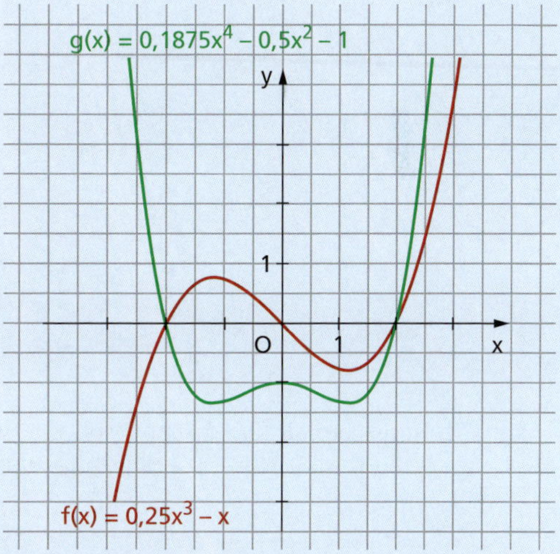

Symmetrieeigenschaften der Graphen

Der Graph der Funktion **g** verläuft achsensymmetrisch zur y-Achse, da die Gleichung nur gerade Exponenten enthält. Die Funktion heißt **gerade.** Der Graph der Funktion **f** verläuft punktsymmetrisch zu (0| 0), da die Gleichung nur ungerade Exponenten enthält. Die Funktion heißt **ungerade.**

6 Änderungsraten deuten und bestimmen

Angebote vergleichen

Familie Gärtner möchte einen Kredit von 8 000 € zu 10 % Zinsen p. a. für ein neues Gartenhaus aufnehmen. Zwei unterschiedliche Angebote sehen jeweils die Rückzahlung in fünf jährlichen Raten vor.

Gib an, welche Überlegungen ein Privatkunde vor der Entscheidung für einen Kredit anstellen sollte.

Neugestaltung

Zur Gestaltung städtischer Freiflächen gehört neben der Bepflanzung auch dekoratives Pflaster. Die Ecke eines Platzes wird durch einen achsensymmetrischen Bogen abgerundet. Die Enden des Bogens gehen ohne Knick in Geraden über.

Gib Arten von Funktionen an, deren Graphen achsensymmetrische Bögen enthalten.

Geschwindigkeitskontrolle

Bei Geschwindigkeitsmessungen der Polizei wird meist die Momentangeschwindigkeit der Fahrzeuge an einer Stelle bestimmt. Derzeit wird ein neues Verfahren getestet. Auf einem Streckenabschnitt wird die Durchschnittsgeschwindigkeit jedes Fahrzeugs ermittelt.

Vergleiche beide Verfahren und stelle ihre Vor- und Nachteile gegenüber.

Geraden am Kreis

Geraden und Kreise können verschiedene Lagen zueinander haben.
Passante: Gerade, die eine Kurve meidet - die Vorbeigehende (g_3)
Sekante: Gerade, die eine Kurve schneidet (g_1)
Tangente: Gerade, die eine Kurve berührt (g_2)
Die Tangente und der Kreis haben einen gemeinsamen Punkt P, den Berührungspunkt.

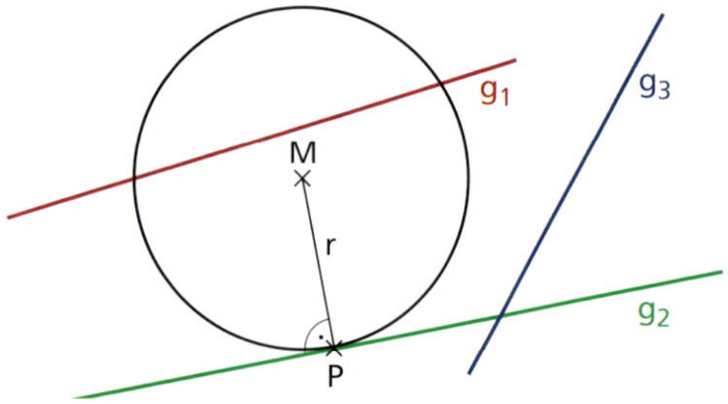

Lineare Funktionen – Differenzenquotient

Funktionen mit der Gleichung $y = mx + n$ heißen **lineare Funktionen**, m heißt **Anstieg** der Funktion und n ist das **absolute Glied.**

Für die Gerade g kann der Anstieg nach der Gleichung $m = \frac{\text{Länge des senkrechten Abschnittes}}{\text{Länge des waagerechten Abschnittes}}$ bestimmt werden.

Durch Spiegelung von g an der x-Achse ergibt sich die Gerade g'. Nach der obigen Gleichung würde sich trotz des anderen Verlaufs von g' der gleiche positive Anstieg ergeben. g' ist aber fallend. Der Anstieg m wird deshalb als Quotient angesehen und mit der Gleichung

$m = \frac{y_2 - y_1}{x_2 - x_1}$ beschrieben.

Dabei sind $P_1(x_1|y_1)$ und $P_2(x_2|y_2)$ zwei voneinander verschiedene Punkte auf der Geraden.

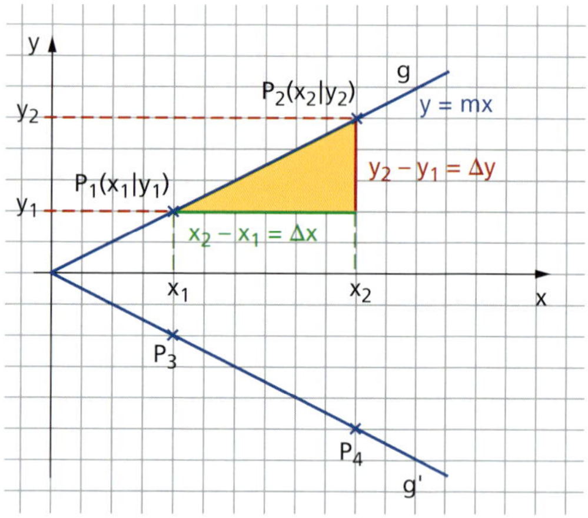

In der Mathematik sind für diese Differenzen Abkürzungen üblich:
Für $y_2 - y_1$ schreibt man Δy (gesprochen: Delta y). Für $x_2 - x_1$ schreibt man Δx.

$$m = \underbrace{\frac{f(x_2) - f(x_1)}{x_2 - x_1} = \frac{y_2 - y_1}{x_2 - x_1}}_{\textbf{Differenzenquotient}}$$

Die Berechnung des Anstieges ist unabhängig von der Wahl der Punkte.

Es sind die Koordinaten zweier verschiedener Punkte P(– 4 | 3) und R(2 | 1) des Graphen einer linearen Funktion f gegeben. Bestimme eine Funktionsgleichung, die zu diesem Graphen gehört.

1. Schritt: Anstieg als Differenzenquotienten bestimmen

$$m = \frac{y_2 - y_1}{x_2 - x_1} = \frac{1 - 3}{2 - (-4)} = \frac{-2}{6} = \frac{-1}{3} \qquad y = f(x) = -\frac{1}{3}x + n \quad (*)$$

2. Schritt: Koordinaten von P oder R in die Gleichung (*) einsetzen und n berechnen

$$3 = -\frac{1}{3} \cdot (-4) + n$$

$$\frac{5}{3} = n \qquad y = f(x) = -\frac{1}{3}x + \frac{5}{3}$$

Aufgaben

1. Zeichne im Koordinatensystem (Längeneinheit: 1 cm) den Kreis um M(5|5) mit dem Radius r = 5 cm. Kennzeichne die Punkte $A(9|y_1)$, $B(8|y_2)$ und $C(5|y_3)$, die auf diesem Kreis liegen.

a) Ermittle alle Werte für y_1, y_2 und y_3 und trage die entsprechenden Punkte ein.

b) Zeichne die Tangenten in den Punkten A, B und C an den Kreis.

2. Zeichne einen Kreis mit r = 2,5 cm. In dem Kreis liegen zwei Radien $\overline{MA}$ und $\overline{MB}$, die einen Winkel von 30° einschließen.

a) Konstruiere in den Punkten A und B die Tangenten an den Kreis.

b) Bestimme den Winkel zwischen den Tangenten.

3. Der Graph einer Funktion $y = f(x) = mx$ geht durch die Punkte A und B. Ermittle jeweils den Anstieg m und die fehlenden Koordinaten (Abszissen|Ordinaten).

a) A(1|1), B(2|y) b) A(3|6), B(x|–4) c) A(–0,8|–1,6), B(2,5|y)

4. Zeichne den Graphen der Funktion f mit $f(x) = 0{,}5x$ in einem Koordinatensystem.

a) Zeichne eine Gerade g, die senkrecht zum Graphen der Funktion f ist und durch den Punkt P(0|0) geht, in demselben Koordinatensystem.

b) Finde die Funktionsgleichung, die zu dieser Geraden gehört.

c) Suche nach dem Zusammenhang zwischen den Anstiegen m_1 und m_2 zweier Funktionen $y = f_1(x) = m_1x$ und $y = f_2(x) = m_2x$, deren Graphen senkrecht (orthogonal) zueinander sind, indem du weitere selbst gewählte Beispiele betrachtest.

5. a) Für $x_1 = 2$ hat eine lineare Funktion den Funktionswert $y_1 = -3$, für $x_2 = -2$ den Funktionswert $y_2 = 6$. Bestimme die Gleichung der Funktion. Berechne den Funktionswert für $x_3 = 5$.

b) Gib die Gleichung einer linearen Funktion mit n = 3 an, deren Graph durch P(2|–1) geht.

c) Ermittle die Gleichung einer linearen Funktion, deren Graph die y-Achse im Punkt S(0|2) schneidet und für $x_1 = -2$ den Funktionswert $y_1 = 1$ hat.

6. Gib die Funktionsgleichungen der Graphen aus nebenstehender Zeichnung an.

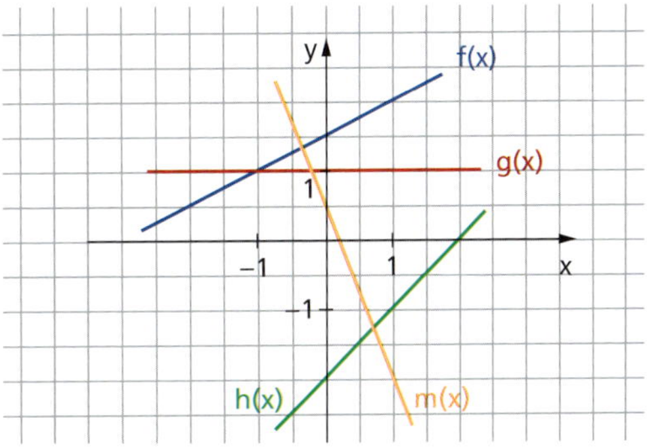

7. Der Graph der Funktion $y = f(x) = mx + n$ geht durch den Punkt A und besitzt den Abschnitt n auf der y-Achse.
Gib die Funktionsgleichung an.

a) A(2|1) n = 4 b) A(–1|3) n = 2 c) A(–4|–3) n = –1

d) A(0,5|–2) n = 4,4 e) A(–1,5|6) n = 0 f) A(0|1,5) n = 4

8. Bestimme jeweils die Gleichung einer linearen Funktion, deren Graph durch die Punkte R und S geht. Nutze den Differenzenquotienten zur Berechnung des Anstieges. Führe die „Punktprobe" zum Finden des Achsenabschnitts n durch.

a) R(4|6), S(–4|–2) b) R(4|–6), S(0|6) c) R(–2|–4), S(8|1)

d) R(1|1), S(–2|3) e) R(4|4), S(5|6) f) R(–3|–2), S(0|3)

g) $R\left(0{,}5\,\middle|\,-\frac{1}{4}\right)$, S(2|–2) h) $R\left(-1\,\middle|\,\frac{1}{3}\right)$, $S\left(\frac{1}{6}\,\middle|\,-1{,}5\right)$ i) $R\left(-\frac{1}{2}\,\middle|\,-\frac{1}{8}\right)$, S(2|0)

6.1 Mittlere Änderungsraten deuten und berechnen

Kontinuierliche Modelle

Die Durchschnittsgeschwindigkeit einer Straßenbahn hängt unter anderem von den Wartezeiten an Ampeln und in Staus ab. Durch geeignete Schaltungen der Ampelphasen lassen sich diese Wartezeiten verkürzen und die Durchschnittsgeschwindigkeit erhöhen.

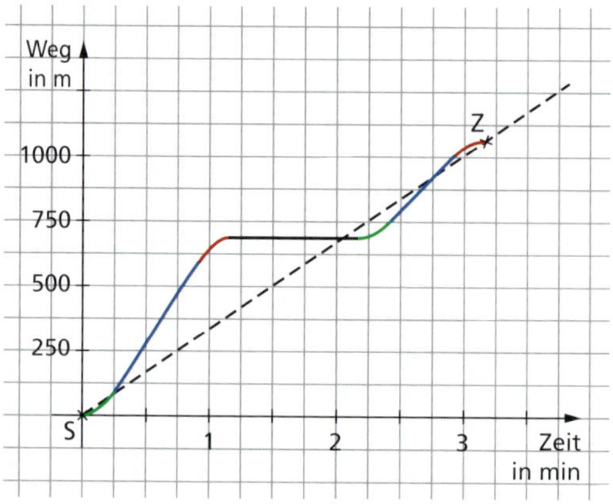

Im Weg-Zeit-Diagramm ist die Bewegung einer Straßenbahn zwischen zwei Haltestellen dargestellt. Für die Entfernung von rund 1,1 km benötigt die Straßenbahn 3 min 10 s. Die Durchschnittsgeschwindigkeit wird nach der Gleichung $v = \frac{s}{t}$ berechnet und beträgt in diesem Fall rund $20\,\frac{km}{h}$.

Der Funktionsgraph im obigen Beispiel besteht aus unendlich vielen beliebig dicht aneinanderliegenden Punkten. Man spricht von einem **kontinuierlichen Modell,** da zu jedem Zeitpunkt zwischen 0 min und 3 min 10 s eine eindeutig bestimmte Wegstrecke gehört.
Jede gleichförmige Bewegung wird im Weg-Zeit-Diagramm als Gerade dargestellt. Ihr Anstieg entspricht der Geschwindigkeit. Der Funktionsgraph im Weg-Zeit-Diagramm der Straßenbahn ist nur stückweise linear. Die Durchschnittsgeschwindigkeit entspricht dem Anstieg der Geraden durch S und Z bzw. dem Differenzenquotienten aus den Koordinaten von S und Z.

Für eine Funktion f in einem Intervall ihres Definitionsbereiches verallgemeinern wir:

- Die Gerade g wird als **Sekante** bezeichnet, da sie den Graphen von f in zwei Punkten schneidet.
- Der Anstieg der Sekante heißt **mittlere Änderungsrate der Funktion f im Intervall [1,8; 5,6]** und ist gleich dem Differenzenquotienten

$m = \frac{4 - 0{,}9}{5{,}6 - 1{,}8}$.

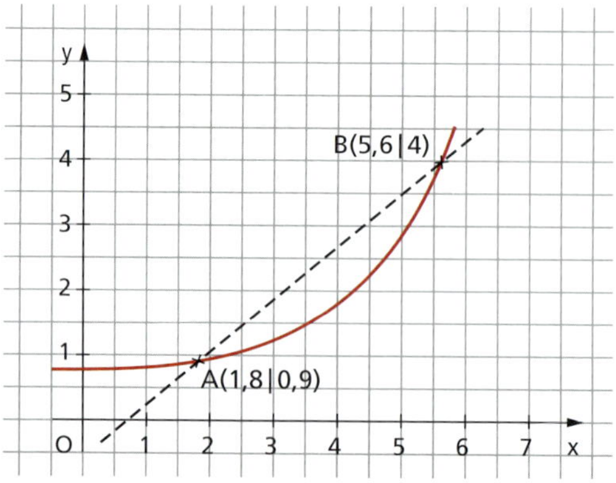

Diskrete Modelle

In der Mathematik und in vielen Anwendungen werden Funktionen verwendet, deren Graphen nur aus einzelnen isolierten Punkten bestehen. Man spricht von **diskreten Modellen.** Sie treten beispielsweise in der Biologie oder bei der Rückzahlung von Krediten durch jährliche Raten auf.

Ein Kredit von 8 000 € ist innerhalb von fünf Jahren zurückzuzahlen (siehe das Beispiel auf S. 161).
Wie hoch sind die Raten, die Familie Gärtner jährlich an die Bank zu zahlen hat?

Im Diagramm sind zwei unterschiedliche Varianten der Rückzahlung dargestellt. Die Strecken zwischen den Punkten gehören nicht zu den Graphen der Funktionen.

In beiden Fällen wird der Kredit nach fünf Jahren durch die letzte Rate vollständig zurückgezahlt.

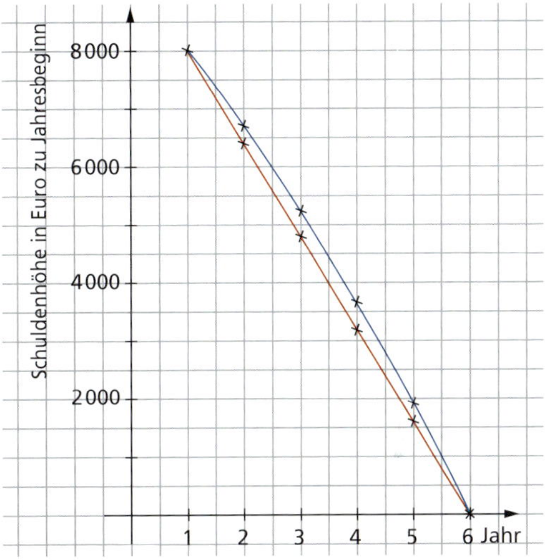

Schuldenhöhe zum Jahresbeginn in Euro

Jahr	1	2	3	4	5
Variante 1	8000	6400	4800	3200	1600
Variante 2	8000	6689,62	5248,20	3662,64	1918,53

Variante 1:
Die Schulden nehmen linear ab, d. h., der Differenzenquotient ist unabhängig von der Wahl der Punkte. Es gilt $m = -1600\,\frac{€}{a}$. Die Schulden nehmen jährlich um 1600 € ab bzw. die jährliche Tilgung beträgt 1600 €.

Variante 2:
Der Differenzenquotient aus den Punkten (1 | 8 000) und (2 | 6689,62) gibt an, um wie viel Euro sich die Schulden nach der ersten Rate verringern. Es gilt $m = -1310{,}38\,\frac{€}{a}$. Die Schulden nehmen nach dem ersten Jahr um 1310,38 € ab bzw. im ersten Jahr beträgt die Tilgung 1 310,38 €.

Die Rate R, die zum Jahresende fällig ist, setzt sich aus der Tilgung T und den Zinsen Z zusammen.
Bei p % = 10 % gilt für die Rate am Ende des vierten Jahres bei Variante 1:

$Z = 3\,200\,€ \cdot 10\,\% = 320\,€$;

$R = Z + T = 320\,€ + 1600\,€ = 1920\,€$

Der **Tilgungsplan** ist eine tabellarische Aufstellung, die für jedes Jahr die Höhe der Restschuld, die Zinsen Z, die Tilgung T und die zu zahlende Rate R ausweist.

Aufgaben

1. Gegeben ist die Funktion mit der Gleichung $f(x) = \frac{1}{4}x^3 - 2x$.

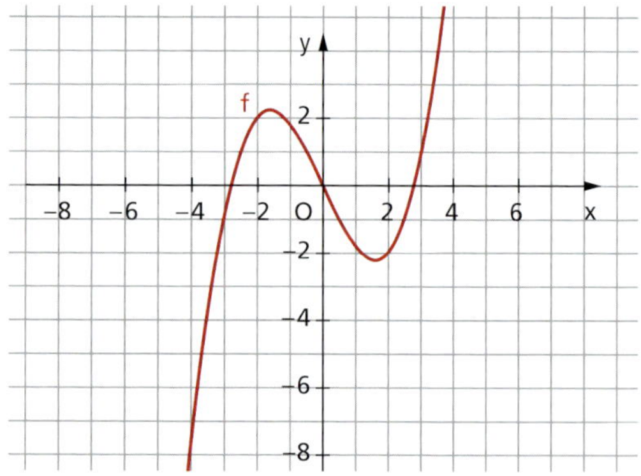

a) Ermittle aus dem Funktionsgraph die mittleren Änderungsraten der Funktion f in den Intervallen [0; 2], [–4; –2], [–4; 0] und [–4; 2].

b) Gib Intervalle an, in denen f die gleiche mittlere Änderungsrate besitzt wie in [0; 2].

c) Gib Intervalle an, in denen f die gleiche mittlere Änderungsrate besitzt wie in [–4; 0].

d) Bestimme die mittleren Änderungsraten der Funktion f in den Intervallen [0; 10], [–10; 0] und [10; 11].

e) Bestimme eine Zahl $a > 0$ so, dass die mittlere Änderungsrate der Funktion f im Intervall [0; a] gleich 7 ist.

2. Die Gleichung $p(h) = p_0 \cdot 0{,}882^h$ beschreibt den Zusammenhang zwischen der Höhe eines Ortes über dem Meeresspiegel und dem Luftdruck bei einer mittleren Temperatur von 0° C. Dabei ist h die Maßzahl der Höhe in Kilometer und p_0 der Luftdruck in der Höhe des Meeresspiegels.

a) Bilde alle Intervalle [a km; b km], wobei a und b natürliche Zahlen sind und die Ungleichung $0 \le a < b \le 4$ erfüllen.

b) Berechne für alle Intervalle aus a) die mittlere Änderungsrate der Funktion $h \rightarrow p(h)$. Rechne mit $p_0 = 1013$ hPa. Arbeite mit anderen Schülern zusammen.

c) Erstellt eine geeignete Tabelle zum Darstellen der Ergebnisse aus b). Stellt die Ergebnisse an der Tafel oder über den Overheadprojektor der Klasse vor.

d) Beschreibe, wie sich die mittleren Änderungsraten entwickeln, wenn $a = 0$ ist und b immer größer wird.

e) Beschreibe, wie sich die mittleren Änderungsraten entwickeln, wenn $b - a = 1$ ist und a immer größer wird. Übertrage die Ergebnisse auf die Luftdruckverhältnisse im Gebirge.

3. a) Beschreibe die Bewegung der Straßenbahn zwischen den Haltestellen S und Z. Entnimm die Daten dem Funktionsgraph aus dem Beispiel auf Seite 164. Ordne jedem Abschnitt des Graphen eine inhaltliche Bedeutung zu. Beachte die Kreuzung zwischen beiden Haltestellen.

b) Lies aus dem Graphen ab, wie lange die Straßenbahn an der Kreuzung zu warten hat.

c) Berechne, auf wie viel Kilometer pro Stunde sich die Durchschnittsgeschwindigkeit zwischen S und Z erhöht, wenn die Wartezeit an der Kreuzung halbiert wird.

d) Bestimme die Geschwindigkeit, mit der sich die Straßenbahn nach 900 m bewegt.

4. In der Biologie wird die Ausbreitung von Krankheiten oder die zahlenmäßige Zunahme der Individuen einer Tier- oder Pflanzenart in einem Gebiet häufig mit dem Modell des **logistischen Wachstums** erklärt.
Zu diesem Modell gehört eine Funktion $n \rightarrow B(n)$, die die folgende Gleichung erfüllt:

$$B(n+1) = B(n) + k \cdot B(n) \cdot (S - B(n))$$

Die Argumente der Funktion sind natürliche Zahlen $n \geq 1$. Sie stehen für die Beobachtungszeitpunkte und die Funktionswerte $B(n)$ für die Größe des untersuchten Bestandes. Die Zahl S gibt eine Obergrenze für die Größe des Bestandes an. Der Parameter k ist eine positive Zahl. Er kann beispielsweise dazu dienen, das Modell an die reale Ausbreitungsgeschwindigkeit einer Krankheit anzupassen.

Nach dem Waldschadensbericht 2007 ist in Deutschland jeder vierte Baum deutlich geschädigt. Neben der Belastung durch Schadstoffe droht dem Wald eine Schädigung durch Insekten. So können sich z. B. Borkenkäfer in trockenen, heißen Sommern mit wenig Wind explosionsartig vermehren.
In einer Fichtenmonokultur von 500 Bäumen sind zu Beginn fünf Bäume durch den Borkenkäfer stark geschädigt. Die Ausbreitung der Schädigung durch den Borkenkäfer sei logistisch mit dem Faktor $k = 0{,}0015$ bezogen auf Zeitintervalle von einem Jahr.

a) Wie viele Bäume sind nach zehn Jahren durch den Borkenkäfer geschädigt?
b) Nach wie vielen Jahren sind alle Fichten betroffen? Stelle die Entwicklung im gesamten Zeitraum grafisch dar.
c) In welchem Jahr ist der Zuwachs der Anzahl der geschädigten Bäume am stärksten?
d) Beschreibe den zeitlichen Verlauf der Ausbreitung der Schädigungen und diskutiere Ursachen für diesen Verlauf.

5. Erstelle zum Beispiel auf Seite 165 für beide Rückzahlungsvarianten einen Tilgungsplan.

Variante 1

Jahr n	Restschuld S (Jahresbeginn)	Zinsen Z	Tilgung T	Rate R = Z + T
1	8000 €	800 €	1600 €	2400 €
2	6400 € = 8000 € – 1600 €	640 €	1600 €	
...	...	...	...	

Variante 2

Jahr n	Restschuld S (Jahresbeginn)	Zinsen Z	Tilgung T	Rate R = Z + T
1	8000 €	800 €	1310,38 €	2110,38 €
2	6689,62 € = 8000 € – 1310,38 €	668,96 €	1441,42 €	
...	...	...	...	

Sparen, Baufinanzierungen, Kredite, Zinsen

Projektziel: Erstellen einer Aufgabensammlung zum Thema Zinsrechnung

Das Aufgabenmaterial ist so zu gestalten, dass es in allen Klassenstufen 8 bis 10, besonders aber bei Gruppenarbeit und zur Prüfungsvorbereitung eingesetzt werden kann. Es empfiehlt sich eine Lose-Blatt-Sammlung (mit separaten Lösungen) auf Karteikarten, die nach Schwierigkeitsgraden geordnet ist.
Die Aufgaben sollten per Computer geschrieben werden und einheitliche Gestaltungsnormen haben.

Projektvorbereitung

Erkundigt euch vor Beginn der Projektarbeit bei eurer Bank oder Sparkasse, welche Möglichkeiten der Geldanlage (lineares und exponentielles Wachstum) es gibt. Lasst euch konkrete Angebote machen. Fragt nach Varianten einer möglichen Kreditaufnahme. Erkundigt euch nach den Konditionen für die Tilgung des Kredites. Sichtet das Material, eventuell auch in Gruppen, nutzt zusätzlich die Lehrbücher der Klassen 7 und 8.

Projektdurchführung

Die folgenden Aufgaben sollen Anregung für eure Projektarbeit sein. Es handelt sich hierbei vorrangig um anspruchsvolle Aufgaben für die Klassenstufe 10.

1. Familie Lehmann hatte ein Kapital von 20 000 € für zehn Jahre fest angelegt. Das Endkapital beträgt 32 577,90 €. Berechne Zinsfaktor und Zinssatz.

2. Franz will sich ein Motorrad kaufen. Er nimmt einen Kredit von 6 000 € zu 8 % p. a. auf, den er durch jährliche Raten zum Ende jedes Jahres zurückzahlt. Monatlich kann er 200 € für die raten zurücklegen.

a) Welche Rate (Zinsen + Tilgung) kann er jährlich leisten?

b) Berechne für das erste Jahr die Höhe der Zinsen Z und den Tilgungsbetrag T.

c) Vervollständige den Tilgungsplan bis zur Löschung des Kredites!

Jahr	Restschuld (Jahresbeginn)	Zinsen Z	Tilgung T	Rate R = Z + T
1	6 000 €			
2				
…				

d) Wie groß ist die Restschuld im letzten Jahr?

e) Ermittle für das erste Jahr Z, T und R, wenn Franz sich zu einer Rückzahlung mit jährlich gleichbleibender Tilgung T in möglichst kurzer Zeit entschließt.

3. Eine Familie schließt mit einem Geldinstitut eine Baufinanzierung ab. Der Darlehensbetrag beträgt 25 000 €. Der Zinssatz bei einer Zinsbindung von fünf Jahren ist 4,9 % p. a. Die jährlich zu zahlende Rate wird mit 3 600 € festgelegt.

a) Stelle den Tilgungsplan für fünf Jahre auf.

b) Wie hoch ist am Ende der Laufzeit die noch zu begleichende Restschuld?

6.2 Lokale Änderungsraten deuten und bestimmen

Der Begriff der lokalen Änderungsrate

Viele Zusammenhänge des Alltags lassen sich unter bestimmten Voraussetzungen durch lineare Funktionen der Form $y = mx + n$ beschreiben. Beim Anwenden linearer Funktionen kann dem Anstieg eine inhaltliche Bedeutung zugeordnet werden.

Der Zusammenhang zwischen der Zeit t und dem von der Straßenbahn zurückgelegten Weg s ist die lineare Funktion, wenn es sich um eine gleichförmige Bewegung handelt. Der Anstieg dieser linearen Funktion ist die Geschwindigkeit v, mit der sich die Straßenbahn bewegt. So gibt der Anstieg der linearen Funktion die Momentangeschwindigkeit der Straßenbahn zum Zeitpunkt $t = 0{,}5$ min an (siehe Beispiel auf S. 164)

In vielen Anwendungsfällen ist die Annahme einer linearen Funktion nicht mehr gerechtfertigt. Daraus ergeben sich die folgenden Fragen für Zusammenhänge, die nicht durch lineare Funktionen beschrieben werden können:

- Wie kann der Anstieg einer Funktion an einer Stelle bestimmt werden, wenn es sich nicht um eine lineare Funktion handelt?
- Was bedeutet der Anstieg in solchen Fällen?

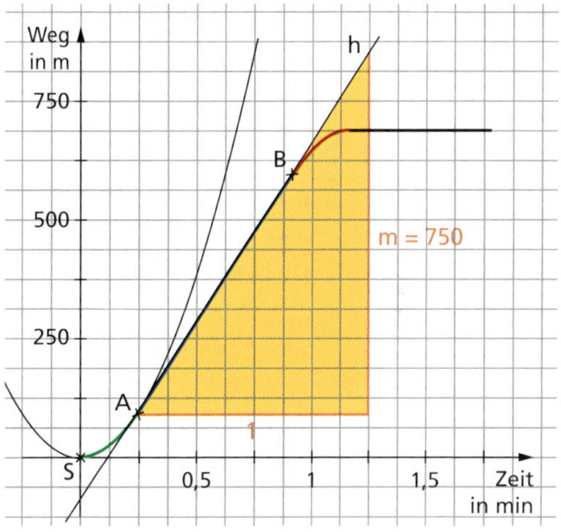

Der Funktionsgraph im Weg-Zeit-Diagramm der Straßenbahn ist zwischen S und A linksgekrümmt. Man erkennt, dass es sich um das Stück einer Parabel handelt. A ist der Berührungspunkt der Geraden h mit der Parabel. Analog zum Begriff der Tangente am Kreis spricht man hier von der Tangente an den Funktionsgraphen im Punkt A.

Welche inhaltlichen Zusammenhänge lassen sich ablesen?

- Im Punkt A, also nach 0,25 min, geht die gleichmäßig beschleunigte Bewegung der Straßenbahn in eine gleichförmige Bewegung über.
- Die Momentangeschwindigkeit der Straßenbahn nach 0,25 min wird durch den Anstieg der Tangente h dargestellt.

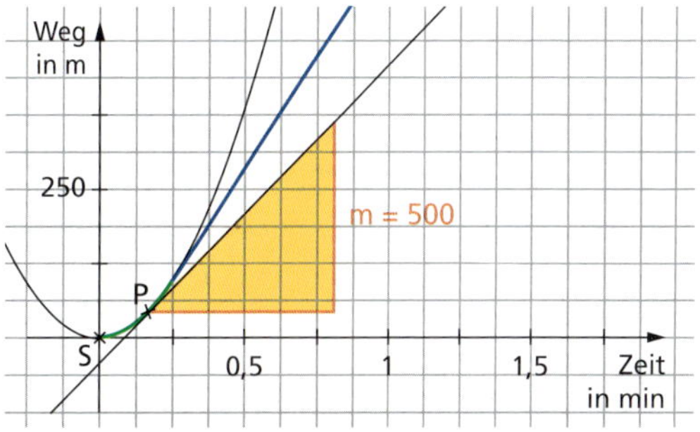

Analog ist das Vorgehen, wenn aus dem Funktionsgraphen die momentane Geschwindigkeit der Straßenbahn zum Zeitpunkt $t = 10$ s bestimmt werden soll:

- Einzeichnen des Punktes P für $t = 10$ s auf der Parabel
- Tangente an die Parabel im Punkt P zeichnen, Anstieg bestimmen

Für eine Funktion f und das Argument x_0 aus dem Definitionsbereich von f bezeichnet man den Anstieg der Tangente an den Graphen von f im Punkt $P(x_0 \mid f(x_0))$ als **lokale Änderungsrate von f an der Stelle x_0** oder als **Ableitung der Funktion f an der Stelle x_0.**

Die auf Seite 169 formulierte Frage nach dem Anstieg einer Funktion an einer Stelle ist damit nur teilweise gelöst. Offen bleibt das Problem, ob es in jedem Fall möglich ist, die Tangente an einen Funktionsgraphen zu zeichnen.

Das Weg-Zeit-Diagramm zeigt den Verlauf eines Versuchs im Weitsprung. Im Punkt L ist ein „Knick" im Graphen der dargestellten Funktion zu erkennen. Demzufolge gibt es im Punkt L keine eindeutige Tangente an den Graphen der Funktion und damit keine lokale Änderungsrate.

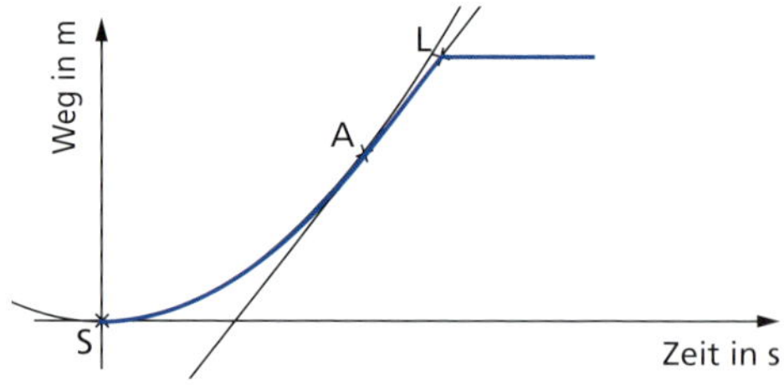

Bei der Erklärung des Begriffs der Tangente an einen Funktionsgraphen sind wir von der anschaulichen Vorstellung der Tangente an einen Kreis ausgegangen. Das Problem bei diesem Übergang besteht darin, dass ein Kreis keinen Wendepunkt besitzt. Es stellt sich die Frage, was wir uns unter der Tangente an einen Funktionsgraphen in einem Wendepunkt W vorstellen können und wie wir sie zeichnen können.

Der Graph einer Funktion setzt sich aus den Kreisbögen um M_1 und M_2 zusammen.

x	0,8	0,4	0,2	0,1	0,05
Anstieg von s	–0,5	–0,21	–0,1	–0,05	–0,025

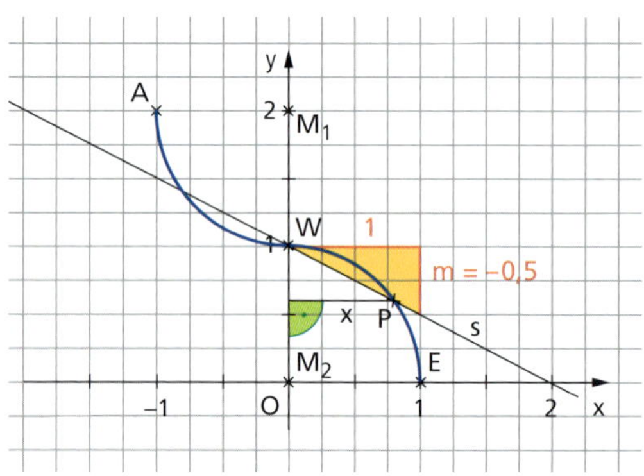

Beobachtung: P bewegt sich auf W zu. Der Anstieg der Sekante s strebt gegen Null. Damit liegen die Sekanten immer enger an der Geraden y = 1.
Wir bezeichnen diese Gerade als Wendetangente an den Funktionsgraphen im Wendepunkt W.

Der Begriff der Ableitungsfunktion

Bisher wurde nur untersucht, wie der Anstieg eines Funktionsgraphen in einem Punkt $(x_0 \mid f(x_0))$ bestimmt werden kann und welche inhaltliche Bedeutung sich aus diesem Wert ableiten lässt. Im Weg-Zeit-Diagramm der Bewegung eines Körpers ist dieser Anstieg in einem Punkt $(x_0 \mid f(x_0))$ die Momentangeschwindigkeit des Körpers zum Zeitpunkt x_0. Bestimmt man den Anstieg zu möglichst vielen Zeitpunkten, kann man ein Geschwindigkeits-Zeit-Diagramm der Bewegung erstellen.
Für eine Funktion f bezeichnet man die Zuordnung $x \rightarrow$ Anstieg der Tangente in $(x \mid f(x))$ als **Ableitungsfunktion von f** und verwendet die Schreibweise $y = f'(x)$. Das Bestimmen der Ableitungsfunktion zu einer gegebenen Funktion heißt **Differenzieren** oder **Ableiten.**

Grafisches Bestimmen einer Ableitungsfunktion

Der Anstieg der Tangente an den Graphen einer Funktion im Punkt P_0 kann mithilfe einer Zeichnung näherungsweise bestimmt werden. Damit erhält man sofort einen Näherungswert für die Ableitung der Funktion an der Stelle x_0. Ein derartiges Verfahren zum Bestimmen der Ableitung an einer Stelle x_0 heißt zeichnerisches oder grafisches Differenzieren.

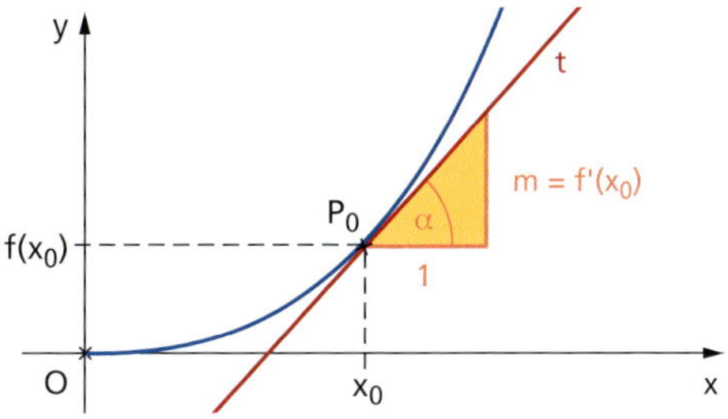

Bestimme für die Funktion $f(x) = x^2 + 0{,}25$ an den Stellen $x_1 = -1$, $x_2 = 0$ und $x_3 = 1$ auf zeichnerische Weise die Ableitung und stelle aus den ermittelten Werten eine Vermutung über die Gleichung der Ableitungsfunktion f' auf.

Schrittfolge zur Lösung:

1. Die Funktion $f(x) = x^2 + 0{,}25$ wird im Intervall [-1,5; 1,5] grafisch dargestellt.
2. An den vorgegebenen Stellen werden die Tangenten an den Funktionsgraphen gezeichnet.
3. Mithilfe von Steigungsdreiecken wird der Anstieg an den einzelnen Stellen abgelesen.

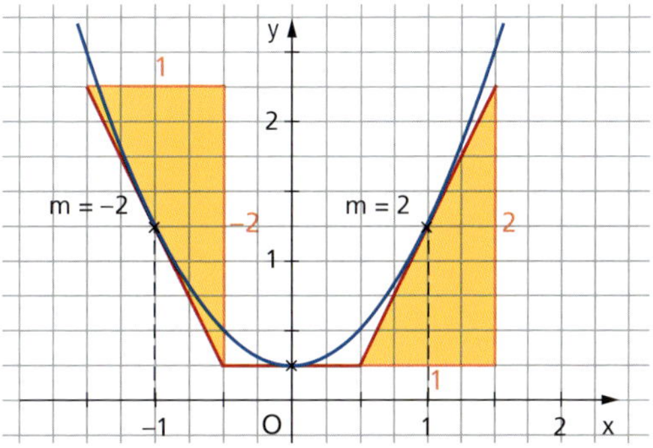

Für die Ableitungsfunktion f' wurden durch das Einzeichnen der Tangenten und das Bestimmen ihrer Anstiege folgende Funktionswerte ermittelt: $f'(-1) = -2$; $f'(0) = 0$; $f'(1) = 2$
Eine passende Funktionsgleichung ist $f'(x) = 2x$.

Bei quadratischen Funktionen ist es möglich, den Anstieg der Tangente an den Funktionsgraphen in einem vorgegebenen Punkt P rechnerisch zu bestimmen.

- allgemeine Gleichung der Tangente: $t(x) = mx + n$
- Bedingung für Punkt P(1|1,25): $1{,}25 = m \cdot 1 + n$
- Umstellen nach n: $n = 1{,}25 - m$
- Einsetzen: $t(x) = mx + 1{,}25 - m$

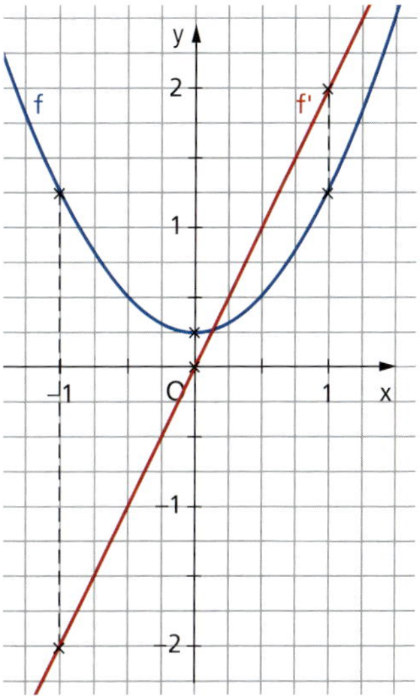

Die Tangente an den Graphen von f im Punkt P(1 | 1,25) hat mit dem Graphen von f genau einen gemeinsamen Punkt, d. h., die Gleichung $f(x) = t(x)$ hat für den gesuchten Anstieg $m = f'(1)$ genau eine Lösung.
Wenn f eine quadratische Funktion ist, so ist die Gleichung $f(x) = t(x)$ eine quadratische Gleichung.
Mithilfe der Lösungsformel kann ermittelt werden, für welchen Wert von m es genau eine Lösung gibt.

Aufgaben

1. Im Beispiel auf Seite 169 wurde die Geschwindigkeit der Straßenbahn nach 0,25 min und nach 10 s mithilfe von Tangenten und Steigungsdreiecken ermittelt. Bei den Angaben m = 750 und m = 500 fehlt jedoch die Einheit.

a) Gib an, auf welche Einheit sich die Angaben m = 750 und m = 500 beziehen.

b) Gib die ermittelten Geschwindigkeiten in $\frac{\text{km}}{\text{h}}$ an.

c) Leite aus den Geschwindigkeiten nach 10 s und nach 0,25 min eine Vermutung ab, mit welcher Geschwindigkeit sich die Straßenbahn 5 s nach dem Anfahren im Punkt S bewegt.

2. Auf Seite 170 ist das Weg-Zeit-Diagramm für die Bewegungsvorgänge beim Weitsprung abgebildet.

a) Beschreibe die inhaltliche Bedeutung der Abschnitte zwischen S und A, zwischen A und L sowie hinter L mit eigenen Worten.

b) Erkläre, wie der Knick im Punkt L zustande kommt.

c) Vergleiche das Weg-Zeit-Diagramm mit deinen Erfahrungen im Weitsprung oder mit deinen Beobachtungen bei Fernsehübertragungen von Weitsprungwettbewerben. Finde heraus, wodurch sich der im Diagramm dargestellte Zusammenhang von der Realität unterscheidet.

3. Gegeben ist der Graph der Funktion $f(x) = \frac{1}{4}(x^3 + x)$.

a) Gib die Gleichungen der Tangenten a, b und c an.

b) Gib für die Ableitungsfunktion $y = f'(x)$ die Funktionswerte $f'(-2)$, $f'(0)$ und $f'(1)$ an.

c) Vergleiche den Verlauf des Graphen von f mit den Funktionswerten der Ableitungsfunktion. Beschreibe den Zusammenhang.

d) Stelle eine Vermutung über den Extrempunkt der Ableitungsfunktion auf.

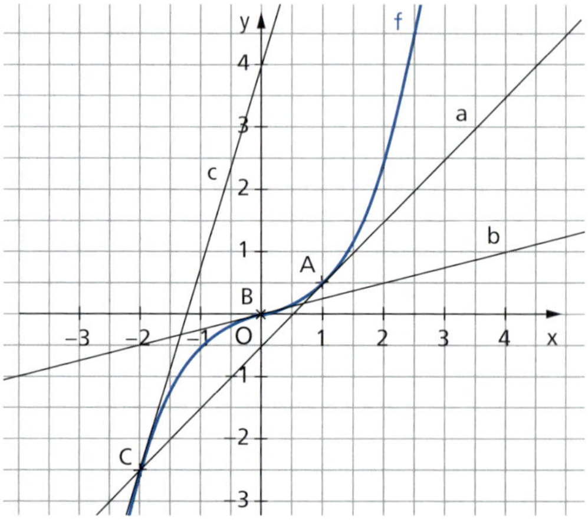

4. Bestimme zur Funktion $f(x) = x^2 + \frac{1}{4}$ die lokalen Änderungsraten an den Stellen $x = -1$, $x = 0$ und $x = 1$ auf rechnerische Weise.

5. Bestimme die Gleichungen der Wendetangenten an den Graphen der Sinusfunktion im Intervall $\left[-\frac{\pi}{2}; \frac{3\pi}{2}\right]$ durch Annäherung aus den Anstiegen von Sekanten.

6. Skizziert die Graphen der Funktionen $f(x) = x^2$, $g(x) = x^2 + 1$ und $h(x) = x^2 - 1$.

a) Bestimmt die Anstiege der Tangenten an die Funktionsgraphen für $x = -2$, $x = -1$, $x = 0$, $x = 1$ und $x = 2$. Vergleicht die Ergebnisse für die Funktionen f, g und h.

b) Formuliert eine Vermutung darüber, wie sich die Verschiebung einer Normalparabel in Richtung der y-Achse auf die Ableitung auswirkt. Begründet die Vermutung.

c) Verallgemeinere die Aussage aus Aufgabe b) auf eine Funktion $y = z(x)$, deren Graph in jedem Punkt eine eindeutige Tangente besitzt.
Beschreibe den Zusammenhang, der zwischen der Ableitungsfunktion $y = z'(x)$ und den Ableitungsfunktionen aller Funktionen der Form $z(x) + c$ $(c \in \mathbb{R})$ besteht.

7. Skizziere den Graphen einer Funktion f, der im Punkt $(0 \mid f(0))$ keine Tangente besitzt.

8. Skizziere den Graphen der Sinusfunktion $f(x) = \sin x$ im Intervall $[-0{,}5\pi, 2{,}5\pi]$.

a) Zeichne in den Punkten $(0 \mid f(0))$, $(0{,}25\pi \mid f(0{,}25\pi))$, $(0{,}5\pi \mid f(0{,}5\pi))$, …, $(2\pi \mid f(2\pi))$ die Tangente an den Graphen von f. Arbeite mit anderen Schülern zusammen.

b) Bestimme die Anstiege der Tangenten aus a).

c) Zeichne die Punkte $(x \mid f'(x))$ in das gleiche Koordinatensystem ein. Skizziere den Graphen der Ableitungsfunktion durch das Verbinden der Punkte.

d) Formuliere eine Vermutung über die Funktionsgleichung der Ableitungsfunktion.

9. Zeichne in ein Koordinatensystem einen Halbkreis mit dem Mittelpunkt $M(0 \mid 0)$ durch die Punkte $(5 \mid 0)$, $(0 \mid 5)$ und $(-5 \mid 0)$. Fasse den Halbkreis als Graphen einer Funktion h auf.

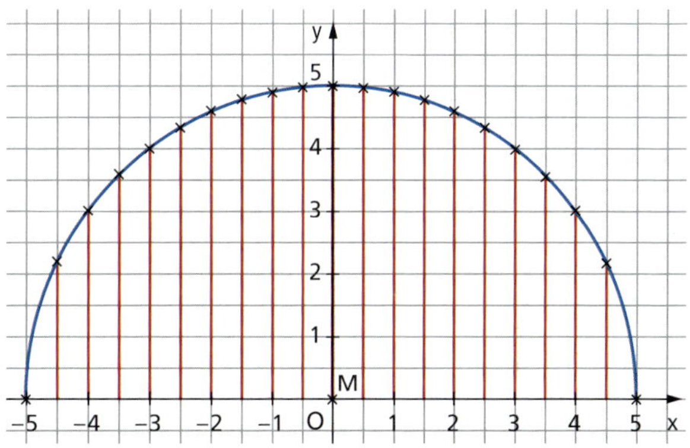

a) Gib den Definitionsbereich und den Wertebereich von h an.

b) Untersuche den Graphen auf Hoch-, Tief- und Wendepunkte.

c) Beschreibe das Krümmungsverhalten des Graphen.

d) Zeichne auf dem Halbkreis die Punkte $(-4{,}5 \mid h(-4{,}5))$, $(-4 \mid h(-4))$, …, $(4{,}5 \mid h(4{,}5))$ ein.

e) Konstruiere in den eingezeichneten Punkten jeweils die Tangente an den Halbkreis und bestimme ihren Anstieg. Erstelle eine Wertetabelle und trage die Anstiege der Tangenten ein. Arbeite mit anderen Schülern zusammen. Legt innerhalb der Gruppe fest, wer welche Tangenten konstruiert und den Anstieg bestimmt.

x	−4,5	−4	−3,5	−3	−2,5	−2	−1,5	−1	−0,5	0	0,5	1	1,5	2	2,5	3	3,5	4	4,5
h'(x)																			

f) Zeichne die Punkte der Zuordnung $x \rightarrow h'(x)$ in das Koordinatensystem ein.
Skizziere den Graphen der Ableitungsfunktion $h'(x)$ durch Verbinden der Punkte.

g) Untersuche den Graphen aus f) auf Symmetrie, Monotonie und Wendepunkte.

h) Begründe mithilfe der Tangensfunktion, dass für alle x mit $|x| < 5$ die Gleichung $h'(x) = -\frac{x}{h(x)}$ gilt.

6.3 Gemischte Aufgaben

1. Die Daten zu den folgenden Aussagen stammen aus einem statistischen Jahrbuch.

a) Die Arbeitslosenzahl im Land Brandenburg verringerte sich von 2003 bis 2007 von 244 703 auf 182 142. Berechne die mittlere Änderungsrate.

b) Der Index der Energiepreise stieg zwischen 2003 und 2007 von 87,5 % auf 112,7 %. Der Wert von 100 % bezieht sich auf das Preisniveau von 2005. Berechne die mittlere Änderungsrate für den Zeitraum 2003–2007 und schreibe einen Antwortsatz.

c) Die Energiepreise sind 2007 um 3,3 % gegenüber dem Vorjahr gestiegen. Entscheide, ob sich aus dieser Information die mittlere Änderungsrate der Energiepreise bestimmen lässt. Begründe deine Entscheidung.

2. Auf einem 20 km langen Autobahnabschnitt sind 100 $\frac{\text{km}}{\text{h}}$ als Höchstgeschwindigkeit vorgegeben. Nach 11,5 km führt die Polizei eine Radarkontrolle durch.

Das Weg-Zeit-Diagramm zeigt die Bewegung eines Pkw auf diesem Streckenabschnitt.

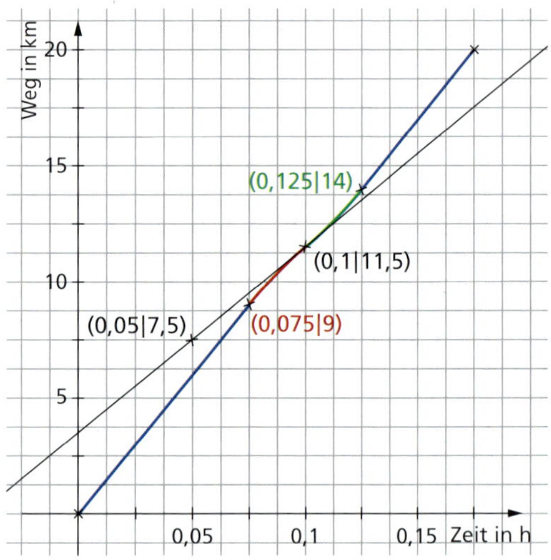

a) Beschreibe das Fahrverhalten des Fahrers anhand des Funktionsgraphen, ohne zu rechnen.

b) Entscheide, wie die Radarkontrolle für dieses Fahrzeug ausgeht. Begründe deine Entscheidung.

c) Untersuche, wie die Kontrolle für dieses Fahrzeug verläuft, wenn die Polizei mit einem neuen Verfahren anstelle der Momentangeschwindigkeit am Kilometer 11,5 die Durchschnittsgeschwindigkeit auf dem Abschnitt zwischen den Kilometern 0 und 20 ermittelt.

d) Der Sprecher eines Automobilverbandes äußert die Befürchtung, dass bei dem neuen Verfahren nicht alle Übertretungen der zulässigen Höchstgeschwindigkeit geahndet werden. Entscheide, ob diese Befürchtung gerechtfertigt ist, und begründe deine Entscheidung.

3. a) Gib für die Tangenten a, b und c jeweils den Anstieg an.

b) Untersuche den Funktionsgraphen von f und beschreibe den Zusammenhang zwischen den Punkten A, B und C und den Tangenten a, b und c.

c) Der Graph der Ableitungsfunktion von f ist blau dargestellt. Beschreibe den Zusammenhang zwischen den Nullstellen der Ableitungsfunktion und den Punkten A, B und C.

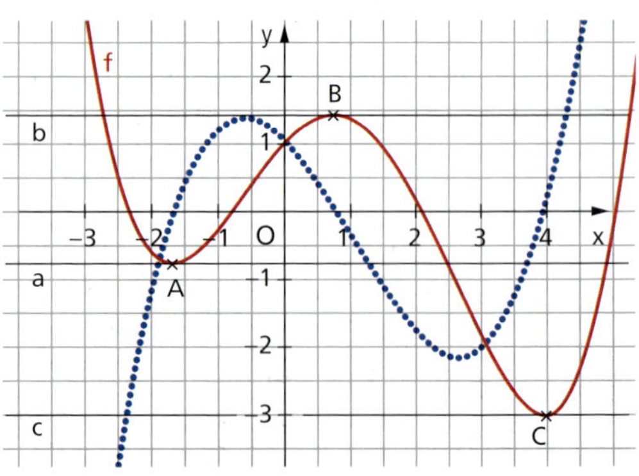

4. Entscheide zu den folgenden Beispielen, ob für den Kunden eine Rückzahlung mit konstanten jährlichen Raten oder mit konstanter jährlicher Tilgung geeignet ist.
Begründe deine Empfehlung.

a) Ein leitender Angestellter mit gutem Einkommen, 58 Jahre alt, benötigt einen Kredit von 4 000 € zum Kauf eines Bootes.

b) Eine junge Frau möchte einen Friseursalon eröffnen und braucht zusätzlich zu ihren Ersparnissen einen Kredit von 10 000 €.

c) Daniels großer Bruder arbeitet seit fünf Jahren in einem angesagten Friseursalon. Für den Kauf des Geschäfts vom jetzigen Inhaber möchte er einen Kredit aufnehmen.

5. Beim Radfahren verbraucht der Körper Energie.

a) Gib Bedingungen an, unter denen die Zuordnung der verbrauchten Energiemenge y zur zurückgelegten Strecke x keine lineare Funktion ist.

b) Gib in einem Satz die inhaltliche Bedeutung der mittleren Änderungsrate dieser Zuordnung bei einer Radtour von 25 km Länge an.

c) Gib in einem Satz die inhaltliche Bedeutung der lokalen Änderungsrate für x = 10 km an.

6. Ein Rennfahrer nähert sich mit gleichbleibend hoher Geschwindigkeit einer Kurve in einer Rennstrecke. Erst zu Beginn der Kurve bremst er sein Fahrzeug. Aufgrund des Fahrfehlers endet die Fahrt nach wenigen Augenblicken abrupt in einem Reifenstapel. Skizziere den Verlauf der Bewegung in einem Weg-Zeit-Diagramm.

7. Zum Erstellen der Planungsunterlagen für Pflasterarbeiten werden die Gleichungen für eine quadratische Funktion f und zwei lineare Funktionen g und h benötigt (siehe Beispiel auf S. 161).
In den Punkten A und B geht der Abschnitt der zu f gehörenden Parabel ohne Knick in die zu g und h gehörenden Geraden über.

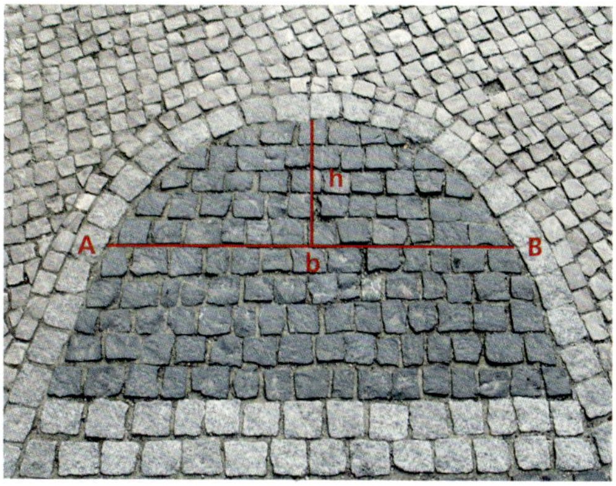

a) Bestimme für b = 1,75 m und h = 0,5 m die Gleichung der quadratischen Funktion f.

b) Erstelle einen Lösungsplan zum Bestimmen der Gleichungen von g und h.

c) Bestimme die Gleichungen von g und h zeichnerisch. Verwende gegebenenfalls ein dynamisches Geometrieprogramm.

d) Bestimme auf rechnerische Weise eine Näherungslösung mithilfe der Anstiege von Sekanten.

Teste dich selbst

1. Viele Flüsse zeichnen sich durch ein kurvenreiches Flussbett aus.

a) Berechne das durchschnittliche Gefälle eines Flusses auf einem Abschnitt von A nach B, wenn der Höhenunterschied zwischen beiden Orten 10 m beträgt und das Flussbett eine Länge von 7,6 km hat. Gib das Ergebnis als mittlere Änderungsrate und in Prozent an.

b) Berechne das Gefälle für den Fall, dass das Flussbett nach einer Begradigung nur noch 6,1 km lang ist.

2. Entscheide, ob die Aussagen wahr oder falsch sind. Begründe.

a) (1) Wenn eine Funktion f im Intervall [a; b] streng monoton wachsend ist, so ist ihre mittlere Änderungsrate in diesem Intervall positiv.

(2) Wenn die mittlere Änderungsrate einer Funktion f im Intervall [a; b] positiv ist, so ist die Funktion f in diesem Intervall streng monoton wachsend.

b) Formuliere eine wahre Aussage über die mittlere Änderungsrate einer im Intervall [a; b] streng monoton fallenden Funktion.

3. Gegeben ist die Funktion f mit der Gleichung $f(x) = -\frac{1}{8}x^3 + \frac{1}{2}x + 1$.

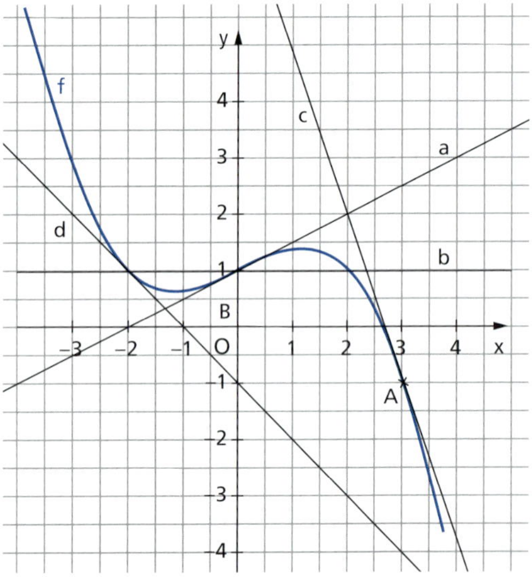

a) Berechne die mittleren Änderungsraten von f in den Intervallen [–3; 3] und [2; 3].

b) Bestimme eine Zahl $a > 0$ so, dass die mittlere Änderungsrate der Funktion f im Intervall [0; a] gleich –1,5 ist.

c) Bestimme die Gleichungen der dargestellten Geraden a, b, c und d.

d) Gib jeweils an, ob es sich um eine Sekante, eine Tangente oder eine Wendetangente handelt.

e) Gib folgende Funktionswerte der Ableitungsfunktion f' an:
$f'(-2)$; $f'(0)$; $f'(3)$

4. a) Skizziere die Bewegung des Schlittens beim Rodeln in einem Weg-Zeit-Diagramm.

b) Gib die inhaltliche Bedeutung des Wendepunktes im Funktionsgraphen aus a) und des Anstiegs der Wendetangente an.

5. a) Skizziere den Graphen der Funktion mit der Gleichung $f(x) = -\frac{1}{2}x^2 + 1$.

b) Bestimme zeichnerisch die lokalen Änderungsraten von f an den folgenden Stellen:
$x_1 = -2$, $x_2 = 0$ und $x_3 = 1$

c) Skizziere den Graphen der Ableitungsfunktion f' im gleichen Koordinatensystem.

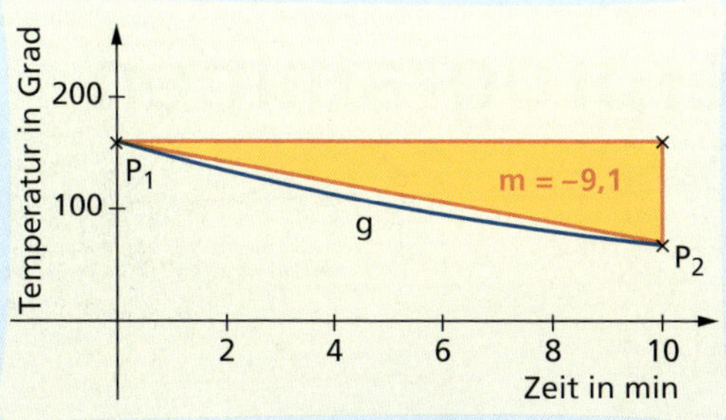

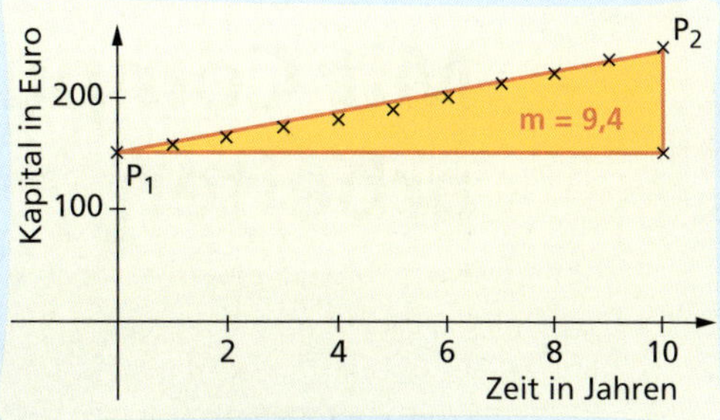

Änderungsraten von Funktionen

mittlere Änderungsraten

kontinuierliche Modelle

- Graph
- Gleichung: $g(x) = 20 + 140 \cdot 0{,}9^x$
- mittlere Änderungsrate: $m = \frac{g(10) - g(0)}{10 - 0} = -9{,}1$
- inhaltliche Bedeutung: Die Temperatur nimmt pro Minute durchschnittlich um 9,1° ab.

diskrete Modelle

- Graph
- Gleichung: $K_n = K_0 \cdot \left(1 + \frac{5}{100}\right)^n$
- mittlere Änderungsrate: $m = \frac{K_n - K_0}{10 - 0} = 9{,}4$
- inhaltliche Bedeutung: Das Kapital wächst pro Jahr durchschnittlich um 9,40 €.

lokale Änderungsraten

- Tangentengleichung im Punkt (1|1): $y = -2x + 3$
- lokale Änderungsrate an der Stelle x = 1: $f'(1) = -2$
- Wertetabelle der Ableitungsfunktion:

x	−2	−1	0,5	1	2
f'(x)	0,25	2	−16	−2	−0,25

- Funktionsgraph, Tangente, Punkte der Ableitungsfunktion

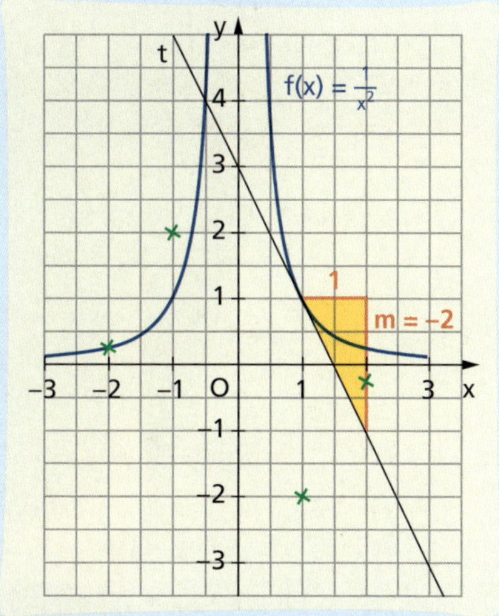

7

Mit Computerprogrammen arbeiten

Die Kurvenschar
Im Kapitel 4 haben wir Exponentialfunktionen der Form $y = b^x$ betrachtet und untersucht. Diese Untersuchung lässt sich mithilfe von Computeralgebrasystemen (CAS) sehr effektiv und anschaulich durchführen.
Beschreibe die Eigenschaften der Exponentialfunktionen, indem du für b geeignete Werte vorgibst und mittels CAS darstellen lässt.

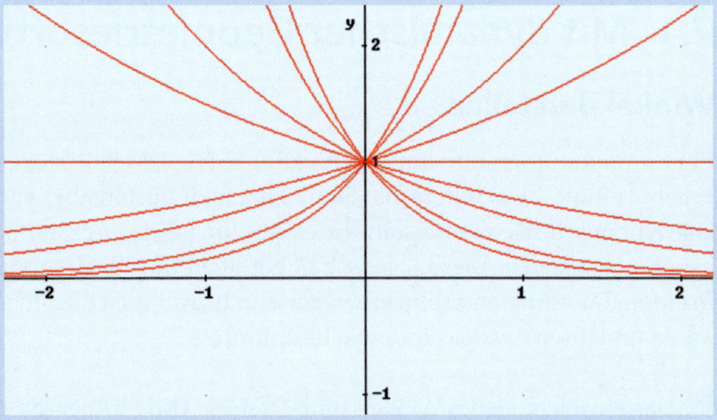

Der Bierschaumversuch
Mit einfachen Mitteln lässt sich die Höhe des Bierschaums in einem Glas über mehrere Minuten untersuchen. Dazu wird in einen Messzylinder Bier eingefüllt und in regelmäßigen Zeitabständen die Höhe des Bierschaums bestimmt.
Prüft experimentell, ob die Schaumhöhe exponentiell abnimmt.
Beschreibt die Bedingungen, die dieses Experiment beeinflussen können.
Wertet die Daten mittels Tabellenkalkulation rechnerisch und grafisch aus.

n	n^2	Zufallszahl
7348	53993104	9931
9931	98624761	6247
6247	39025009	0250
0250	00062500	0625
0625	00390625	3906
3906	15256836	2568

Das Quadratmittenverfahren
Hierbei handelt es sich um den historisch ältesten Algorithmus zur Erzeugung von Zufallszahlen. Dabei wird eine beliebige vierstellige Zahl quadriert. Aus dem achtstelligen Ergebnis (mit eventuell links aufgefüllten Nullen) werden die vier Ziffern in der Mitte entnommen. Diese Ziffern bilden die erste Zufallszahl und zugleich die neue Zahl für das Quadrieren.
Setze diesen Algorithmus mithilfe eines Computerprogramms um.

7.1 Mit dynamischer Geometriesoftware arbeiten

Winkel darstellen

Ein Computerprogramm muss so funktionieren, dass jede korrekte Eingabe zu einem eindeutigen Ergebnis führt. Zwei unterschiedliche Eingaben dürfen aber auch zum gleichen Ergebnis führen. Die dynamische Geometriesoftware GeoGebra besitzt für zahlreiche Objekte unterschiedliche Eingabemöglichkeiten. Diese Eigenschaft gilt nicht nur für Computerprogramme. So ist eine Gerade in einem Koordinatensystem entweder durch zwei verschiedene Punkte P und Q oder durch einen Punkt und ihren Anstieg eindeutig bestimmt.

Das Einzeichnen des Winkels α im Dreieck ABC ist über die Zeichenfläche mit dem Funktionsschalter *Winkel* oder über die Eingabezeile möglich. Der Winkel α ist durch die Strecken c und b oder durch die Punkte A, B und C eindeutig bestimmt. Damit α richtig dargestellt wird, ist erst c und dann b anzuklicken. Es gibt zwei Winkel, die von c und b eingeschlossen werden.

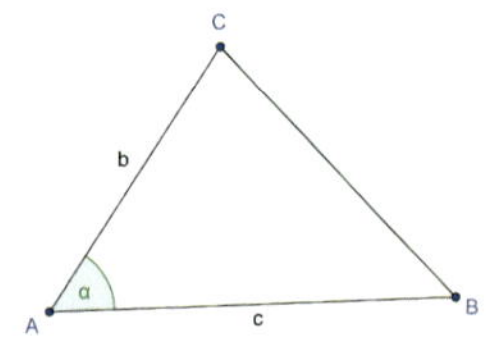

Das sind α und der Winkel mit der Größe $360° - \alpha$. Damit die Eindeutigkeit gewährleistet ist, muss beim Programmieren eine Drehrichtung vorgegeben werden. Hier ist es die dem Uhrzeigersinn entgegengesetzte Drehrichtung.
Mithilfe der Eingabezeile ergibt sich α durch den Befehl Winkel[B,A,C].

Ein Sonderfall ist der Befehl Winkel[A] für einen Punkt A auf der Zeichenfläche. Der so erzeugte Winkel α bezeichnet den Winkel, der zwischen der x-Achse und dem vom Koordinatenursprung durch A führenden Strahl eingeschlossen ist.

Tangenten an Kreise und Funktionsgraphen zeichnen

Die Konstruktion zum Zeichnen einer Tangente an einen Kreis im Punkt A umfasst folgende Schritte:

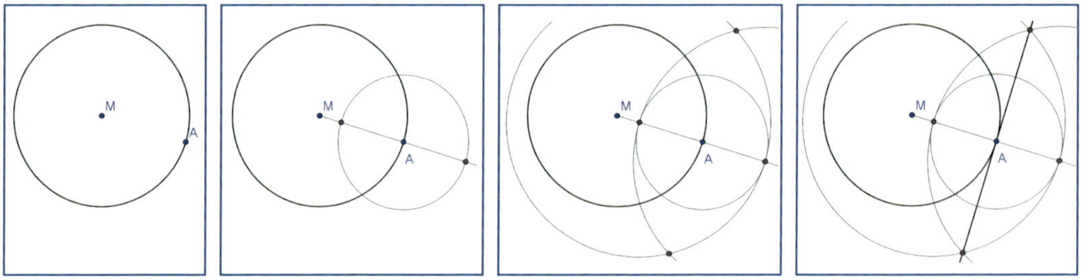

Ein Vorteil beim Nutzen von Computerprogrammen besteht darin, dass häufig auftretende Konstruktionen mit mehreren Einzelschritten durch das Verwenden von Befehlen „automatisiert“ und damit für den Nutzer weniger aufwendig sind.
Zum Zeichnen von Tangenten steht bei GeoGebra der Befehl *Tangente* zur Verfügung. Er dient sowohl zur Vereinfachung des Zeichnens von Tangenten an Kreise als auch zum Zeichnen von Tangenten an Funktionsgraphen.

Befehl	Inhaltliche Bedeutung
Tangente[A,c]	Der Befehl liefert die Tangente(n) durch den Punkt A an einen Kreis c.
Tangente[A,f]	A ist ein Punkt des Graphen einer Funktion f. Der Befehl liefert die Tangente an den Graphen von f im Punkt A.
Tangente[a,f]	Der Befehl liefert für eine Zahl a aus dem Definitionsbereich einer Funktion f die Tangente an den Graphen von f an der Stelle a, d. h. im Punkt (a| f(a)).

Grafisches Differenzieren mit GeoGebra

Unter der lokalen Änderungsrate einer Funktion f an einer Stelle x_0 ihres Definitionsbereiches versteht man den Anstieg der Tangente an den Graphen von f im Punkt $(x_0 \mid f(x_0))$ und bezeichnet sie mit $f'(x_0)$. Wenn die Zuordnung $x \to f'(x)$ eindeutig ist, heißt f' Ableitungsfunktion von f.
Das Bestimmen der lokalen Änderungsrate einer Funktion f in einem Punkt $A(x_0 \mid f(x_0))$ ihres Graphen umfasst daher die folgenden Schritte:

- Zeichnen der Tangente an den Graphen von f im Punkt $A(x_0 \mid f(x_0))$
- **Bestimmen des Anstiegs $f'(x_0)$ dieser Tangente**
- **Einzeichnen des Punktes $A'(x_0 \mid f'(x_0))$**

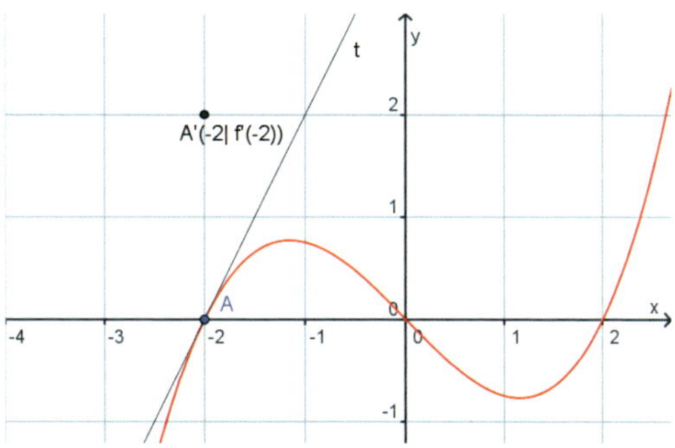

Ein Vorteil des Programms besteht darin, dass diese Schritte in einem Befehl zusammengefasst werden können:

A' = (x(A) | Steigung[Tangente[A,f]])

Um die Zuordnung $x \to f'(x)$ als Funktionsgraphen mit GeoGebra darzustellen, bietet es sich an, den Punkt A als Gleiter auf dem Funktionsgraphen von f einzuzeichnen, auf die Darstellung der Tangente zu verzichten und beim Punkt A' die Option *Spur anzeigen* zu aktivieren.

Aufgaben

Zusammenhänge in Dreiecken untersuchen

1. Öffne eine leere Zeichenfläche und zeichne drei freie Punkte A, B und C ein.

a) Verbinde A, B und C zum Dreieck ABC und zeichne im Dreieck alle Höhen ein.

b) Berechne die Verhältnisse
$v_a = (h_b : c) : a$, $v_b = (h_c : a) : b$ und $v_c = (h_a : b) : c$.
Der Befehl für v_a lautet: „v_a = „+(h_b/c)/a

c) Verschiebe A, B und C und beobachte die für die drei Verhältnisse angezeigten Werte.
Was lässt sich über die drei Verhältnisse aussagen?

d) Begründe die in c) formulierte Aussage.

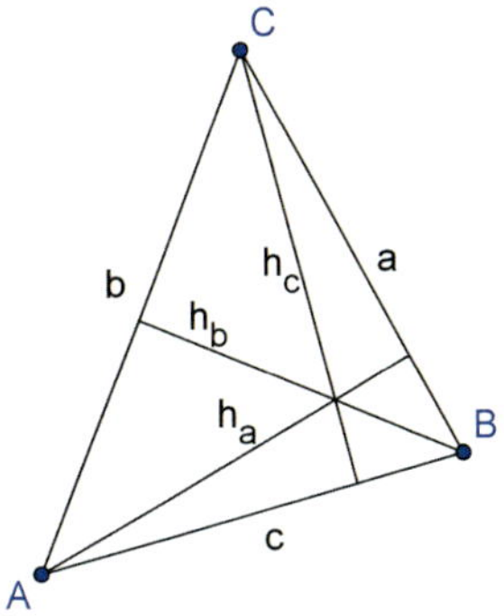

Trigonometrische Funktionen darstellen und untersuchen

2. Öffne eine leere Zeichenfläche und zeichne die Punkte A(0 | 0), B(1 | 0) und C(0 | 1) ein.

a) Trage in die Eingabezeile die folgenden Befehle ein und bestätige jeweils mit Enter:
c = Kreisbogen[A, B, C]; d = Kreisbogen[A, C, B]

b) Zeichne auf dem Kreisbogen c einen Punkt D ein. Verbinde D und A zu einer Strecke und zeichne den zwischen der x-Achse und der Strecke eingeschlossenen Winkel ein. Beim Verschieben darf sich D nur auf dem Kreisbogen c bewegen.

c) Führe mit D folgende Spiegelungen aus und bezeichne die Bildpunkte mit E, F und G:
- Spiegelung an der y-Achse
- Spiegelung am Koordinatenursprung
- Spiegelung an der x-Achse

Färbe D, E, F und G mit unterschiedlichen Farben ein.

d) Trage in die Eingabezeile die folgenden Befehle ein und bestätige jeweils mit Enter:
H=(Winkel[D]||y(D)); I=(Winkel[E]||y(E)); J=(Winkel[F]||y(F)); K=(Winkel[G]||y(G))
Färbe H, I, J und K ein, verwende die gleichen Farben wie bei D, E, F und G. Trage bei den Punkten H, I, J und K im Feld *Spur anzeigen* einen Haken ein. Verwende das Untermenü *Grundeinstellungen* im Menü *Eigenschaften.*

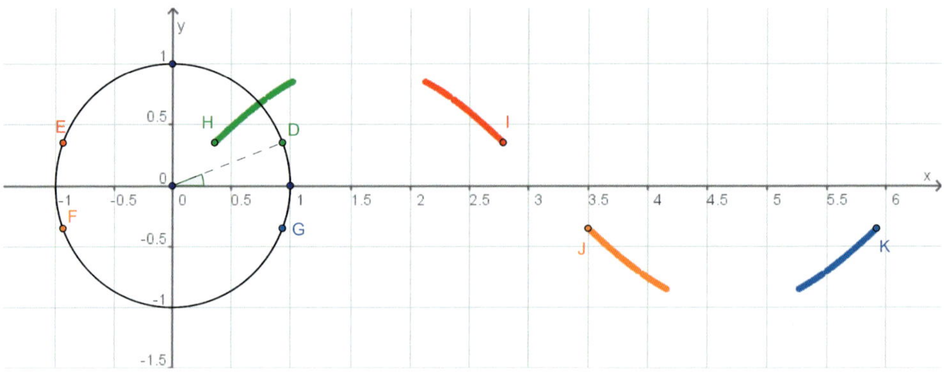

e) Verschiebe D und beobachte die Punkte H, I, J, K und ihre Spuren. Untersuche die Spuren der Punkte H, I, J und K auf Achsen- und Punktsymmetrie zueinander und notiere alle gefundenen Beziehungen.

f) Verändere die Datei durch Umdefinieren der Punkte H, I, J und K. Ersetze jeweils y durch x, z. B. (Winkel[D]||y(D)) → (Winkel[D]||x(D)). Bearbeite e) erneut mit der veränderten Datei.

Tangenten an Kreise und Funktionsgraphen zeichnen

3. An einen Kreis ist in einem Punkt A auf dem Kreis die Tangente anzulegen. Nenne die Schritte, die für diese Konstruktion erforderlich sind, in der richtigen Reihenfolge.

4. Öffne eine leere Zeichenfläche. Zeichne einen Punkt M und einen Kreis c um M mit dem Radius r = 3 cm. Zeichne einen freien Punkt A ein.

a) Trage in die Eingabezeile den Befehl Tangente[A,c] ein und bestätige mit Enter.

b) Verschiebe den freien Punkt A auf der Zeichenfläche. Beschreibe, welcher Zusammenhang zwischen der Lage von A und der Anzahl der angezeigten Tangenten sichtbar ist.

5. Öffne eine leere Zeichenfläche und stelle den Graphen der Funktion $f(x) = x^2$ dar.

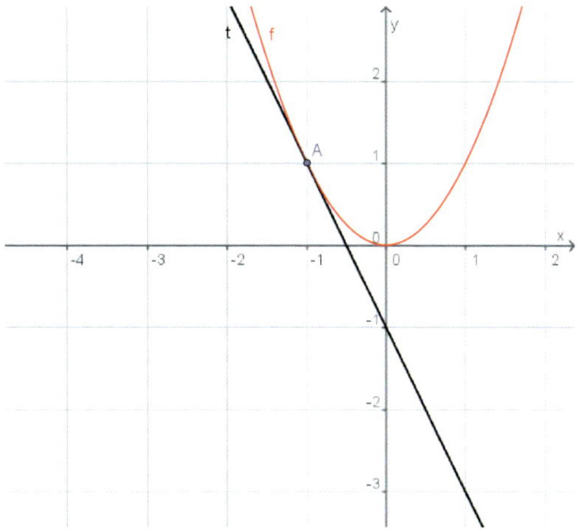

a) Zeichne auf der Normalparabel durch die Eingabe A=Punkt[f] den Punkt A ein.

b) Zeichne im Punkt A die Tangente an die Normalparabel ein.

c) Verschiebe A auf der Normalparabel. Achte dabei auf die Gleichung der „mitlaufenden" Tangente, die im Algebrafenster angezeigt wird.

d) Beschreibe den Zusammenhang zwischen dem Anstieg der „mitlaufenden" Tangente, dem Extrempunkt und dem Monotonieverhalten der Funktion.

e) Aktiviere bei der Tangente die Option *Spur anzeigen* und verschiebe A. Beschreibe das Bild, das durch die Spur der „mitlaufenden" Tangente erzeugt wird.

f) Klicke die Normalparabel mit der rechten Maustaste an. Verändere die Funktionsgleichung mittels der Option *Umdefinieren* so, dass die an der x-Achse gespiegelte Normalparabel angezeigt wird. Verschiebe A und beschreibe das Bild, das durch die Spur der „mitlaufenden" Tangente erzeugt wird.

g) Formuliere als Vermutung, welcher Zusammenhang zwischen der Spur der „mitlaufenden" Tangente und dem Krümmungsverhalten des Funktionsgraphen besteht.

6. Zeichne die Graphen der Funktionen $f(x) = \frac{1}{x}$ und $g(x) = -\frac{1}{x}$ in ein Koordinatensystem.

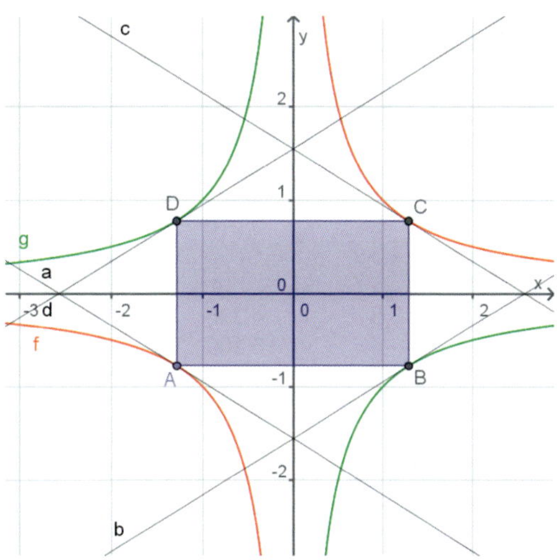

a) Zeichne folgende Punkte und Tangenten ein: A=Punkt[f]; a=Tangente[A,f]

b) Führe mit A die folgenden Spiegelungen aus, bezeichne die Bildpunkte mit B, C und D und verbinde sie zum Viereck:
- Spiegelung an der y-Achse,
- Spiegelung an (0 | 0) und
- Spiegelung an der x-Achse.

c) Zeichne in B, C und D die Tangente an den Graphen von f bzw. von g.

d) Verschiebe A und beobachte das Viereck ABCD und das aus den Tangenten gebildete Viereck. Welchen Vierecksarten sind die Vierecke zuzuordnen?

e) Für welche Position(en) von A ergeben sich zwei Quadrate? Bestimme für diesen Fall die Anstiege der Tangenten durch Ablesen aus der Zeichnung.

f) Verschiebe A erneut und achte auf den im Algebrafenster angezeigten Flächeninhalt des Vierecks ABCD. Formuliere eine Vermutung über den Flächeninhalt des Vierecks ABCD und begründe auf rechnerische Weise.

7.2 Tabellenkalkulationsprogramme nutzen

Tabellenkalkulationsprogramme eignen sich besonders für Aufgabenstellungen, bei denen Rechnungen mit verschiedenen Ausgangswerten wiederholt oder Zusammenhänge zwischen Größen tabellarisch erfasst werden sollen.
Beim Rechnen mit einer Kalkulationstabelle werden die Inhalte verschiedener Zellen über Rechenoperationen miteinander verknüpft. Dazu werden Formeln oder Operationen (beginnend mit einem Gleichheitszeichen) in den Zellen verankert, in denen das jeweilige Resultat stehen soll.

Es soll untersucht werden, ob eine Parabel der Form $y = ax^2 + b$ für $a = 0{,}5$ und $b = -2$ und eine Gerade der Form $y = mx + n$ für $m = 0{,}5$ und $n = 0$ im Intervall [0; 5] einander schneiden.
Die Parameter a, b, m, n werden allgemein und damit veränderbar vorgegeben.
Schrittfolge:

1. Anlegen der Tabelle mit allen Textelementen
2. Eintragen der Parameter und Vorgabe des Intervalls für die x-Werte (Spalte A)
3. Definieren der Zellenverknüpfungen für die y-Werte (Zellen B11 und C11)
4. Übertragen der Zellenverknüpfungen auf das gesamte Intervall
5. Grafische Darstellung beider Funktionen mithilfe eines Diagramm-Assistenten

	A	B	C	D	E
1	**Schnittpunkt von Parabel und Gerade**				
2					
3	Parabel:	$y = ax^2 + b$	mit	a	0,5
4				b	-2
5					
6	Gerade:	y = mx + n	mit	m	0,5
7				n	0
8					
9	**Wertetabelle:**				
10	x	y (Parabel)	y (Gerade)		
11	0	=$E$3*A11^2+$E$4			

Für das Beispiel ergeben sich Wertetabelle und grafische Darstellung wie folgt:

9	**Wertetabelle:**		
10	x	y (Parabel)	y (Gerade)
11	0	-2,000	0,000
12	0,5	-1,875	0,250
13	1	-1,500	0,500
14	1,5	-0,875	0,750
15	2	0,000	1,000
16	2,5	1,125	1,250
17	3	2,500	1,500
18	3,5	4,125	1,750
19	4	6,000	2,000
20	4,5	8,125	2,250
21	5	10,500	2,500

Grafische Darstellung:

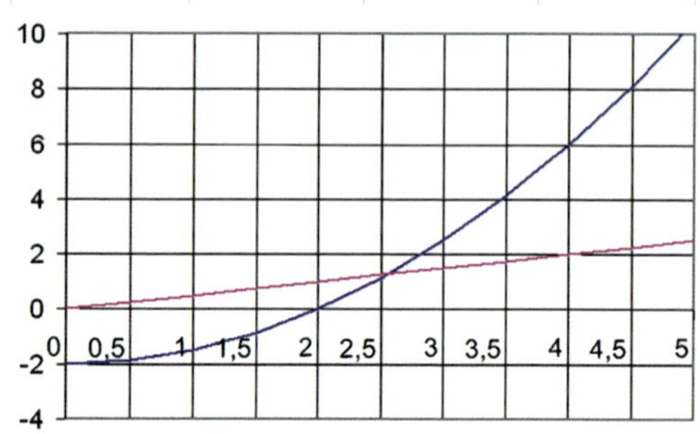

Den Wertetabellen und dem Diagramm ist zu entnehmen, dass es im Intervall [2,5; 3] einen Schnittpunkt gibt. Um seine Koordinaten zu erhalten, wird das Intervall [0; 5] „gezoomt", d. h., es wird eine Wertetabelle für das Teilintervall [2,5; 3] betrachtet. An der Stelle x = 2,56 haben Parabel und Gerade annähernd den y-Wert 1,28. Also hat der Schnittpunkt annähernd die Koordinaten (2,56 | 1,28).

23	**"Zoomen" des Intervalls [2,5; 3]:**		
24	x	y (Parabel)	y (Gerade)
25	2,5	1,125	1,250
26	2,51	1,150	1,255
27	2,52	1,175	1,260
28	2,53	1,200	1,265
29	2,54	1,226	1,270
30	2,55	1,251	1,275
31	2,56	1,277	1,280
32	2,57	1,302	1,285

Wachstumsvorgänge untersuchen

Wachstums- und Abnahmeprozesse, z. B. im Bankwesen, werden oft durch Tabellen beschrieben. Deshalb gehören Tabellenkalkulationen in diesen Bereichen zu den gebräuchlichen Arbeitsmitteln.

Das Wachstum eines Kapitals von 20 000 € soll für einen Zeitraum von zehn Jahren und einem Zinssatz von 2,25 % in einer Tabelle dargestellt werden. Die Zinsen werden dem Konto jährlich gutgeschrieben und dann mitverzinst. (Die Tabellenkalkulation wird so angelegt, dass das Anfangskapital K_0 und der Zinssatz p allgemein und damit veränderbar vorgegeben werden.)

◇	A	B	C	D	E
1	**Wachstum eines Anfangskapitals bei jährlichem Zinszuschlag**				
2					
3	Ein Anfangskapital K_0 wird jährlich mit p % verzinst.				
4	Das Endkapital K_n nach n Jahren ist zu ermitteln.				
5	In Abhängigkeit vom Zinsfreibetrag FB und dem Steuersatz S ist außerdem das				
6	Endkapital nach Steuern K_{nSt} zu ermitteln.				
7					
8	**Vorgaben**		**Ergebnisse**		
9	**Anfangskapital K_0**	20.000,00 €	**Jahr n**	**Endkapital K_n**	**Endkapital K_{nSt}**
10	**Zinssatz p %:**	2,25%	0	20.000,00 €	20.000,00 €
11	**Jahre n (1-20):**	9	1	20.450,00 €	20.337,50 €
12	**Freibetrag FB:**	0,00 €	2	20.910,13 €	20.680,70 €
13	**Steuersatz S:**	25,00%	3	21.380,60 €	21.029,68 €
14			4	21.861,67 €	21.384,56 €
15			5	22.353,55 €	21.745,42 €
16			6	22.856,51 €	22.112,38 €
17			7	23.370,78 €	22.485,52 €
18			8	23.896,62 €	22.864,97 €
19			9	24.434,30 €	23.250,81 €

Schrittfolge:

1. Anlegen der Tabelle (Textelemente)
2. Eintragen aller Vorgaben (Zahlen) einschließlich der Jahreszahlen

◇	C	D	E
8	**Ergebnisse**		
9	**Jahr n**	**Endkapital K_n**	**Endkapital K_{nSt}**
10	0	20.000,00 €	20.000,00 €
11	1	=$B$9*(1+$B$10)^C11	

3. Definieren der Zellenverknüpfungen (Formeln), z. B. für das Endkapital K_n (Zelle D11): $K_n = K_0\left(1 + \frac{p}{100}\right)^n$, also $B$9*(1 + $B$10)^C11
4. Übertragen der Formel auf die Ergebnisfelder der folgenden Jahre

Spalte E ermittelt das Endkapital „nach Steuern“, d. h. nach Abzug der zu zahlenden Kapitalertragssteuern. Dabei werden ein eventuell noch zur Verfügung stehender Freibetrag und ein persönlicher Steuersatz berücksichtigt. Mathematisch umgesetzt werden diese Bedingungen mithilfe der *WENN*-Funktion.

◇	A	B	C	D	E	F	G	H	I
8	**Vorgaben**		**Ergebnisse**						
9	**Anfangskapital K_0**	20.000,00 €	**Jahr n**	**Endkapital K_n**	**Endkapital K_{nSt}**				
10	**Zinssatz p %:**	2,25%	0	20.000,00 €	20.000,00 €				
11	**Jahre n (1-20):**	9	1	20.450,00 €	=WENN(E10*B$10>B$12;E10+(E10*B$10-B$12)*(1-B$13);E10+E10*B$10)				
12	**Freibetrag FB:**	0,00 €	2	20.910,13 €	WENN(Prüfung; [Dann_Wert]; [Sonst_Wert])				
13	**Steuersatz S:**	25,00%	3	21.380,60 €	21.029,68 €				

Simulation von Zufallsexperimenten

Tabellenkalkulationen und CAS eignen sich auch als Hilfsmittel zur Simulation realer Vorgänge. Mithilfe eines integrierten Zufallszahlengenerators ist es möglich, verschiedene Zufallsexperimente zu simulieren und mathematisch auszuwerten.

Eingaben zur Simulation von Zufallsexperimenten mit Excel

Erzeugen einer Zufallszahl aus dem Intervall $0 \leq Z < 1$: = *ZUFALLSZAHL ()*

Erzeugen einer Zufallszahl aus dem Intervall $0 \leq Z < m$: = *m · ZUFALLSZAHL ()*

Erzeugen einer Zufallszahl aus dem Intervall $1 \leq Z < m$: = *(m – 1) · ZUFALLSZAHL () + 1*

Erzeugen einer *ganzzahligen* Zufallszahl aus dem Intervall $1 \leq Z < m$
(Ziehen einer von m durchnummerierten Kugeln aus einer Urne): = *GANZZAHL(m · ZUFALLSZAHL() + 1)*

Erzeugen einer Zufallszahl aus der Zweiermenge {0; 1}
(Werfen einer Münze): = *GANZZAHL(2 · ZUFALLSZAHL ())*

Erzeugen einer Zufallszahl aus der Sechsermenge {1; 2; 3; 4; 5; 6}
(Werfen eines Würfels): = *GANZZAHL(6 · ZUFALLSZAHL() + 1)*

Mithilfe einer Tabellenkalkulation soll ein 10-maliger **Münzwurf** simuliert werden. Dabei ist die relative Häufigkeit für das Auftreten von „Wappen" und „Zahl" zu ermitteln.

	A	B	C	D
1	Simulation von Zufallsexperimenten: Werfen einer Münze			
2				
3	Wurf	Zufallszahl	Wappen	Zahl
4	1	0	1	0
5	2	1	0	1
6	3	0	1	0
7	4	1	0	1
8	5	0	1	0
9	6	0	1	0
10	7	1	0	1
11	8	1	0	1
12	9	1	0	1
13	10	0	1	0
14	Summe		5	5
15	relative Häufigkeit		0,5	0,5

Das Werfen einer Münze kann mithilfe der Zufallszahlen 0 und 1 simuliert werden, 0 stehe für „Wappen" und 1 für „Zahl".

Die anzulegende Kalkulationstabelle besteht aus vier Spalten. In Spalte A werden die Würfe fortlaufend nummeriert und in Spalte B die Zufallszahlen der Menge {0; 1} erzeugt.

Dazu wird in den Zellen B4 bis B13 eingetragen: =*GANZZAHL(2*ZUFALLSZAHL())*
In den Spalten C und D wird registriert, ob „Wappen" oder „Zahl" geworfen wurde. Hier bedeutet eine eingetragene 1 „geworfen" und eine eingetragene 0 „nicht geworfen".

Erzeugt werden diese Eintragungen in den Spalten C und D mithilfe einer sogenannten *WENN*-Funktion: *WENN(B4 = 0; 1; 0)* bedeutet, wenn in Zelle B4 die Zufallszahl 0 erscheint, wird eine 1 angezeigt, ansonsten eine 0.

Die Eintragung erfolgt in Zelle C4: =*WENN(B4 = 0; 1; 0)* und wird dann auf C5 bis C13 kopiert. Analog wird in Zelle D4: =WENN(B4 = 1; 1; 0) eingetragen und auf D5 bis D13 kopiert.

In den Zellen C14 und D14 wird gezählt, wie oft „Wappen" und „Zahl" geworfen wurden, in den Zellen C15 und D15 erfolgt die Berechnung der relativen Häufigkeiten.

Verwendet werden hierfür die Funktionen *SUMME* bzw. *MITTELWERT:*
Zelle C14: =*SUMME(C4:C13);* Zelle D14: =*SUMME(D4:D13);*
Zelle C15: =*MITTELWERT(C4:C13);* Zelle D15: =*MITTELWERT(D4:D13)*

Ist diese Kalkulationstabelle einmal angelegt, können mit der Taste F9 jederzeit zehn neue Würfe simuliert und ausgewertet werden.

Ein häufig verwendetes Zufallsexperiment ist das **Ziehen von Kugeln aus einer Urne.** Aus einer Urne mit zwölf weißen und acht schwarzen Kugeln sollen einzeln zehn Kugeln entnommen und sofort wieder zurückgelegt werden.
In Spalte A werden die Ziehungen fortlaufend gezählt und in Spalte B werden ganzzahlige Zufallszahlen der Menge {1; 20} erzeugt.
In den Spalten C und D wird erfasst, ob eine weiße bzw. eine schwarze Kugel gezogen wurde.

	A	B	C	D
1	**Simulation von Zufallsexperimenten: Ziehen von Kugeln aus einer Urne**			
2	(Die entnommene Kugel wird nach jeder Ziehung zurückgelegt.)			
3				
4	Anzahl weißer Kugeln:		12	
5	Anzahl schwarzer Kugeln:		8	
6	Ziehung	Zufallszahl	gezogene weiße Kugeln	gezogene schwarze Kugeln
7	1	19	0	1
8	2	12	1	0
9	3	9	1	0
10	4	18	0	1
11	5	2	1	0
12	6	3	1	0
13	7	18	0	1
14	8	1	1	0
15	9	6	1	0
16	10	8	1	0
17	Summe		7	3

Dazu müssen folgende Zellenverknüpfungen vorgenommen werden:
Zelle B7: =*GANZZAHL(($C$4 + $C$5)*ZUFALLSZAHL() + 1),* dann auf B8 bis B16 kopieren
Zelle C7: =*WENN(B7 <= $C$4; 1; 0),* dann auf C8 bis C16 kopieren
Zelle D7: =*WENN(B7 > $C$4; 1; 0),* dann auf D8 bis D16 kopieren

Gesetz der großen Zahlen

Auch mit einer Tabellenkalkulation kann eindrucksvoll nachgewiesen werden, dass die relative Häufigkeit für das Eintreten eines Ereignisses bei einer großen Anzahl von Versuchen stabil wird.
Untersucht wird das Auftreten einer „6“ bei 100 Würfen (Spalte A) mit einem regulären Würfel.
In Spalte B werden ganzzahlige Zufallszahlen der Menge {1; 2; 3; 4; 5; 6} erzeugt, in Spalte C wird mithilfe einer „*WENN*-Funktion“ registriert, ob eine „6“ gewürfelt wurde, in Spalte D wird die Anzahl der gewürfelten Sechsen fortlaufend addiert und in Spalte E werden die relativen Häufigkeiten für das Auftreten einer „6“ berechnet.

	A	B	C	D	E
1	**Werfen eines Würfels (Gesetz der großen Zahlen)**				
2					
3					
4	**Wurf**	**Zufallszahl**	**Werfen einer "6"**	**Summe**	**relative Häufigkeit**
5	1	2	0	0	0
6	2	5	0	0	0
7	3	6	1	1	0,33333333
8	4	3	0	1	0,25
9	5	4	0	1	0,2
10	6	3	0	1	0,16666667
11	7	6	1	2	0,28571429
12	8	4	0	2	0,25
13	9	4	0	2	0,22222222
99	95	6	1	16	0,16842105
100	96	6	1	17	0,17708333
101	97	4	0	17	0,17525773
102	98	4	0	17	0,17346939
103	99	4	0	17	0,17171717
104	100	3	0	17	0,17

Die Zellenverknüpfungen sind folgendermaßen vorzunehmen:
Zelle B5: =*GANZZAHL(6*ZUFALLSZAHL()+1)*
Zelle C5: =*WENN(B5 = 6; 1; 0)*
Zelle D5: =*C5*
Zelle D6: =*D5 + C6*
Zelle E5: =*D5/A5*

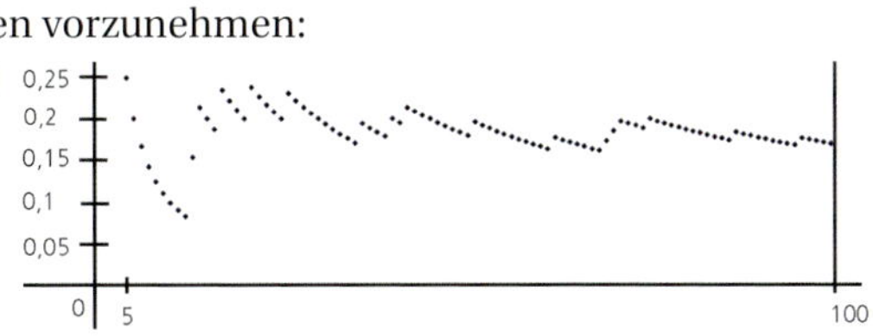

Spalte E und die grafische Darstellung der relativen Häufigkeiten von Spalte E zeigen sehr anschaulich, dass sich für eine große Anzahl von Würfen ein Wert von annähernd 0,17 einstellt. Mit Taste F9 kann die Versuchsreihe beliebig oft wiederholt werden. Obwohl das Diagramm stets einen anderen Verlauf zeigt, stellt sich immer eine relative Häufigkeit um 0,17 ein.

Aufgaben

1. Für Laborzwecke sollen verschiedene kegelförmige Trichter mit einem einheitlichen Radius von 1,7 cm hergestellt werden. Das Volumen des kleinsten Trichters soll 5 cm^3 betragen, das des größten 10 cm^3. Die Abstufungen dazwischen betragen jeweils 0,5 cm^3.
Wie groß sind die Mantellinien der einzelnen Trichter?
Stelle zur Lösung des Problems eine Kalkulationstabelle auf.

2. Stelle die Funktionen $f(x) = 2x^3$ und $g(x) = 8x + 5$ in ein und demselben Koordinatensystem grafisch dar und ermittle näherungsweise die Koordinaten der Schnittpunkte.
a) Verwende ein Tabellenkalkulationsprogramm.
b) Gib die Lösungen der Gleichung $2x^3 = 8x + 5$ als Näherungswerte an.

3. Stelle eine Kalkulationstabelle zum Ermitteln des Schnittpunkts einer Parabel $y = ax^2 + b$ und einer Geraden $y = mx + n$ für $x > 0$ auf und ermittle die Koordinaten des Schnittpunkts für die Parameter $a = -2$, $b = 4$, $m = \frac{1}{5}$ und $n = 2$.

4. Das Wachstum einer Geldanlage ist abhängig vom Zinssatz p und von der Dauer der Anlage. Erstelle für ein Anfangskapital von 1 € eine Tabelle für eine Laufzeit von 0 bis 20 Jahren und jährliche Zinssätze von 0,5 %, 1 %, 2,25 %, 3 % und 3,75 %. Die Zinsen werden dem Kapital jährlich zugeführt und dann mitverzinst.
Beantworte die folgenden Fragen mithilfe der erstellten Tabelle näherungsweise:
a) Nach wie vielen Jahren hat sich das Anfangskapital bei einem Zinssatz von 3 % verdoppelt?
b) Wie hoch muss der Zinssatz mindestens sein, damit sich eine Anlage nach zehn Jahren verdoppelt hat?
c) Wie hoch war das Anfangskapital, wenn bei einem Zinssatz von 3,75 % nach zwölf Jahren 18 000 € zur Verfügung stehen?

5. Jana bekommt zum 16. Geburtstag einen neu abgeschlossenen Bausparvertrag mit einer Bausparsumme von 10 000 € geschenkt. Dazu zahlen ihre Eltern zu Beginn eines jeden Jahres einen Betrag von 500 € ein. Das Guthaben wird jährlich mit 4 % verzinst, wobei die Zinsen dem Guthaben zugeführt und dann mitverzinst werden. Der Bausparvertrag kann in voller Höhe ausgezahlt werden, wenn 40 % der Bausparsumme angespart sind. (In Höhe der Differenz bis zur vollen Bausparsumme wird ein Bausparkredit gewährt, der in den folgenden Jahren zurückzuzahlen ist.)
Wie lange muss Jana mindestens warten, bis sie den Bausparvertrag zu diesen Bedingungen nutzen kann?

6. Simuliere mithilfe einer Tabellenkalkulation oder mithilfe eines CAS das 10-malige Werfen eines Würfels und ermittle die relative Häufigkeit für das Würfeln einer „1“.

7. Wiederhole die Simulation von Aufgabe 6 für 100 Würfe, 500 Würfe, 1000 Würfe und 3 000 Würfe. Wie hat sich die relative Häufigkeit für das Würfeln einer „1“ verändert? Begründe.
Hinweis bei Verwendung einer Tabellenkalkulation: Erstelle eine Tabelle für 100 Würfe, wiederhole die Berechnung mithilfe der Taste F9 entsprechend oft und berechne das arithmetische Mittel der relativen Häufigkeiten der einzelnen Simulationen.

8. Simuliere mithilfe einer Tabellenkalkulation das 500-malige Werfen einer Münze und ermittle die relative Häufigkeit für das Werfen von „Wappen“.

7.3 Mit einem CAS Sachverhalte darstellen und berechnen

Zu den modernsten und leistungsfähigsten Programmen, mit denen gerechnet oder gezeichnet werden kann, gehören die **Computeralgebrasysteme,** kurz **CAS** genannt. Der entscheidende Vorteil eines CAS liegt in der Fähigkeit, arithmetische Operationen auch auf Terme mit Variablen anwenden zu können. Erst dadurch ist es möglich, beliebige Termumformungen auszuführen und auch Gleichungen und Gleichungssysteme allgemein zu lösen.

Die im Beispiel auf Seite 184 mit einer Tabellenkalkulation bearbeitete Aufgabe lässt sich sowohl grafisch als auch rechnerisch mit einem CAS lösen.
Zur grafischen Lösung des Gleichungssystems

I $y = 0{,}5x^2 - 2$

II $y = 0{,}5x$

werden beide Funktionen grafisch dargestellt und die Koordinaten der Schnittpunkte abgelesen.

1. Beide Funktionsgleichungen werden in das Algebrafenster eingetragen und markiert.
2. Öffnen des 2-D-Grafikfensters mit der Schaltfläche und Anwenden der *Ausdruck-zeichnen*-Schaltfläche.
3. Die Koordinaten der Schnittpunkte können näherungsweise abgelesen werden. Die Ablesegenauigkeit kann durch Anwenden der ZOOM-Funktionen erhöht werden.
   Man erhält: $x_1 \approx -1{,}6$ $y_1 \approx -0{,}8$
   $x_2 \approx 2{,}6$ $y_2 \approx 1{,}3$

#1: $0.5 \cdot x^2 - 2$

#2: $0.5 \cdot x$

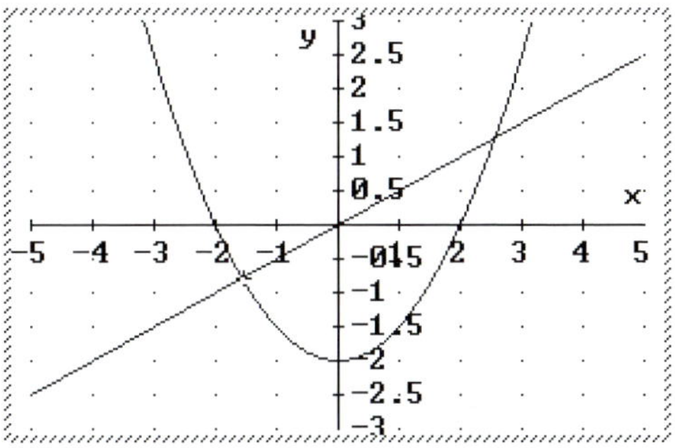

Dieselbe Aufgabe wird mit einem CAS rechnerisch bearbeitet, indem das Gleichungssystem oder die (durch Gleichsetzen entstandene) Gleichung $0{,}5x^2 - 2 = 0{,}5x$ gelöst wird.

Die Lösung des Gleichungssystems erhält man über das Menü *Lösen/System.*
Zum Lösen von Gleichungen besitzen die meisten CAS einen sogenannten *SOLVE*-Befehl.
Bei *Derive* wird dieser Befehl nach Eingabe der Gleichung mithilfe der Schaltfläche *Ausdruck lösen* ausgeführt. Als Ergebnis erhält man die x-Werte der vorhandenen Schnittpunkte. Um die y-Werte zu ermitteln, wird in einer der beiden Ausgangsgleichungen x durch die vorher ermittelten Werte ersetzt.
Man verwendet dazu die Schaltfläche SUB.

1. Lösen eines Gleichungssystems
#1: $y = 0{,}5 \cdot x^2 - 2$
#2: $y = 0{,}5 \cdot x$
#3: SOLVE($[y = 0{,}5 \cdot x^2 - 2,\ y = 0{,}5 \cdot x],\ [x, y]$)
#4: $[x = -1{,}56 \wedge y = -0{,}780,\ x = 2{,}56 \wedge y = 1{,}28]$
2. Lösen einer Gleichung
#5: $0{,}5 \cdot x^2 - 2 = 0{,}5 \cdot x$
#6: SOLVE($0{,}5 \cdot x^2 - 2 = 0{,}5 \cdot x,\ x$)
#7: $x = 2{,}56 \vee x = -1{,}56$
Berechnen der zugehörigen y-Werte
#8: $y = 0{,}5 \cdot x$
#9: $y = 1{,}28$
#10: $y = -0{,}78$

Auf beiden Wegen erhält man nach Runden die Schnittpunkte $S_1(-1{,}56 \mid -0{,}78)$ und $S_2(2{,}56 \mid 1{,}28)$.

Funktionale Zusammenhänge

Wachstumsprozesse veranschaulichen

Auch mit einem CAS ist es möglich, Wertetabellen zu erstellen, um so Wachstums- und Abnahmeprozesse genauer beschreiben zu können.

Sollen Aufgaben dieser Art mit *Derive* gelöst werden, lässt sich die Wertetabelle mit dem *Vektor*-Befehl aus dem Menü *Definieren* erzeugen:

#1 Eingabe des Funktionsterms
#2 Ersetzen von K0 = 20 000 und p = 2,25 in #1 mithilfe von SUB
#3 Aufrufen des *Vektor*-Befehls
#4 Als Ergebnis von #3 erscheint eine Liste der Funktionswerte

Soll eine Tabelle erscheinen, muss der *Vektor*-Befehl mit *Argument* und *Funktionsterm* (beides in eckiger Klammer) geschrieben werden:

#5 *VECTOR*([n,20000*(1+2.25/100)^n],n,0,10,1)
#6 Es erscheint die Wertetabelle.

#1: $K0 \cdot \left(1 + \frac{p}{100}\right)^n$

#2: $20000 \cdot \left(1 + \frac{2.25}{100}\right)^n$

#3: $\text{VECTOR}\left(20000 \cdot \left(1 + \frac{2.25}{100}\right)^n, n, 0, 10, 1\right)$

#4: $[2 \cdot 10^4, 2.045 \cdot 10^4, 2.0910125 \cdot 10^4, 2.138060281 \cdot 104, 2.186166637 \cdot 10^4, 2.235355386 \cdot 10^4, 2.337078027 \cdot 10^4, 2.389662283 \cdot 10^4, 2.443429685 \cdot 10^4, 2.498406852 \cdot 10^4]$

#5: $\text{VECTOR}\left(\left[n, 20000 \cdot 1\left(1 + \frac{2.25}{100}\right)^n\right], n, 0, 10, 1\right)$

#6:

0	$2 \cdot 10^4$
1	$2.045 \cdot 10^4$
2	$2.0910125 \cdot 10^4$
3	$2.138060281 \cdot 10^4$
4	$2.186166637 \cdot 10^4$
5	$2.235355386 \cdot 10^4$

Winkelfunktionen analysieren

Computeralgebrasysteme verarbeiten Winkelangaben standardmäßig im Bogenmaß. Soll ein Winkel im Gradmaß verwendet werden, ist der Zahlenwert des Winkels mit dem Gradsymbol (°) oder der Variablen *deg* zu versehen. Da beide Symbole vom CAS als Umrechnungskonstante $\frac{\pi}{180}$ interpretiert werden, setzt das System zwischen Zahlenwert und dem Gradsymbol (°) das Malzeichen. So wird die bekannte Umrechnung $b = \frac{\pi}{180} \cdot \alpha$ in *Derive* durch die Eingabe $b = \alpha°$ bzw. $b = \alpha\,deg$ ausgeführt. Für die Umrechnung von Bogen- in Gradmaß gilt die Beziehung $\alpha = \frac{180}{\pi} \cdot b$. Die Eingabe in *Derive* erfolgt demzufolge durch $\alpha = \frac{1}{deg} \cdot b$ bzw. $\alpha = \frac{1}{°} \cdot b$.

Aufgabe	Eingabe	Ausgabe
Umrechnung von Grad- in Bogenmaß	b = 30° bzw. b = 30 deg	$b = \frac{\pi}{6}$ (exakt) oder b = 0.523597755 (approx.)
Umrechnung von Bogen- in Gradmaß	$\alpha = \frac{1}{°} \cdot \pi$ bzw. $\alpha = \frac{1}{deg} \cdot \pi$ $\alpha = \frac{1}{°} \cdot 0{,}6$ bzw. $\alpha = \frac{1}{deg} \cdot 0{,}6$	α = 180° α = 34.37746770° (approx.)

Sollen Winkel *grundsätzlich* im Gradmaß und ohne Gradsymbol verwendet werden, kann der Modus im Menü *Definieren>Vereinfachungsoptionen>Winkel* verändert werden. Die Eingabe von SIN, COS, TAN erfolgt über die Tastatur. *Derive* erkennt die Eingaben als Funktionsnamen und schreibt sie sofort groß.
Mithilfe des *SOLVE*-Befehls können auch kompliziertere trigonometrische Gleichungen gelöst werden, ohne dass vorher Substitutionen oder andere Umformungen vorgenommen werden.

Gesucht sind die Lösungen der Gleichung $\sin^2 x = \cos(2x)$ im Intervall $[0; 2\pi]$.

Eine Aussage über die Anzahl der Lösungen und ihre ungefähren Werte erhält man aus der grafischen Darstellung der Funktionen $y = \sin^2 x$ und $y = \cos(2x)$.
Die x-Werte ihrer Schnittpunkte sind Näherungswerte der gesuchten Lösungen. Bei der grafischen Darstellung von Winkelfunktionen ist zu beachten, dass die x-Achse durch Vielfache von π eingeteilt ist.
Dazu wird in *Extras/Anzeige-Optionen/Achsen* als *Horizontale Skalierung* π eingetragen.

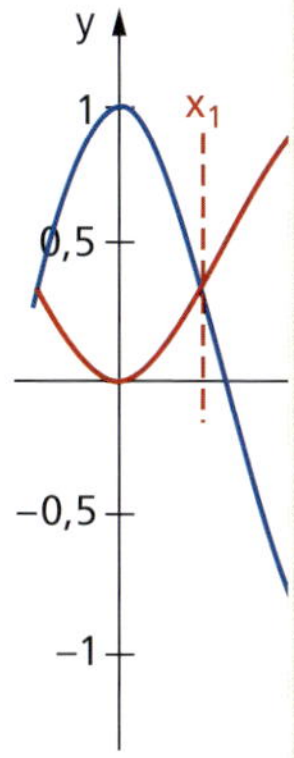

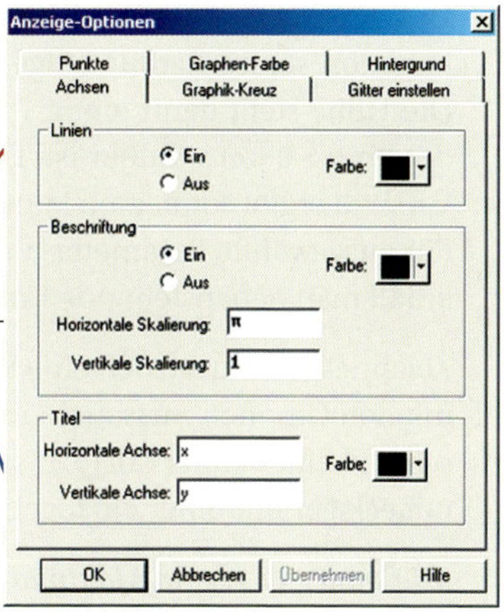

Die Berechnung der x-Werte erfolgt über *SOLVE*(SIN(x)^2 = COS(2 · x), x).
Diese Eingabe liefert im *approx-Modus* $x = -0.6154797086 \vee x = 0.6154797086 \vee x = 2.526112944$.
Demzufolge lauten die Lösungen für das vorgegebene Intervall näherungsweise:
$x_1 \approx 0{,}6155$; $x_2 = \pi - x_1 \approx 2{,}5261$; $x_3 = \pi + x_1 \approx 3{,}7571$; $x_4 = 2\pi - x_1 \approx 5{,}6677$

Funktionsscharen darstellen – Parameter untersuchen

Grafische Darstellungen von Funktionsscharen sind geeignete Ausgangspunkte, um Eigenschaften von Funktionsklassen zu untersuchen oder auch um spezielle Probleme zu lösen. So bereitet das Lösen von Gleichungen kaum Schwierigkeiten, wenn ein CAS zur Verfügung steht. Hat man dagegen lediglich ein numerisches Hilfsmittel oder einen Funktionsplotter zur Hand, lassen sich Gleichungen mit mehreren Variablen nicht mehr bearbeiten. Auch hier können Kenntnisse über Kurvenscharen weiterhelfen.

Aus der grafischen Darstellung der Funktion f mit $y = 3^x$, $x \in \mathbb{R}$ lässt sich sehr schnell ableiten, dass f streng monoton wachsend ist, der Wertebereich die Menge der positiven reellen Zahlen $\mathbb{R}^+$ ist und sich der Graph von f für immer kleiner werdende x-Werte an die x-Achse anschmiegt.
Wie verhält sich die Exponentialfunktion $y = b^x$ für andere Werte von b?

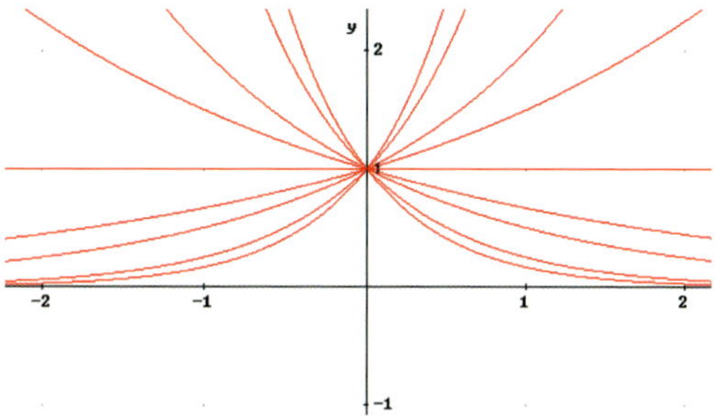

Um die Kurvenschar für speziell auszuwählende Werte von b darzustellen, können die Parameter auch in einer eckigen Klammer direkt in den *Vector*-Befehl eingegeben werden.
So liefert der Befehl *VECTOR*$\left(b^x, b, \left[\frac{1}{6}, \frac{1}{4}, \frac{1}{2}, \frac{2}{3}, 1, \frac{3}{2}, 2, 4, 6\right]\right)$ die Funktionenschar
$f_b(x) = b^x$ für $b \in \left\{\frac{1}{6}, \frac{1}{4}, \frac{1}{2}, \frac{2}{3}, 1, \frac{3}{2}, 2, 4, 6\right\}$.
Gesuchte Eigenschaften können nun – eventuell nach weiterem Experimentieren mit Teilmengen dieser Schar – abgeleitet werden.

Das Volumen eines Kreiskegels kann als Funktion seines Radius aufgefasst werden. Die Höhe stellt dann einen Parameter dar, der für $h > 0$ frei wählbar ist. Die Gleichung $V = \frac{\pi}{3} r^2 h$ ergibt somit eine Funktionsschar. Für ausgewählte Parameter $h \in \{1, 2, 3, 4, 5\}$ erhält man nebenstehende Kurvenschar.

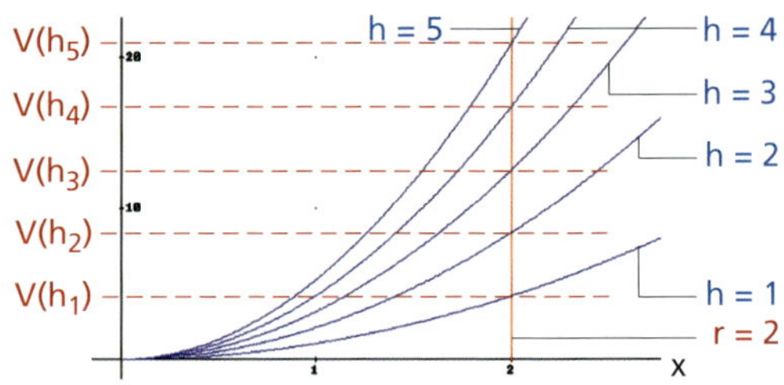

Zeichnet man zusätzlich eine Parallele zur y-Achse ein, so ergeben die einzelnen Schnittpunkte mit den Graphen Aussagen über das Volumen bei dem gewählten Radius. Soll die Funktionsschar in einem Intervall (z. B. [0; 4]) dargestellt werden, ist der *VECTOR*-Befehl in Kombination mit eckiger Klammer einzugeben: *VECTOR*([r, $\frac{\pi}{3}$r²h],h,1,5,1).

Minimaler Wert und *Maximaler Wert* des Darstellungsbereichs werden jetzt für jede Funktion einzeln festgelegt.

Zufallsexperimente simulieren

Mithilfe eines CAS können reale Vorgänge simuliert und mathematisch ausgewertet werden.

Simulation von Zufallsexperimenten mit Derive	Eingabe
Erzeugen einer ganzzahligen Zufallszahl aus dem Intervall $0 \leq Z < n$ mit $n > 1$	RANDOM(n)
Werfen einer Münze mit 1 für Zahl und 0 für Wappen	RANDOM(2)
Werfen eines Würfels	1 + RANDOM(6)
Ziehen einer Kugel aus einer Urne (Die Kugeln in der Urne sind von 1 bis n durchnummeriert.)	1 + RANDOM(n)

Um nachzuweisen, dass die relative Häufigkeit für das Eintreten eines Ereignisses ein Maß für dessen Wahrscheinlichkeit ist, soll ein Würfel 1000-mal geworfen und das Auftreten einer „6" registriert werden. Anstatt die *Random*-Funktion 1000-mal nacheinander ausführen zu müssen, kann die *Vektor*-Funktion verwendet werden. Der Befehl *VECTOR(1+RANDOM(6),i,1,1000)* stellt die 1000 Zufallszahlen als Liste dar.

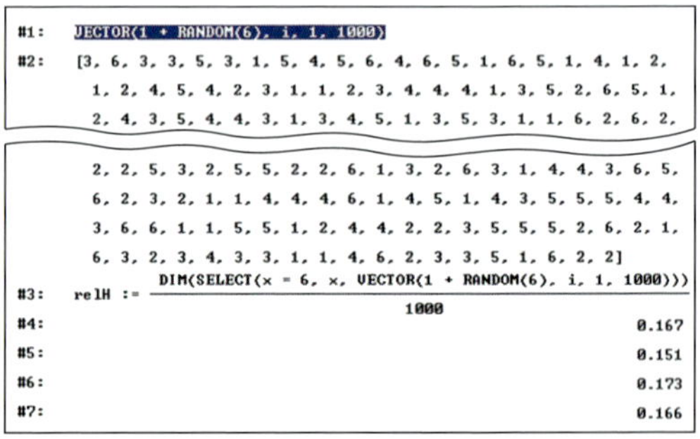

Nun kann die Anzahl der „gewürfelten" Sechsen ermittelt und die relative Häufigkeit berechnet werden. Effektiver ist es aber, eine spezielle Funktion *relH* (**rel**ative **H**äufigkeiten) zu definieren, die das Eintreten einer „6" bei 1000 Würfen in einem Schritt ermittelt:
relH:=DIM(SELECT(x=6,x,VECTOR(1+RANDOM(6),i,1,1000)))/1000)
(Der *SELECT*-Befehl „sortiert" die „gewürfelten" Sechsen aus, der *DIM*-Befehl zählt sie.)

Das Ergebnis wird auch bei Wiederholung stets ein Wert um 0,17 sein. Die so ermittelte relative Häufigkeit stimmt näherungsweise mit der Wahrscheinlichkeit für das Eintreten einer „6" überein, denn nach der Laplace-Regel gilt: $P = \frac{\text{Anzahl der für das Ereignis günstigen Ergebnisse}}{\text{Anzahl der für das Ereignis möglichen Ergebnisse}} = \frac{1}{6} \approx 0{,}1\overline{6}$

Kombinatorische Zählverfahren verwenden

Die Wahrscheinlichkeit P, mit der ein Ereignis E eintritt, lässt sich ermitteln, indem der Quotient aus der Anzahl der für dieses Ereignis günstigen Fälle g und der Anzahl der dafür möglichen Fälle m berechnet wird. Es gilt: $P(E) = \frac{g}{m}$
Sofern sich eine solche Anzahl g oder m mithilfe von Formeln ermitteln lässt, kann hierfür auch ein CAS verwendet werden. Diese Formeln stehen in der Regel auch als im System vordefinierte Funktion zur Verfügung. Meist genügt es, folgende Fälle zu unterscheiden:

	CAS *Derive*
Permutationen $P_n = 1 \cdot 2 \cdot 3 \cdot \ldots \cdot n$	*n*!
Variationen $V_n^k = \frac{n!}{(n-k)!}$	PERM(*n*,*k*)
Kombinationen $C_n^k = \binom{n}{k} = \frac{n!}{k!(n-k)!}$	COMB(*n*,*k*)

Beim Galopprennen um den „Großen Preis von Berlin" waren elf Pferde am Start. Katrin und Dirk haben zu diesem Rennen ihre Wetten abgegeben. Während Katrin sich in ihrer Wette auf die genaue Reihenfolge der ersten zwei einlaufenden Pferde festlegt und eine Zweierwette abschließt, schließt Dirk eine Platzwette ab. Das von ihm favorisierte Pferd muss demnach lediglich unter den ersten drei Pferden sein.

Wie groß sind die Wahrscheinlichkeiten, dass Katrin und Dirk ihre Wette gewinnen?
Beide Wetten erfolgen unter der Voraussetzung, dass jeder Platz für jedes Pferd gleich wahrscheinlich ist.
Dirk gewinnt seine Platzwette, wenn „sein" Pferd die Plätze 1, 2 oder 3 belegt.
Es gilt also $g(E) = 3$. Möglich sind bei elf teilnehmenden Pferden $m(E) = 11$ verschiedene Plätze.
Also beträgt die Wahrscheinlichkeit, dass Dirk seine Wette gewinnt, $P(E) = \frac{3}{11} \approx 0{,}27$.

Für Katrins Zweierwette sollen verschiedene Lösungswege gezeigt werden.

1. Für den ersten Platz sind elf Pferde möglich und ein Pferd günstig;
   für den zweiten Platz sind zehn Pferde möglich und ein Pferd günstig.
   Daraus folgt für die Wahrscheinlichkeit: $P(E) = \frac{g(E)}{m(E)} = \frac{1}{11} \cdot \frac{1}{10} = \frac{1}{110} \approx 0{,}009091$

2. Die Anzahl der *möglichen Einläufe* ist die Anzahl der Permutationen von elf Pferden, also: $m(E) = 11!$
   Da die Plätze 1 und 2 durch Katrins Tipp festgelegt sind, können nur noch die Plätze 3 bis 11 variieren. Die Anzahl der für den Wettgewinn günstigen Einlauftipps wird demnach durch die Permutationen von neun Pferden bestimmt, es gilt: $g(E) = 9!$
   Die Wahrscheinlichkeit, dass Katrin ihre Zweierwette gewinnt, beträgt demzufolge
   $P(E) = \frac{g(E)}{m(E)} = \frac{9!}{11!} = \frac{1}{10 \cdot 11} \approx 0{,}009091.$

Aufgaben

1. Ermittle die Lösungen der folgenden Gleichungen näherungsweise:

a) $\frac{1}{2}x^4 - 2x = 2$ b) $\frac{1}{10}x^3 - 2x^2 + 9x + 10 = 0$ c) $\sqrt{x + 2} - 3 = 0$

2. Von einer quadratischen Funktion $f(x) = ax^2 + bx + c$ sind die Nullstellen $x_1 = 1$ und $x_2 = 5$ bekannt. Außerdem schneidet der Funktionsgraph die y-Achse bei $y = 2$.
Wie lautet die Funktionsgleichung?

3. Von einer Funktion der Form $f(x) = ax^3$ ist nebenstehende Wertetabelle bekannt.
Wie lautet die Funktionsgleichung?

x	0	1	2	3	4	5
f(x)	0	2,5	20	67,5	160	312,5

4. Erzeuge die nebenstehenden Abbildungen mit einem Funktionsplotter.
Nutze für den Kobold lineare und quadratische Funktionen und für die Blume verschiedene Potenzfunktionen.
Protokolliere die verwendeten Funktionen.

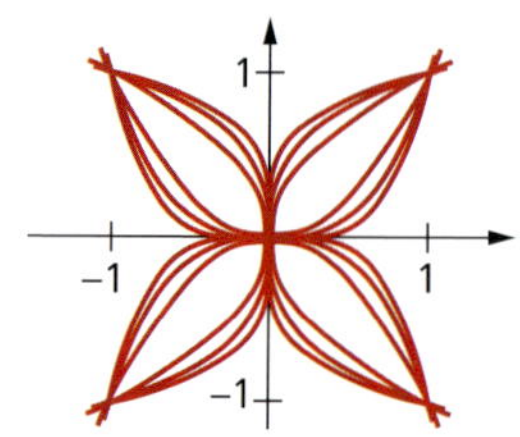

5. Ermittle grafisch die Nullstellen und die Koordinaten der Extrempunkte folgender Funktionen.

a) $y = x^2 + 3x - 10$ b) $y = \frac{1}{2}(-x^2 + 3x + 5)$ c) $y = (x - 0{,}8)^3 + x$

6. Das Volumen V einer Kugel kann als Funktion vom Radius r aufgefasst werden.
Stelle eine Funktionsgleichung auf und zeichne den Funktionsgraphen für $0\text{ cm} \le r \le 5\text{ cm}$.

7. Einem halbkugelförmigen Hohlkörper mit dem Radius $r = 6$ cm soll ein Zylinder eingesetzt werden. Wie groß sind Radius und Höhe des Zylinders zu wählen, damit sein Volumen einen größtmöglichen Wert annimmt?
Stelle dazu die Gleichung einer Funktion auf, sodass das Volumen des Zylinders nur von dessen Höhe abhängt, und löse das Problem grafisch.

8. Stelle die Funktionen $y = 2^x$, $y = 3^x$ und $y = 10^x$ grafisch dar und leite daraus Eigenschaften der Funktionen $y = a^x$ ab.

9. Durch Verschieben des Funktionsgraphen von $y = f_1(x) = 2^x$ in horizontaler oder vertikaler Richtung entstehen die Funktionen f_2 bis f_5.
Ermittle die Gleichungen der Funktionen.

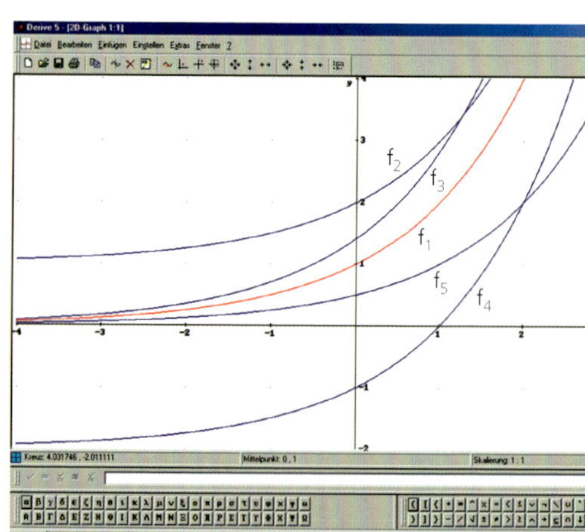

10. Überprüfe, ob die folgenden Messdaten ein exponentielles Wachstum beschreiben.
Stelle die Messpunkte grafisch dar und überprüfe durch Rechnung, ob sie der Funktion $y = ab^t$ genügen.

Zeit t	1	3	5	7	8	10	12
Anzahl	1	4	16	64	128	512	2048

11. Stelle die Funktionen $y = \sin(bx)$ für verschiedene Werte von b grafisch dar und trage Gemeinsamkeiten und Unterschiede dieser Funktionen zusammen.

12. Durch Addition der Funktionen $f_1(x) = 2\sin x$ und $f_2(x) = \sin(3x)$ entsteht die Funktion f_3. Zeichne die Graphen der Funktionen im Intervall $[-2\pi; 2\pi]$ und vergleiche ihre Eigenschaften.

13. Überprüfe, welche der folgenden vier Abbildungen eine grafische Darstellung der Funktion $y = x^2 + 0{,}5 \cdot \sin 5x$ sein könnte.

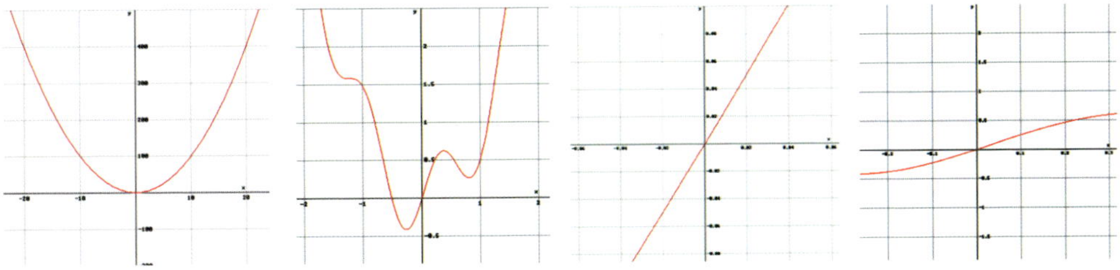

14. Ermittle die Lösungen der Gleichungen näherungsweise mithilfe grafischer Darstellungen.

a) $\cos(x+1) = 0{,}5,\ 0 \le x \le 2\pi$ b) $\sin\left(\frac{1}{2}x\right) = \tan x,\ 0 \le x \le \pi$ c) $\sin x = \frac{1}{2}x,\ x \in \mathbb{R}$

15. Löse folgende Gleichungen für den Grundbereich $0 \le x \le 2\pi$.

a) $\sin x = -0{,}5$ b) $\sin x + 2\cos x \sin x = 0$ c) $\tan\left(x - \frac{\pi}{6}\right) = \sqrt{3}$

16. Wird ein Federschwinger aus seiner Ruhelage gebracht, so führt er Schwingungen aus. Kann eine Reibung mit seiner Umgebung vermieden werden, so ist die Schwingung ungedämpft. Die Auslenkung einer solchen harmonischen Schwingung lässt sich durch die Funktion $y(t) = y_{max} \cdot \sin(\omega t)$ beschreiben. (t ist die Zeit, y_{max} die maximale Auslenkung, ω die Kreisfrequenz und f die Frequenz; es gilt $\omega = 2\pi f$)

a) Stelle die Funktion für f = 0,6 Hz und y_{max} = 12 cm dar.

b) Wie groß ist die Auslenkung nach drei Sekunden?

c) Wie lange dauert es, bis der Schwinger zum dritten Mal den oberen Umkehrpunkt erreicht?

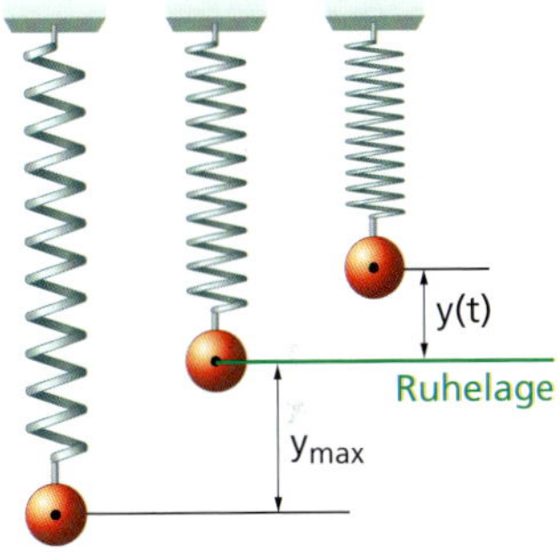

17. Durch die Abbildung ist eine Schar linearer Funktionen gegeben.

a) Bestimme die Gleichung jeder einzelnen dargestellten Funktion.

b) Stelle eine Gleichung der Funktionenschar f_k auf und stelle die Schar mit einem CAS grafisch dar. Vergleiche mit der Lehrbuchabbildung, korrigiere gegebenenfalls deine Gleichung und überprüfe erneut.

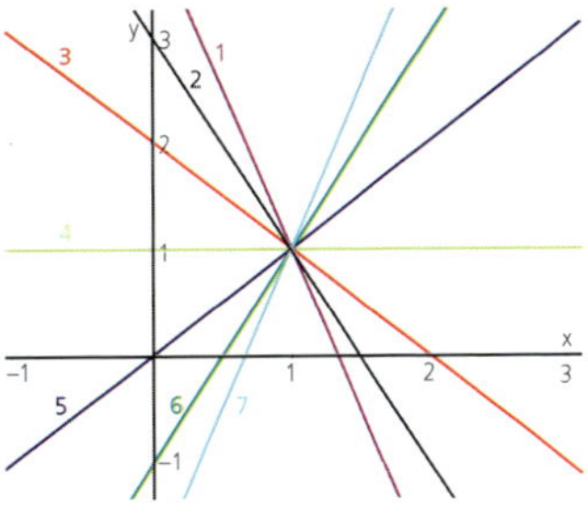

18. Erstelle für die in den Aufgaben a) bis f) beschriebenen Funktionen jeweils eine Übersicht. Zeichne dazu verschiedene Funktionsscharen und leite daraus typische Eigenschaften ab. Wähle für die Darstellung der Ergebnisse eine geeignete Präsentationsform.

a) $f(x, m, n) = mx + n$ b) $f(x, a, b, c) = ax^2 + bx + c$ c) $f(x, n) = x^n$

d) $f(x, b) = b^x$ e) $f(x, a) = \log_a x$ f) $f(x, a, b) = a \sin bx$

8 Aufgaben zu den Lernstandards

Mit Daten und Zufall arbeiten

Du hast Daten ermittelt, ausgewertet und grafische statistische Darstellungen kritisch analysiert.
Du kannst Wahrscheinlichkeiten nutzen, um Chancen und Risiken zu beurteilen.
Welche grafischen Möglichkeiten für die Darstellung von Daten gibt es?

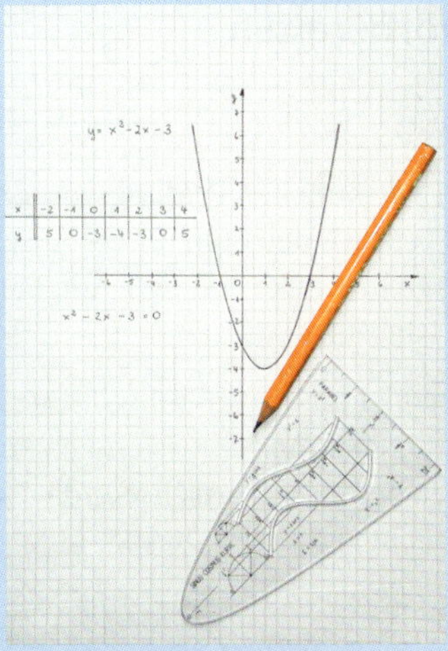

Mit Zahlen und Symbolen umgehen

Du kannst mit reellen Zahlen sicher rechnen, die Potenzschreibweise verwenden und lineare, quadratische und Wurzelgleichungen lösen.
Welche Lösungsverfahren hast du benutzt?
Wie lässt sich die Richtigkeit von Lösungen überprüfen?

Beziehungen und Veränderungen analysieren und beschreiben

Du kannst lineare, quadratische, trigonometrische und exponentielle Funktionen in verschiedenen Formen darstellen und zur Beschreibung von Vorgängen benutzen.
Welchen Einfluss haben die Parameter auf den Verlauf der dazugehörigen Funktionsgraphen?

Ebene und räumliche Strukturen nach Maß und Form erfassen

Zahlreiche Beziehungen zwischen Seiten und Winkeln in Dreiecken wurden genutzt, um Dreiecke konstruieren und berechnen zu können.
Du hast neben Prismen und Zylindern auch Pyramiden, Kegel und Kugeln untersucht und deren Oberflächeninhalt und Volumen bestimmt.
Wann sind zwei Dreiecke zueinander ähnlich?
Welche Gemeinsamkeiten gibt es zwischen Pyramide und Kegel?

Clever auf die Prüfung vorbereiten

Tipps zur Prüfungsvorbereitung

1. Beginne rechtzeitig mit deiner persönlichen Prüfungsvorbereitung, das verringert den Stress. Plane deine Zeit zum Lernen. Teile dir den Stoff für die Abschlussprüfung ein. Beginne mit einfachen Aufgaben und hake erledigte Aufgaben ab. Mache zwischendurch kleine Pausen.

2. Pass genau auf, wenn im Unterricht für die Abschlussprüfung geübt wird. Merke dir, welche Themen in der Prüfung voraussichtlich eine Rolle spielen. Überprüfe, welche Aufgaben du bereits beherrschst und welche noch nicht. Stelle Fragen, wenn du etwas nicht verstanden hast.

3. Bereite dich mit deinen Freunden vor, wiederholt den Stoff gemeinsam. Spielt die Abschlussprüfung nach, indem ihr Übungsaufgaben aus dem Lehrbuch in einer vorgegebenen Zeit bearbeitet. Kontrolliert eure Ergebnisse gegenseitig. Diskutiert euer Vorgehen und mögliche Fehler.

4. Stellst du fest, dass du beim Lösen eines bestimmten Aufgabentyps Probleme hast, so suche dir aus dem Lehrbuch ähnliche Aufgaben heraus. Beachte Hinweise und Beispiellösungen.

5. Wenn du eine Aufgabe gar nicht lösen kannst, notiere dir Fragen. Suche im Lehrbuch die entsprechenden Hinweise und Aufgaben heraus. Löse diese Aufgaben und vergleiche deine Ergebnisse mit den Lösungen im beiliegenden Lösungsteil. Findest du im Lehrbuch keine Antwort auf deine Fragen, suche dir einen Partner, der sie dir beantworten kann.

6. In der ersten Übungsphase kannst du mit deinen Mitschriften, mit Lehrbüchern, mit Nachschlagewerken wie Formelsammlungen und Lexika sowie mit dem Internet arbeiten.

7. Versuche, die umfangreichen Materialien Schritt für Schritt zu komprimieren. Die wichtigsten Informationen kann man in einer eigenen Lernkartei zusammenfassen. Lange Erklärungen kannst du auch durch Zeichnungen, Skizzen und Beispiele ersetzen.

8. Sammle bearbeitete Aufgaben mit kompletten Lösungen in einem speziellen Prüfungshefter.

9. Lerne in der letzten Phase vor der Abschlussprüfung mit deinen zusammengefassten Unterlagen und überprüfe deinen Wissensstand mit Aufgaben aus dem Lehrbuch.

10. Unmittelbar vor der Abschlussprüfung solltest du nur noch die Materialien benutzen, die du auch in der Prüfung verwenden darfst.

Sach- und Anwendungsaufgaben bearbeiten

Viele Aufgaben in den Prüfungsarbeiten sind sogenannte Sach- und Anwendungsaufgaben. Aus diesen Texten musst du den mathematischen Kern erst herausfiltern bzw. in eine mathematische Darstellung „übersetzen“.
Die folgenden Tipps sollen dir dabei helfen:

1. Sachaufgaben erfordern Geduld und schrittweises Vorgehen, um den mathematischen Kern zu finden und das Problem zu lösen.
2. Fange nicht gleich zu schreiben und zu rechnen an, sondern stelle dir zuerst den Sachverhalt vor. Überlege, worum es geht und was du schon darüber weißt.
   Nutze den DUDEN oder deine Formelsammlung, um unbekannte Begriffe zu klären.
   Versuche, das Ergebnis zu schätzen.
3. Schreibe erst jetzt die gesuchten und gegebenen Größen und Beziehungen auf.
   Nutze dazu Tabellen oder Skizzen.
4. Suche zielgerichtet nach Ideen für einen Lösungsplan. Dieser Plan kann auch mehrere Schritte (z. B. Gleichungen) umfassen.
5. Beginne erst jetzt zu rechnen, indem du deinen Lösungsplan schrittweise abarbeitest.
   Mache bei komplizierten Rechnungen einen Überschlag. Achte auf sinnvolle Genauigkeit.
6. Kontrolliere deinen Plan und deine Rechnungen. Überprüfe das Ergebnis am Text.
   Entspricht das Ergebnis deiner Schätzung? Nutze Kontrollmöglichkeiten.
   Formuliere dein Ergebnis. Schreibe einen Antwortsatz oder eine Begründung.

Wahlaufgabe 4.2 **(10 Punkte)**

Fußball ist in der Welt eine der beliebtesten Sportarten. Das größte Fußballereignis, die Weltmeisterschaft, findet alle vier Jahre statt. Die nächste Weltmeisterschaft wird im Jahr 2010 in Südafrika ausgetragen. Die Mannschaften kommen aus vier Kontinenten.

a) Von den 32 Mannschaften werden 13 aus Europa und 6 aus Afrika kommen. (1P)
Jede vierte Mannschaft wohnt auf dem amerikanischen Kontinent.
Ermitteln Sie die Anzahl der Mannschaften aus Asien, die in Südafrika antreten werden.

b) In einem Fußballturnier nehmen 10 Mannschaften teil. (2P)
In der ersten Runde spielt jede Mannschaft gegen jede.
Berechnen Sie die Anzahl der Spiele in der ersten Runde.

c) Ab einer Trefferquote von 0,8 will ein Trainer seine Spieler als (2P)
Elfmeterschützen einteilen. Mehrere Spieler werden beobachtet.

	Anzahl der Schüsse	Treffer	Fehlschüsse
Spieler 1	42	33	9
Spieler 2	40	32	8

⋮

Quelle: Ministerum für Bildung, Jugend und Sport; Prüfungen am Ende der Jahrgangsstufe 10; Mathematik; Gymnasium; 2007/2008

8.1 Übungsaufgaben

Mit Zahlen und Symbolen umgehen

1. a) Fasse folgenden Term zusammen: $-3a + 6b - 8a + 3a - 9b - 2a$
b) Setze in dem oben angegebenen Term Klammern, sodass der Wert des Terms gleich bleibt. Begründe deine Entscheidung.
c) Bestimme den Wert des Terms für $a = -2$ und $b = 3$.

2. Die Seitenlängen eines Dreiecks sind zusammen 24 cm lang. Die Seite a ist 2 cm länger als die Seite b. Die Seite c ist 4 cm länger als die Seite b.
a) Welche der angegebenen Gleichungen gibt den Sachverhalt wieder? Begründe.
① $2x + x + 4 = 24$ ② $3x + 6 = 24$ ③ $3(x + 4) = 24$ ④ $x + x + 2 + x + 4 = 24$
b) Bestimme die Seitenlängen des Dreiecks. Kannst du es konstruieren? Begründe.
c) Überprüfe, ob das Dreieck rechtwinklig ist.

3. a) Gib jeweils einen möglichst einfachen Term für den Flächeninhalt des gesamten Rechtecks und für den Flächeninhalt der gelb gefärbten Rechtecke an.
b) Bestimme die Länge und Breite der weißen Fläche ① mit einem Flächeninhalt von 8 cm^2.
c) Beschreibe den Umfang des gesamten Rechtecks mit einem Term.

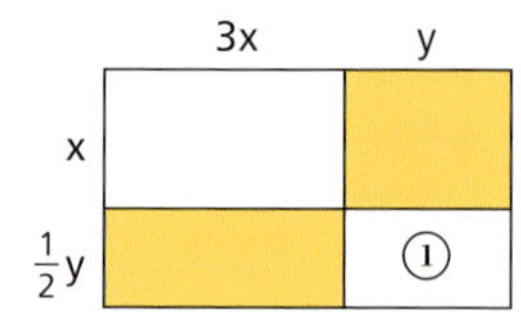

4. Familie Sommer (zwei Erwachsene und zwei Kinder) besucht eine Kinovorstellung. Sie zahlt zusammen 39 €. Frau Winter zahlt für sich und ihre drei Kinder 27,50 €.
a) Welche der angegebenen Gleichungssysteme geben den Sachverhalt richtig wieder?
① I $2(x + y) = 39$ €, II $x + 3y = 27{,}50$ €
② I $2x + 2y = 39$ €, II $27{,}50 \text{ €} = x + 3y$
③ I $2x + y = 39$ €, II $x + 3y = 27{,}50$ €
b) Wofür stehen die Variablen x und y in den Gleichungssystemen?
c) Wie viel Euro muss Herr Herbst für sich, seine Freundin und die 12-jährige Tochter zahlen?

5. Prüfe, ob die angegebenen Lösungsmengen zu den Gleichungen gehören. Begründe.
a) $x^2 + 17x = 0$ $L = \{0; -17\}$
b) $4x^2 + 8x = 0$ $L = \{0; -8\}$
c) $(x + 1)^2 + 2 = (x - 2)^2 + 3$ $L = \{1\}$
d) $3x + 12 = 3(x - 9) + 6$ $L = \{0\}$

6. Ramona möchte sich zum 18. Geburtstag ein gebrauchtes Motorrad kaufen. Sie kann 2 500 € anzahlen. Ihr liegen zwei Angebote vor:
Händler 1: keine Anzahlung und eine Rate von monatlich 150 € bei einer Laufzeit von sechs Jahren
Händler 2: 2 500 € Anzahlung und den restlichen Betrag in 48 Monatsraten bei einem Zinssatz von 2,5 % p. a.
Berate Ramona beim Kauf.

7. Verlängert man eine Seite eines Quadrats um 3 cm und verkürzt die andere Seite um 5 cm, so erhält man ein Rechteck mit $A = 513$ cm^2. Gib die Seitenlänge des Quadrats an.

8. Sebastian und Verena haben folgende Gleichung gelöst. Wessen Lösung ist richtig? Begründe.

Sebastian:

$$(6a + 1)^2 - 30a^2 = 6a^2 - 11$$
$$36a^2 + 6a + 1 - 30a^2 = 6a^2 - 11$$
$$6a^2 + 6a + 1 = 6a^2 - 11$$
$$6a = -12$$
$$a = 2$$

Verena:

$$(6a + 1)^2 - 30a^2 = 6a^2 - 11$$
$$36a^2 + 12a + 1 - 30a^2 = 6a^2 - 11$$
$$6a^2 + 12a + 1 = 6a^2 - 11$$
$$12a = -12$$
$$a = -1$$

9. Gesucht werden Zahlen, die folgende Bedingungen erfüllen:
Das Doppelte der einen Zahl vermindert um 8 ergibt das Dreifache der anderen Zahl. Bildet man aber die Differenz aus dem Vierfachen der einen Zahl und der anderen Zahl, so erhält man 26. Bestimme beide Zahlen.

10. Der Lottogewinn einer Tippgemeinschaft in Höhe von 150 000 € soll gerecht verteilt werden. Anna hat sich mit 30 % an dem Kauf des Loses beteiligt, Susanne mit 20 %, Ritchy hat $\frac{1}{4}$ des Kaufpreises gezahlt. Den restlichen Betrag hat Sabine übernommen.
Verteile den Gewinn gerecht.

11. Welche der angegebenen Summen gehört zu dem Produkt $(2x + 4)(-3x - 2)$? Begründe.
① $-6x^2 - 8$ ② $-6x - 4x - 12x - 8$ ③ $6x^2 - 16x - 8$

12. Am Schüleraustausch mit der Partnerschule Warschau will die Carl-Zeiss-Oberschule mit 24 Schülerinnen und Schülern teilnehmen. Der Leiter dieses Projekts holt verschiedene Angebote für die Busfahrt ein:
Angebot ①: 10 580 € Angebot ②: 11 220 €
a) Berechne den Fahrpreis pro Person für jedes Angebot.
b) Gib an, wie sich der Fahrpreis pro Person ändert, wenn nur 22 Schülerinnen und Schüler nach Warschau fahren werden.

13. Familie Winter möchte für ihren Urlaub einen Caravan mieten.
Der Vater holt drei Angebote ein:

Angebot ①: Gebühr 100 € pro Tag; 3 000 km frei; dann 0,13 € pro gefahrenen Kilometer
Angebot ②: Gebühr 110 € pro Tag; 5 000 km frei; dann 0,15 € pro gefahrenen Kilometer
Angebot ③: Gebühr 100 € pro Tag; 4 000 km frei; dann 0,16 € pro gefahrenen Kilometer

Für welches Angebot soll sich die Familie Winter entscheiden, wenn sie 14 Tage unterwegs ist und 6 000 km fahren wird?

14. Überprüfe folgende Aussagen. Begründe deine Entscheidung.
a) Wenn der Preis eines MP3-Players (89,90 €) zuerst um 15 % erhöht und danach wieder um 15 % gesenkt wird, dann kostet das Gerät genauso viel Euro wie am Anfang.
b) Wenn der Preis eines DVD-Players (245 €) um 10 % und dann nochmals um 25 % gesenkt wird, beträgt die Preissenkung insgesamt 35 %.

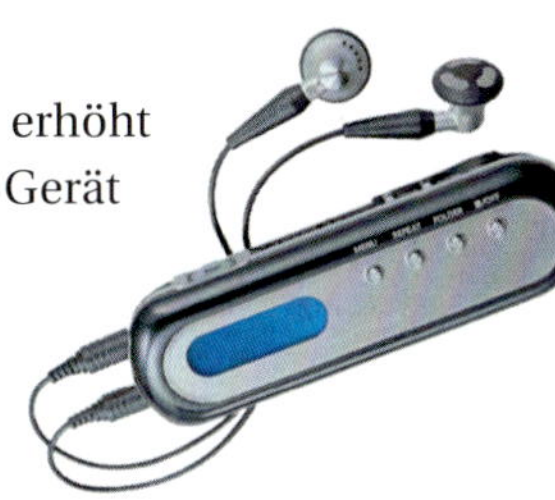

15. Gib zur Gleichung **I** $3x - 2y = 6$
eine Gleichung **II** so an, dass das Gleichungssystem aus **I** und **II** genau eine, unendlich viele und keine Lösung hat.

Beziehungen und Veränderungen beschreiben

1. Verena entfernt sich mit ihrem Roller von zu Hause so, wie es der Graph in der Abbildung zeigt.

a) Beschreibe das Entfernen vom Haus.

b) Wie weit ist Verena nach 4 s von ihrem Haus entfernt?

c) Wann ist Verena 26 m von zu Hause entfernt?

d) Bestimme die ungefähre Geschwindigkeit von Verena in $\frac{km}{h}$ $(v = \frac{s}{t})$.

e) Beschreibe die Situation bei gleichmäßiger Beschleunigung mit einer Gleichung.

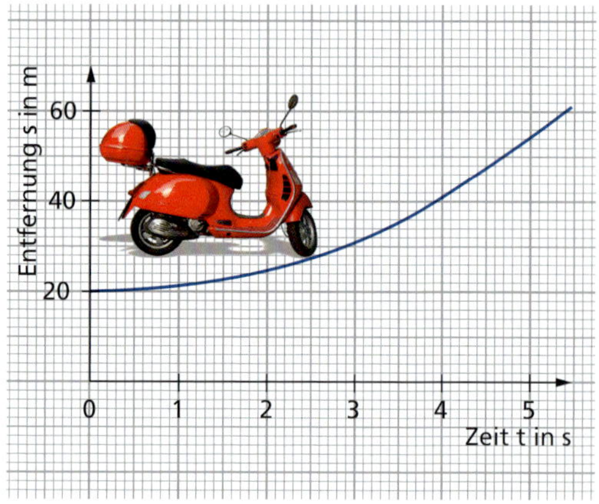

2. Lisa und Onur werfen gleichzeitig aus einer Höhe von 125 m Steine von einer Klippe. Überprüfe folgende Behauptungen und begründe:

a) Lisa wirft 15 m weiter als Onur.

b) Onurs Stein landet 45 m von der Klippe entfernt im Wasser.

c) Lisas Stein landet später im Wasser als der von Onur.

d) Onurs Stein benötigt 12 s bei einer Abwurfgeschwindigkeit von $v_0 = 10\,\frac{m}{s}$, bis er im Wasser landet.

e) Onurs Wurf lässt sich mit der Gleichung $y = -0{,}05x^2 + 125$ beschreiben.

f) Abwurfgeschwindigkeit und Wurfweite sind zueinander proportional. Wenn Onurs Stein eine Geschwindigkeit von $10\,\frac{m}{s}$ hat, dann hat Lisas Stein eine Geschwindigkeit von $12\,\frac{m}{s}$.

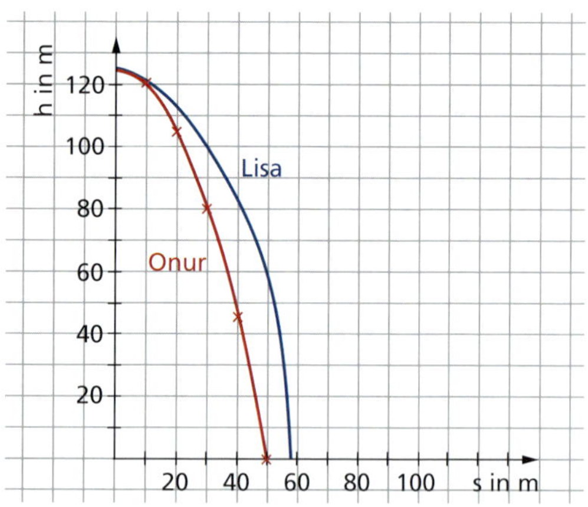

3. Paul (14 Jahre) hat zur Konfirmation insgesamt 1200 € erhalten. Er möchte das Geld so anlegen, dass er seinen Führerschein, der voraussichtlich 1500 € kosten wird, selbst finanzieren kann. Folgende Angebote stehen zur Auswahl:

① 4 % Zinsen p. a. bei einer Laufzeit von vier Jahren

② 5 % Zinsen p. a. auf das Anfangskapital bei einer Laufzeit von vier Jahren

③ steigende Zinssätze: 1. Jahr 3 %; 2. Jahr 4 %; 3. Jahr 5 %; 4. Jahr 6 %

a) Berate Paul.

b) Stelle die Entwicklung des Kapitals für die jeweiligen Angebote in geeigneten Diagrammen bzw. im Koordinatensystem dar.

4. Gegeben ist die lineare Funktion mit der Gleichung $y = -2x + 4$.

a) Beschreibe den Verlauf des Graphen der Funktion und bestimme die Nullstelle.

b) Gib die Gleichung einer Funktion an, deren Graph parallel zu $y = -2x + 4$ verläuft.

5. a) Ordne die Gleichungen den in der Abbildung dargestellten Graphen zu. Begründe.

① $y = -2x + 4$
② $y = -\frac{1}{3}x$
③ $y = 4$
④ $y = x + 1$
⑤ $y = x^2$
⑥ $y = -x - 3$

b) Notiere die Schnittpunkte folgender Graphen: B und A, F und A, B und C.

c) Beschreibe jede Gleichung aus a) mit einem Satz.

d) Welche der dargestellten Graphen gehören zu den linearen Funktionen? Begründe.

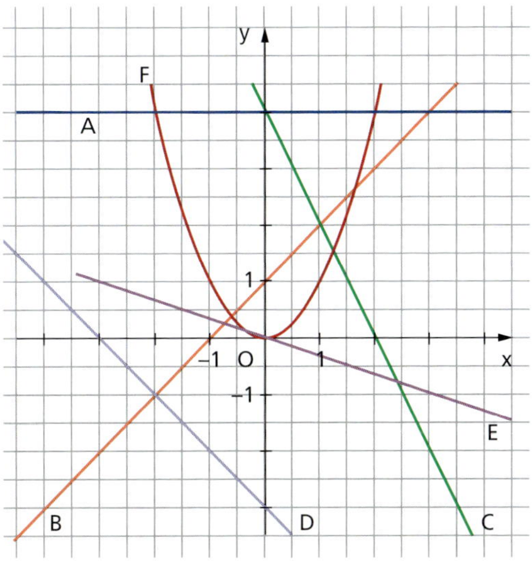

6. a) Zeichne die Graphen der Funktionen mit den Gleichungen $f_1(x) = (x - 1)^2 - 4$ und $f_2(x) = -x^2 + 2x + 3$ in ein rechtwinkliges Koordinatensystem.

b) Berechne die Nullstellen der beiden Funktionen.

c) Der Graph der Funktion $f_1(x)$ wird an der y-Achse gespiegelt. Gib eine Funktionsgleichung an, die zum durch Spiegelung entstandenen Graphen gehört.

d) Die Schnittpunkte mit der x-Achse und die Scheitelpunkte der Graphen der beiden Funktionen $f_1(x)$ und $f_2(x)$ bilden ein Viereck. Um welches Viereck handelt es sich? Begründe. Berechne den Flächeninhalt des Vierecks.

7. a) Gegeben sind die Funktionen f_1 und f_2 durch die Gleichungen $f_1(x) = x^2 \quad (x \in \mathbb{R})$ und $f_2(x) = \frac{1}{x} \quad (x \neq 0)$. Gib den maximalen Definitionsbereich von f_2 an. Zeichne den Graphen der Funktion f_1 in ein rechtwinkliges Koordinatensystem mindestens im Intervall $-2{,}5 \leq x \leq 2{,}5$.

b) Zur Funktion mit der Gleichung $f_2(x) = \frac{1}{x}$ ist die folgende Wertetabelle gegeben:

x	–3		–1		0,5		2	
y		$-\frac{1}{2}$		–2		1		$\frac{1}{3}$

Übernimm die Tabelle in dein Heft und vervollständige sie. Zeichne den Graphen der Funktion f_2 in das unter a) verwendete Koordinatensystem.

c) Die Graphen von f_1 und f_2 haben einen Punkt S gemeinsam. Berechne seine Koordinaten.

8. Ein Reiseunternehmen bietet eine 5-tägige Reise zu einem Preis von 400 € an. Die Fahrt erfolgt mit einem Bus, der über 70 Sitzplätze verfügt. Mit einer Teilnehmerzahl von 40 Personen wirtschaftet das Unternehmen rentabel.

Ein Vierteljahr vor dem geplanten Reisetermin liegen erst 33 Festbuchungen vor. Nun wird damit geworben, dass sich bei einer Teilnehmerzahl über 40 der Reisepreis pro zusätzlicher Person für alle Teilnehmer um 5 € verringert.

Ermittle den Preis pro Person und die Gesamteinnahmen des Unternehmens, wenn 40, 41, 45 bzw. 50 Personen gebucht haben. Bei welcher Personenzahl erzielt man den größten Gewinn?

Ebene Figuren nach Maß und Form erfassen

1. Systematisiere nach folgenden Gesichtspunkten:
a) Nenne alle Vierecksarten, deren Seiten gleich lang sind.
b) Nenne alle Vierecksarten, deren gegenüberliegende Seitenpaare immer gleich lang sind.
c) Nenne alle Vierecksarten, bei denen mindestens eine Diagonale Symmetrieachse ist.
d) Nenne alle Vierecksarten, deren Diagonalen aufeinander senkrecht stehen.
e) Nenne eine Viereckart, die keine der Eigenschaften a, b, c bzw. d erfüllt.

2. Für die Maße von Fußballspielfeldern gib es bestimmte Richtlinien (siehe Abbildung).

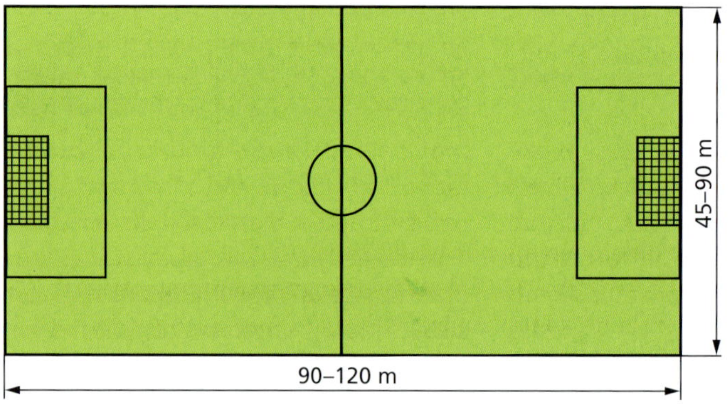

Empfohlene Maße
Breite: 68–70 m
Länge: 106 m

a) Ermittle die Gesamtfläche für eines der empfohlenen Maße.
b) Der Rasen muss regelmäßig gemäht und gepflegt werden. Ein Rasenmäher benötigt 4,5 Stunden für die gesamte Rasenfläche. Wie viel Zeit wird gebraucht, wenn auf diesem Feld drei, vier bzw. fünf Rasenmäher eingesetzt werden?
c) Stelle den in Aufgabe b) beschriebenen Sachverhalt in einem Koordinatensystem dar.

3. Berechne den Flächeninhalt A sowie den Umfang u der nebenstehenden, orangefarbenen Figur für $r_2 = 3{,}0$ cm und $r_1 = 5{,}0$ cm.

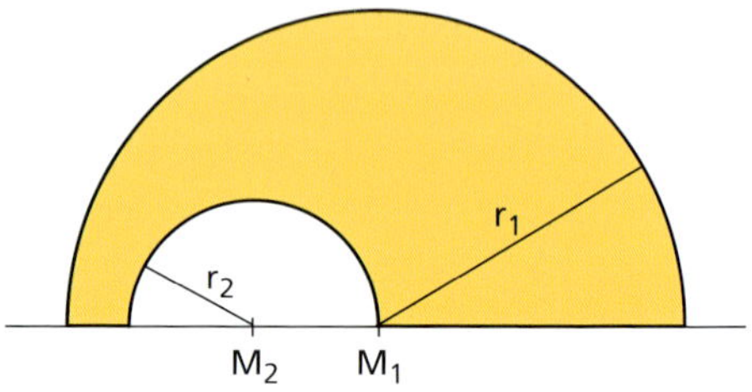

4. Eine Straße hat auf 2,4 km eine durchschnittliche Steigung von 12 %. Das bedeutet: Auf 100 m waagerechte Entfernung steigt die Straße um 12 m.
a) Welcher Höhenunterschied wird auf der gesamten Strecke überwunden?
b) Berechne die waagerechte Entfernung bei einem Höhenunterschied von 200 m.

5. Das Streckenprofil einer Teilstrecke eines Radrennens ist in der Skizze dargestellt.
a) Im Punkt E gibt es ein Büfett.
Wie viel Meter beträgt an dieser Stelle der Höhenunterschied zu A?
b) In F erfolgt eine erste Bergwertung.
Wie groß ist der Höhenunterschied von A aus betrachtet?

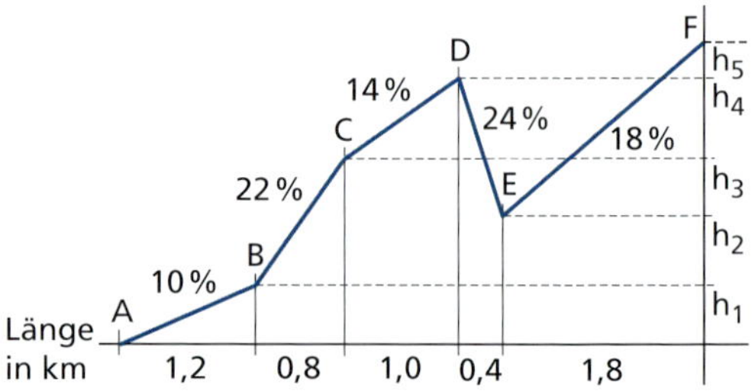

6. In einem rechtwinkligen Koordinatensystem (Längeneinheit 1 cm) sind die folgenden Punkte gegeben:
A(0|–2), B(2|–2), C(0|2), D(1|0)

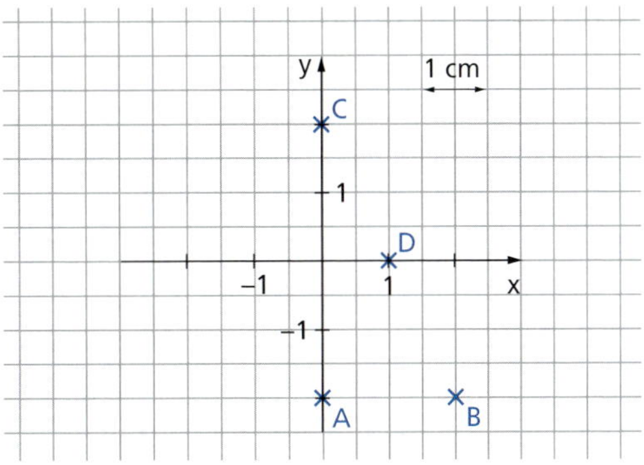

a) Gib die Gleichung der Geraden durch B und C an.
b) Berechne den Flächeninhalt des Dreiecks ABC.
c) Führe für das Dreieck ABC die zentrische Streckung (D; 2) aus.
Gib die Koordinaten der Punkte A', B' und C' an.
d) Welchen Flächeninhalt hat das Dreieck A'B'C'?
e) Gib die Gleichung der Geraden durch B' und C' an.
f) Gib die Koordinaten eines Punkts E an, sodass A, B, C und E ein Parallelogramm bilden. Gibt es mehrere Möglichkeiten? Begründe.

7. Berechne jeweils den Umfang u und den Flächeninhalt A der folgenden beiden Figuren:

a)

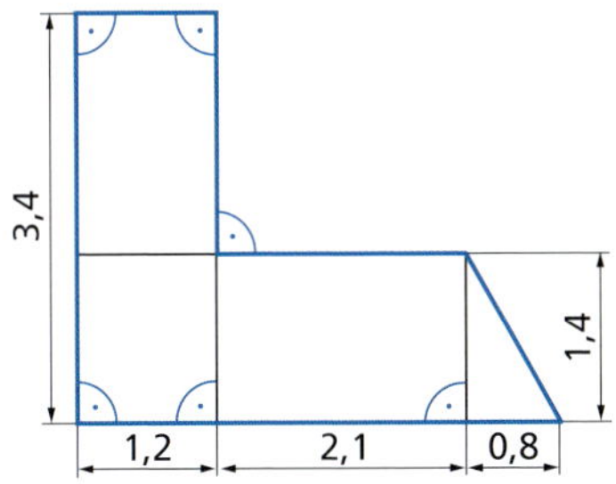

Maßangaben in Meter

b)

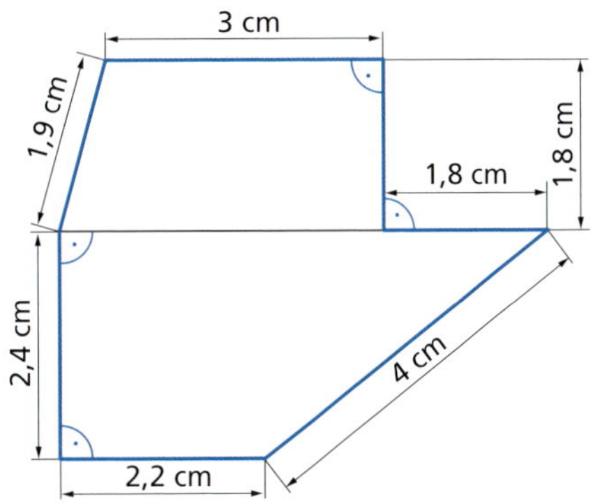

8. In einem rechtwinkligen Koordinatensystem sind die folgenden Punkte gegeben:
A(–3|–2), B(3|0), C(3|4) und D(–1|4)
a) Um welches spezielle Viereck handelt es sich bei der Figur ABCD? Begründe.
b) Ermittle die Koordinaten des Diagonalenschnittpunkts S rechnerisch.
c) Berechne die Größen aller Innenwinkel des Vierecks ABCD.
d) Führe die zentrische Streckung (D; 1,5) für das Viereck ABCD aus.
Gib die Koordinaten von A‘, B‘, C‘ und D‘ an.

9. Eine Schülergruppe misst mit einfachen Mitteln die Höhe eines im Gelände frei stehenden Turms.
Welche Höhe hat der Turm?
Stelle deinen Rechenweg ausführlich dar.

Abbildung nicht maßstäblich

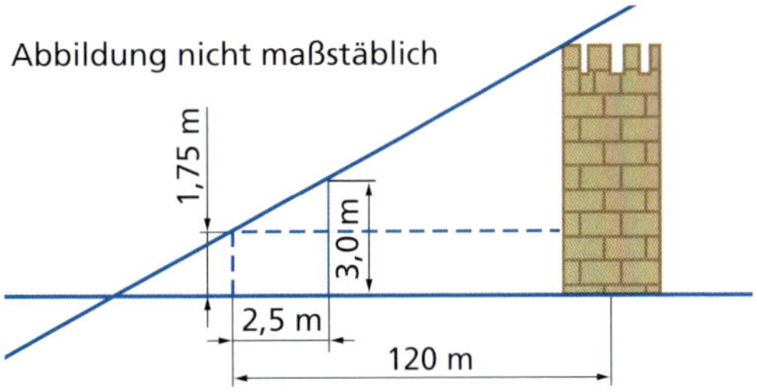

Räumliche Objekte darstellen und berechnen

1. Ordne den Namen der geometrischen Körper folgende Gegenstände zu:

① Schuhkarton	② Lampenschirm	③ Bleistiftspitze	④ Buchstütze	⑤ Dose
a) Kegelstumpf	b) Zylinder	c) Quader	d) Prisma	e) Kegel

2. Ein geometrischer Körper hat die folgenden Flächen, Ecken und Kanten.
Um welchen Körper handelt es sich jeweils?
a) 5 Flächen, 5 Ecken und 8 Kanten
b) 3 Flächen, 0 Ecken und 2 Kanten
c) 8 Flächen, 12 Ecken und 18 Kanten

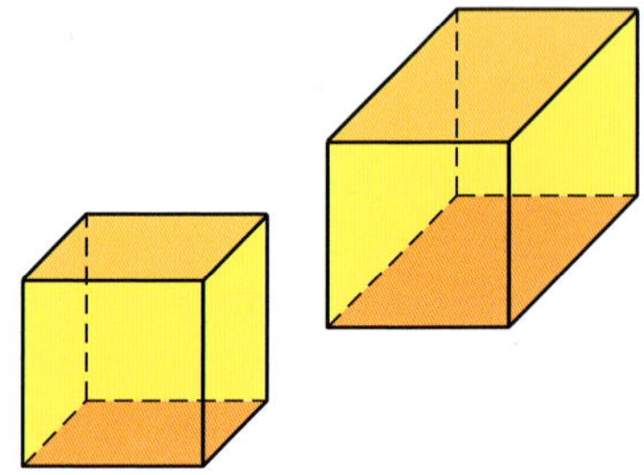

3. Welche der folgenden Aussagen sind wahr?
Gib bei falscher Aussage jeweils ein Gegenbeispiel an.
a) Alle Würfel sind Quader.
b) Alle Quader sind Prismen.
c) Prismen haben immer acht Eckpunkte.
d) Gegenüberliegende Seitenflächen bei Prismen sind zueinander parallel.

4. Berechne das Volumen des dargestellten Körpers.

$\overline{AB} = \overline{CD} = 24{,}0$ cm

$\overline{BC} = \overline{AD} = 18{,}0$ cm

$\overline{EF} = 16{,}0$ cm

$h = 8{,}0$ cm

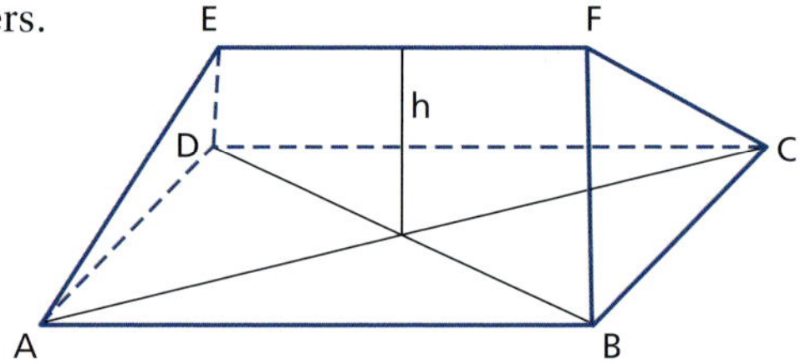

5. Jens sagt zu Björn:
„Wenn du einen Körper betrachtest und sowohl von oben als auch von vorn ein Quadrat siehst, dann muss es wohl ein Würfel sein."
Björn sagt: „Das stimmt nicht." Er zeichnet einen anderen Körper.
Was für einen Körper könnte Björn gezeichnet haben? Skizziere deinen Vorschlag.

6. Die Abbildung zeigt zwei Werkstücke mit jeweils einer Dichte von $7{,}85\,\frac{g}{cm^3}$.

Das erste Werkstück besteht aus einer Halbkugel und einem Kegel. Das zweite Werkstück ist zylindrisch.

Welches der beiden dargestellten Werkstücke ist schwerer?

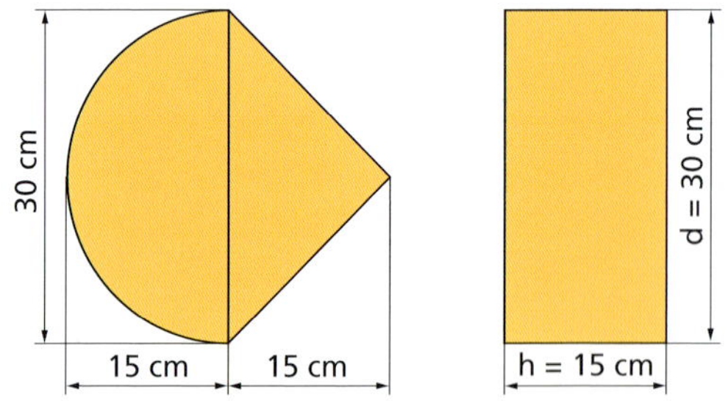

7. Gib an, um wie viel Prozent sich das Volumen eines Kreiskegels vergrößert, wenn seine Höhe gleich bleibt, aber der Grundkreisradius verdoppelt wird.

8. In welchem Verhältnis stehen die Volumen zweier Kugeln zueinander, deren Radien sich wie 2 : 1 verhalten?
Was kannst du über das Verhältnis der Oberflächeninhalte aussagen?

9. Frau Bernhard besitzt ein zylindrisches Gefäß mit einem Innendurchmesser von 10,0 cm und einer Höhe von 7,5 cm.

a) Wie viel Liter fasst dieses Gefäß?

b) In welcher Höhe muss sie einen Eichstrich anbringen, um die Füllmenge $\frac{1}{4}$ Liter anzuzeigen?

10. Die Abbildungen zeigen die Netze zweier Körper.
Ermittle die Rauminhalte und die Oberflächeninhalte dieser beiden Körper.

a)

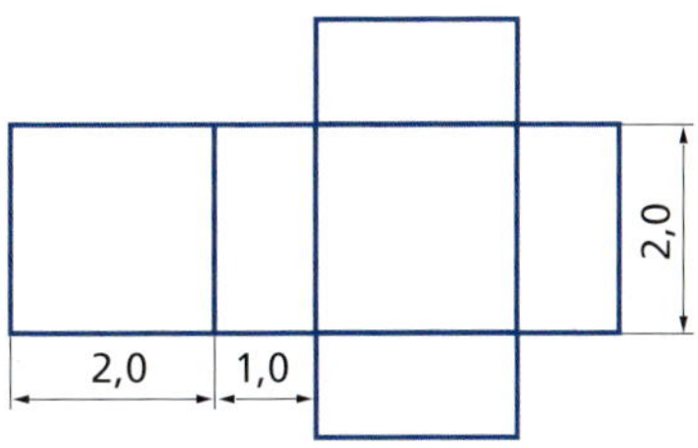

b)

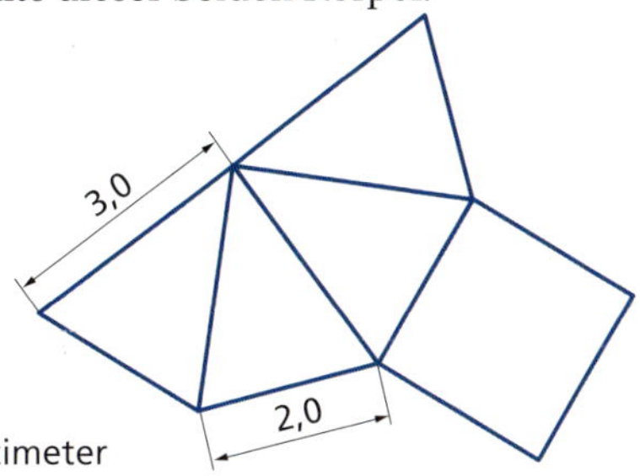

Maßangaben in Zentimeter

11. Bestimme die Kantenlänge eines 1 kg schweren Stahlwürfels. Die Dichte von Stahl beträgt $7{,}85\,\frac{\text{g}}{\text{cm}^3}$.

12. Wie ändern sich das Volumen und der Oberflächeninhalt eines Würfels, wenn seine Kantenlänge verdoppelt wird?

13. Familie Müller möchte sich einen Swimmingpool kaufen. Sie prüft folgende Angebote:

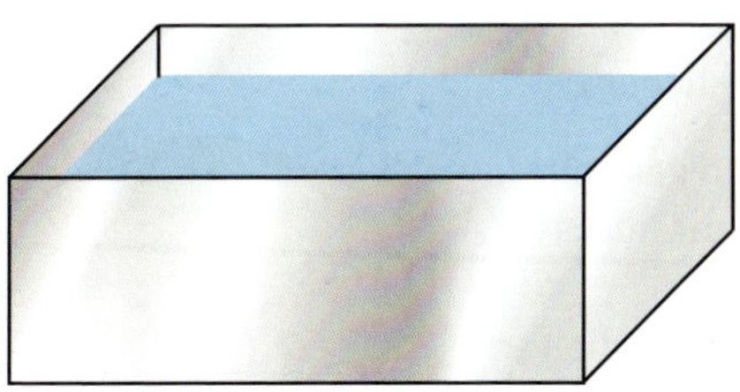

3,5 m×2,5 m×1,5 m Preis: 350 €

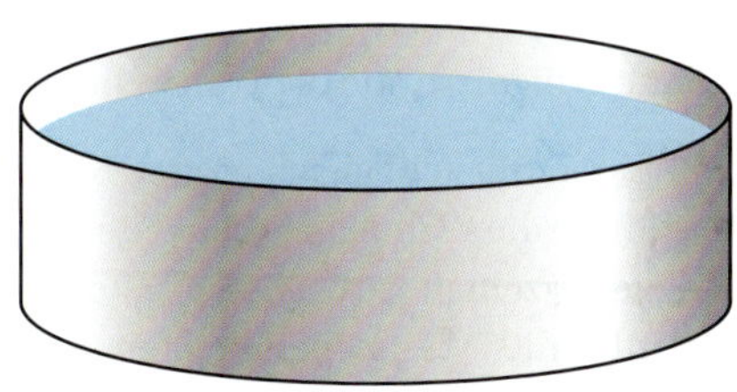

Durchmesser: 4 m; Höhe: 1,2 m Preis: 415 €

a) Schätze den Bedarf an Wasser, der für beide Pools jeweils benötigt wird.

b) Berechne den maximalen Wasserbedarf für beide Pools.

c) Zeichne den Füllgraphen für beide Pools unter der Voraussetzung, dass sie gleichmäßig mit Wasser gefüllt werden.

d) Sind die Preise im Vergleich angemessen? Berate Familie Müller beim Kauf.

14. Eine Getränkefirma sucht für ihr neues Produkt „Summertime“ eine attraktive Verpackung.
Die Verpackung soll einen Liter des neuen Getränks enthalten.

a) Welche Maße können die dargestellten Verpackungen haben?

b) Berechne den Materialverbrauch für jede Verpackung.

c) Zu welcher Verpackung würdest du der Getränkefirma raten? Begründe.

Mit Daten und Zufall arbeiten

1. Eine Mädchengruppe einer 10. Klasse notiert die Ergebnisse beim Weitsprung:
3,30 m; 2,90 m; 5,10 m; 3,50 m; 3,05 m; 2,60 m; 3,15 m; 3,80 m; 3,05 m; 2,90 m; 4,25 m; 4,40 m
a) Bestimme das Maximum, das Minimum und die Spannweite der Daten.
b) Welche Diagrammformen kennst du? Gibt es eine, die für die Darstellung der gegebenen Daten besonders geeignet wäre? Begründe deine Wahl und zeichne das Diagramm.
c) Bestimme sowohl das arithmetische Mittel als auch den Median. Welcher Wert erscheint dir geeigneter, um das Leistungsniveau der Gruppe zu beschreiben? Begründe.

2. Hier siehst du das Ergebnis derselben Mathematikarbeit in zwei Kursen einer 9. Klasse.

①

I	II	III	IV	V	VI
2	3	6	4	5	0

②

I	II	III	IV	V	VI
0	5	5	6	1	1

a) Bestimme jeweils den Durchschnitt.
b) Bestimme jeweils die relativen Häufigkeiten der einzelnen Zensuren in Prozent.
c) Bestimme jeweils die mittlere Abweichung.
d) Welche Gruppe hat besser abgeschnitten? Begründe deine Meinung.

3. Ein normaler Spielwürfel wird geworfen.
a) Wie wahrscheinlich ist es, mindestens eine Zwei zu würfeln?
b) Wie wahrscheinlich ist es, höchstens eine Drei zu würfeln?
c) Wie wahrscheinlich ist es, eine Sieben zu würfeln?
d) Nenne Ereignisse, die die Wahrscheinlichkeit $\frac{1}{2}$ haben.

4. Ein Glücksrad mit acht gleich großen Sektoren wird gedreht.
a) Bestimme die Wahrscheinlichkeiten, mit diesem Glücksrad die einzelnen Farben zu erhalten.
b) Ermittle die Wahrscheinlichkeit, nach dem Drehen „nicht Gelb“ zu erhalten.
c) Berechne die Wahrscheinlichkeit, beim zweimaligen Drehen jeweils das rote Feld zu erreichen.

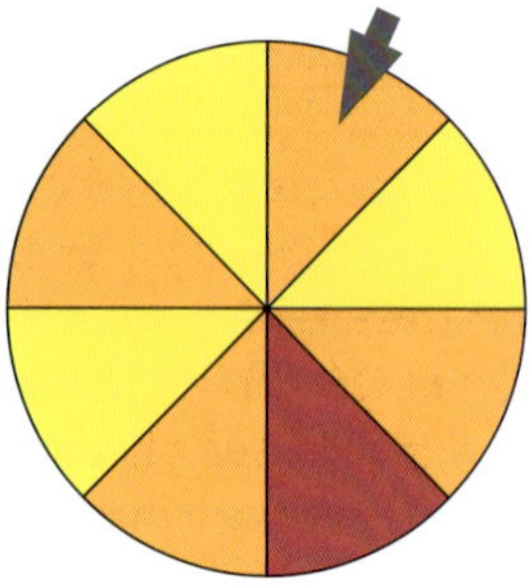

5. Beim Lotto 6 aus 49 wird die erste Zahl gezogen.
Gib die Wahrscheinlichkeit für die folgenden Ereignisse an:
a) Es wird eine gerade Zahl gezogen.
b) Es wird keine Primzahl gezogen.
c) Es wird eine Zahl gezogen, die durch drei und durch fünf teilbar ist.
d) Es wird eine Zahl gezogen, die durch 6 oder durch 10 teilbar ist.
e) Es wird eine Zahl gezogen, die das Doppelte einer Primzahl ist.
f) Es wird eine Zahl gezogen, die der Nachfolger einer Primzahl ist und durch drei teilbar ist.
g) Es wird eine Zahl gezogen, die das Vielfache einer Primzahl ist.

6. In einer Urne befinden sich zwei rote und vier weiße Kugeln gleicher Größe. Es werden nacheinander zwei Kugeln gezogen, ohne dass die erste Kugel wieder in die Urne zurückgelegt wird.
a) Zeichne für diese Art der Ziehung ein Baumdiagramm. Trage alle Wahrscheinlichkeiten entlang den Pfaden ein.
b) Bestimme die Wahrscheinlichkeiten für folgende Ereignisse: (A) Beide Kugeln sind weiß.
(B) Die Kugeln sind verschiedenfarbig. (C) Mindestens eine Kugel ist rot.

7. Drei Münzen werden geworfen und es wird notiert, ob Wappen oder Zahl gefallen ist.

a) Welche Ergebnisse sind möglich? Notiere sie möglichst übersichtlich.
b) Wie wahrscheinlich ist es, dass genau zweimal Wappen fällt?
c) Wie wahrscheinlich ist es, dass zwei oder drei Münzen Wappen zeigen?

8. Gewürfelt wird mit einem weißen und einem blauen Würfel.
a) Wie viele verschiedene Ergebnisse gibt es beim Würfeln mit beiden Würfeln? Notiere sie.
b) Wie wahrscheinlich ist es, dass keiner der beiden Würfel eine Sechs zeigt?
c) Wie wahrscheinlich ist es, dass einer der beiden Würfel eine Primzahl zeigt?

9. Ein Glücksrad ist in fünf gleich große Sektoren eingeteilt. Es kommen nur die Farben Rot, Blau und Gelb vor. Zeichne das Glücksrad so, dass die Wahrscheinlichkeit dafür, dass weder die Farbe Rot noch die Farbe Blau erzielt wird, bei 60 % liegt.
Wie groß ist unter dieser Bedingung die maximale Wahrscheinlichkeit für die Farbe Rot? Erläutere deine Antwort.

10. In einer Umfrage zum Thema „Lieblingsessen" wurden 1200 Schüler in der Altersklasse 13 bis 18 Jahre befragt.
Die Ergebnisse wurden gesammelt und in einem Säulendiagramm dargestellt.
a) Wie viele Schüler haben jeweils für die einzelnen Speisen gestimmt?
b) Wie viel Prozent sind das jeweils?
c) Zeichne ein passendes Kreisdiagramm.

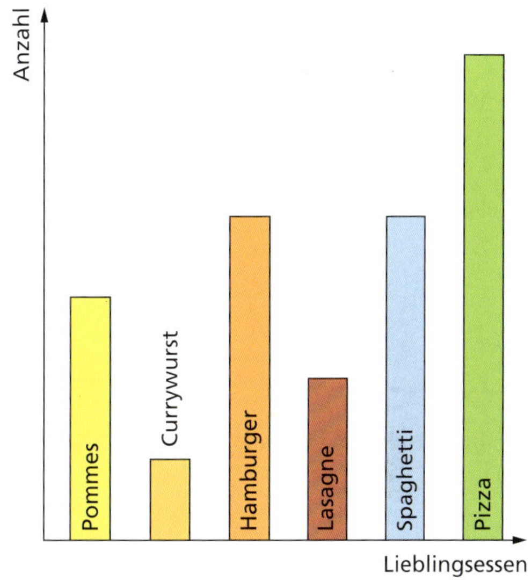

11. Zum Thema „Wandertag" wurde in zwei 10. Klassen die Interessenlage abgefragt. Es war jeweils nur eine Antwort möglich. 12 Schüler waren für einen Museumsbesuch, 15 für einen gemeinsamen Tag im Schwimmbad, 20 für den Besuch einer aktuellen Ausstellung, 8 für einen Zoobesuch und 5 enthielten sich.
a) Gib die relativen Häufigkeiten als Bruch und in Prozent an.
b) Stelle das Ergebnis mithilfe eines Balkendiagramms dar.

12. Du hast mit einem Würfel dreimal hintereinander eine 2 geworfen. Wie wahrscheinlich ist es, dass du beim nächsten Wurf wieder eine 2 wirfst?

13. Zwei Würfel werden gemeinsam geworfen.

a) Wie wahrscheinlich ist es, dass die Augensumme 7 auftritt?
b) Wie wahrscheinlich ist es, dass beide Würfel keine 1 zeigen?
c) Wie wahrscheinlich ist eine Augensumme unter 2 oder über 11?
d) Wie wahrscheinlich ist es, dass die Augensumme ungerade ist?
e) Wie viele verschiedene Möglichkeiten gibt es insgesamt, mit zwei identischen Würfeln die Summen 2 bis 12 zu würfeln?
f) Nenne eine Augensumme, die eine Wahrscheinlichkeit von $\frac{1}{7}$ besitzt.

8.2 Multiple-Choice-Test

Von den folgenden Antworten zu den Fragen kann eine oder können mehrere richtig sein. Gib in deinem Heft hinter der Aufgabennummer jeweils den oder die Buchstaben an.

1. Welcher Bruch stellt 0,32 dar?

A) $\frac{100}{32}$ B) $\frac{8}{25}$ C) $\frac{8}{32}$ D) $\frac{8}{50}$

2. Berechne $\frac{1}{2} \cdot \left(\frac{1}{3} - \frac{1}{4}\right)$.

A) $\frac{1}{9}$ B) $-\frac{1}{2}$ C) $\frac{1}{24}$ D) $\frac{1}{12}$

3. In einer Kiste sind Kugeln, von denen die Hälfte gelb, ein Viertel grün, ein Sechstel rot und zwei Kugeln blau gefärbt sind. Weitere Kugeln gibt es nicht. Wie viele Kugeln sind in der Kiste?

A) 12 B) 15 C) 18 D) 24

4. Wie lautet die fehlende Zahl in der Folge? 0, 1, 3, 6, ■, 15, 21

A) 7 B) 8 C) 10 D) 12

5. Welcher Term entspricht $x^2 + x^2 + x^2 + y^2$?

A) $3x^2 + y^2$ B) $3 + x^2 + y^2$ C) $3(x^2 + y^2)$ D) $x^6 + y^2$

6. Für welchen Wert von x ist der Term $\frac{4x - 3}{6x + 6}$ nicht definiert?

A) 2 B) –1 C) –4 D) 3

7. Welche Zahl passt in die Zahlenpyramide?

A) 10 B) 11

C) 13 D) 25

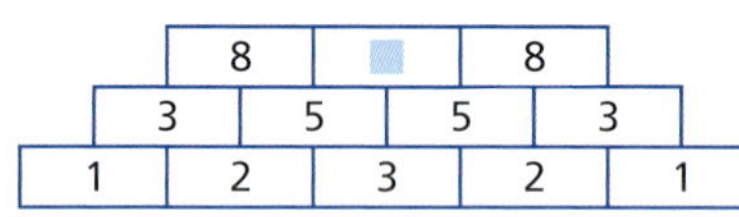

8. Berechne und gib das Ergebnis in Zentimeter an: $\frac{3}{4}\,\text{m} + 0{,}2\,\text{m} - 70\,\text{cm} + 2 \cdot 10^{-2}\,\text{km}$

A) 27 cm B) 45 cm C) 225 cm D) 2025 cm

9. Nach einem Regenguss sammelt sich in einem Behälter mit einer 1 m^2 großen Grundfläche 1,2 *l* Wasser. Wie viel Milliliter Wasser sind pro 1 cm^2 gefallen?

A) 12 ml B) 1,2 ml C) 0,12 ml D) 1200 ml

10. Für ein Kunstwerk werden drei Quader aus Holz übereinandergestapelt. Der untere ist doppelt so hoch wie der mittlere und der mittlere doppelt so hoch wie der oberste. Alle zusammen sind 3,5 m hoch. Berechne die Höhen der drei Quader (Format: unten/Mitte/oben).

A) 0,5 m/1 m/2 m B) 1 m/2 m/0,5 m C) 0,5 m/2 m/1 cm D) 2 m/1 m/0,5 m

11. Jeden Monatsersten wird das Taschengeld von 2 € ausgehend verdoppelt.
Wie groß ist der Betrag zu Beginn des sechsten Monats?

A) 32 € B) 64 € C) 128 € D) 16 €

12. Wie viele Lösungen hat die Gleichung $x^2 - 2 = 0$?

A) keine Lösung B) 2 Lösungen C) 3 Lösungen D) eine Lösung

13. Wie viel sind 125 % von 0,02 t?

A) < 20 kg B) = 20 kg C) > 200 kg D) = 25 kg

14. Ein Kapital von 5000 € wird für drei Jahre bei einem Zinssatz von 4 % p. a. fest angelegt. Schätze, wie hoch das Guthaben nach den drei Jahren ist.

A) 5 200 € B) 5 400 € C) 5 600 € D) 5 800 €

15. Welchen Einfluss hat der Parameter c der Funktion $f(x) = a^x + c$ auf den Graphen der Funktion?

A) Spiegelung an x-Achse B) Streckung entlang x-Achse

C) Verschiebung entlang y-Achse D) Spiegelung an y-Achse

16. Der Graph der Funktion $y = a \cdot \sin bx$ hat eine Amplitude von 2 und eine Periode von π. Wie lautet die Funktionsgleichung zu diesem Graphen?

A) $y = 2 \cdot \sin 4x$ B) $y = \frac{1}{2} \cdot \sin 2x$ C) $y = 2 \cdot \sin x$ D) $y = 2 \cdot \sin 2x$

17. Bei einer Umfrage zum Sportler des Jahres wurden 6 200 Personen befragt. 20 % gaben ihre Stimme für den Sportler A ab. Wie viele der Personen gaben ihre Stimme dem Sportler A?

A) 1550 B) 1420 C) 2 140 D) 1240

18. Bei einem Zufallsexperiment wurde die Wahrscheinlichkeit für ein Ereignis mit 25 % ermittelt. Das Ereignis soll 225-mal eintreten. Wie oft muss das Experiment durchgeführt werden?

A) 180 B) 45 C) 1125 D) 900

19. Welche der Beschriftungen der Dreiecke entspricht nicht der vorgegebenen Gleichung?

A) $\sin\alpha = \frac{a}{b}$ B) $\frac{u}{\sin\alpha} = \frac{v}{\sin\beta}$ C) $r^2 = t^2 - s^2$ D) $x^2 = y^2 + z^2 - 2yz \cdot \cos\alpha$

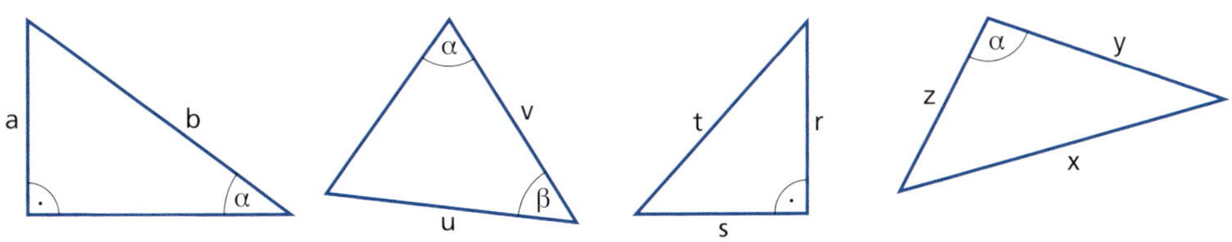

20. Der Graph jeder Funktion $f(x) = \log_a x$ verläuft durch den Punkt

A) $P(1 \mid 0)$ B) $P(0 \mid 1)$ C) $P(a \mid 0)$ D) $P(0 \mid a)$

21. Eine Nullstelle der Funktion $f(x) = \cos\left(x - \frac{\pi}{4}\right)$ befindet sich bei

A) $\frac{\pi}{2}$ B) $\frac{\pi}{4}$ C) $-\frac{\pi}{2}$ D) $\frac{3\pi}{4}$

22. Ein Sparer legt den Betrag von 5 850,00 € zu einem Festzins von 3,2 % p. a. auf drei Jahre an. Die Auszahlung der Zinsen erfolgt erst nach Ablauf dieser Zeit. Sein Guthaben beträgt dann

A) 561,60 € B) 6 411,60 € C) 6 429,76 € D) 579,76 €

23. Der Graph einer Potenzfunktion mit negativen Exponenten ist eine

A) Parabel B) Hyperbel C) Asymptote D) Gerade

24. Wie berechnet man die Anzahl der Möglichkeiten, aus einer Auswahl von 40 Songs fünf Titel zufällig herauszugreifen?

A) $n!$ B) $\binom{n}{k}$ C) $\frac{n!}{(n-k)!}$ D) n^k

8.3 Testarbeit

Teil 1

Löse die Aufgaben ohne Taschenrechner.

1. Berechne jeweils x.

a) $8^4 \cdot 4^4 = 2^x$ b) $\sqrt{\frac{1}{a^{-8}}} = a^x$ c) $\left(\sin\frac{\pi}{2}\right)^x = 1$ d) $9 - (x-3)^2 = 9$

2. Ordne die folgenden Zahlen: $1{,}7;\ \frac{322}{200};\ -1{,}\overline{8};\ \sqrt{2};\ 1\frac{3}{4}$ Beginne mit der kleinsten Zahl.

3. Gib die Werte der folgenden Terme für $x = 2$ und $y = 4$ an:

a) $3(x-2)$ b) $4y - (y+1)$ c) $\frac{x}{5+y}$ d) $(x+2)(y-4)$

4. Stelle die folgenden Gleichungen nach den angegebenen Variablen um:

a) $F = m \cdot a$ (nach a) b) $v = \frac{s}{t}$ (nach t) c) $s = \frac{g}{2} \cdot t^2$ (nach t) d) $T = 2\pi \cdot \sqrt{\frac{l}{g}}$ (nach l)

5. Warum kann es kein Dreieck geben, für das gilt: $\overline{AB} = c = 12$ cm; $\overline{AC} = b = 7$ cm; $\sphericalangle ABC = 110°$

6. Welche der folgenden Aussagen ist wahr, welche falsch? Begründe jeweils.

a) Es gibt Dreiecke, die gleichschenklig und gleichzeitig rechtwinklig sind.

b) Jedes gleichschenklige Dreieck, dessen Basis doppelt so lang ist wie ein Schenkel, ist stumpfwinklig.

c) Für jedes Dreieck ABC mit $\overline{AB} = \overline{BC} = 3$ cm gilt: $0 \text{ cm} < \overline{AC} < 6 \text{ cm}$

7. Bei einer Fahrzeugkontrolle weisen $\frac{1}{3}$ der Motorräder, 30 % der Pkw und $\frac{3}{8}$ der Lkw Mängel auf. Bei welcher Fahrzeugart gab es die wenigsten Mängel?

8. Eine Landkarte hat den Maßstab 1:200 000.
Wie viel Kilometern in der Wirklichkeit entspricht 1 cm auf der Karte?

9. Gib jeweils eine sinnvolle Einheit an.

a) Grundfläche deines Schulgebäudes b) Rauminhalt einer Zahnpastatube

10. Stelle die Funktion $y = f(x) = x^2 - 3$ in einem rechtwinkligen Koordinatensystem grafisch dar und ermittle die Nullstellen der Funktion auf drei Stellen nach dem Komma.

11. a) Zeichne im Intervall von $0 \le x \le 3\pi$ die Funktionen $y = f(x) = 2\sin x$, $y = g(x) = -2\sin x$ und $y = h(x) = \sin 2x$ in ein und dasselbe Koordinatensystem.

b) Gib die Nullstellen der Funktion $y = h(x) = \sin 2x$ an.

c) In welchen Intervallen ist der Graph $y = h(x) = \sin 2x$ monoton steigend?

d) Gib jeweils ein a an, für das die Gleichung $a \cdot \sin x = 2$ im Intervall $0 \le x \le 3\pi$ die folgenden Lösungen hat:

(1) genau zwei Lösungen (2) genau eine Lösung (3) keine Lösung

12. Anna, Ben, Jan und Lea rutschen im Schwimmbad nacheinander auf einer Wasserrutsche in zufälliger Reihenfolge.

a) Wie viele Möglichkeiten gibt es dafür?

b) Wie viele Möglichkeiten gibt es dafür, wenn Anna immer zuerst rutscht?

c) Wie viele Möglichkeiten gibt es dafür, wenn Lea immer zuletzt rutscht?

Teil 2

Zum Lösen der Aufgaben in diesem Teil sind Tafelwerk und Taschenrechner erlaubt.

1. Die folgende Tabelle zeigt den Wasserverbrauch eines Vier-Personen-Haushaltes in den Jahren 2000 und 2008:

Jahr	Körperpflege	Toilette	Wäsche	Geschirr	Putzen	Sonstiges
2000	106,56 m^3	83,52 m^3	31,68 m^3	28,80 m^3	20,16 m^3	17,28 m^3
2008	91,84 m^3	56,00 m^3	29,12 m^3	17,92 m^3	15,68 m^3	13,44 m^3

a) Um wie viel Prozent liegt der Wasserverbrauch der Familie im Jahr 2008 unter dem des Jahres 2000?

b) Vergleiche die Anteile für die Toilettenbenutzung bezüglich des Gesamtverbrauches in den beiden Jahren.

c) Stelle die Anteile für den Wasserverbauch des Jahres 2008 in einem Diagramm dar.

2. Zwei Lkw-Ladungen mit grobkörnigem Kies wurden zu einem kegelförmigen Haufen mit einer Höhe von 1,40 m und einem Grundkreisdurchmesser von 3,80 m aufgeschüttet.

a) Wie viel Kubikmeter Kies hatte eine Lkw-Ladung?

b) Bei einer zweiten Lieferung wurde die Höhe des Kieshaufens um 0,40 m größer. Der Grundflächendurchmesser vergrößert sich ebenfalls entsprechend der Zeichnung. Wie viel Kubikmeter Kies sind bei der zweiten Lieferung dazugekommen?

c) Berechne die Größe des Winkels α.

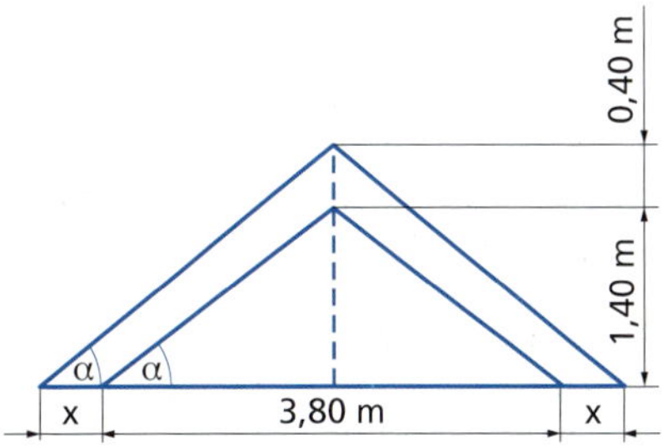

3. a) Zeichne im Intervall von $0 \leq x \leq 5$ die Graphen der beiden Funktionen $y = f(x) = -x + 2$ und $y = g(x) = (x - 3)^2 - 3$ in ein und dasselbe Koordinatensystem.
Die beiden Graphen schneiden einander in den Punkten A und B.

b) Gib die Koordinaten der Schnittpunkte beider Graphen an.

c) Berechne die Länge der Strecke $\overline{AB}$.

4. Von einem Dreieck ABC sind die folgenden drei Maßangaben bekannt:
$\overline{AB} = 110$ m; $\sphericalangle$ CAB = 45°; $\sphericalangle$ BCA = 67°

a) Konstruiere das Dreieck ABC in einem geeigneten Maßstab und gib diesen an.

b) Berechne die Länge der Höhe h_a.

5. Das nebenstehende rechtwinklige Dreieck ABC soll ein Mal um die Seite $\overline{AB}$ und dann um die Seite $\overline{AC}$ rotieren.
Berechne in jedem der beiden Fälle Volumen und Mantelflächeninhalt des entstehenden Rotationskörpers und vergleiche.

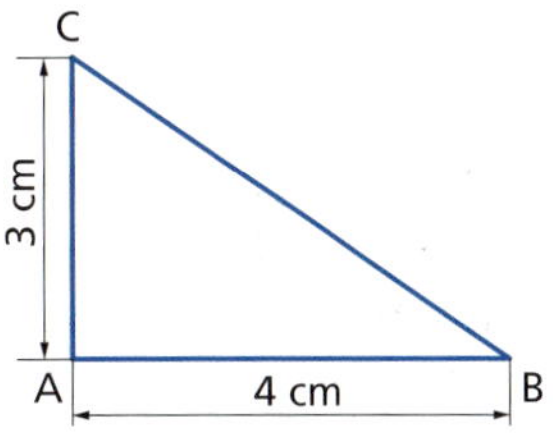

Teil 3

Wähle aus diesem Teil eine Aufgabe und löse diese.

1. Der nebenstehende Behälter ist innen hohl und soll zur Lagerung von Öl dienen. Er besteht aus einem Würfel, an dem unten eine quadratische Pyramide angesetzt wurde.

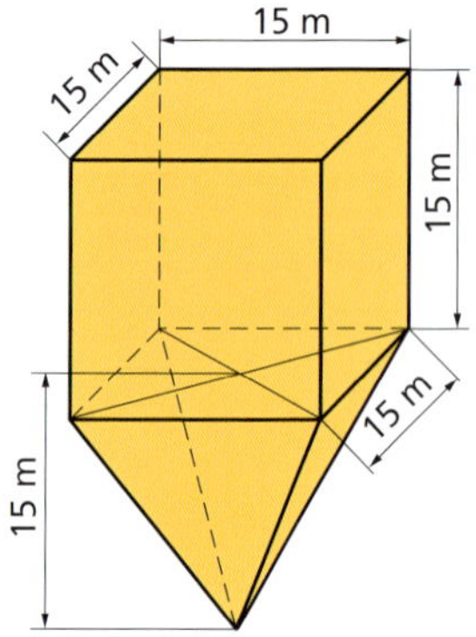

a) Stelle den Behälter maßstabsgerecht in Vorderansicht und in Draufsicht dar. Gib den Maßstab an.

b) Wie viel Hektoliter Öl fasst der Behälter, wenn er bis 0,5 m unter den oberen Rand des Würfels gefüllt wird und die Wanddicke unberücksichtigt bleibt?

c) Pro Stunde werden $100\,m^3$ Öl in den Behälter gefüllt. Wann ist der untere Teil des Behälters (die Pyramide) vollständig gefüllt?

d) Wie lange dauert es, bis der gesamte Behälter bis 0,5 m unter den oberen Rand gefüllt ist, wenn pro Stunde $300\,m^3$ eingefüllt werden?

e) Wie viel Tonnen Öl sind im Behälter, wenn er bis 0,5 m unter den oberen Rand gefüllt ist? Öl hat eine Dichte von $0{,}8\,\frac{g}{cm^3}$.

2. Der Blumengroßhandel liefert Packungen mit Tulpenzwiebeln zu je 480 Stück aus. In jeder Packung sind $\frac{1}{4}$ rot blühend und 30 % gelb blühend. Die restlichen Tulpen sind weiß blühend.

a) Wie viele Tulpen von jeder Farbe (Rot, Gelb, Weiß) kann man in einer beliebigen Packung erwarten? Stelle die Anteile in einem Diagramm dar.

b) Die folgende Tabelle zeigt die Verkaufspreise von Packungen mit 50 Tulpen in 10 ausgesuchten Gärtnereien. Gib das arithmetische Mittel, den Zentralwert, den Modalwert und die Spannweite des Preises an.

Gärtnerei	1	2	3	4	5	6	7	8	9	10
Preis in €	6,89	7,29	8,00	7,99	8,49	7,99	8,29	6,49	6,99	7,99

c) Beim „Stecken“ von drei Tulpen sind verschiedene Farbzusammenstellungen möglich. Welche Möglichkeiten gibt es, wenn man die Reihenfolge der Tulpen unberücksichtigt lässt und alle Tulpen auch gleichfarbig sein können?

d) Die Keimwahrscheinlichkeit einer Tulpenzwiebel beträgt (unabhängig von der Farbe) 90 %. Mit welcher Wahrscheinlichkeit keimen (1) alle Tulpenzwiebeln, (2) mindestens zwei Tulpenzwiebeln, wenn drei Zwiebeln gesteckt werden?

3. Zwei Radarstationen A und B beobachten zur gleichen Zeit ein Schiff S.

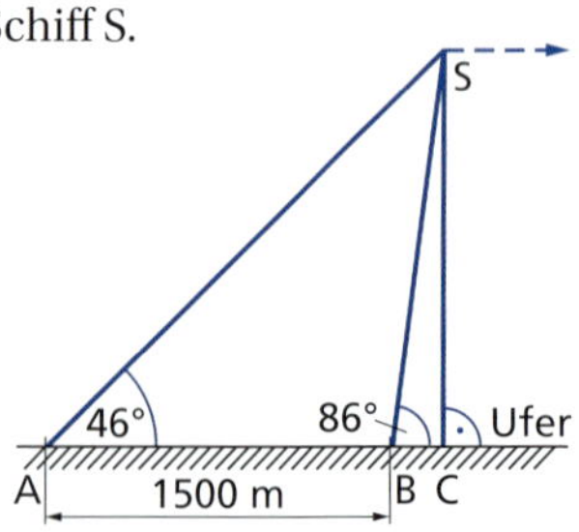

a) Wie weit ist das Schiff zu diesem Zeitpunkt vom Ufer entfernt?

b) Das Schiff fährt danach 10 Minuten mit einer konstanten Geschwindigkeit von $15\,\frac{m}{s}$ parallel zum Ufer weiter. Unter welchen Winkeln ist das Schiff nach diesen 10 Minuten von den beiden Radarstationen zu orten?

c) Wie weit ist das Schiff bei der zweiten Messung von der Radarstation B entfernt?

4. Ein Geldinstitut wirbt mit folgenden Angaben für eine Geldanlage:

Was aus 10 000 € werden kann				
Anlage	**Zinssatz p. a.**	**10 Jahre**	**20 Jahre**	**30 Jahre**
10 000 €	8 %	21 589 €	46 610 €	100 627 €
10 000 €	10 %	24 593 €	67 275 €	174 494 €
10 000 €	12 %	31 058 €	96 463 €	299 599 €

a) Berechne den absoluten Kapitalzuwachs bei einem Zinssatz von 8 % p. a. nach 20 Jahren.
b) Um wie viel Prozent hat sich das Anfangskapital insgesamt bei dem Zinssatz von 12 % p. a. nach 30 Jahren erhöht?
c) Überprüfe, ob der errechnete Zuwachs bei einem Zinssatz von 10 % p. a. und einer Anlagezeit von zehn Jahren stimmt.

5. Fritz hat für eine Firma zwei Verpackungen für Pralinen entworfen und möchte sie der Geschäftsleitung vorstellen. Er hatte eine Vorgabe zu erfüllen. Die Verpackungen müssen unbedingt ein Volumen von mindestens einem Liter haben. Für die Gestaltung der Verpackung hatte er keine Vorgaben.

a = 6 cm
b = 10 cm
c = 20 cm

h = 18 cm
d = 8 cm

a) Überprüfe, ob Fritz diese Vorgaben berücksichtigt hat.
b) Falls Fritz die Vorgaben bei einer der beiden Verpackungen nicht berücksichtigt hat, verändere die Maße so, dass das Volumen knapp über 1 *l* liegt.
c) Berechne den minimalen Materialverbrauch für die 1-Liter-Verpackungen.

6. Im Koordinatensystem sind die Graphen von zwei linearen Funktionen dargestellt.
a) Gib zu jedem Graphen eine passende Gleichung an.
b) Lies die Koordinaten des Schnittpunkts der Geraden ab.
c) Überprüfe den Schnittpunkt durch Rechnung.
d) Notiere eine weitere Funktionsgleichung für einen Graphen, der zu dem Graphen ① parallel verläuft.
e) Ermittle den Flächeninhalt des Dreiecks, das von den Graphen ① und ② und der y-Achse gebildet wird, in FE (Flächeneinheiten).

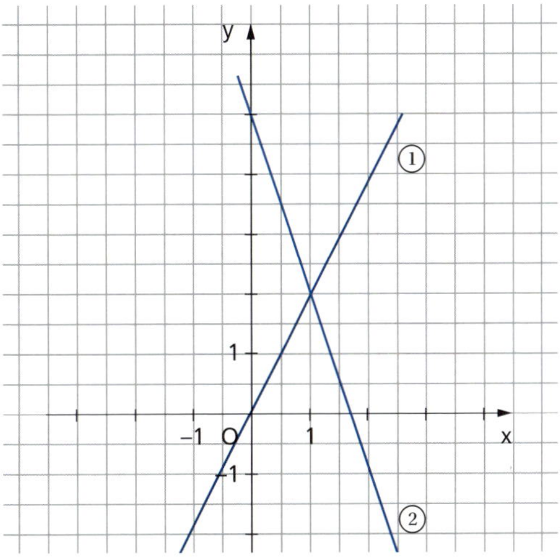

A Anhang

Kreis
Ellipse
Parabel
Hyperbel
Geraden
Hyperbel
Parabel
Ellipse
Kreis

Zum Nachschlagen

Potenzieren – Wurzelziehen – Logarithmieren

	Potenzieren	Wurzelziehen	Logarithmieren
Schreibweise	$a^b = c$	$\sqrt[b]{c} = a$	$\log_a c = b$
Sprechweise	a hoch b ist gleich c	b-te Wurzel aus c ist gleich a	Logarithmus von c zur Basis a ist gleich b
berechnete Größe	Potenzwert	Wurzelwert	Logarithmus
Beispiel	$5^3 = 125$, denn $5 \cdot 5 \cdot 5 = 125$	$\sqrt[3]{125} = 5$, denn $5^3 = 125$	$\log_5 125 = 3$, denn $5^3 = 125$

Potenz- und Logarithmengesetze

Rechnen mit Potenzen		Rechnen mit Logarithmen	
Potenzgesetz	**Beispiel**	**Logarithmengesetz** (a, b, c $\in \mathbb{R}$; a, b, c > 0)	**Beispiel**
$a^m \cdot a^n = a^{m+n}$	$2^2 \cdot 2^3 = 2^5 = 32$	$\log_a(b \cdot c) = \log_a b + \log_a c$	$\log_2(4 \cdot 8) = \log_2 4 + \log_2 8 = 2 + 3 = 5$
$a^m : a^n = a^{m-n}$	$3^4 : 3^2 = 3^2 = 9$	$\log_a(b : c) = \log_a b - \log_a c$	$\log_3(81 : 9) = \log_3 81 - \log_3 9 = 4 - 2 = 2$
$(a^m)^n = a^{m \cdot n}$	$(2^2)^3 = 2^6 = 64$	$\log_a(b^n) = n \cdot \log_a b$	$\log_2(4^3) = 3 \cdot \log_2 4 = 3 \cdot 2 = 6$
$\sqrt[n]{a} = a^{\frac{1}{n}}$ $(a \geq 0)$	$\sqrt[3]{8} = 8^{\frac{1}{3}} = 2$	$\log_a \sqrt[n]{b} = \frac{1}{n} \cdot \log_a b$	$\log_2 \sqrt[3]{4} = \frac{1}{3} \cdot \log_2 4 = \frac{1}{3} \cdot 2 = \frac{2}{3}$

Berechnungen an Dreiecken

Innenwinkelsatz	$\alpha + \beta + \gamma = 180°$
Außenwinkelsatz	$\alpha_1 = \beta + \gamma$; $\beta_1 = \alpha + \gamma$; $\gamma_1 = \alpha + \beta$
Dreiecksungleichung	$a + b > c$; $b + c > a$; $a + c > b$
Umfang	$u = a + b + c$
Satz des Pythagoras	$c^2 = a^2 + b^2$ (mit $\gamma = 90°$)

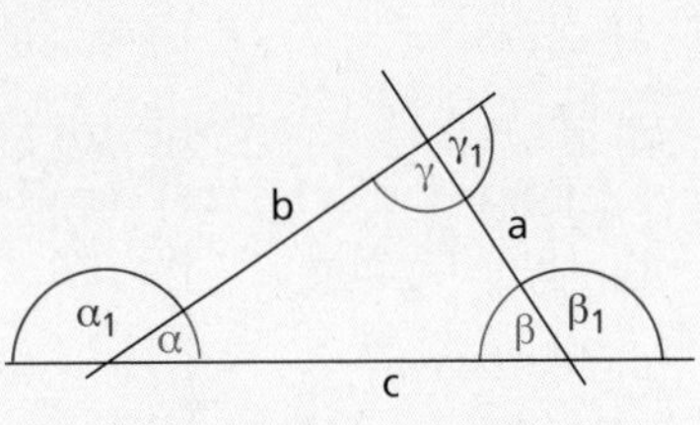

Sinussatz	$\frac{a}{\sin\alpha} = \frac{b}{\sin\beta} = \frac{c}{\sin\gamma}$
Kosinussatz	$c^2 = a^2 + b^2 - 2ab \cdot \cos\gamma$ $a^2 = b^2 + c^2 - 2bc \cdot \cos\alpha$ $b^2 = a^2 + c^2 - 2ac \cdot \cos\beta$
Flächeninhalt	$A = \frac{1}{2}ab \cdot \sin\gamma = \frac{1}{2}ac \cdot \sin\beta = \frac{1}{2}bc \cdot \sin\alpha$

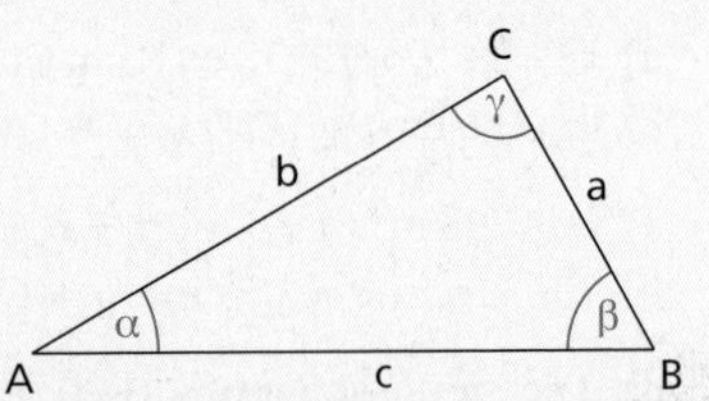

Lösungen zu „Teste dich selbst"

Mit dem Zufall rechnen (Seite 26)

1. a) $\frac{3}{12} = \frac{1}{4} = 0{,}25\,\%$ b) $\frac{2}{11} \approx 0{,}1818 \approx 18{,}2\,\%$

2. $\frac{1}{6} \cdot \frac{1}{6} \cdot \frac{1}{6} + \frac{1}{6} \cdot \frac{1}{6} \cdot \frac{5}{6} + \frac{1}{6} \cdot \frac{5}{6} \cdot \frac{1}{6} + \frac{5}{6} \cdot \frac{1}{6} \cdot \frac{1}{6}$

$= \frac{1}{216} + \frac{5}{216} + \frac{5}{216} + \frac{5}{216} = \frac{16}{216}$

$= \frac{2}{27} \approx 0{,}074 \approx 7{,}4\,\%$

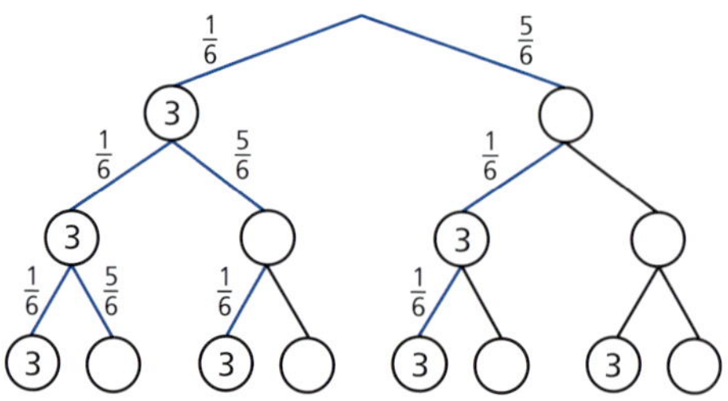

3. a) $\frac{1}{3}$ b) $\frac{1}{6}$

4. a)

Ereignis(mindestens ein Mangel) → Ereignis(defekte Lampe) - 10 Fahrzeuge
→ Ereignis(beide Mängel) - 10 Fahrzeuge
→ Ereignis(ohne Warndreieck) - 15 Fahrzeuge

P(mindestens ein Mangel) $= \frac{35}{180} = \frac{7}{36}$

b) Es sind rund 97 fehlerhafte Fahrzeuge zu erwarten.

5. a) $3 \cdot 2 \cdot 1 = 6$ Möglichkeiten b) $\frac{4 \cdot 3}{2} = 6$ Auswahlmöglichkeiten

6. a) Es gibt 26 Buchstaben und 10 Ziffern (0; 1; ...; 8; 9). Für einen Buchstaben und 3 Ziffern gibt es $26 \cdot 10 \cdot 10 \cdot 10 = 26\,000$ Möglichkeiten = 26 000 Autokennzeichen.

b) Mit einem weiteren Buchstaben erhält man das 26-Fache der vorherigen Möglichkeiten (also 676 000 Autos), während das Hinzufügen einer weiteren Ziffer die Anzahl der Möglichkeiten nur verzehnfacht (260 000 Autos).

c) Es können $26 \cdot 26\,000 = 676\,000$ Autos zugelassen werden.

7. a) 35 b) 45 c) 45

Trigonometrische Beziehungen (Seiten 60 und 61)

1. a) 2,723 b) 0,32898 c) 81,193

2. a) 43,1° b) 101,5° c) 28°; 152° d) 71,8°; 108,2°
e) 158,4° f) 67,9° g) 45°; 135° h) 61,9°
i) keine Lösung j) n. d. k) 104° l) 45°

3. a) $x \approx 2{,}3$ cm b) $\alpha \approx 46{,}4°$ c) $x \approx 4{,}1$ km d) $h \approx 6{,}5$ mm
e) $f = \overline{BD} \approx 4{,}8$ cm; $\sphericalangle ABD = 32{,}4°$; $\sphericalangle DBC = 47{,}6°$; $\overline{CD} \approx 2{,}53$ cm
f) $\sphericalangle BCD = 116{,}1°$; $\overline{BC} \approx 7{,}6$ m g) $r \approx 0{,}78$ m; $u \approx 4{,}87$ m

4. a) $\alpha = 38°$; $\gamma = 79°$; $c = 8{,}6$ cm; $A \approx 20{,}7\text{ cm}^2$ b) $\alpha \approx 50{,}4°$; $\beta \approx 34{,}2°$; $\gamma \approx 95{,}4°$; $A \approx 8{,}4\text{ cm}^2$
c) $b \approx 3{,}0$ cm; $\alpha \approx 78°$; $\gamma \approx 76°$; $A \approx 7{,}9\text{ cm}^2$ d) $\beta \approx 71°$; $\gamma \approx 76°$; $c \approx 6{,}8$ cm; $A \approx 12{,}2\text{ cm}^2$

5. a) $A_G = 25\text{ m}^2$; $h \approx 6$ m; $h_s \approx 6{,}5$ m; $A_O \approx 90\text{ m}^2$; $V \approx 50\text{ m}^3$
b) $s \approx 5{,}6$ cm; $r \approx 2{,}5$ cm; $A_O \approx 65{,}3\text{ cm}^2$; $V \approx 33{,}7\text{ cm}^3$

6. a) Die Straße steigt um 31,45 m an. b) Die Steigung muss 7,4 % betragen.

7. $\frac{x + 13\text{ m}}{\sin 70°} = \frac{22\text{ m}}{\sin 20°}$ $x + 13\text{ m} \approx 60\text{ m}$ Der Fluss ist ca. 47 m breit.

8. Da die Steigung 15,1 % beträgt, sollte man im 2. Gang fahren.

9. a) Die Angaben sind nicht eindeutig. Neben dem dargestellten Fall, dass beide „auf einer Seite" zum Drachen stehen, wäre es auch möglich, dass der Drachen „zwischen" Paul und Klara am Himmel steht.

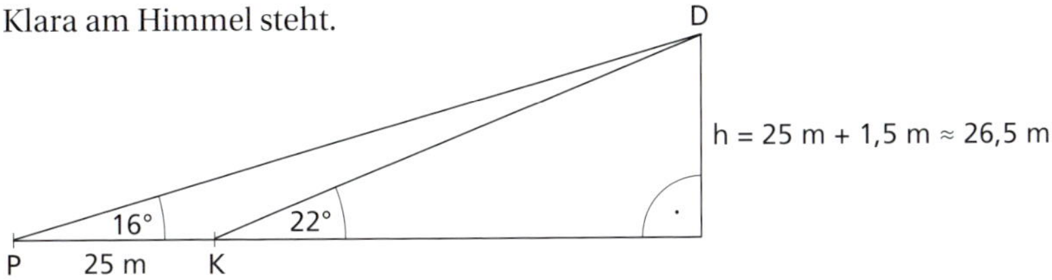

Maßstab 1:1000

b) $\frac{y}{\sin 16°} = \frac{25\text{ m}}{\sin 6°}$ $\frac{x}{65{,}92\text{ m}} = \cos 68°$

$y = 65{,}92\text{ m}$ $x = 24{,}705\text{ m}$

$24{,}705\text{ m} + 1{,}52\text{ m} = 26{,}23\text{ m}$ Der Drachen fliegt 26,2 m hoch.

10. Die Entfernung beträgt rund 450 m.

11. a) $y = 2x$; $\tan\alpha = 2$; $\alpha \approx 63{,}4°$
b) $y = 4x - 2$; $\tan\alpha = 4$; $\alpha \approx 76°$
c) $y = -\ x + 1$; $\tan\alpha = -\ $, $\alpha \approx 146{,}3°$
d) $y = \ x - 3$; $\tan\alpha = \ $; $\alpha \approx 53{,}1°$

12. a) $m = \tan 45° = 1$; z. B. $y = x$; $y = x + 4$; $y = x - 2$
b) $m = \tan 75° = 3{,}73$; z. B. $y = 3{,}73x$; $y = 3{,}73x + n_1$; $y = 3{,}73x + n_2$ mit $n_1, n_2 \in \mathbb{R}$
c) $m = \tan 140° = -0{,}84$; z. B. $y = -0{,}84x$; $y = -0{,}84x + n_1$; $y = -0{,}84x + n_2$ mit $n_1, n_2 \in \mathbb{R}$
d) $m = \tan 14° = 0{,}25$; z. B. $y = 0{,}25x$; $y = 0{,}25x - 7$; $y = 0{,}25x + 3{,}4$

13. a) x y, z sind die Längen der Diagonalen der Seitenflächen des Quaders.

$x^2 = a^2 + b^2$ $y^2 = a^2 + c^2$ $z^2 = b^2 + c^2$

$x \approx 14{,}4\text{ cm}$ $y = 13\text{ cm}$ $z \approx 9{,}4\text{ cm}$

$\cos\alpha = \frac{x^2 + z^2 - y^2}{2xz}$ $\cos\beta = \frac{y^2 + x^2 - z^2}{2yx}$ $\cos\gamma = 180° - \alpha - \beta$

$\alpha \approx 61{,}8°$ $\beta \approx 39{,}7°$ $\gamma \approx 78{,}5°$

b) $A = \frac{1}{2}x \cdot z \cdot \sin\alpha$; $A \approx 60\text{ cm}^2$
c) gleichseitiges Dreieck

14. a) Das Boot wird unter einem Winkel von 21,8° um 30 m abgetrieben.
b) Wird das Boot unter einem Winkel von 23,6° bezüglich der kürzesten Verbindung gegen die Fließrichtung gestellt, so erreicht es den ursprünglichen Landungspunkt.

Periodische Prozesse untersuchen – Winkelfunktionen (Seite 90)

1. a)

α	0°	30°	45°	360°	150°	10°	270°	60°	720°	450°	540°
$\widehat{\alpha}$	0	$\frac{\pi}{6}$	$\frac{\pi}{4}$	2π	$\frac{5}{6}\pi$	$\frac{\pi}{18}$	$\frac{3}{2}\pi$	$\frac{\pi}{3}$	4π	$\frac{5}{2}\pi$	3π

b)

α	70°	114°	160°	50°	172°	573°	240°	380°	40°	29°	90°
$\widehat{\alpha}$	1,22	2	2,79	0,87	3	10	4,19	6,63	0,7	0,5	1,57

2. a), b)

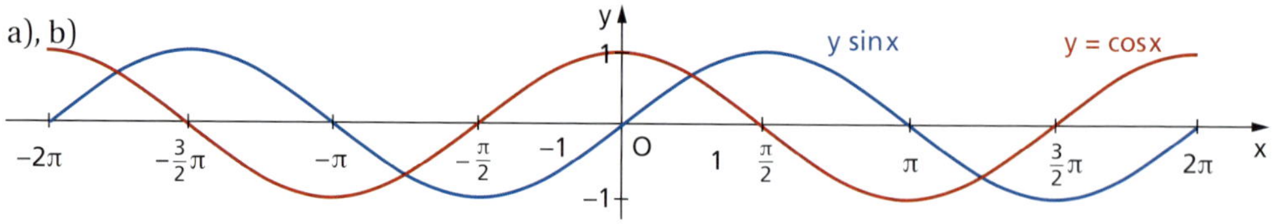

	Nullstellen	**Wertebereich**	**Symmetrieverhalten**
$y = \sin x$	$-2\pi; -\pi; 0; \pi; 2\pi$	$-1 \le y \le 1$	Graph ist punktsymmetrisch zum Koordinatenursprung.
$y = \cos x$	$-\frac{3}{2}\pi; -\frac{\pi}{2}; \frac{\pi}{2}; \frac{3}{2}\pi$	$-1 \le y \le 1$	Graph ist achsensymmetrisch zur y-Achse

3. a) $\alpha = 155°; 385°$ b) $\alpha = 401°; 499°$ c) $\alpha = 220°; 320°$ d) $\alpha = 240°; 300°$
e) $x = 2\pi; 3\pi$ f) $x = \frac{3}{4}\pi; \frac{9}{4}\pi$ g) $x = \frac{2}{3}\pi; \frac{7}{3}\pi$ h) $x = \frac{5}{2}\pi; \frac{9}{2}\pi$

4. a) $\alpha_1 = 25{,}5°; \alpha_2 = 154{,}5°$ b) $\alpha = 124°$ c) $\alpha_1 = 30°; \alpha_2 = 150°$
d) $\alpha = 63{,}9°$ e) n. l. f) $\alpha_1 = 5{,}8°; \alpha_2 = 84{,}2°$

5.

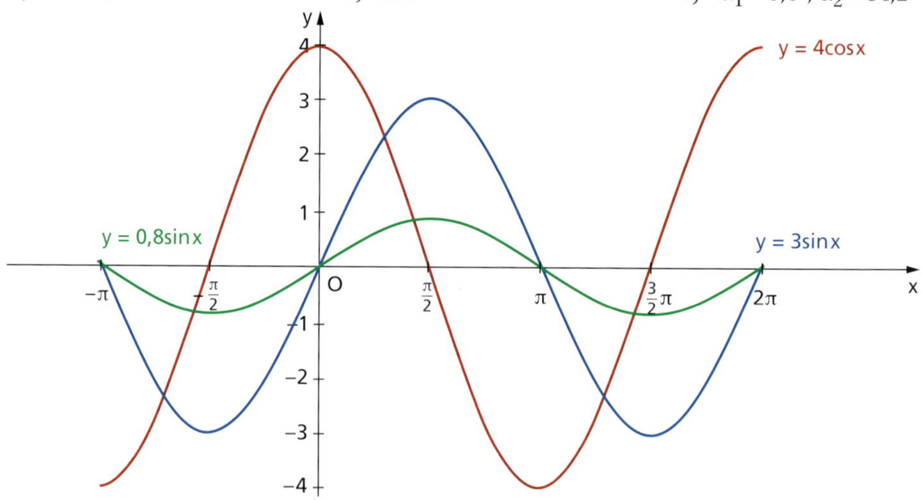

a) DB: $-\pi \le x \le 2\pi$ WB: $-3 \le y \le 3$
Der Faktor verändert den Wertebereich; Dehnung der Sinuskurve in y-Richtung
b) DB: $-\pi \le x \le 2\pi$ WB: $-0{,}8 \le y \le 0{,}8$
Stauchung der Sinuskurve in y-Richtung
c) DB: $-\pi \le x \le 2\pi$ WB: $-4 \le y \le 4$
Dehnung der Kosinuskurve in y-Richtung

6.

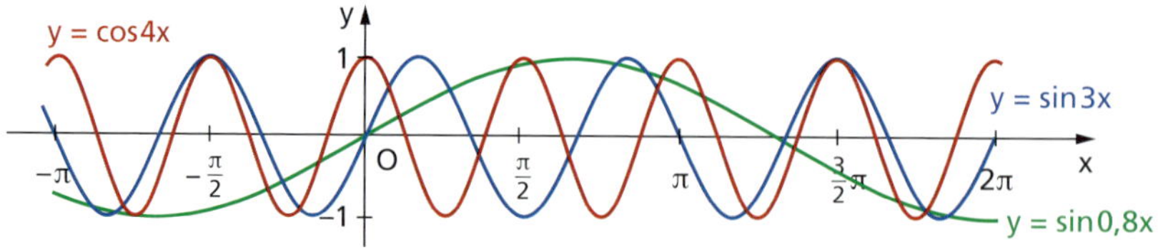

a) DB: $-\pi \le x \le 2\pi$ WB: $-1 \le y \le 1$ $p = \frac{2}{3}\pi$
Der Faktor verändert die Periode und bewirkt damit eine Änderung der Nullstellen.
Stauchung der Sinuskurve in x-Richtung

b) DB: $-\pi \le x \le 2\pi$ WB: $-1 \le y \le 1$ $p = \frac{5}{2}\pi$
Streckung der Sinuskurve in x-Richtung

c) DB: $-\pi \le x \le 2\pi$ WB: $-1 \le y \le 1$ $p = \frac{1}{2}\pi$
Stauchung der Kosinuskurve in x-Richtung

7. ① $y = 3\sin x$; veränderter Wertebereich
WB: $-3 \le y \le 3$; Nullstellen wie bei der Sinuskurve: -2π; $-\pi$; 0; π; 2π

② $y = \sin x + 3$
WB: $2 \le y \le 4$; keine Nullstellen; Verschiebung entlang der y-Achse um +3

③ $y = \sin 3x$
Stauchung entlang der x-Achse; veränderte Periode: $\frac{2}{3}\pi$;
veränderte Nullstellen: $-\frac{7}{3}\pi$; -2π; $-\frac{5}{3}\pi$; $-\frac{4}{3}\pi$; $-\frac{2}{3}\pi$; $-\frac{1}{3}\pi$; 0; $\frac{1}{3}\pi$; $\frac{2}{3}\pi$; π; $\frac{4}{3}\pi$; $\frac{5}{3}\pi$; 2π

④ $y = 3\sin 3x$; veränderter Wertebereich und veränderte Periode
WB: $-3 \le y \le 3$; Nullstellen: $-\frac{1}{3}\pi$; 0; $\frac{1}{3}\pi$; $\frac{2}{3}\pi$; π ...

Potenzfunktionen und Exponentialfunktionen (Seite 134)

1. a) kubischer Zusammenhang b) quadratischer Zusammenhang
c) Es handelt weder um einen kubischen noch um einen quadratischen bzw. einen linearen Zusammenhang.

2. a) 128 b) 0,0078125 c) −2187 d) −1
e) 0 f) −2 g) −3 h) 2 097 152

3. Folgende Punkte gehören zum Graphen von f: C(5 | 0,2); D(1 | 1); G(−1 | −1)
Folgende Punkte gehören zum Graphen von g: A(0,5 | 4); D(1 | 1); E(10 | 0,01); H(−1 | 1)

4. a) nein b) ja

5. a) $x = -\frac{1}{3}$ b) keine Nullstelle c) $x = 2$ d) $x_1 = -2$; $x_2 = 2$

6. Asymptote ist eine Gerade parallel zur y-Achse, durch den Punkt P gehend
a) P(−4 | 0) b) P(3 | 0) c) P(−2 | 0) d) P(3 | 0)

7. ohne Zähneputzen: $\approx 2{,}8148 \cdot 10^{14}$ mit Zähneputzen: 64

8. a) Ausgangsgröße 1,06 m b) Endgröße 2121,80 € c) Anfangsgröße 12,5 cm^2

9. Vom Vorzeichen von a hängt es ab, ob f monoton wächst oder fällt. Der Parameter a ist der Schnittpunkt des Graphen mit der y-Achse (siehe nebenstehende Abbildung).

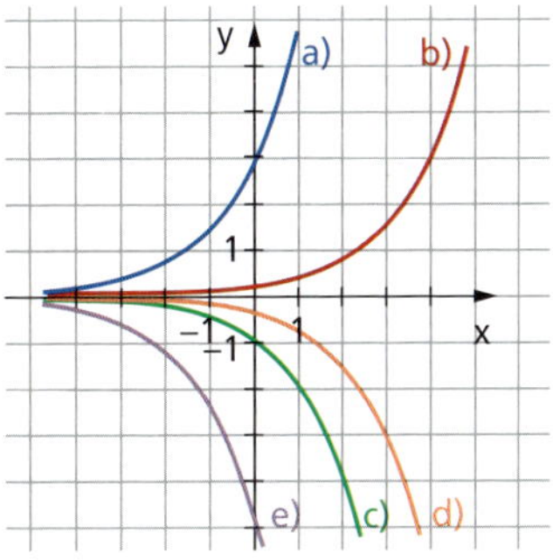

10. a) $y = 2$ b) $y = -3$
c) $y = \frac{\log 3}{\log 0{,}25} = \frac{\ln 3}{\ln 0{,}25} \approx -0{,}7925$
d) $y = -4$ e) $x = 1$

11. Fabian: $y = 1500 \cdot 1{,}04^{x+2}$ Laura: $y = 1800 \cdot 1{,}035^{x}$
$x = 21{,}7$ (ca. 22 Jahre)
Im Jahr 2024 haben beide etwa den gleichen Betrag von 3 800 € auf ihrem Konto.

Ganzrationale Funktionen (Seite 158)

1. a) Extrempunkt (Tiefpunkt): A; Wendepunkte: B, C
b) monoton fallend: [−1,8; −0,8]; monoton wachsend: [−0,8; 2,7]
c) linksgekrümmt: [−1,8; 0] und [1,5; 2,7]; rechtsgekrümmt: [0; 1,5]
d) $x_1 = -1{,}5$; $x_2 = 0{,}5$
e) Die Funktionsgleichung von g wird durch Ausklammern der Linearfaktoren $(x + 1{,}5)$ und $(x - 0{,}5)$ in ein Produkt umgeformt. Neben den beiden Linearfaktoren bleibt als dritter Faktor eine quadratische Funktion übrig. Mithilfe der Lösungsformel kann festgestellt werden, ob die quadratische Funktion Nullstellen besitzt. Den Funktionsterm der quadratischen Funktion erhält man, indem der Funktionsterm von g nacheinander mittels Polynomdivision durch die beiden Linearfaktoren dividiert wird.

2. a)

Gleichung aufstellen:	$V = abh = 0{,}25b^2(b + 5\text{ cm}) = 1{,}5\text{ cm}^3$
Gleichung umformen:	$0{,}25b^3 + 1{,}25\text{ cm} \cdot b^2 - 1{,}5\text{ cm}^3 = 0 \quad \| \cdot 4$
	$b^3 + 5\text{ cm} \cdot b^2 - 6\text{ cm}^3 = 0$
Lösung durch Probieren:	$b = 1\text{ cm}$
Suche nach weiteren Lösungen:	$(b^3 + 5b^2 - 6) : (b - 1) = b^2 + 6b + 6$
	$b^2 + 6b + 6 = 0$
	$b_{1,2} = -3 \pm \sqrt{3}$
	Beide Lösungen sind negativ und spielen daher für die Lösung des Problems keine Rolle.
Berechnen von a und h:	$a = 6\text{ cm}$; $h = 0{,}25\text{ cm}$

b)

Gleichung aufstellen:	$V = abh = 2b^2(b + 2\text{ cm}) = 2\text{ cm}^3$
Gleichung umformen:	$2b^3 + 4\text{ cm} \cdot b^2 - 2\text{ cm}^3 = 0 \quad \| \cdot 4$
	$b^3 + 2\text{ cm} \cdot b^2 - 1\text{ cm}^3 = 0$
Lösung durch Probieren:	$b = -1\text{ cm}$; Das ist keine Lösung des Problems, da $b > 0$ sein muss.
Suche nach weiteren Lösungen:	$(b^3 + 2b^2 - 1) : (b + 1) = b^2 + b - 1$
	$b^2 + b - 1 = 0$
	$b_{1,2} = -0{,}5 \pm \sqrt{1{,}25}$
	Die Kante $b_1 \approx 0{,}62\text{ cm}$ ist die einzige Lösung der Gleichung, da auch b_2 negativ ist.
Berechnen von a und h:	$a \approx 2{,}62\text{ cm}$; $h \approx 1{,}24\text{ cm}$

3. a) Mögliche Aufgabenstellung:
Bestimme die Nullstellen der Funktion f und forme den Funktionsterm durch Ausklammern der Linearfaktoren in ein Produkt um.

b) Der Lösungsweg enthält folgende Fehler:

erster Fehler:	Als erste Nullstelle wurde $x_1 = 1$ bestimmt. Die Polynomdivision muss dann mit dem Linearfaktor $(x - 1)$ ausgeführt werden.
zweiter Fehler:	Als Lösungen der quadratischen Gleichung wurden $x_2 = 4$ und $x_3 = 1$ bestimmt. Die zugehörigen Linearfaktoren müssen $(x - 1)$ und $(x - 4)$ lauten.
richtige Lösung:	$x_1 = 1$, $x_2 = -1$, $x_3 = 4$; umgeformte Gleichung: $f(x) = (x - 1)(x + 1)(x - 4)$

4. a) $f(x) = x(x+1)(x-1);\ f(x) = x^3 - x$ b) $g(x) = x^2(x+1)(x-1);\ f(x) = x^4 - x^2$

5. a)

Zinssatz im ersten Jahr in Prozent	1	2	3	4	5	6	7
Zinssatz im zweiten Jahr in Prozent	7	6	5	4	3	2	1
Endkapitel in Euro	10807	10812	10815	10816	10815	10812	10807

b) Das Endkapital wird am größten, wenn der Zinssatz in beiden Jahren unverändert bleibt.

c) x% – Zinssatz im ersten Jahr; y% – Zinssatz im zweiten Jahr

$$\frac{x+y}{2} = 4 \quad | \cdot 2$$
$$x + y = 8 \quad | -x$$
$$y = 8 - x$$

Funktionsgleichung: $K(x) = 10\,000 \cdot \left(1 + \frac{x}{100}\right)\left(1 + \frac{8-x}{100}\right)$
$= (100 + x) \cdot (108 - x)$
$= -x^2 + 8x + 10\,800$

Die x-Koordinate des Scheitelpunktes von K ist 4. Da der Funktionsgraph eine nach unten geöffnete Parabel ist, besitzt die Funktion K(x) dort ihren größten Funktionswert. In diesem Fall gilt x% = 4% und y% = 4%.

Änderungsraten deuten und bestimmen (Seite 176)

1. a) mittlere Änderungsrate: $m = -\frac{10\text{ m}}{7\,600\text{ m}} = -0{,}0013$
Gefälle in Prozent: $-0{,}13\,\%$

b) mittlere Änderungsrate: $m = -\frac{10\text{ m}}{6\,100\text{ m}} = -0{,}0016$
Gefälle in Prozent: $-0{,}16\,\%$

2. a) (1) wahre Aussage; $m = \frac{f(b) - f(a)}{b - a}$
Da f im Intervall [a; b] streng monoton wachsend ist, gilt $f(b) > f(a)$.
Damit sind im Differenzenquotienten Zähler und Nenner positiv.
Der Differenzenquotient ist demzufolge auch positiv.

(2) falsche Aussage; für die Funktion f mit der Gleichung $f(x) = x^2$ ist die mittlere Änderungsrate im Intervall [–1; 2] positiv.
Es gilt $m = \frac{4-1}{2-(-1)} = 1$.
Trotzdem ist die Funktion f in diesem Intervall nicht monoton wachsend, da $(-1)^2 > 0^2$ ist.

b) Wenn eine Funktion f im Intervall [a; b] streng monoton fallend ist, so ist ihre mittlere Änderungsrate in diesem Intervall negativ.

3. a) mittlere Änderungsrate in [–3; 3]: $m = \frac{-\frac{7}{8} - \frac{23}{8}}{6} = -0{,}625$

mittlere Änderungsrate in [2; 3]: $m = \frac{-\frac{7}{8} - 1}{1} = -1{,}875$

b) Gleichung aufstellen: $\dfrac{-\frac{1}{8}a^3 + \frac{1}{2}a + 1 - 1}{a} = -1{,}5$

Gleichung vereinfachen: $-\frac{1}{8}a^2 + \frac{1}{2} = -1{,}5 \qquad | \cdot(-8)$

$a^2 - 4 = 12$

Lösungsmenge angeben: $L = \{-4; 4\}$

Im Intervall $[0; a]$ muss $a > 0$ sein. Daher ist $a = 4$ die einzige Lösung.

c) Bestimmen durch Ablesen: $a: y = \frac{1}{2}x + 1;\quad b: y = 1;\quad d: y = -x - 1$

Bestimmen aus Anstieg und Punkt (2 | 2): $c: m = \frac{f(3) - f(2)}{1} = -2{,}875$

$c(0) = 2 + 2 \cdot 2{,}875 = 7{,}75$

Gleichung von c: $y = -2{,}875x + 7{,}75$

d) Tangenten: a, c, d; Wendetangente: a Sekante: b

e)

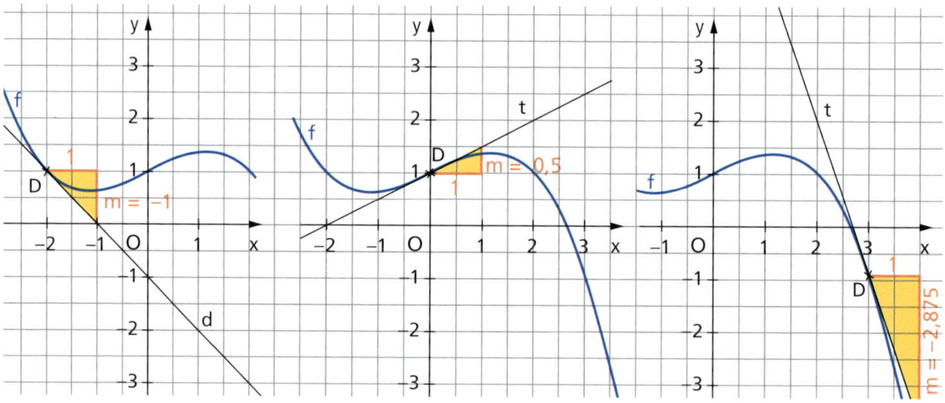

$f'(-2) = -1$ $f'(0) = 0{,}5$ $f'(3) = -2{,}875$

4. a)

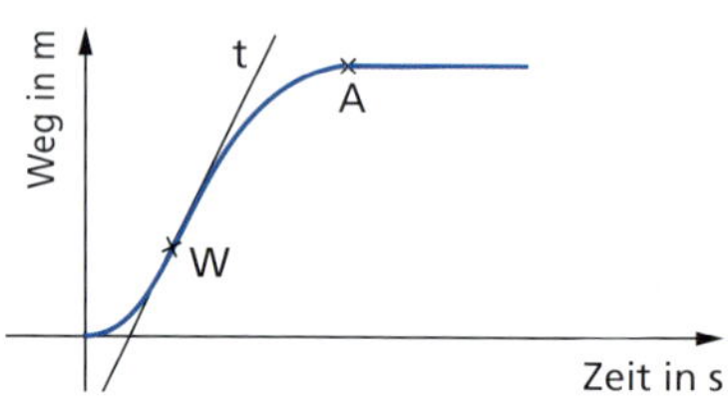

b) Am Wendepunkt wird die Höchstgeschwindigkeit erreicht. Danach wird der Schlitten gebremst, bevor er im Punkt A zum Stehen kommt. Die Höchstgeschwindigkeit wird durch den Anstieg der Wendetangente angegeben.

5. a)

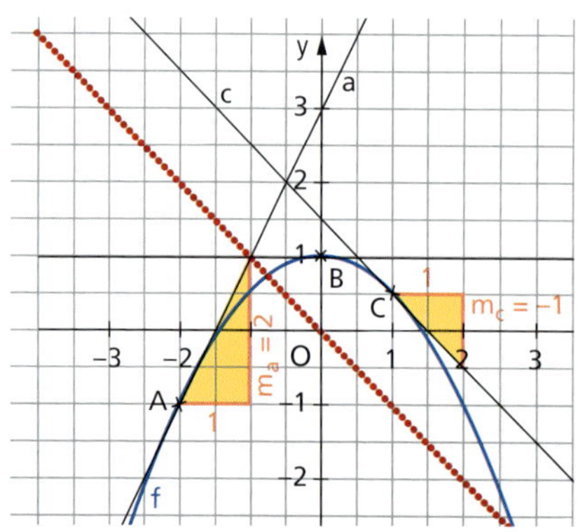

b) $f'(-2) = 2;\quad f'(0) = 0;\quad f'(1) = -1$

c) $f'(x) = -x$

Lösungen zu den Aufgaben der Lernstandards

8.1 Übungsaufgaben

Mit Zahlen und Symbolen umgehen

Seite 200

1. a) $-10a - 3b$

b) *Beispiellösung:* $-3a + (6b - 8a) + 3a - 9b - 2a$
Regel für Klammerauflösung: Steht ein Pluszeichen vor der Klammer, bleibt die Klammer einfach weg.

c) *Beispiellösung:* $-3a + 6b - (8a + 3a) - 9b - 2a$
Regel für Klammerauflösung: Steht ein Minuszeichen vor der Klammer, sind bei Weglassen der Klammer alle in ihr vorkommenden Vor- bzw. Rechenzeichen umzukehren.

2. a) ② und ④ spiegeln den Sachverhalt richtig wider.
Setzt man $b = x \rightarrow a = x + 2; \quad c = x + 4$.
Aus $a + b + c = 24$ folgen dann die Gleichungen ② und ④.

b) Aus ② $\rightarrow x = \frac{24-6}{3} \rightarrow b = 6$ cm; $a = 8$ cm; $c = 10$ cm
Da alle Dreiecksungleichungen erfüllt sind, ist nach Kongruenzsatz sss das Dreieck konstruierbar.

c) Der Satz des Pythagoras ist genau dann erfüllt, wenn das Dreieck rechtwinklig ist.
Mit $(6\text{ cm})^2 + (8\text{ cm})^2 = (10\text{ cm})^2$ ist der Satz des Pythagoras erfüllt, d.h., das Dreieck ist rechtwinklig.

3. a) Gesamte Fläche: $3x^2 + \frac{5}{2}xy + \frac{1}{2}y^2$ gelbe Fläche: $\frac{5}{2}xy$

b) $\frac{1}{2}y \cdot y = 8 \rightarrow y = 4$ Länge: 4 cm, Breite: 2 cm

c) $4x + \frac{3}{2}y$ bzw. $8x + 3y$

4. a) ① und ② spiegeln den Sachverhalt richtig wider.

b) x: Preis für Erwachsene y: Preis für Kinder

c) aus ① $\rightarrow x = 15{,}50$ €, $y = 4{,}00$ € Herr Herbst bezahlt $2 \cdot 15{,}50$ € $+ 4{,}00$ € $= 35{,}00$ €.

5. a) richtig $x^2 + 17x = x(x + 17) = 0 \rightarrow L = \{0; -17\}$

b) falsch $4x^2 + 8x = 4x(x + 2) = 0 \rightarrow L = \{0; -2\}$

c) falsch $(x + 1)^2 - (x - 2)^2 + 2 - 3 = 0\ 6x - 4 = 0 \rightarrow L = \left\{\frac{2}{3}\right\}$

d) falsch $3x + 12 = 3x - 21 \rightarrow L = \{\}$

6. Händler 1: $72 \cdot 150$ € $= 10\,800{,}00$ € Händler 2: $2\,500$ € $+ 1{,}025 \cdot (9\,859$ € $- 2\,500$ €$) = 10\,042{,}98$ €
Das Angebot von Händler 2 ist vorzuziehen.

7. $(a + 3)(a - 5) = 513; \quad a^2 - 2a - 528 = 0; \quad a = 24$

Seite 201

8. Verenas Lösung ist richtig. Sebastian hat das gemischte Glied der binomischen Formel falsch berechnet und bei der Division das Minuszeichen vergessen.

9. I $2x - 8 = 3y$
II $4x - y = 26$

Die gesuchten Zahlen sind 2 und 7.
Wird für **II** $y - 4x = 26$ verwendet, so erhältst du –8,6 und –8,4.

10. Der Gewinn ist entsprechend der prozentualen Beteiligung am Kaufpreis des Loses zu verteilen:

Anna:	30 %	45 000 €
Ritchy:	25 %	37 500 €
Susanne:	20 %	30 000 €
Sabine:	25 %	37 500 €

11. Keine der angegebenen Summen gehört zu dem Produkt.
① Das lineare Glied fehlt.
② Das quadratische Glied ist als lineares Glied angegeben.
③ Das Vorzeichen des quadratischen Gliedes ist falsch.

12. a) Fahrpreisangebot ①: 440,83 € Fahrpreisangebot ②: 467,50 €
b) Fahrpreiserhöhung Angebot ①: 40,08 € Fahrpreiserhöhung Angebot ②: 42,50 €

13. Entstehende Kosten bei:
Angebot ①: 1 790,00 € Angebot ②: 1 690,00 € Angebot ③: 1 720,00 €
Familie Winter sollte sich für Angebot ② entscheiden.

14. a) Die Aussage stimmt nicht, da sich bei der anschließenden Preissenkung der Prozentsatz auf einen höheren Grundwert bezieht.

- Preissteigerung um 15 %
  alter Preis (Grundwert): 89,90 € neuer Preis: 89,90 € · 1,15 = 103,39 €
- anschließende Preissenkung um 15 %
  alter Preis (Grundwert): 103,39 € neuer Preis: 103,39 € · 0,85 = 87,88 €

b) Die Aussage stimmt nicht, da sich bei der zweiten Preissenkung der Prozentsatz auf einen niedrigeren Grundwert bezieht.

- Preis nach zweimaliger Preissenkung:
  1. Preissenkung um 10 %
  alter Preis (Grundwert): 245,00 € neuer Preis: 245,00 € · 0,90 = 220,50 €
  2. Preissenkung um 25 %
  alter Preis (Grundwert): 220,50 € neuer Preis: 220,50 € · 0,75 = 165,38 €
  neuer Preis von 165,38 € entspricht einer Preissenkung um 32,5 %:
  alter Preis (Grundwert): 245,00 € neuer Preis: 165,38 €
  $100\left(1 - \frac{165{,}38\ €}{245\ €}\right) = 32{,}5\ \%$
- Preis nach einmaliger Preissenkung um 35 %:
  alter Preis (Grundwert): 245,00 € neuer Preis: 245,00 € · 0,65 = 159,25 €

15. eine Lösung:
I $3x - 2y = 6$
II $-3x + y = 2$ $(-2 \mid -4)$

keine Lösung:
I $3x - 2y = 6$
II $-3x + 2y = 2$ $0 \neq 8$

unendlich viele Lösungen:
I $3x - 2y = 6$
II $x - \frac{2}{3}y = 2$

Beziehungen und Veränderungen beschreiben

Seite 202

1. a) Die Fahrt beginnt 20 m vom Haus entfernt und erfolgt mit zunehmender Geschwindigkeit.
b) ca. 41 m
c) ca. 2,2 s
d) Es ist keine gleichförmige geradlinige Bewegung.
Die Geschwindigkeit ist nicht berechenbar.
e) Es handelt sich annähernd um eine verschobene, gestreckte Normalparabel:
$s = f(t) = 1{,}3\,t^2 + 20$

2. a) Die Aussage stimmt nicht.
Onur wirft 50 m weit und Lisa 58 m, d. h., Lisa wirft nur 8 m weiter.
b) Die Aussage stimmt nicht. Onurs Stein landet 50 m von der Klippe entfernt.
c) Die Aussage stimmt nicht. Die Sinkgeschwindigkeit beider Steine ist gleich.
d) Die Aussage stimmt nicht. Für den freien Fall gilt annähernd die Formel $s = 5t^2$, mit Fallhöhe s und Fallzeit t. Dann ergibt sich aus $125 = 5t^2$ die Fallzeit $t = 5$ s.
e) Die Aussage ist richtig.
Wurfparabel: $y = -\frac{g}{2{v_0}^2}x^2 + 125$ bei $v_0 = 10\,\frac{m}{s}$ $\rightarrow$ $y = -\frac{5}{10^2}x2 + 125$
f) Die Aussage ist richtig. $\frac{10}{50} \approx \frac{12}{58}$, $0{,}2 \approx 0{,}207$
Differenz liegt im Rahmen der Ausgangswerte.

3. a) ① $K_n = K_0 \cdot \left(\frac{100 + p}{100}\right)^n$
$1\,200 \cdot \left(\frac{100 + 4}{100}\right)^4 = 1\,403{,}83$
Höhe des Kapitals nach 4 Jahren:
1 403,83 €

② $K_n = K + \frac{K \cdot p \cdot n}{100}$
$1\,200 + \frac{1\,200 \cdot 5 \cdot 4}{100} = 1\,440{,}00$
Höhe des Kapitals nach 4 Jahren:
1 440,00 €

③ $K_{n+1} = K_n + \frac{K_n \cdot p}{100}$
$K_0 = 1\,200$; $K_1 = 1\,236{,}00$
$K_2 = 1\,285{,}44$; $K_3 = 1\,349{,}71$;
$K_4 = 1\,430{,}69$
Höhe des Kapitals nach 4 Jahren:
1 430,69 €

Paul sollte Variante ② wählen.

b) Kapital nach 4 Jahren

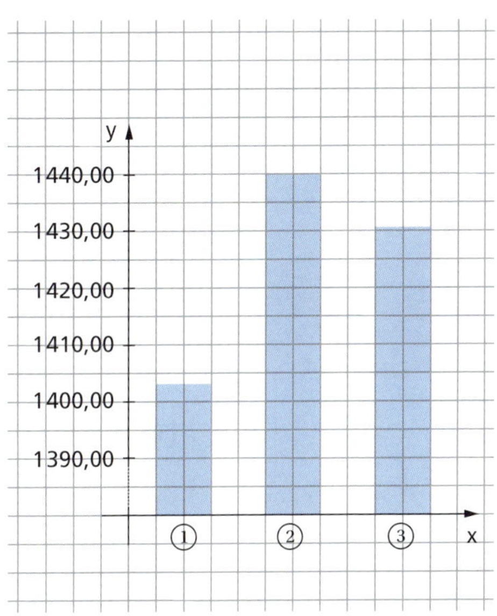

4. a) Der Graph der Funktion ist monoton fallend und schneidet die y-Achse im Punkt (0 | 4).
$0 = -2x_0 + 4$; $x_0 = 2$
b) *Beispiellösung:* $y = -2x$

Seite 203

5. a) ① - C Gerade mit Anstieg $m = -2$, Schnittpunkt mit y-Achse bei $y = 4$
② - E Gerade mit Anstieg $m = -\frac{1}{3}$, Schnittpunkt mit y-Achse im Koordinatenursprung
③ - A Gerade parallel zu x-Achse, Schnittpunkt mit y-Achse bei $y = 4$
④ - B Gerade mit Anstieg $m = 1$, Schnittpunkt mit y-Achse bei $y = 1$
⑤ - F nichtlineare Funktion/Normalparabel, Schnittpunkt mit y-Achse bei $y = 0$
⑥ - D Gerade mit Anstieg $m = -1$, Schnittpunkt mit y-Achse bei $y = -3$

b) $S_{A/B}(3|4)$; $S_{1_{A/F}}(-2|4)$, $S_{2_{A/F}}(2|4)$; $S_{B/C}(1|2)$

c) ① y ist gleich dem um 4 vergrößerten negativen Doppelten der Zahl x.
② y ist gleich dem negativen Drittel der Zahl x.
③ y ist gleich der Zahl 4.
④ y ist gleich der um 1 vergrößerten Zahl x.
⑤ y ist gleich dem Quadrat der Zahl x.
⑥ y ist gleich dem um 3 verringerten des Negativen der Zahl x.

d) Linear sind alle die Funktionen, in denen die unabhängige Veränderliche x linear oder nicht auftritt. Das sind die Funktionen: ①, ②, ③, ④, ⑥

6. a) siehe Abbildung rechts

b) $f_1(x)$: $x_1 = -1$; $x_2 = 3$

$f_2(x)$: $x_1 = -1$; $x_2 = 3$

$f_3(x) = y = (x + 1)^2 - 4$

c) Rhombus:
Der Abstand der Scheitelpunkte zu den Nullstellen ist gleich.
$A = 16$ FE

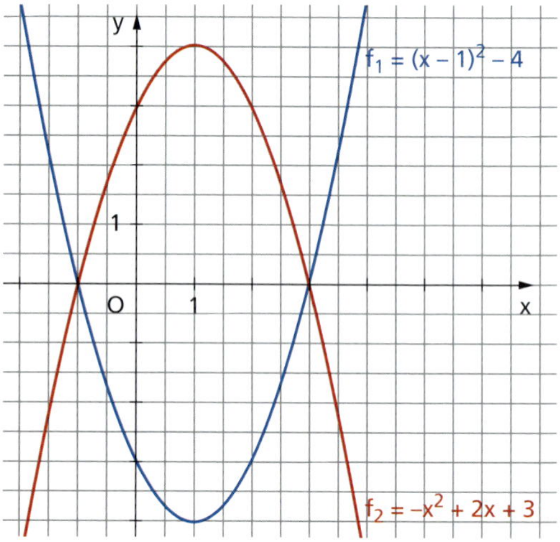

7. a) DB: $x \in \mathbb{R}$ und $x \neq 0$

b)

x	−3	−2	−1	$-\frac{1}{2}$	0,5	1	2	3
y	$-\frac{1}{3}$	$-\frac{1}{2}$	−1	−2	2	1	$\frac{1}{2}$	$\frac{1}{3}$

c) S(1 | 1)

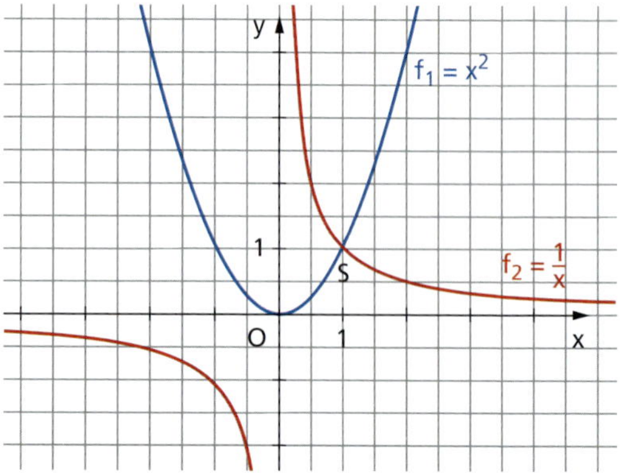

8.

Teilnehmer	Preis pro Person in Euro	Gesamteinnahmen in Euro
40	400	16000
41	395	16195
45	375	16875
50	350	17500

$g(x) = (40 + x) \cdot (400 - 5x)$

Wenn 60 Passagiere (40 + 20) die Reise buchen, beträgt der maximale Gewinn 18000 €.

Ebene Figuren nach Maß und Form erfassen

Seite 204

1. a) Quadrat; Raute
b) Quadrat; Raute; Rechteck; Parallelogramm
c) Quadrat; Raute; Drachenviereck
d) Quadrat; Raute; Drachenviereck
e) Trapez

2. a) $68\,m \cdot 106\,m = 7208\,m^2$ $70\,m \cdot 106\,m = 7420\,m^2$ $7208\,m^2 \le A \le 7420\,m^2$
b) 1 Rasenmäher: 270 min 2 Rasenmäher: 135 min 3 Rasenmäher: 90 min
4 Rasenmäher: 67,5 min 5 Rasenmäher: 54 min
c)

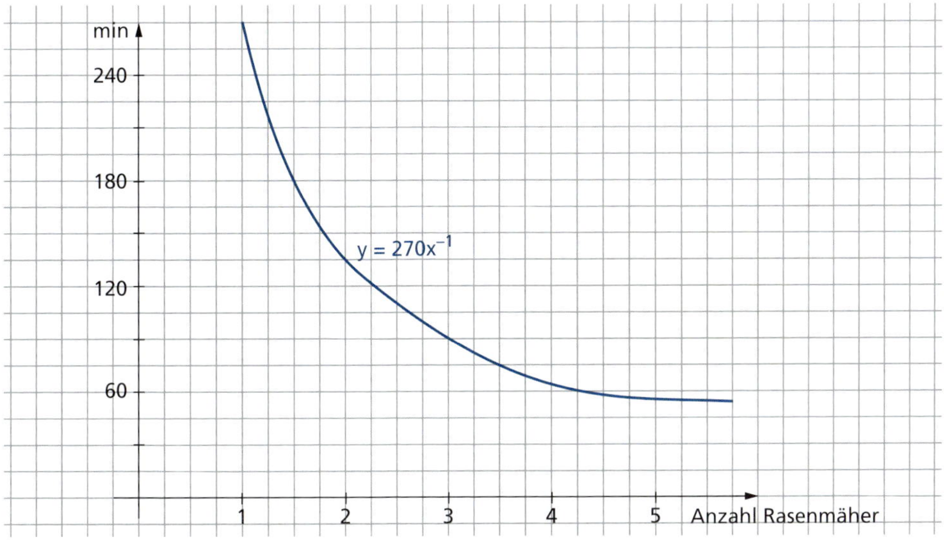

3. $A = \frac{1}{2}\pi \cdot r_1^2 - \frac{1}{2}\pi \cdot r_2^2 = \frac{1}{2}\pi \cdot (r_1^2 - r_2^2) \approx 25\,cm^2$
$u = \pi \cdot r_1 + \pi \cdot r_2 + r_1 + r_1 - 2 \cdot r_2 = r_1(\pi + 2) + r_2(\pi - 2) \approx 29\,cm$

4. a) $24\,m \cdot 12 = 288\,m$
b) $200\,m : 12 = x : 100 \rightarrow x \approx 1666{,}7\,m$ Die waagerechte Entfernung beträgt etwa 1,7 km.

5. a) $h_2 = 120\,m + 176\,m + 140\,m - 96\,m = 340\,m$ b) $h_4 = 340\,m + 324\,m = 664\,m$

Seite 205

6. a) $y = -2x + 2$

b) $A = \frac{4\ \text{cm} \cdot 2\ \text{cm}}{2} = 4\ \text{cm}^2$

c) $A'(-1|-4)$; $B'(3|-4)$; $C'(-1|4)$

d) $A = \frac{8\ \text{cm} \cdot 4\ \text{cm}}{2} = 16\ \text{cm}^2$

e) $y = -2x + 2$

f) $E_1(-2|2)$ Parallelogramm; $E_2(2|2)$ Rechteck (Parallelogramm)

7. a) $u = 3{,}4\ \text{m} + 2 \cdot 1{,}2\ \text{m} + 2{,}0\ \text{m} + 2 \cdot 2{,}1\ \text{m} + \sqrt{(1{,}4\ \text{m})^2 + (0{,}8\ \text{m})^2} + 0{,}8\ \text{m} = 14{,}4\ \text{m}$

$A = 1{,}2\ \text{m} \cdot 3{,}4\ \text{m} + 2{,}1\ \text{m} \cdot 1{,}4\ \text{m} + \frac{0{,}8\ \text{m} \cdot 1{,}4\ \text{m}}{2} = 7{,}58\ \text{m}^2$

b) $u = 3\ \text{cm} + 1{,}8\ \text{cm} + 1{,}8\ \text{cm} + 4\ \text{cm} + 2{,}2\ \text{cm} + 2{,}4\ \text{cm} + 1{,}9\ \text{cm} = 17{,}1\ \text{cm}$

$A = \frac{3\ \text{cm} + \sqrt{(1{,}9\ \text{cm})^2 - (1{,}8\ \text{cm})^2} + 3\ \text{cm}}{2} \cdot 1{,}8\ \text{cm} + \frac{3\ \text{cm} + 1{,}8\ \text{cm} + \sqrt{(1{,}9\ \text{cm})^2 - (1{,}8\ \text{cm})^2} + 2{,}2\ \text{cm}}{2} \cdot 2{,}4\ \text{cm}$

$A \approx 5{,}95\ \text{cm}^2 + 9{,}13\ \text{cm}^2 \approx 15{,}1\ \text{cm}^2$

8. a) ABCD ist ein Drachenviereck. Begründung: zwei Paar gleich lange benachbarte Seiten

b) Aus $y = x + 1$ und $y = -x + 3$ ergibt sich $S(1|2)$.

c) $\overline{AB} = \sqrt{(6\ \text{cm})^2 + (2\ \text{cm})^2} = 6{,}32\ \text{cm}$ $\quad \overline{SB} = \sqrt{(2\ \text{cm})^2 + (2\ \text{cm})^2} = \sqrt{8\ \text{cm}^2} = 2{,}83\ \text{cm}$

$\sin\frac{\alpha}{2} = \frac{2{,}83\ \text{cm}}{6{,}32\ \text{cm}} \rightarrow \frac{\alpha}{2} = 26{,}6° \rightarrow$

$\sphericalangle BAD = 53{,}2°$; $\quad \sphericalangle DCB = 90°$; $\quad \sphericalangle ABC = \sphericalangle CDA = \frac{1}{2}(360° - 53{,}2° - 90°) = 108{,}4°$

d) $A'(-4|-5)$; $B'(5|-2)$; $C'(5|4)$; $D'(-1|4)$

9. $h = h' + 1{,}75\ \text{m}$; $\quad h' : 1{,}25\ \text{m} = 120\ \text{m} : 2{,}5\ \text{m} \rightarrow h' = 60\ \text{m} \rightarrow h = 61{,}75\ \text{m}$

Räumliche Objekte darstellen und berechnen

Seite 206

1. a) → ② b) → ⑤ c) → ① d) → ④ e) → ③

2. a) vierseitige Pyramide b) Zylinder oder Kegelstumpf c) sechsseitiges Prisma

3.

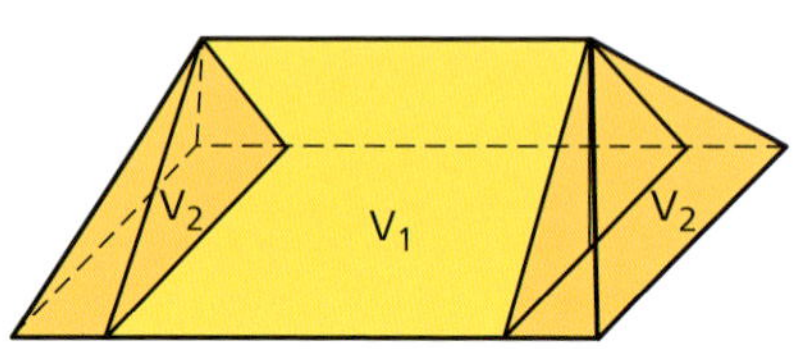

$V = V_1 + 2 \cdot V_2$

$V = \frac{\overline{BC} \cdot h}{2} \cdot \overline{EF} + 2 \cdot \frac{\overline{AB} - \overline{EF}}{2} \cdot \overline{BC} \cdot h \cdot \frac{1}{3}$

$V = \frac{18\ \text{cm} \cdot 8\ \text{cm}}{2} \cdot 16\ \text{cm} + 8\ \text{cm} \cdot 18\ \text{cm} \cdot 8\ \text{cm} \cdot \frac{1}{3}$

$V = 1\,152\ \text{cm}^3 + 384\ \text{cm}^3 = 1\,536\ \text{cm}^3$

4. a) wahr

b) wahr

c) falsch dreiseitiges Prisma: 6 Eckpunkte

d) falsch dreiseitiges Prisma

5. Björn kann einen liegenden Zylinder bzw. ein liegendes dreiseitiges Prisma gezeichnet haben.

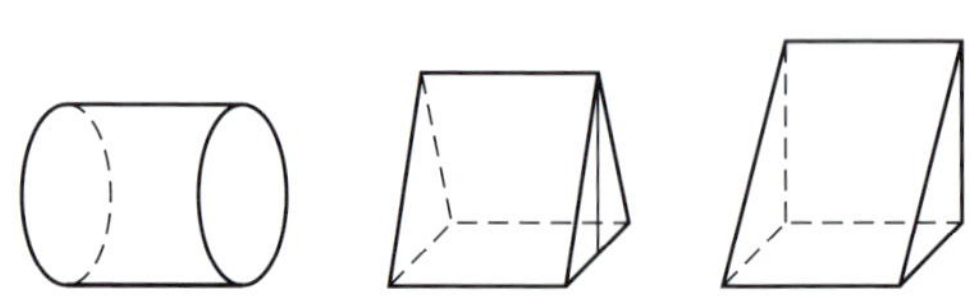

6. $h = r$

$V_{HK} = \frac{2}{3}\pi r^3$; $V_Z = \pi r^3$

$V_{HK} + VK = \frac{2}{3}\pi r^3 + \frac{1}{3}\pi r^3 = \pi r^3 = V_Z$

Beide Werkstücke sind gleich schwer.

7. Das Volumen vergrößert sich um 300 %.

8. $V_1 = \frac{4}{3}\pi r_1{}^3$ $V_2 = \frac{4}{3}\pi(2r_1)^3$ $V_2 = \frac{4}{3}\pi \mathbf{8} r_1{}^3$

Seite 207

9. a) $V = \frac{\pi}{4}d^2 \cdot h \rightarrow V = 590\ cm^3\ (589{,}05\ cm^3)$ $V = 0{,}59\ dm^3 = 0{,}59\ l$

b) $\frac{h}{0{,}25\ l} = \frac{7{,}5\ cm}{0{,}59\ l} \rightarrow h = 3{,}2\ cm\ (3{,}18\ cm)$

10. a) $V = 2\ cm \cdot 2\ cm \cdot 1\ cm = 4\ cm^3$

$A_O = 2 \cdot (2\ cm \cdot 1\ cm + 2\ cm \cdot 2\ cm + 2\ cm \cdot 1\ cm) = 16\ cm^2$

b) Dreieckshöhe $h_D = \sqrt{8}\ cm$ Pyramidenhöhe $h_P = \sqrt{7}\ cm$

$V = \frac{1}{3}A_G \cdot h = \frac{1}{3} \cdot 4\ cm^2 \cdot \sqrt{7}\ cm \approx 3{,}5\ cm^3\ (3{,}53\ cm^3)$

$A_O = A_G + 4 \cdot A_D = 4\ cm^2 + 4 \cdot \frac{2cm \cdot \sqrt{8}\ cm}{2} \approx 15{,}3\ cm^2\ (15{,}313\ cm^2)$

11. $\varrho = \frac{m}{V} = \frac{m}{a^3} \rightarrow a = \sqrt[3]{\frac{m}{\varrho}} \rightarrow a = 5\ cm$

12. Das Volumen verachtfacht und der Oberflächeninhalt vervierfacht sich.

13. a) individuelle Lösung

b) eckiger Pool:
$V = 13{,}125\ m^3 = 131{,}25\ hl$

c) runder Pool:
$V = 15{,}080\ m^3 = 150{,}80\ hl$

d) individuelle Lösung
Zu berücksichtigen ist, dass der eckige Pool einen höheren Wasserstand hat, preisgünstiger ist, jedoch mit $8{,}750\ m^2$ eine kleinere Grundfläche hat als der runde Pool mit $12{,}566\ m^2$.

c)

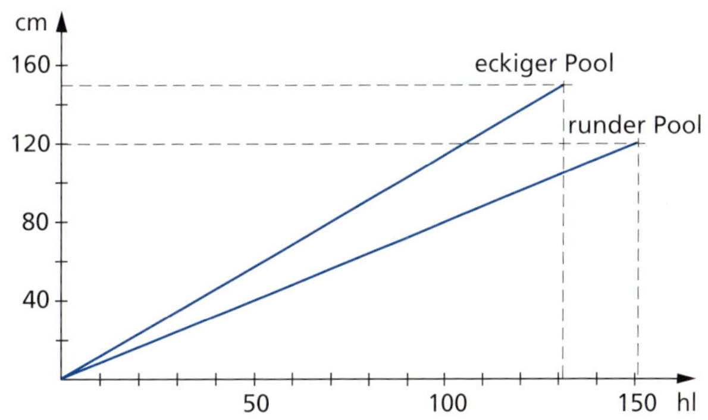

14. *Beispiellösung*

a) ① Quader:

Geht man von einem Quadrat mit der Seitenlänge a als Grundfläche aus, da es für ein Rechteck mit gegebenem Flächeninhalt den minimalen Flächenumfang aufweist, so erhält man für den Quader: $A_O = 2a^2 + 4\ ab$

Nach der Formel $V = a^2b$ mit $V = 1\,000\ cm^3$ erhält man $b = \frac{1000}{a^2}$.

Damit ergibt sich für einen Quader mit $V = 1\ l$ der Oberflächeninhalt als Funktion von a:

$A_O = f(a) = 2a^2 + 4a \cdot \frac{1000}{a^2} = 2a^2 + 4\,000\ \frac{1}{a}$

Der Graph nimmt bei a = 10 den geringsten Wert für A_O an.

Für a = 10 ergibt sich auch b = 10.

Bei Verwendung eines Quaders sind die optimalen Verpackungsgrößen:

10 cm · 10 cm · 10 cm (Würfel)

② Zylinder:

Der Oberflächeninhalt des Zylinders berechnet sich nach der Formel:

$A_O = 2r^2\pi + 2r\pi \cdot h$ Nach der Formel $V = r^2\pi \cdot h$ mit $V = 1\,000\ \text{cm}^3$ erhält man $h = \frac{1\,000}{r^2\pi}$.

Damit ergibt sich für einen Zylinder mit $V = 1\ l$ der Oberflächeninhalt als Funktion des Radius r:

$A_O = f(r) = 2r^2\pi + \frac{2r\pi \cdot 1\,000}{r^2\pi = 2r^2\pi} + 2\,000\,\frac{1}{r}$

Der Graph nimmt bei r = 5,4 den geringsten Wert für A_O an.

Für r = 5,42 ergibt sich h = 10,84.

Bei Verwendung eines Zylinders sind die optimalen Verpackungsgrößen:

r = 5,42 cm, h = 10,84 cm

③ Prisma:

Nimmt man als Grundfläche ein gleichseitiges Dreieck der Seitenlänge a, da es für ein Dreieck mit gegebenem Flächeninhalt den minimalen Flächenumfang aufweist, erhält man als Oberflächeninhalt für das Prisma:

$A_O = 2 \cdot \frac{a^2}{4}\sqrt{3} + 3ah$ Nach der Formel $V = h \cdot A_G$ mit $V = 1\,000\ \text{cm}^3$ erhält man $h = \frac{4\,000}{a^2\sqrt{3}}$.

Damit ergibt sich für ein Prisma mit $V = 1\,l$ der Oberflächeninhalt als Funktion der Seitenlänge a:

$A_O = f(a) = \frac{\sqrt{3}}{2}a^2 + 3a \cdot \frac{4\,000}{a^2\sqrt{3}} = \frac{1}{2}\sqrt{3} \cdot a^2 + 4\,000\,\sqrt{3}\,\frac{1}{a}$

Der Graph nimmt bei a = 15,87 cm den geringsten Wert für A_O an.

Für a = 15,87 cm ergibt sich h = 9,17 cm.

Bei Verwendung eines Prismas sind die optimalen Verpackungsgrößen:

a = 15,87 cm, h = 9,17 cm.

b) Der minimale Materialverbrauch beträgt (für die aufgeführte Beispiellösung):

① Quader: $A_O = 600\ \text{cm}^2$ ② Zylinder: $A_O = 553{,}7\ \text{cm}^2$ ③ Prisma: $A_O = 654{,}7\ \text{cm}^2$

c) Die zylinderförmige Verpackung erscheint wegen des geringsten Materialaufwands sehr günstig. Doch in die Entscheidung sind weitere Kriterien einzubeziehen: u. a. Stapelfähigkeit, Transportraumanforderung, technologische Produktionsfaktoren.

Mit Daten und Zufall arbeiten

Seite 208

1. a) Maximum: 5,10 m Mimimum: 2,60 m Spannweite: 2,50 m

b) Diagrammformen: Boxplot, Kreisdiagramm, Balkendiagramm, Säulendiagramm, Piktogramm, Stängel-Blatt-Diagramm

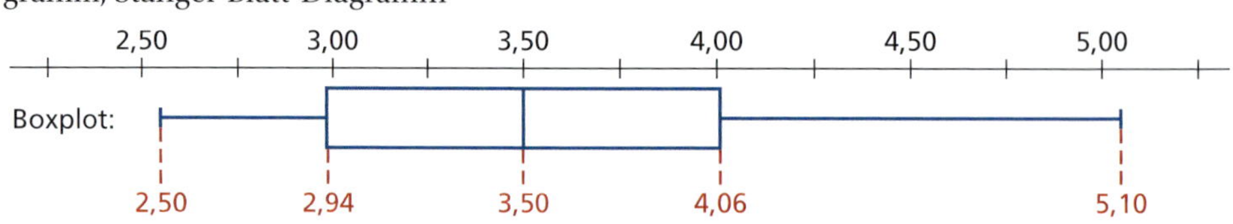

c) arithmetisches Mittel: 3,5 m Median: ca. 3,23 m

Beide Mittelwerte sind geeignet. Die untersuchte Gruppe hat mit 2,60 m und 5,10 m zwei Ausreißer. Beim arithmetischen Mittel neutralisieren sich diese beiden Werte, beim Median werden sie beide weggestrichen.

2. a) Durchschnitt A: 3,35 Durchschnitt B: 3,33

b)

Gruppe A:			Gruppe B:		
	10 %	(Note 1)		0 %	(Note 1)
	15 %	(Note 2)		27,8 %	(Note 2)
	30 %	(Note 3)		27,8 %	(Note 3)
	20 %	(Note 4)		33,3 %	(Note 4)
	25 %	(Note 5)		5,6 %	(Note 5)
	0 %	(Note 6)		5,6 %	(Note 6)

c) Durchschnittliche lineare Abweichung: Gruppe A: 1,09 Gruppe B: 0,93

d) In Gruppe B gibt es zwar keine Spitzenleistungen, aber dafür auch deutlich weniger Ausfälle. Die Mittelwerte liegen sehr nahe beieinander. Die Streuung ist bei Gruppe B kleiner. Deshalb ist insgesamt als Gemeinschaft die Gruppe B etwas besser zu beurteilen.

3. a) Da man eine 2, 3, 4, 5 oder 6 werfen kann, liegt die Wahrscheinlichkeit bei $\frac{5}{6}$.
b) Hier kann man eine 1, 2 oder 3 würfeln, also liegt die Wahrscheinlichkeit bei $\frac{1}{2}$.
c) $P(7) = 0$
d) *Beispiellösungen:*
Eine gerade Zahl wird gewürfelt. Eine Primzahl wird gewürfelt. 2, 4 oder 5 wird gewürfelt.

4. a) Orange: $\frac{4}{8}$; Gelb: $\frac{3}{8}$; Rot: $\frac{1}{8}$ b) Die Wahrscheinlichkeit für „nicht Gelb" liegt bei $\frac{5}{8}$.

c) $P(\text{2-mal rot}) = \frac{1}{8} \cdot \frac{1}{8} = \frac{1}{64} = 1{,}56\,\%$

5. a) $\frac{24}{49}$ b) $\frac{34}{49}$ c) $\frac{3}{49}$ d) $\frac{11}{49}$ e) $\frac{9}{49}$ f) $\frac{8}{49}$ g) $\frac{33}{49}$

6. a)

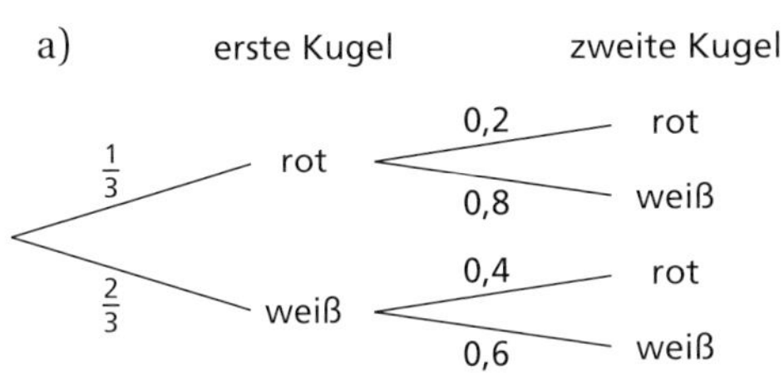

b) $P(A) = 0{,}4$; $P(B) = \frac{8}{15}$; $P(C) = 0{,}6$

Seite 209

7. a)

WWW	ZZZ	
WWZ	WZW	ZWW
ZZW	ZWZ	WZZ

(Andere übersichtliche Darstellungen sind möglich.)

b) $\frac{3}{8}$ c) $\frac{4}{8}$

8. a) Beim Würfeln mit zwei Würfeln gibt es 36 verschiedene Ergebnisse.
Betrachtung der Paare:

1; 1	1; 2	1; 3	1; 4	1; 5	1; 6	2; 1	2; 2	2; 3	2; 4	2; 5	2; 6
3; 1	3; 2	3; 3	3; 4	3; 5	3; 6	4; 1	4; 2	4; 3	4; 4	4; 5	4; 6
5; 1	5; 2	5; 3	5; 4	5; 5	5; 6	6; 1	6; 2	6; 3	6; 4	6; 5	6; 6

b) $\frac{25}{36}$ c) $\frac{27}{36}$ Es wurden hier auch die Paare mitgezählt, bei denen beide Würfe eine Primzahl ergeben haben. Sonst beträgt die gesuchte Wahrscheinlichkeit $\frac{18}{36}$.

9. *Beispiellösung:*

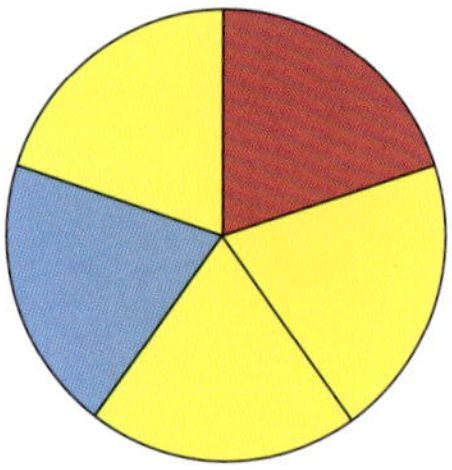

Damit die Wahrscheinlichkeit für „Gelb“ (das ist „weder Rot noch Blau) 60 % beträgt, müssen drei Felder die Farbe Gelb haben.
Gemäß der Zeichnung ist die Wahrscheinlichkeit für Rot 20 %. Nur wenn erlaubt ist, dass die Wahrscheinlichkeit für Blau 0 ist (kein Feld hat die Farbe Blau), kann diese Wahrscheinlichkeit vergrößert werden auf 40 %, nämlich indem für drei Felder die Farbe Gelb und für zwei Felder die Farbe Rot gewählt wird.

10. a)

Pommes:	180
Currywurst:	60
Hamburger:	240
Lasagne:	120
Spaghetti:	240
Pizza:	360

b)

Pommes:	15 %
Currywurst:	5 %
Hamburger:	20 %
Lasagne:	10 %
Spaghetti:	20 %
Pizza:	30 %

c)

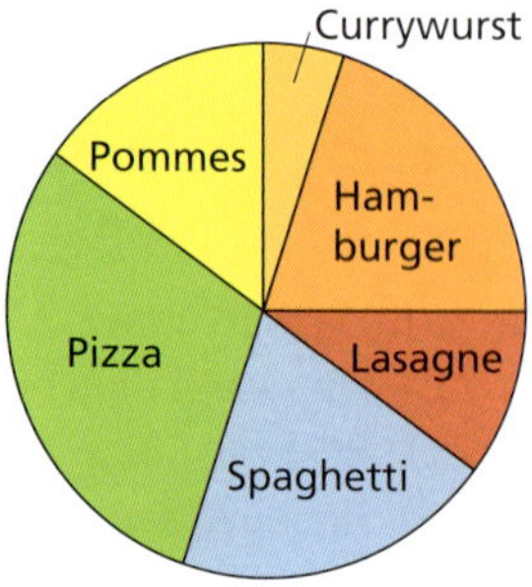

11. a) Museum: $\frac{12}{60} = 20\,\%$ Schwimmbad: $\frac{15}{60} = 25\,\%$

Ausstellung: $\frac{20}{60} \approx 33{,}3\,\%$ Zoo: $\frac{8}{60} \approx 13{,}3\,\%$

Es enthielten sich: $\frac{5}{60} \approx 8{,}3\,\%$

b) Für 60 Schülerinnen und Schüler ist z. B. eine Balkenlänge von 12 cm geeignet.

12. Die Wahrscheinlichkeit ändert sich nicht. Sie liegt nach wie vor bei $\frac{1}{6}$.

13. a) $\frac{6}{36}$

b) $\frac{25}{36}$

c) Eine Augensumme unter 2 ist nicht möglich.
Also liegt die gesuchte Wahrscheinlichkeit bei $\frac{1}{36}$.

d) $\frac{1}{2}$

e) Es gibt insgesamt 21 Möglichkeiten.

f) Die Augensumme 6 hat die Wahrscheinlichkeit $\frac{1}{7} = \frac{3}{21}$ $\{(1;5), (2;4), (3;3)\}$.

8.2 Multiple-Choice-Test

Seite 210

1. B **2.** C **3.** D **4.** C **5.** A **6.** B

7. A **8.** D **9.** C **10.** D **11.** B **12.** B

Seite 211

13. D **14.** C **15.** C **16.** D **17.** D **18.** D

19. B **20.** A **21.** D **22.** C **23.** B **24.** B

8.3 Testarbeit

Teil 1

Seite 212

1. a) 20 b) 4 c) $\mathbb{R}$ d) 3

2. $-1,\overline{8} < \sqrt{2} < \frac{322}{200} < 1,7 < 1\frac{3}{4}$

3. a) 0 b) 11 c) $\frac{2}{9}$ d) 0

4. a) $a = \frac{F}{m}$ b) $t = \frac{s}{v}$ c) $t = \sqrt{\frac{2s}{g}}$ d) $l = \frac{T^2 \cdot g}{4\pi^2}$

5. In einem Dreieck muss der größten Seite auch der größte Winkel gegenüberliegen, d.h., $\sphericalangle$BCA müsste größer sein als 110°. Das ist nicht möglich, da die Winkelsumme im Dreieck 180° betragen muss.

6. a) wahr (z.B. $\overline{AB} = \overline{BC} = 5$ cm und $\sphericalangle ABC = 90°$)
b) falsch (In einem Dreieck muss die Summe der Längen zweier Seiten größer sein als die Länge der dritten Seite. Es gibt kein Dreieck mit der formulierten Eigenschaft.)
c) wahr (Es gilt immer die Dreiecksungleichung.)

7. Beim Pkw, denn 30 % = 0,3 $\left(0,3 < \frac{1}{3} < \frac{3}{8}\right)$

8. 2 000 m = 2 km

9. a) Quadratmeter oder Ar b) Kubikzentimeter oder Milliliter

10.

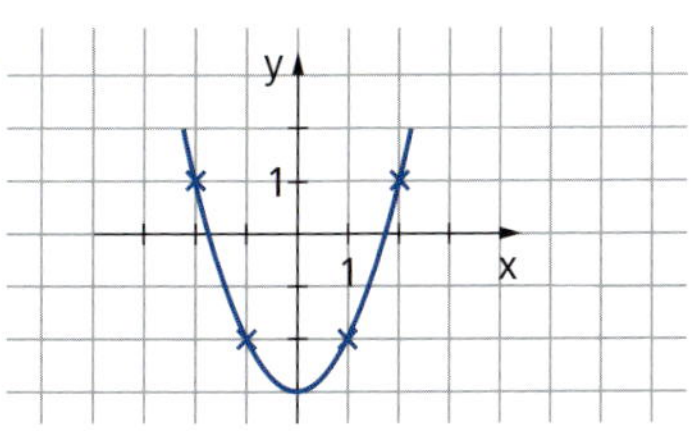

$y = f(x) = x^2 - 3$
$x_1 = -1,732$
$x_2 = +1,732$

11. a)

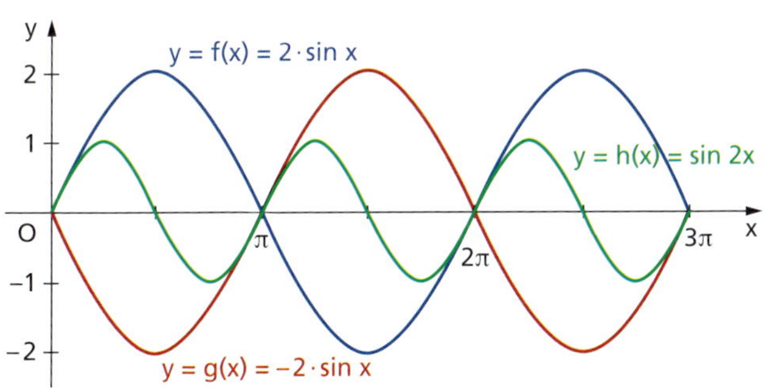

b) $x_0 = 0$
$x_1 = \frac{\pi}{2}$
$x_2 = \pi$
$x_3 = \frac{3}{2}\pi$
$x_4 = 2\pi$
$x_5 = \frac{5}{2}\pi$
$x_6 = 3\pi$

c) $0 \le x \le \frac{\pi}{2}$; $\frac{3}{2}\pi \le x \le \frac{5}{2}\pi$

d) $a = 2 \Rightarrow$ 2 Lösungen
$a = -2 \Rightarrow$ genau eine Lösung
$a = 1 \Rightarrow$ keine Lösung

12. a) 24 Möglichkeiten b) 6 Möglichkeiten c) 6 Möglichkeiten

Teil 2

Seite 213

1. Gesamtverbrauch im Jahr 2000: 288 m^3 Gesamtverbrauch im Jahr 2008: 224 m^3

a) um 22,2 %

b) 2000: 29 % 2008: 25 % (2008 war der Anteil geringer.)

c)

Verbrauch	Körperpflege	Toilette	Wäsche	Geschirr	Putzen	Sonstiges
in Prozent	21	25	13	8	7	6
Grad	148	90	47	29	25	22

2. a) $V \approx 5{,}29\ m^3$ b) $r' = 2{,}44\ m$; $V' = 11{,}24\ m^3$ c) $\alpha = 36{,}4°$

3. a)

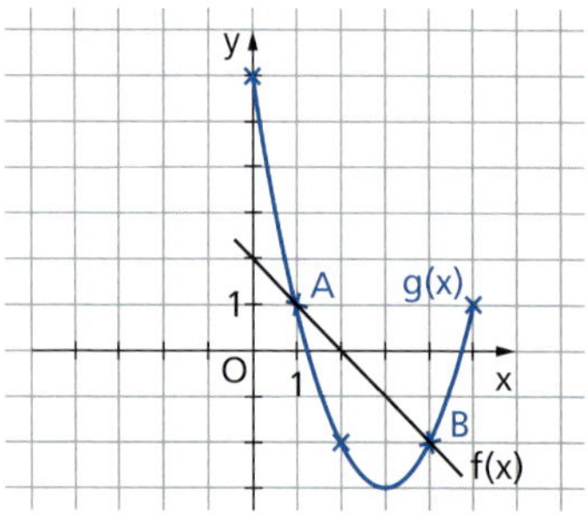

b) A(1; 1); B(4; -2)

c) $\overline{AB} = \sqrt{18}\ LE \approx 4{,}24\ LE$

4. a) $\sphericalangle ABC = 68°$ (Kongruenzsatz wsw) Beim Maßstab 1 : 1000 ist $\overline{AB} = 11$ cm.

b) $\sin 68° = \frac{h_a}{\overline{AB}} \Rightarrow h_a = 110\ m \cdot \sin 68° \approx 102{,}0\ m$

5. Rotation um $\overline{AB}$

$r = 3$ cm; $h = 4$ cm

$V_1 = 12 \cdot \pi\ cm^3 \approx 37{,}7\ cm^3$

$A_1 = 15 \cdot \pi\ cm^2 \approx 47{,}1\ cm^2$

Rotation um $\overline{AC}$

$r = 4$ cm; $h = 3$ cm

$V_2 = 16 \cdot \pi\ cm^3 \approx 50{,}3\ cm^3$

$A_2 = 20 \cdot \pi\ cm^2 \approx 62{,}8\ cm^2$

Bei der Drehung um $\overline{AC}$ entsteht ein größerer Rotationskörper.

Teil 3

Seite 214

1. a) Maßstab 1:1000

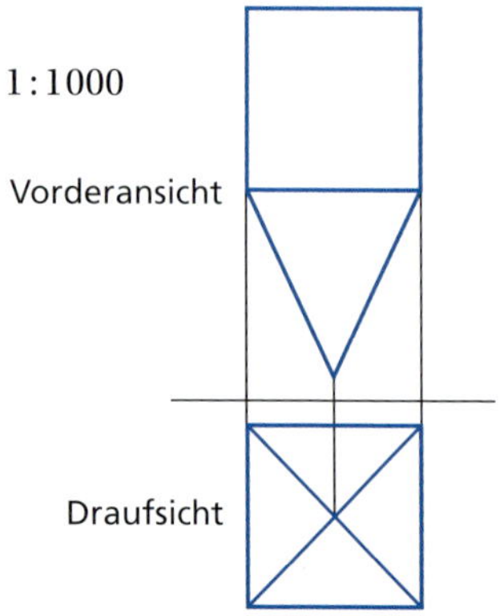

b) $V = V_P + V_Q = 1\,125{,}0\ m^3 + 3\,262{,}5\ m^3 = 4\,387{,}5\ m^3$

c) $1\,125\ m^3 : 100\ \frac{m^3}{h} = 11{,}25\ h = 11\ h\ 15\ min$

d) $4\,387{,}5\ m^3 : 300\ \frac{m^3}{h} = 14{,}625\ h = 14\ h\ 37\ min\ 30\ s$

e) $m = 0{,}8\ \frac{g}{cm^3} \cdot 4{,}3875 \cdot 109\ cm^3$

$m = 3\,510\ t$

2. a) rot: 120 Stück; gelb: 144 Stück; weiß: 216 Stück

Farbe	Rot	Gelb	Weiß
Prozent	25 %	30 %	45 %
Grad	90°	108°	102°

b) arithm. Mittel: 7,64 €
Zentralwert: 7,99 €
Modalwert: 7,99 €
Spannweite: 2,00 €

c) R ≙ Rot; G ≙ Gelb; W ≙ Weiß
(R; R; R), (R; R; G), (R; R; W), (R; G; W), (R; G; G)
(R; W; W), (W; W; W), (G; G; G), (W; W; G), (G; G; W)

d) (1) 72,9 % (2) $0{,}9^3 + 3 \cdot 0{,}9 \cdot 0{,}9 \cdot 0{,}1 = 0{,}972 \mathrel{\widehat{=}} 97{,}2\,\%$

3. a) $\frac{1\,500\text{ m}}{\sin 40°} = \frac{x}{\sin 46°} \quad \Rightarrow \quad x = 1\,678{,}64\text{ m} \approx 1\,679\text{ m}$

$\overline{SC} = \cos 4° \cdot x \quad \Rightarrow \quad \overline{SC} = 1\,674{,}55\text{ m} \approx 1\,675\text{ m}$

b) Nach 10 min hat das Schiff $\overline{SS'} = 9\,000\text{ m}$ zurückgelegt.

$\sphericalangle ASS' = 40° + 90° + 4° = 134°; \quad \overline{AS}^2 = \overline{AC}^2 + \overline{SC}^2 \quad \Rightarrow \quad AS = 2\,328\text{ m}$

$\overline{AS'}^2 = \overline{AS}^2 + \overline{SS'}^2 - 2\overline{AS} \cdot \overline{SS'} \cdot \cos 134° \quad \Rightarrow \quad \overline{AS'} = 10\,748\text{ m}$

$\frac{\sin \alpha}{\sin 134°} = \frac{9\,000\text{ m}}{10\,748\text{ m}} \quad \Rightarrow \quad \alpha' = 38° \text{ und } \alpha'' = 9°$

c) $\overline{BS'}^2 = \overline{AB}^2 + \overline{AS'}^2 - 2 \cdot \overline{AB} \cdot \overline{AS'} \cdot \cos 9° \quad \Rightarrow \quad \overline{BS'} \approx 9\,269\text{ m}$

Seite 215

4. a) 46 610 € – 10 000 € = 36 610 €

b) $\frac{W}{G} = \frac{p}{100}; \quad \frac{299\,599\text{ €}}{10\,000\text{ €}} = \frac{p}{100}; \quad 3\,000\,\% = p$

c) $K_E = 10\,000\text{ €} \cdot 1{,}1^{10} = 25\,937{,}42\text{ €}$

Der errechnete Zuwachs stimmt nicht, er beträgt 25 937,42 €, nicht 24 593 €.

5. a) $V_{Quader} = 1\,200\text{ cm}^3$ ($1\,l = 1\,000\text{ cm}^3$); $V_{Zylinder} \approx 905\text{ cm}^3$

Der Quader hat 200 cm^3 mehr Rauminhalt, der Zylinder 95 cm^3 zu wenig.

b) *Beispiellösung:*

Bei einer Höhe von 20 cm hat der Zylinder ein Fassungsvermögen von 1 005 cm^3.

c) Quader: $A_O = 760\text{ cm}^2$; Zylinder: $A_O \approx 603\text{ cm}^2$

Der Materialverbrauch ist beim Zylinder geringer, allerdings wird man bei der Herstellung durch die Form der Grundfläche (Kreis) auch mehr Verschnitt haben.

6. a) **I** $y = 2x$ **II** $y = -3x + 5$

b) $S(1|2)$

c) $L = \{(1|2)\}$

d) z. B. $y = 2x + 2$

e) $A = 2{,}5$ FE

Register

Bildquellenverzeichnis

ADFC: 144/1; adpic Bildagentur / M. Baumann: 160/1; adpic Bildagentur / Bernd Leitner: 196/1; akg-images: 114/1; aktivshop GmbH: 155/2; ARD: 21/2; Bibliographisches Institut & F. A. Brockhaus AG, Mannheim: 20/2, 29/3, 92/1, 197/2; Hubert Bossek: 106/1; CDC / Public Health Image Library / J. Gathany: 113/2; Corel Photos Inc.: 93/2, 89/1, 14/1, 193/1; Cornelsen Experimenta: 118/1, 139/1; Duden Paetec GmbH: 176/1; Duden Paetec GmbH / DEUTSCHE BUNDESBANK / Bundesministerium für Finanzen: 13/1, 209/1; Rainer Fischer: 197/1; Comstock Images / Fotosearch: 65/3, 178/1; Christiane Gottschlich, Berlin-Rahnsdorf: 143/1; Held, Alfred, Falkensee: 19/1; Hemera Photo Objects: 21/1, 146/1, 200/1, 202/1; HAVEL-HAUS: 161/3; iStockphoto: 20/1, 136/1, 172/1; iStockphoto / Aleksey Efanov: 7/3; iStockphoto / Roman Milert: 25/2; iStockphoto / Vincent Voigt: 28/1; iStockphoto / Lukasz Laska: 29/2; iStockphoto / Christine Gonsalves: 129/1; iStockphoto / Michael Fernahl: 167/1; D. Kaliga, Berlin: 175/1; G. Liesenberg: 25/1, 26/1, 29/1, 34/1, 58/1, 98/1, 132/1, 137/1, 156/1, 209/2; Lufthansa Bildarchiv FRA CI: 11/1; B. Mahler, Fotograf, Berlin: 6/1, 7/1, 93/1, 179/1, 198/1; Mathematikum Gießen / Fotograf K. Wengst: 216/1; Meyer, L., Potsdam: 65/1, 75/1, 137/2, 161/1, 197/3; Z. Neuls, Berlin: 161/2, 175/2; NTL Austria: 65/2; panthermedia / Anna Reinert: 8/1; panthermedia: 145/1; Photo Disc Inc.: 68/1, 88/1, 93/4, 113/1, 121/1, 157/1, 199/1; Photosphere: 152/1; Phywe Systeme GmbH & Co. KG, Göttingen: 64/1; Pitopia / Harald Richter, 2006: 8/2; Samsung Electronics GmbH: 201/1; Walther-Maria Scheid, Berlin: 137/3, 155/1; Uwe Schmidt: 165/1; Jens Schunk, Klingenthal: 58/2; Siemens AG / München: 164/1; THEIS FEINWERKTECHNIK GMBH: 59/1; Ute Winkler: 7/2, 43/1

Operatoren und die Erwartungen an Lösungsdarstellungen

Operator (Arbeitsaufträge)	Erwartungsbild
Nenne ... **Gib ... an.** **Lies ... ab.**	Formulieren eines Sachverhaltes, Aufzählen von Ergebnissen ohne Erläuterungen, Begründungen und Lösungsweg
Berechne ...	Herbeiführen einer Lösung durch Rechenoperationen aus einem erkennbaren Ansatz heraus. Elektronische Hilfsmittel sind zulässig, sofern nicht ausdrücklich ausgeschlossen. Grafische Lösungen sind nicht gestattet. Sind Zwischenschritte gewünscht, sollte dies in der Aufgabenstellung erkennbar sein.
Löse ... **Bestimme ...** **Ermittle ...** **Forme ... um.**	Angeben eines nachvollziehbaren Lösungsweges und Formulieren von Ergebnissen; die Wahl der Mittel (z. B. grafisch, numerisch oder symbolisch) bleibt offen. Vorgegebene Hilfsmittel oder Verfahren sind einzuhalten, z. B. „Ermitteln Sie grafisch“ oder „Bestimmen Sie rechnerisch“. Ist das Ausdrucken elektronisch erzeugter grafischer Lösungen nicht möglich, können die Ergebnisse durch Angabe der Lösungsschritte belegt werden.
Skizziere ...	Angeben wesentlicher Sachverhalte; grafisches Darstellen unter Berücksichtigung wesentlicher Eigenschaften, auch Freihandskizze ist möglich
Zeichne ... **Stelle ... grafisch dar.** **Konstruiere ...**	Exaktes grafisches Darstellen, ggf. unter Nutzung berechneter Wertepaare; maßstäbliches Darstellen eines Sachverhaltes, ggf. unter Nutzung spezieller Konstruktionsverfahren
Erstelle ...	Darstellen eines Sachverhalts in übersichtlicher, meist üblicher bzw. vorgegebener Form (z. B. Erstellen einer Wertetabelle).
Begründe ...	Darstellen von kausalen Zusammenhängen. Die Argumente (Regeln und mathematische Beziehungen) sind zu nutzen und in logischer Reihenfolge zu nennen.
Zeige ... **Weise nach ...** **Beweise ...**	Lückenlose Beweisführung im mathematisch strengen Sinne; logisches Schließen unter Verwendung bekannter mathematischer Sätze, ggf. unter Verwendung von Gegenbeispielen.